职业教育·装备制造大类专业教材
江苏省高等职业教育高水平专业群建设教材

U0649847

机械制造技术

实训手册

姓名:_____

班级:_____

学号:_____

人民交通出版社

北京

目·录
CONTENTS

车刀几何角度的测量

一、实训内容

分组进行车刀几何角度的测量。

二、学习目标

1. 知识目标

了解刀具角度的概念,认识刀具的几何角度。

熟悉车刀切削部分的构成要素。

掌握车刀静态角度的参考平面、参考系及车刀静态角度的定义。

2. 技能目标

了解车刀量角台的结构,学会使用量角台测量车刀静态角度。

绘制车刀静态角度图,并标注出测量得到的各角度数值。

三、实训操作

车刀的静态角度可以用车刀量角台进行测量,其测量的基本原理是:按照车刀静态角度的定义,在刀刃选定点上,用量角台的指针平面(或侧面或底面),与构成被测角度的面或线紧密贴合(或相平行、或相垂直),把要测量的角度测量出来。

车刀量角台的结构如图1-1所示。

圆形底盘2的周边,刻有从0°起向顺、逆时针两个方向各100°的刻度。其上的工作台5可以绕小轴7转动,转动的角度,由固定于工作台5上的工作台指针6指示出来。工作台5上的定位块4和导条3固定在一起,能在工作台5的滑槽内平行滑动。

立柱20固定安装在底盘2上,它是一根矩形螺纹丝杠,旋转丝杠上的大螺母19,可以使滑体13沿立柱(丝杠)20的键槽上、下滑动。滑体13上用小螺钉16固定装上一个小刻度盘15,在小刻度盘15的外面,用旋钮17将弯板18的一端锁紧在滑体13上。当松开旋钮17时,弯板18以旋钮17为轴,可以向顺、逆时针两个方向转动,其转动的角度用固连于弯板18上的小指针14在小刻度盘15上指示出来。在弯板18的另一端,用两个螺钉11固定装上一个扇形大刻度盘12,其上使用特制的螺钉轴8装上一个大指针9。大指针9可以绕螺钉轴8向顺、逆时针两个方向转动,并在大刻度盘12上指示出转动的角度。两个销轴10可以限制大指针9的极限位置。

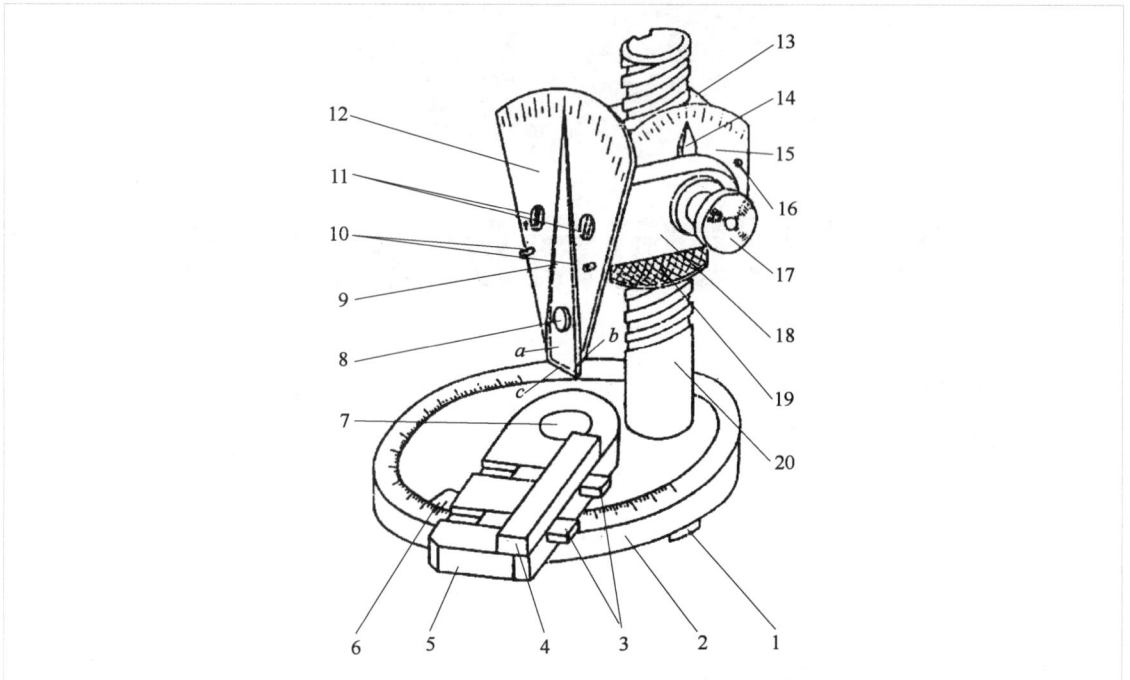

◎图1-1　车刀量角台

1-支脚;2-底盘;3-导条;4-定位块;5-工作台;6-工作台指针;7-小轴;8-螺钉轴;9-大指针;10-销轴;11-螺钉;12-大刻度盘;13-滑体;14-小指针;15-小刻度盘;16-小螺钉;17-旋钮;18-弯板;19-大螺母;20-立柱

当工作台指针6、大指针9和小指针14都处在0°时,大指针9的前面 a 和侧面 b 垂直于工作台5的平面,而大指针9的底面 c 平行于工作台5的平面。测量车刀角度时,就是根据被测角度的需要,转动工作台5,同时调整放在工作台5上的车刀位置,再旋转大螺母19,使滑体13带动大指针9上升或下降而处于适当的位置,然后用大指针9的前面 a(或侧面 b 或底面 c),与构成被测角度的面或线紧密贴合,从大刻度盘12上读出大指针9指示的被测角度数值。

四、实验方法

(1)校准车刀量角台的原始位置。

用车刀量角台测量车刀静态角度之前,必须先把车刀量角台的大指针、小指针和工作台指针全部调整到零位,然后把车刀按图1-2所示平放在工作台上,我们称这种状态下的车刀量角台位置为测量车刀静态角度的原始位置。

(2)主偏角 κ_r 的测量。

从图1-2所示的原始位置起,按顺时针方向转动工作台(工作台平面相当于 P_r),让主刀刃和大指针前面 a 紧密贴合,如图1-3所示,则工作台指针在底盘上所指示的刻度数值,就是主偏角 κ_r 的数值。

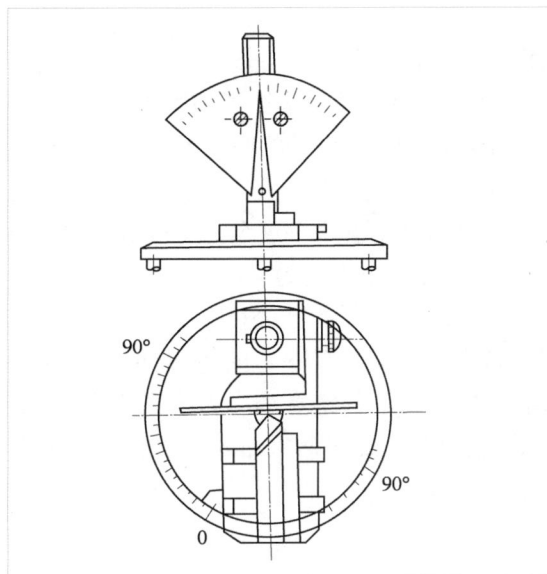

◎图1-2　测量车刀静态角度的原始位置

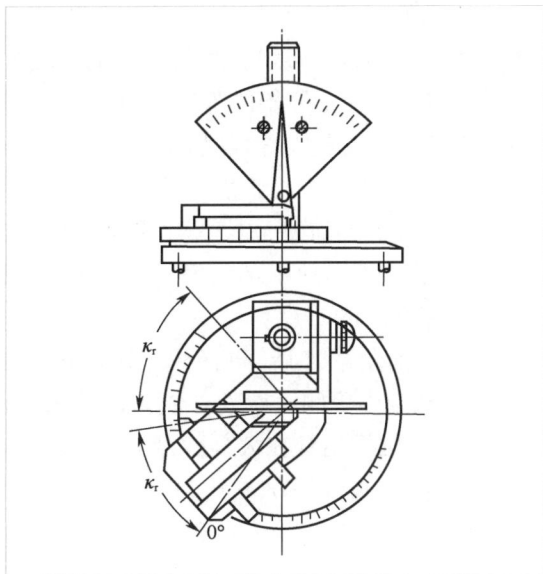

◎图1-3　测量车刀主偏角

（3）刃倾角 λ_s 的测量。

测完主偏角 κ_r 之后，使大指针底面 c 和主刀刃紧密贴合（大指针前面 a 相当于 P_s），如图1-4所示，则大指针在大刻度盘上所指示的刻度数值，就是刃倾角 λ_s 的数值。指针在0°左边为 $+\lambda_s$，指针在0°右边为 $-\lambda_s$。

（4）副偏角 κ_r' 的测量。

参照测主偏角 κ_r 的方法，按逆时针方向转动工作台，使副刀刃和大指针前面 a 紧密贴合，如图1-5所示，则工作台指针在底盘上所指示的刻度数值，就是副偏角 κ_r' 的数值。

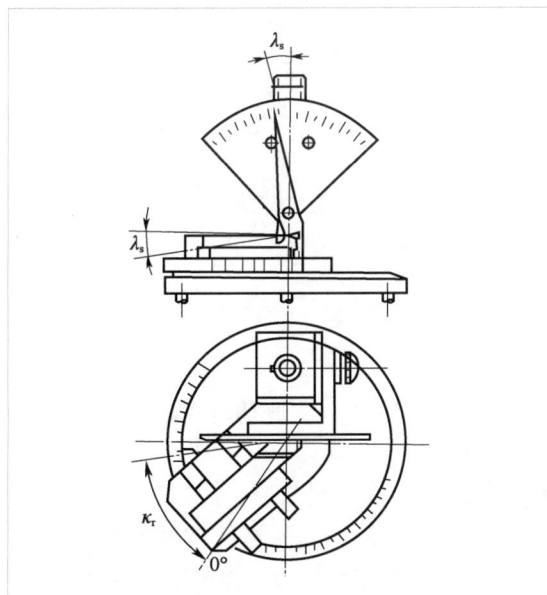

◎图1-4　测量车刀刃倾角

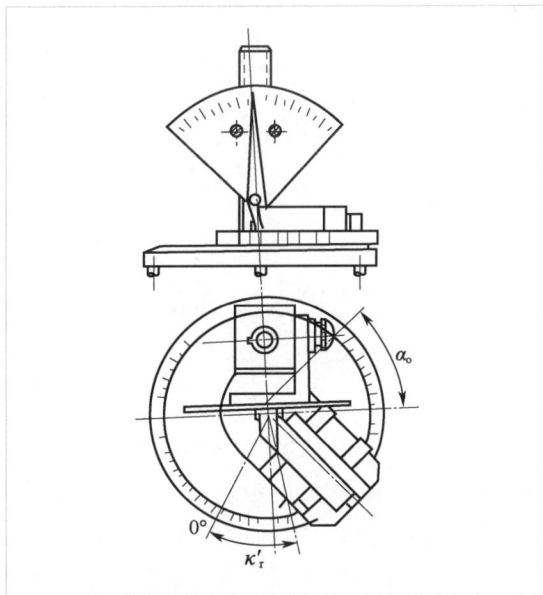

◎图1-5　测量车刀副偏角

（5）前角 γ_o 的测量。

前角 γ_o 的测量，必须在测量完主偏角 κ_r 的数值之后才能进行。

从图 1-2 所示的原始位置起，按逆时针方向转动工作台，使工作台指针指到底盘上 $90° - \kappa_r$ 的刻度数值处（或者从图 1-3 所示测完主偏角 κ_r 的位置起，按逆时针方向使工作台转动 $90°$），这时，主刀刃在基面上的投影恰好垂直于大指针前面 a（相当于 P_o），然后让大指针底面 c 落在通过主刀刃上选定点的前刀面上（紧密贴合），如图 1-6 所示，则大指针在大刻度盘上所指示的刻度数值，就是正交平面前角 γ_o 的数值。指针在 $0°$ 右边为 $+\gamma_o$，指针在 $0°$ 左边为 $-\gamma_o$。

（6）后角 α_o 的测量。

在测完前角 γ_o 之后，向右平行移动车刀（这时定位块可能要移到车刀的左边，但仍要保证车刀侧面与定位块侧面靠紧），使大指针侧面 b 和通过主刀刃上选定点的后刀面紧密贴合，如图 1-7 所示，则大指针在大刻度盘上所指示的刻度数值，就是正交平面后面 α_o 的数值。指针在 $0°$ 左边为 $+\alpha_o$，指针在 $0°$ 右边为 $-\alpha_o$。

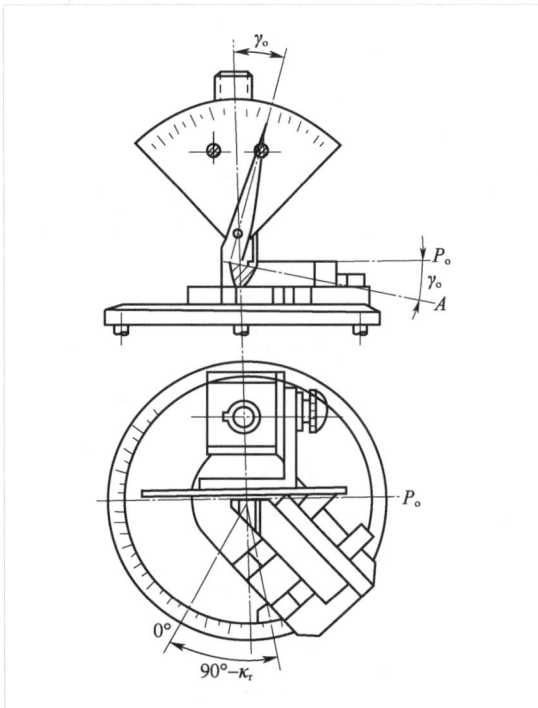

◎ 图 1-6　测量车刀前角　　　　　　　　　　◎ 图 1-7　测量车刀后角

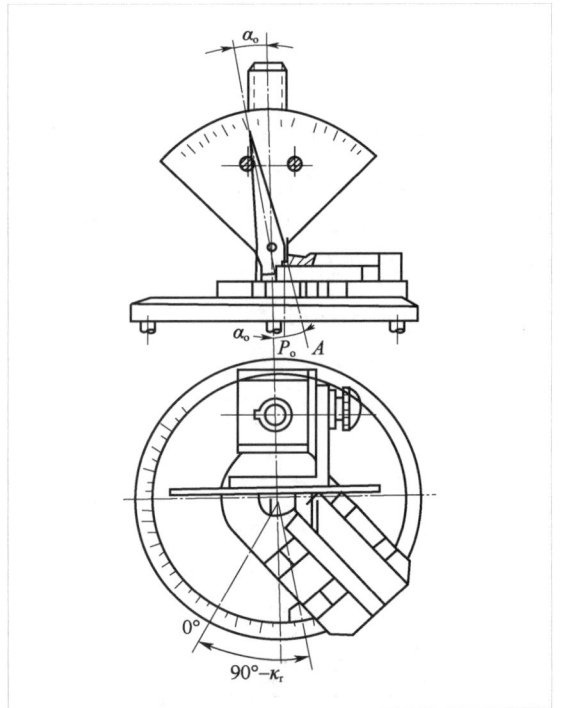

（7）法平面前角 γ_n 和后角 α_n 的测量。

测量车刀法平面的前角 γ_n 和后角 α_n，必须在测量完主偏角 κ_r 和刃倾角 λ_s 之后才能进行。

将滑体（连同小刻度盘和小指针）和弯板（连同大刻度盘和大指针）上升到适当位置，使弯板转动一个刃倾角 λ_s 的数值，这个 λ_s 数值由固连于弯板上的小指针在小刻度盘上指示出来（逆时针方向转动为 $+\lambda_s$，顺时针方向转动为 $-\lambda_s$），如图 1-8 所示，然后再按前所述测量正交平面前角 γ_o 和后角 α_o 的方法（参照图 1-6 和图 1-7），便可测量出车刀法平面前角 γ_n 和后角 α_n 的数值。

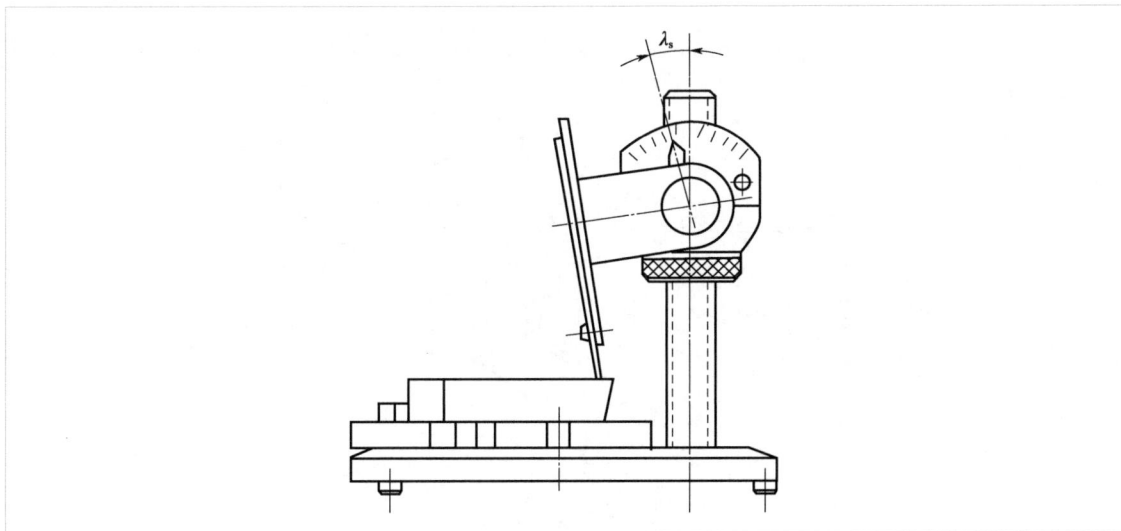

◎图1-8　测量车刀法平面前角和后角

五、评分标准

1.90°外圆车刀评分标准见表1-1,90°外圆车刀标注角度见图1-9。

90°外圆车刀评分标准　　　　　　　　　　　　表1-1

班级		姓名		学号	
实训		车刀几何角度的测量			
	序号	检测内容	配分	扣分标准	学生自评	教师评分	企业评分
90°外圆车刀	1	前角 γ_o	15	酌情扣分			
	2	后角 α_o	15	酌情扣分			
	3	主偏角 κ_r	15	酌情扣分			
	4	副偏角 κ_r'	15	酌情扣分			
	5	刃倾角 λ_s	15	酌情扣分			
	6	副后角 α_o'	15	酌情扣分			
工作态度	7	行为规范、纪律表现	10	酌情扣分			
综合得分			100				

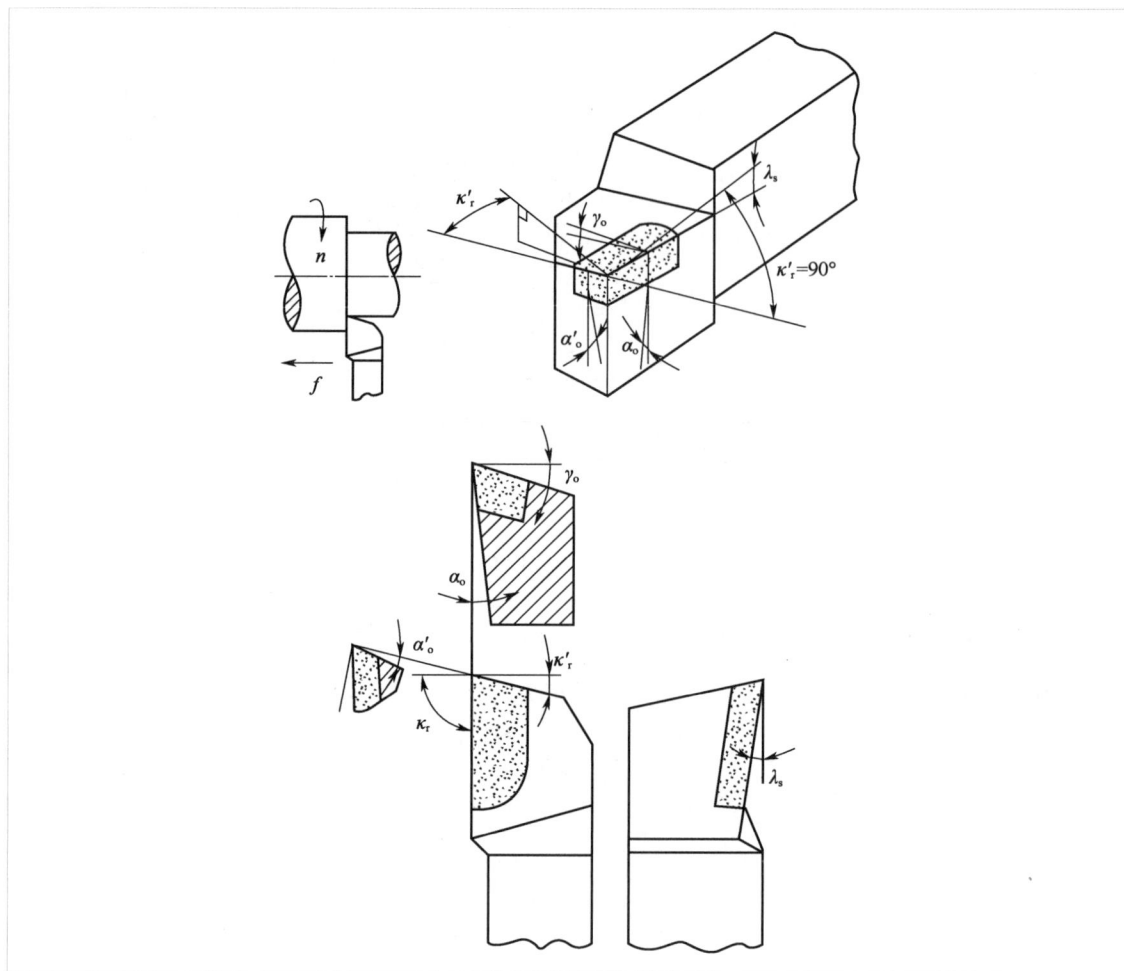

◎ 图 1-9　90°外圆车刀标注角度

2. 75°外圆车刀评分标准见表 1-2，75°外圆车刀标注角度见图 1-10。

75°外圆车刀评分标准　　　　　　　　　　　　　　　　　表 1-2

班级		姓名			学号		
实训		车刀几何角度的测量					
	序号	检测内容	配分	扣分标准	学生互评	教师评分	企业评分
	1	前角 γ_o	15	酌情扣分			
	2	后角 α_o	15	酌情扣分			
75°外圆车刀	3	主偏角 κ_r	15	酌情扣分			
	4	副偏角 κ_r'	15	酌情扣分			
	5	刃倾角 λ_s	15	酌情扣分			
	6	副后角 α_o'	15	酌情扣分			
工作态度	7	行为规范、纪律表现	10	酌情扣分			
综合得分			100				

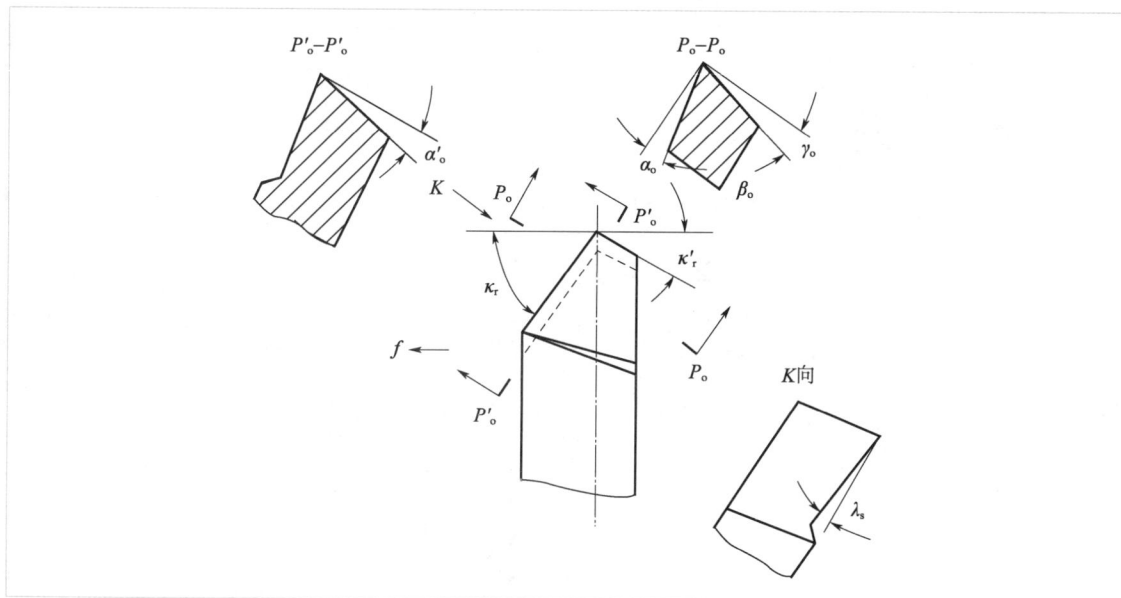

◎ 图 1-10 75°外圆车刀标注角度

3.45°外圆车刀评分标准见表 1-3,45°外圆车刀标注角度见图 1-11。

45°外圆车刀评分标准　　　　　　　　　　　　　　　　　　表 1-3

班级		姓名			学号		
实训		车刀几何角度的测量					
	序号	检测内容	配分	扣分标准	学生自评	教师评分	企业评分
	1	前角 γ_o	15	酌情扣分			
	2	后角 α_o	15	酌情扣分			
45°外圆车刀	3	主偏角 κ_r	15	酌情扣分			
	4	副偏角 κ_r'	15	酌情扣分			
	5	刃倾角 λ_s	15	酌情扣分			
	6	副后角 α_o'	15	酌情扣分			
工作态度	7	行为规范、纪律表现	10	酌情扣分			
综合得分			100				

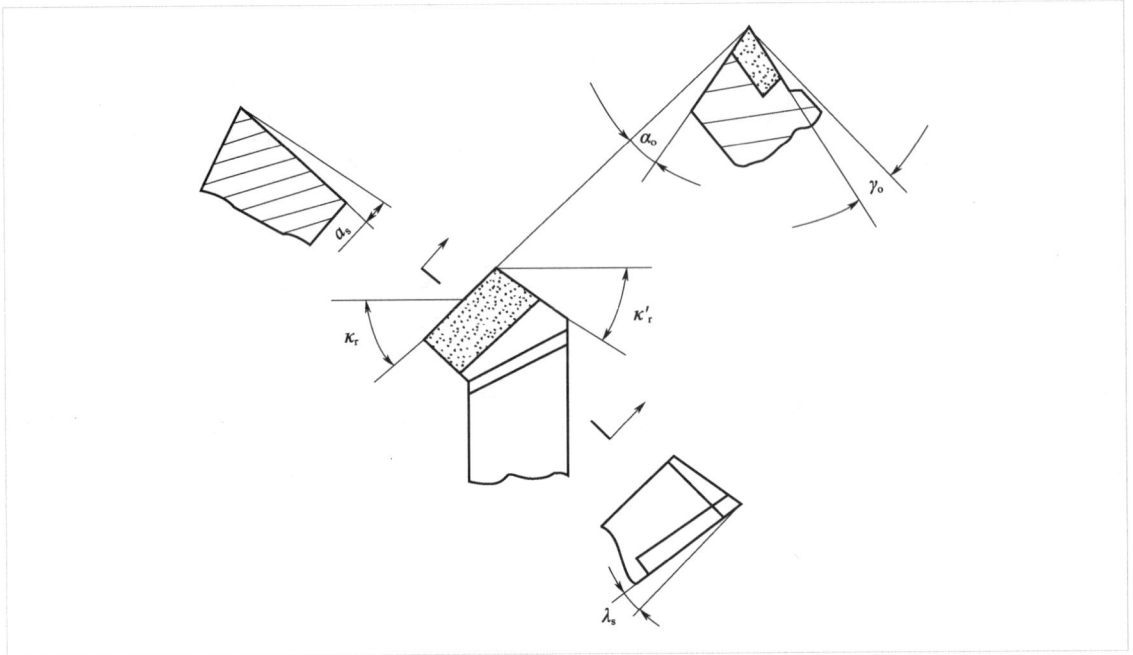

◎图1-11　45°外圆车刀标注角度

4.75°割槽刀评分标准见表1-4,割槽刀标注角度见图1-12。

75°割槽刀评分标准　　　　　　　　　　表1-4

班级			姓名		学号		
实训			车刀几何角度的测量				
	序号	检测内容		配分	扣分标准	学生自评	教师评分	企业评分
75°割槽刀	1	前角 γ_o		15	酌情扣分			
	2	后角 α_o		15	酌情扣分			
	3	主偏角 κ_r		15	酌情扣分			
	4	副偏角 κ_r'		15	酌情扣分			
	5	刃倾角 λ_s		15	酌情扣分			
	6	副后角 α_o'		15	酌情扣分			
工作态度	7	行为规范、纪律表现		10	酌情扣分			
综合得分				100				

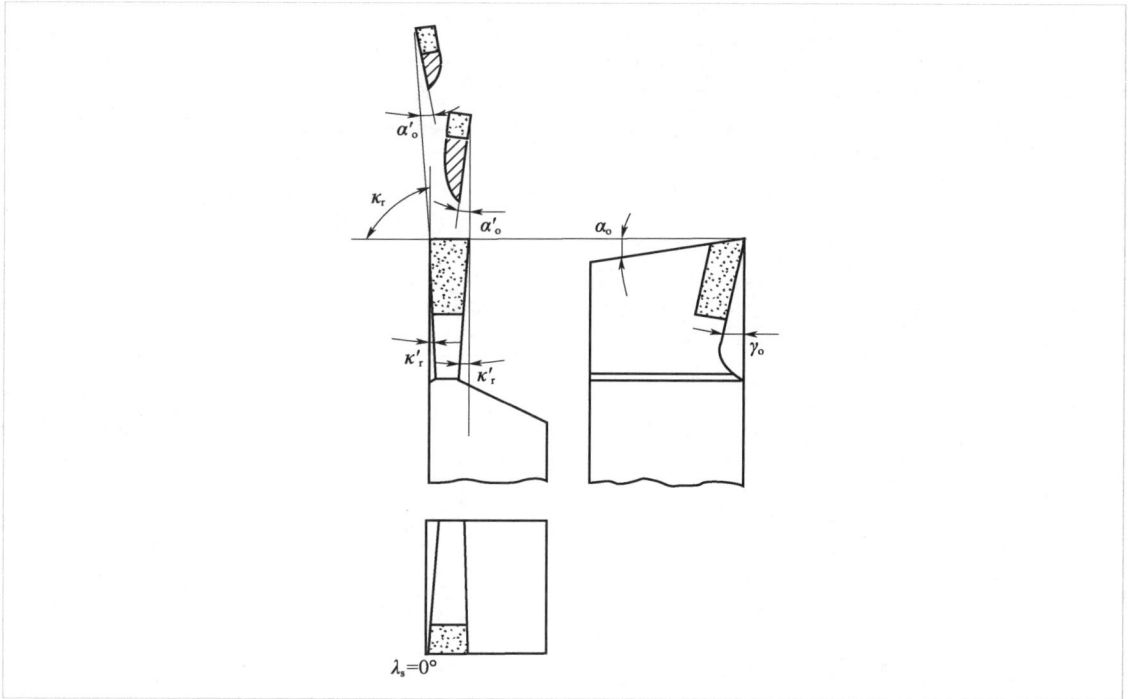

● 图 1-12　割槽刀标注角度

实训二

机床拆装

一、实训内容

分组进行机床主轴箱拆装训练。

二、学习目标

1. 知识目标

了解机床的结构。

了解各种机械零件的作用。

增强识图能力。

2. 技能目标

掌握机械设备安装的技能。

提高机械制造技术的实际应用能力。

三、实训操作

1. 机床拆装基本知识

(1)掌握部分:掌握普通车床的工作原理、主轴箱传动系统、各种零部件的功能及原理,掌握螺纹连接装配工艺、轴承和轴组的装配工艺以及键、销等连接的装配工艺,掌握各种传动机构的装配工艺。

(2)熟悉部分:熟悉拆装工具的使用,熟悉装配基本知识、包括装配工艺,装配时的连接和配合、装配时零件的清理和清洗等。

(3)了解部分:了解装配的实质、装配工艺规程及其他各种机床的装配工艺。

2. 基本技能

根据机床主轴箱装配图,掌握各种零部件的拆装方法及其调整。

(1)熟练掌握部分:熟练掌握各种部件的拆装方法,如皮带轮、摩擦离合器、传动轴、润滑系统、滑动齿轮组、操作系统、主轴。

(2)基本掌握部分:基本掌握联轴器、链传动的拆装方法。

（3）提高部分：通过拆装实习，了解各种机床（如车床、钻床、铣床、磨床、数控机床等）的结构、工作原理及装配工艺，并对其进行工艺分析。

3. 机床拆装

按规定的技术要求将若干个合格的零件组合成部件或将若干个零件和部件组合成机器的工艺过程称为装配。

装配是机器制造中的最后一道工序，因此它是保证机器达到各项技术要求的关键。装配工作的好坏对产品质量起着决定性的作用。

1）装配的组合形式

任何一台机器都可以分解为若干零件、组件和部件。零件是机器的最基本单元；组件由若干零件组合而成，如车床主轴箱中的一根传动轴，就是由轴、齿轮、键等零件装配而成的组件；部件是由若干零件和组件安装在另一基础零件上而构成的，如车床主轴箱、进给箱等都是部件。把部件、组件、零件连接组合而成为整台机器的操作过程，称为总装配。

装配中所有零件按加工的来源不同可分为自制件（在本厂制造），如床身、箱体、轴、齿轮等；标准件（在标准件厂订购），如螺钉、螺母、垫圈、销、轴承、密封圈等；外购件（由其他工厂协作加工），如电气元（零）件等。装配中所有零件按所起的功能作用分为机体（床身），传动件（齿轮、轴），紧固件（螺钉、螺母），密封件（密封圈）。

2）装配时连接的种类和装配方法

（1）装配时连接的种类。按照部件或零件连接方式的不同，连接可分为固定连接与活动连接两类。固定连接是指零件相互之间没有相对运动；活动连接是指零件相互之间在工作情况下可按规定的要求做相对运动。

装配时连接的种类见表2-1。

装配时连接的种类 表2-1

固定连接		活动连接	
可拆卸的	不可拆卸的	可拆卸的	不可拆卸的
螺纹、键、楔、销等	铆接、焊接、压合、胶合、热压等	轴与轴承、丝杆与螺母、柱塞与套筒等	任何活动连接的铆合头

（2）装配方法。为了保证机器的工作性能和精度，达到零、部件相互配合的要求，根据产品结构、生产条件和生产批量不同，其装配方法可分为下面4种。

①完全互换法。装配精度由零件制造精度保证，在同类零件中，任取一个，不经修配即可装入部件中，并能达到规定的装配要求。完全互换法装配的特点是装配操作简单，生产效率高，有利于组织装配流水线和专业化协作生产。由于零件的加工精度要求较高，制造费用较大，故其只适用于成组件数少、精度要求不高或批量大的生产。

②调整法。是指装配过程中调整一个或几个零件的位置，以消除零件积累误差，达到装配要求的方法，如用不同尺寸的可换垫片［图2-1a)］、衬套［图2-1b)］、可调节螺母或螺钉、镶条等进行调整。调整法只靠调整就能达到装配精度的要求，并可定期调整，容易恢复配合精度，对于容易磨损及需要改变配合间隙的结构极为有利，但此法由于增设了调整用的零件，结构显

得稍复杂,易使配合件刚度受到影响。

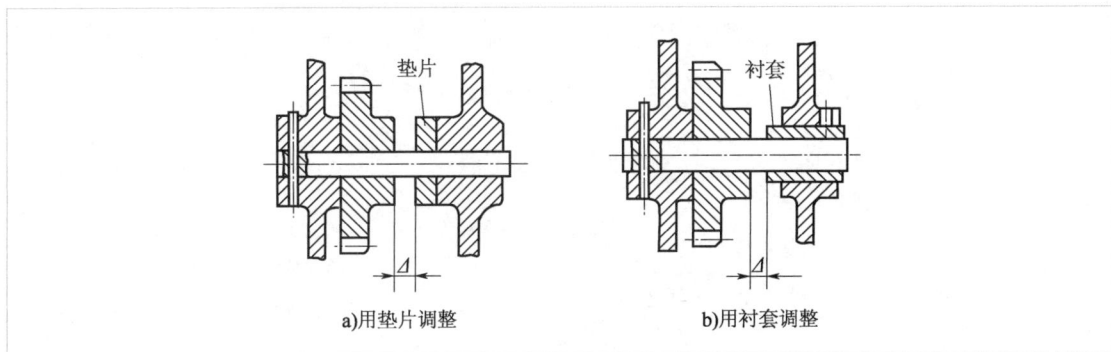

a)用垫片调整　　　　　　　　b)用衬套调整

◎ 图 2-1　调整法控制间隙

③选配法(不完全互换法)是将零件的制造公差适当放宽,然后选取其中尺寸相当的零件进行装配,以达到配合要求。选配法装配最大的特点是既提高了装配精度,又不增加零件制造费用,但此法装配时间较长,有时可能造成半成品和零件的积压,因而选配法适用于成批或大量生产中的装配精度高、配合件的组成数少以及不便于采用调整法装配的情况。

④修配法。当装配精度要求较高,采用完全互换零件法不够经济时,常用修正某个配合零件的方法来达到规定的装配精度;如图 2-2 所示的车床两顶尖不等高,装配时可修刮尾座底座来达到精度要求(图 2-2 中 $A_2 = A_1 - A_3$)。

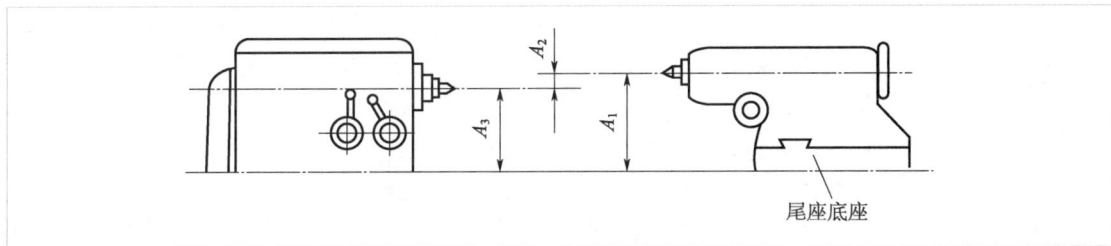

◎ 图 2-2　修刮尾座底座

修配法虽然使装配工作复杂化和增加了装配时间,但在加工零件时可适当降低其加工精度,不需要采用高精度的设备,节省了机械加工时间,从而使产品成本降低,该方法适于单件、小批生产或成批生产精度高的产品。

3)装配单元系统图

(1)装配单元。零件是组成机器(或产品)的最小单元,其特征是没有任何相互连接。部件是由两个或两个以上零件以各种不同的方式连接而成的装配单元,其特征是能够单独进行装配,我们把可以单独进行装配的部件称为装配单元。

(2)装配单元系统图。表示装配单元装配先后顺序的图称为装配单元系统图。图 2-3为某减速器低速轴组件装配示意图,它的装配过程可用装配单元系统图来表示,见图 2-4。由装配单元系统图可以清楚地看出成品的装配过程,装配时所有零件、组件的名称、编号和数量,并可以根据它编写装配工序,因此,装配单元系统图可起到指导和组织装配工作的作用。

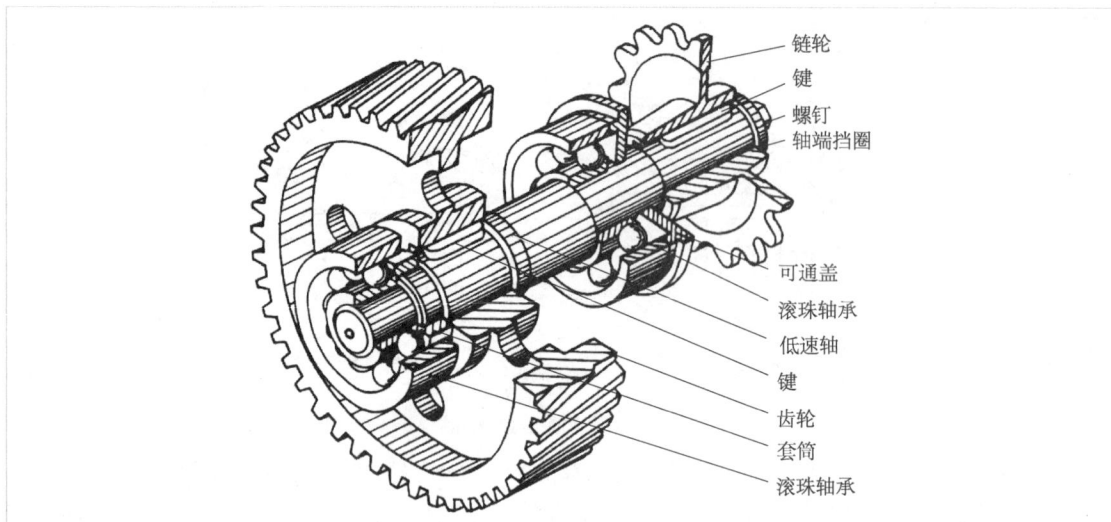

◎ 图 2-3　某减速器低速轴组件装配示意图

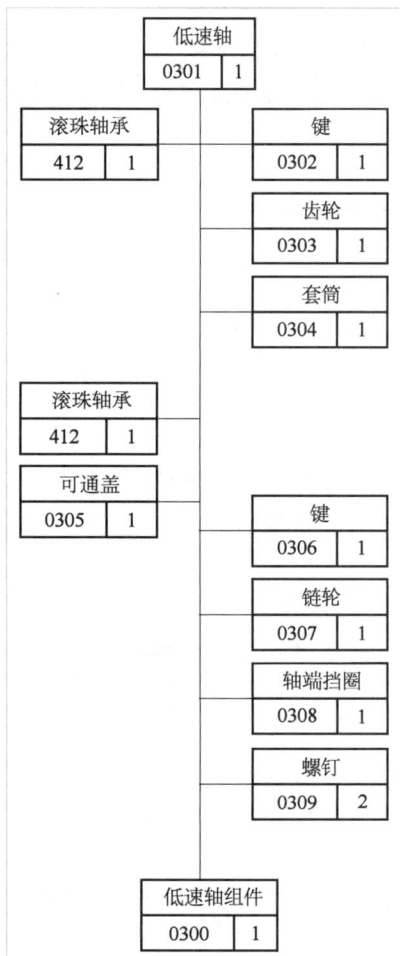

◎ 图 2-4　装配单元系统图

4）螺纹连接装配与滚动轴承装配

（1）螺纹连接装配。螺纹连接是现代机械制造中应用最广泛的一种形式，它具有装拆、更换方便，易于多次装拆等优点。最普通的螺纹连接装配形式如图 2-5 所示。

装配螺纹连接的技术要求是：获得规定的预紧力，螺母、螺钉不产生偏斜和歪曲，防松装置可靠等。装配螺钉和螺母一般用扳手，常用的扳手有活扳手（图 2-6）、专用扳手（图 2-7）和特殊扳手。

装配一组螺纹连接时，应遵守一定的拧紧顺序，即分次、对称、逐步地旋紧，以防旋紧力不一致，造成个别螺母（钉）过载而降低装配精度，成组螺母（钉）旋紧次序如图 2-8 所示。

对于在变载荷和振动条件下工作的螺纹连接，必须采用防松保险装置，图 2-9 所示为螺纹连接防松保险方法。

（2）滚动轴承装配。滚动轴承的装配，多数为较小的过盈配合，装配时可采用手锤或压力机械施力。装配的方法是：将轴承压到轴颈上时，要施力于内环端面上［图 2-10a］；压到座孔内时，要施力于外环端面上［图 2-10b］；当同时压到轴颈和座孔内时，压入工具（套筒）要同时顶住内外环的端面压入［图 2-10c］。

上述三种情况都需要通过对套筒施力后才能达到装配要求，这种方法使装配件受力均匀并不会歪斜，工效高。

如果没有专用套筒，也可以采用手锤与铜棒沿着零件四周对称、均匀地敲入，达到装配目的（图 2-11）。

a)六角头螺栓　　　　　　　b)双头螺柱　　　　　　　c)六角头螺钉

d)圆柱头螺钉　　　e)沉头螺钉　　　f)半圆头螺钉　　　g)紧定螺钉

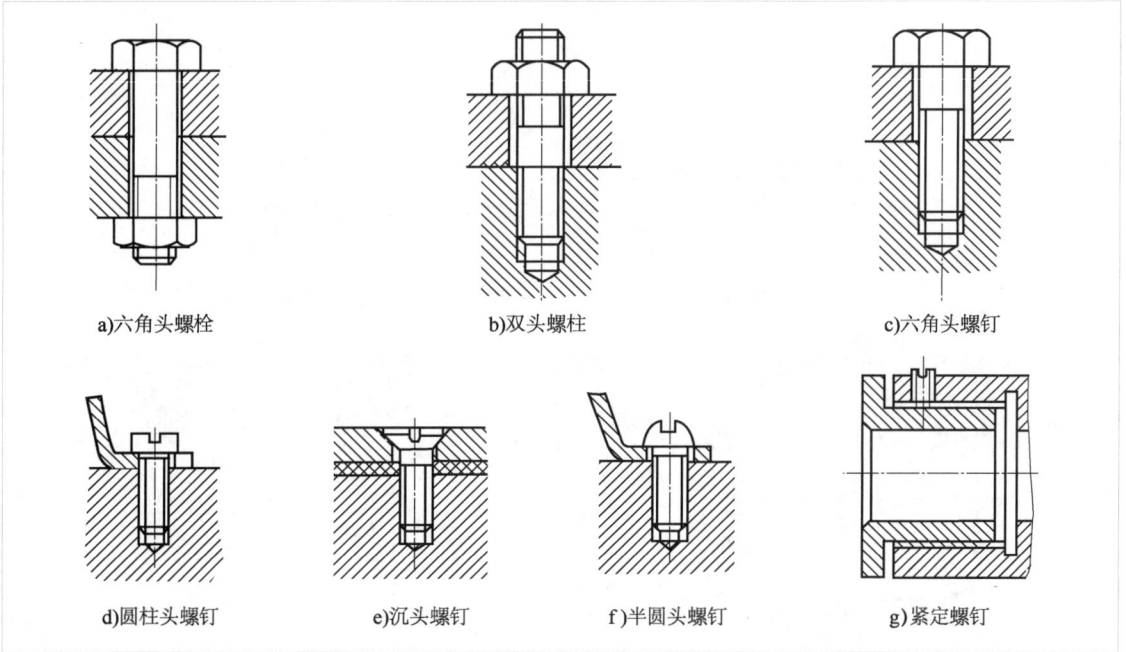

◎ 图 2-5　螺纹连接的形式

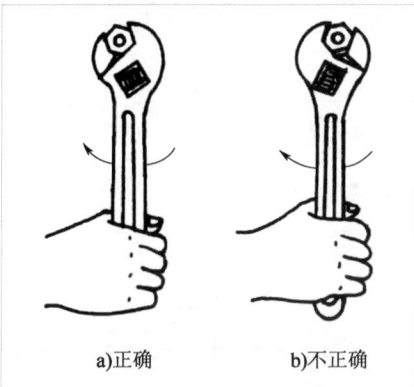

a)正确　　　b)不正确

◎ 图 2-6　活扳手及使用时用力方向

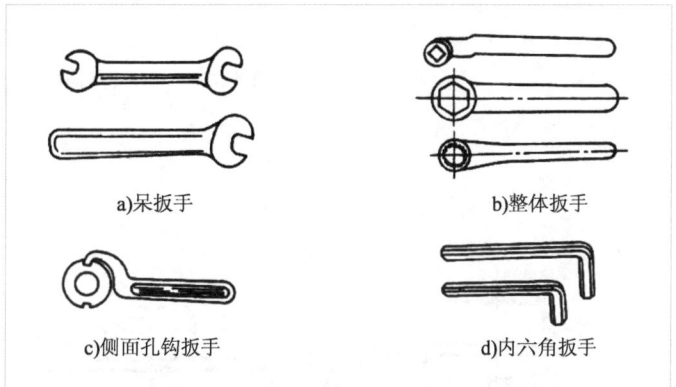

a)呆扳手

b)整体扳手

c)侧面孔钩扳手

d)内六角扳手

◎ 图 2-7　专用扳手

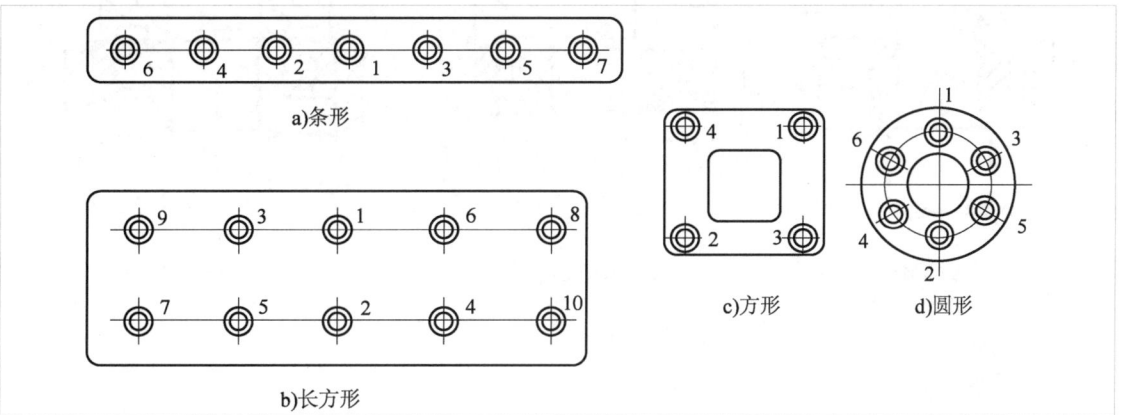

6 4 2 1 3 5 7

a)条形

9 3 1 6 8
7 5 2 4 10

b)长方形

4 1
2 3

c)方形

1
6 3
4 5
2

d)圆形

◎ 图 2-8　成组螺母(钉)旋紧次序

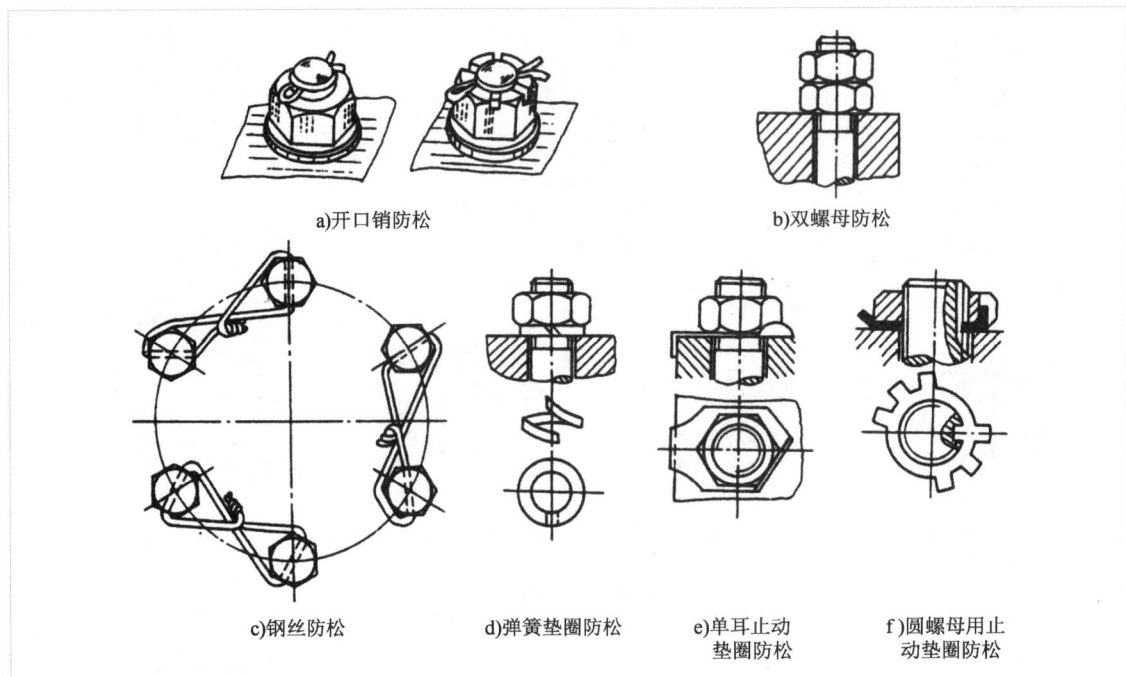

a)开口销防松　　　　　　　　　　　　b)双螺母防松

c)钢丝防松　　　　d)弹簧垫圈防松　　　e)单耳止动　　　f)圆螺母用止
　　　　　　　　　　　　　　　　　　　　垫圈防松　　　　动垫圈防松

◎ 图 2-9　螺纹连接防松保险方法

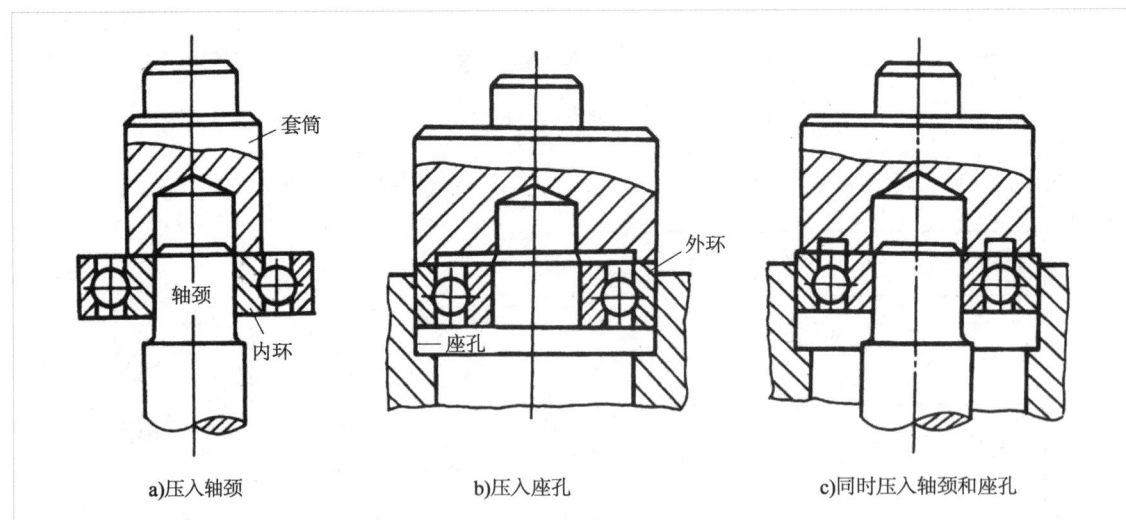

a)压入轴颈　　　　　　　　b)压入座孔　　　　　　　c)同时压入轴颈和座孔

◎ 图 2-10　用套筒装配滚珠轴承

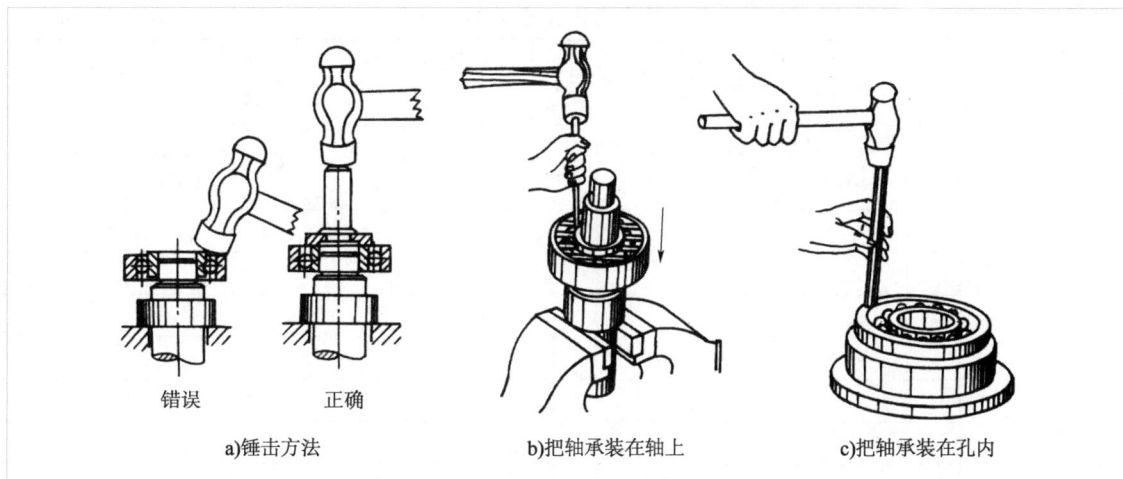

错误	正确		
a)锤击方法		b)把轴承装在轴上	c)把轴承装在孔内

◎ 图 2-11　用手锤、铜棒装配滚珠轴承

当轴承与轴为较大过盈配合时,可采用将轴承放到 80～90℃ 的机油中预热,然后趁热装配,即可得到满意的装配效果。

5)对拆卸工作的要求

(1)机器拆卸工作,应按其结构的不同预先考虑操作程序,以免先后倒置,或贪图省事猛拆猛敲,造成零件的损伤或变形。

(2)拆卸的顺序应与装配的顺序相反,一般应先拆外部附件,然后按总成、部件进行拆卸。在拆卸部件或组件时,应按从外部到内部、从上部到下部的顺序,依次拆卸。

(3)拆卸时,使用的工具必须保证对合格零件不会造成损伤,应尽可能使用专门工具,如各种顶拔器、整体扳手等,严禁用手锤直接在零件的工作表面上敲击。

(4)拆卸时,螺纹零件的旋松方向(左、右螺旋)必须辨别清楚。

(5)拆下的部件和零件必须有次序、有规则地放好,并按原来结构套在一起,在配合件上作记号,以免搞乱。

(6)对丝杠、长轴类零件必须用绳索将其吊起,以防弯曲变形和碰伤。

填写装配工艺过程卡片(表 2-2),写一个装配实习报告,内容是拆卸、装配车床三箱、齿轮变速箱或典型轴系的收获体会。

装配工艺过程卡片

表 2-2

装配工艺过程卡片				产品名称		名称	
				产品图号		图号	

装入件及辅助材料			工作地	工序号	工种	工序(步)内容及要求	设备及工装	工时定额
序号	代号、名称、规格	数量						
1								
2								

旧底图总号								
底图总号					设计			
					审核			
日期	签名							
					标准化			
		更改标记	数量	更改单号	签名	日期	批准		第 1 页 共 页

续上表

		装配工艺过程卡片			产品名称			名称		
					产品图号			图号		
	装入件及辅助材料			工作地	工序号	工种	工序(步)内容及要求		设备及工装	工时定额
	序号	代号、名称、规格	数量							
旧底图总号										
底图总号						设计				
						审核				
日期	签名									
						标准化				
		更改标记	数量	更改单号	签名	日期	批准			第2页 共 页

描图：　　　　　　　　　　　　描校：

四、机床拆装评分标准

机床拆装评分标准见表2-3。

机床拆装评分标准 表 2-3

班级			姓名			学号	
实训			机床拆装				
	序号		检测内容	配分	扣分标准	学生互评	教师评分	企业评分
机床拆装	1		识图能力	10	酌情扣分			
	2		工具使用得当	20	酌情扣分			
	3		拆装方法恰当	20	酌情扣分			
	4		零件装配正确	30	酌情扣分			
	5		安全防护措施	10	酌情扣分			
工作态度	6		行为规范、纪律表现	10	酌情扣分			
综合得分				100				

磨 削 加 工

一、实训内容

根据磨床的操作过程分组进行机床操作训练。

二、学习目标

1. 知识目标

了解磨削加工特点。

了解磨削加工工艺范围。

掌握磨床的型号及主要技术规格。

掌握磨床的组成部分及其作用。

完成零件的加工。

2. 技能目标

熟练掌握磨床的基本操作方法。

能应用横向进给手轮调整背吃刀量。

能完成零件的加工。

能正确维护与操纵磨床。

三、平面磨床与外圆磨床实训操作

(一)平面磨床实训操作

1. 平面磨床的操纵

1)电磁吸盘的使用特点

工件装卸迅速方便,可多件加工,生产效率高;能保证工件平面的平行度;装夹稳固,不需要进行调整;可在台面上安装各种夹具,磨削垂直平面、倾斜面等,使用比较方便。

2)工件在电磁吸盘上的装卸方法

将工件基准面修去表面毛刺并擦净,然后将基准面放到电磁吸盘上。转动电磁吸盘工作状态选择开关至"工件吸着"位置,使工件吸牢在台面上。工件加工完毕,由于工件有剩磁不易取下,可将开关转到"退磁"位置,把剩磁去掉,再将电磁吸盘工作状态选择开关拨至"电源切断"位置,然后取下工件。

3)平面磨床的具体操纵方法(图 3-1)

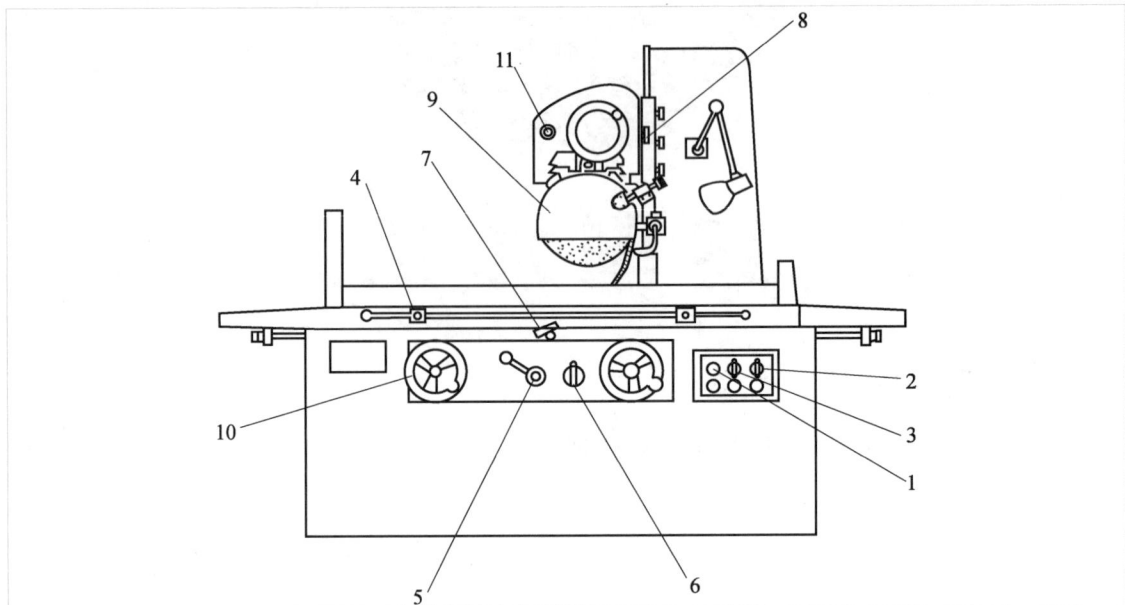

◎图 3-1 平面磨床操纵图

1~3-按钮;4-挡块;5-调速手柄;6-选择手柄;7-工作台往复运动换向手柄;8-导轨;9-磨头;10-驱动手轮;11-手柄

(1)转动床身后面的电源开关,接通电源。

(2)将工件吸附在电磁吸盘上,将磨头 9 停在离工件一定距离(约 1mm)的高度上,各液压操纵手柄、旋钮均置于停止位置。调整好工作台行程挡块 4 的位置,使其宽于工件长度 20mm 左右。转动工作台驱动手轮 10,检查行程范围是否合适。

(3)按动液压泵启动按钮 1,启动液压泵。

(4)打开工作台纵向开停调速手柄 5,使工作台以低速运动,使工作台往复换向 2~3 次,检查动作是否正常。

(5)向左旋转磨头液动进给选择手柄 6,使磨头作横向连续移动,调节磨头左侧槽内的挡铁距离,使磨头在电磁吸盘台面横向全程范围内往复移动。向右旋转磨头液动进给选择手柄 6,使磨头在工作台纵向运动换向时做横向断续进给,进给距离可从小调节到大。磨头断续或连续进给需要换向时,可调节手柄 11,手柄向前拉,磨头向前移动;手柄向后推,磨头向后移动。注意在加工工件时只能使用横向断续进给。

2.维护机床

磨床的日常维护工作对磨床的精度、使用寿命有很大的影响,是文明生产的重要环节。

(1)训练前应仔细检查磨床各部位是否正常,若有异常现象,应及时报告教师,不能让磨床带病训练。

(2)训练结束后,应清除各部位积屑,擦净残留的切削液及磨床表面。并在工作台面、顶尖及尾座套筒上涂油防锈。

(3)严禁在工作台上放置工量具及其他物品,以防工作台台面损伤。

（4）移动头架和尾座时，应先擦净工作台台面和前侧面，并涂一层润滑油，以减少机床磨损。

（5）电磁吸盘的台面要保持平整光洁，使用完毕，应将台面擦净并涂油防锈。

（6）擦拭机床完毕，工作台应停在机床中间部位。

【注意事项】

1. 开机前，要检查各控制手柄位置是否处于停止位置，以免发生事故。

2. 砂轮架快速进退时，要注意避免砂轮与机床及工件相撞。

3. 手动进退方向不能摇错，如把退刀摇成进刀，会使工件报废并伤及人身。

4. 严禁两人同时操作。

5. 机床在运转过程中，严禁操作者离开机床。

6. 必须在教师操纵示范后，同学们逐个轮换练习一次，然后再分散练习，以免发生事故。

（二）外圆磨床实训操作

1. 工作台运动的操纵

（1）手动运动的操纵。如图 3-2 所示，转动手轮 4，工作台作纵向运功。手轮顺时针旋转，工作台向右移动。手轮每转一周，工作台移动 5.9mm。

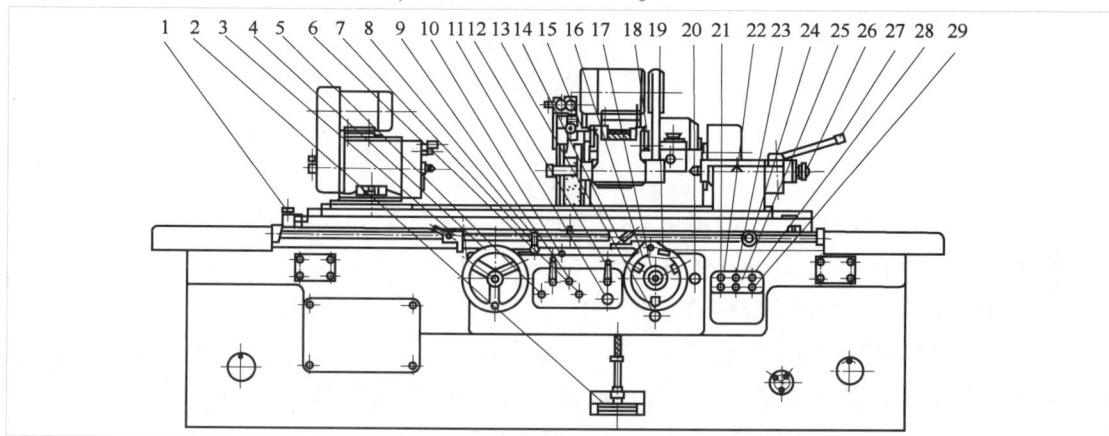

◎ 图 3-2　M1432A 型万能外圆磨床操纵图

1-放气阀;2-控制踏板;3、14-行程挡块;4-手轮;5、6、8、9、17-旋钮;7-启动手柄;10、11、20、21、23、25、28、29-按钮;12、19、26、27-手柄;13-拉杆;15-内圆磨具;16-手轮;18-砂轮架;22-油泵启动按钮;24-开关

（2）工作台液压运动的操纵。按油泵启动按钮 22，启动油泵。根据工作台的行程距离调整行程挡块 3 和行程挡块 14。打开放气阀 1，排出机床油管内的空气。转动工作台液压启动手柄 7 至启动位置；调节旋钮 9 使工作台处于最快行程速度的状态。在工作台来回运动 1～2次后，关闭放气阀，调节旋钮 9 使工作台处于磨削行程速度的状态。调节旋钮 5 或旋钮 6，可使工作台在左边或右边换向时，停留一段时间，停留时间可任意调节。转动手柄 7 至停止位置，工作台则停止运动。液压启动工作台前，应调整好行程挡块 3 和行程挡块 14 位置并予以紧固。

2. 砂轮架横向进给运动的操纵

（1）砂轮架的手动进给操纵。转动手轮 16，砂轮架作横向移动。手轮顺时针旋转，砂轮架前进(朝操作者方向);手轮逆时针旋转,砂轮架后退。拉出拉杆13,手轮16转动时为细进给,手轮转一圈,砂轮架横向移动0.5mm;推进拉杆13,手轮16转动时为粗进给,手轮转一圈,砂轮架横向移动2mm。拉出旋钮17,可调整手轮16刻度盘的数值,调整完毕,当将旋钮推入。一定要分清进刀和退刀的方向。

(2)砂轮架液压快速进退的操纵。在油泵启动以后,逆时针转动手柄12至工作位置,砂轮架快速引进;顺时针转动手柄12至退出位置,砂轮架快速退出;引进或退出的距离为50mm。操纵该手柄的作用是便于操作者装卸和测量工件。砂轮架快速进退时,应注意避免砂轮与工件相撞。

(3)尾座的操纵。转动手柄27,可使尾架套筒往复运动,便于工件的装卸。旋转手柄26,可调整尾架弹簧的压力,顺时针旋转,压力加大,逆时针旋转压力减小。

(4)工件的装夹练习。在磨床上磨削工件,必须十分重视工件的安装。工件的安装是否正确、稳固,会直接影响加工精度和操作的安全。在外圆磨床上,工件一般用两顶尖安装,如图3-3所示;这种安装加工精度高。

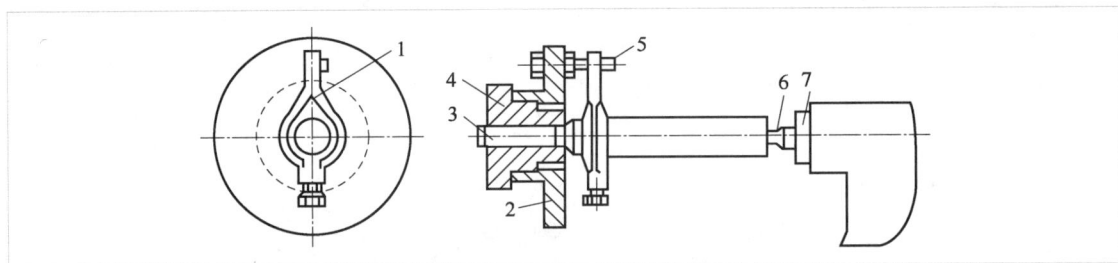

◎图3-3　两顶尖装夹

1-夹头;2-拨盘;3-前顶尖;4-头架主轴;5-拨杆;6-后顶尖;7-尾架套筒

①中心孔的使用要求。60°圆锥孔表面应光滑、无毛刺、划痕、碰伤等。中心孔的大小应与工件直径大小相适应。60°圆锥孔的角度要正确,小圆柱孔应有足够深度。

②夹头。夹头的大小应根据工件大小来选择,夹头内径比工件直径略大些;若夹头内径太大,夹头中心将产生偏离,磨削时将产生离心力而影响工件质量;同时夹紧螺钉也容易松动。

③两顶尖装夹工件的方法。根据工件尺寸大小选择顶尖,安装在头架和尾架上;根据工件的长度调整头架和尾架的距离,头架和尾架距离应保证两顶尖夹持工件的夹紧力松紧适度,如图3-2所示;清洗和检查中心孔,在中心孔内涂入润滑脂;用夹头夹紧工件一端,必要时可垫上铜皮,以保护工件无夹持痕迹;用左手托住工件,将工件有夹头一端中心孔支承在头架顶尖上;用右手扳动手柄27,使尾架套筒回缩,然后将工件右端靠近尾架顶尖中心,放松手柄27,使套筒逐渐伸出,将后顶尖慢慢引入中心孔内,夹紧工件;调整拨杆,使拨杆能拨动夹头;按动头架点动按钮10,检查工件旋转情况,运转正常或再进行磨削。

四、磨削平面实训操作

1. 典型平面零件磨削加工工艺分析

如图3-4所示,该零件前序加工已完成,磨削表面留0.4mm左右的磨削余量。通过前面所讲实训内容,要求完成该零件的磨削加工,其操作步骤为:确定磨削工艺、选择调整机床、安装工件、磨削加工。

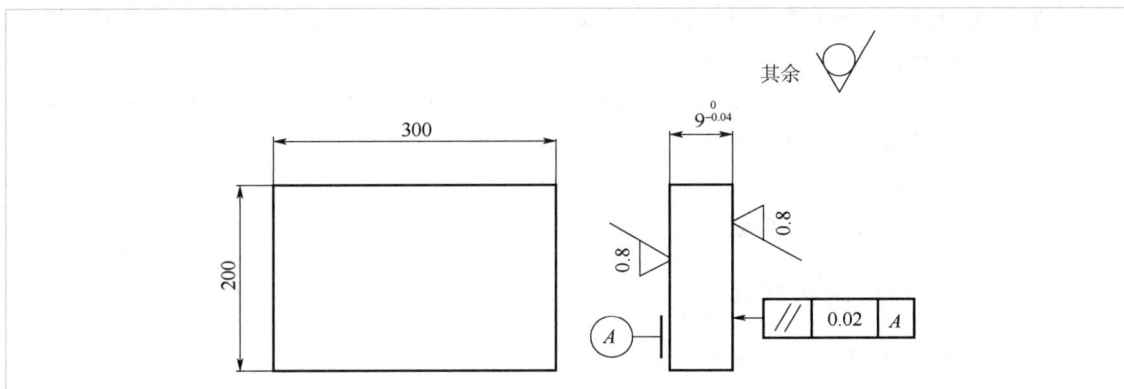

◎ 图3-4　磨削平面零件(尺寸单位:mm)

2. 平行面工件的磨削步骤

(1)用锉刀、旧砂轮端面、砂纸或油石等,除去工件基准面上的毛刺或热处理后的氧化层。

(2)测量工件尺寸,计算出磨削余量。

(3)将工件放在电磁吸盘台面上,打开电磁夹持牢固。

(4)启动油泵,调整工作台行程挡块位置,抬升砂轮使砂轮高于工件平面1mm左右。

(5)启动砂轮并作垂直进给,接触工件后,用横向磨削法磨出上平面或磨去磨削余量的一半。

(6)以磨过的平面为基准面,磨削第二面至图纸要求。

磨削时,可根据技术要求,分粗、精磨进行加工。粗磨时,横向进给量 $f_r = (0.1 \sim 0.5)B/$ 双行程(B 为砂轮宽度);粗磨时背吃刀量 $a_p = 0.02 \sim 0.05 mm$;精磨时背吃刀量 $a_p = 0.005 \sim 0.01 mm$。

五、磨削平面检查评分标准

磨削平面检查评分标准见表3-1。

磨削平面检查评分标准

表3-1

班级			姓名				学号		
实训					磨削平面				
磨削平面检查	序号	检测内容		配分	扣分标准	学生互评	教师评分	企业评分	
	1	工件装夹正确		10	酌情扣分				
	2	机床调整正确		10	酌情扣分				
	3	试磨方法恰当		10	酌情扣分				
	4	磨削用量选择正确		20	酌情扣分				
	5	磨削质量检测		30	酌情扣分				
	6	磨床维护		10	酌情扣分				
工作态度	7	行为规范、纪律表现		10	酌情扣分				
综合得分				100					

【注意事项】

1. 工件装夹时,应将定位面擦干净,以免脏物影响工件的平行度和划伤工件表面。

2. 磨削时,砂轮要保持锋利,切削液要充足,背吃刀量要小。在磨削过程中,工件可多次翻转,以减少工件平面度和平行度误差。

3. 磨削时,砂轮横向进给应在工件边缘超出砂轮宽度的1/2距离时立即换向,不能在砂轮全部超出工件平面后换向,以免产生塌角。

4. 严禁两人同时操作。

5. 机床在运转过程中,严禁操作者离开机床。

六、轴类工件磨削实训操作

1. 典型轴类工件磨削工艺分析

如图3-5所示,该零件车序加工已完成,各外圆留0.5mm左右的磨削余量。通过前面所讲实训内容,要完成该轴的磨削加工,其操作步骤为:确定磨削工艺、选择调整机床、安装工件、磨削加工。

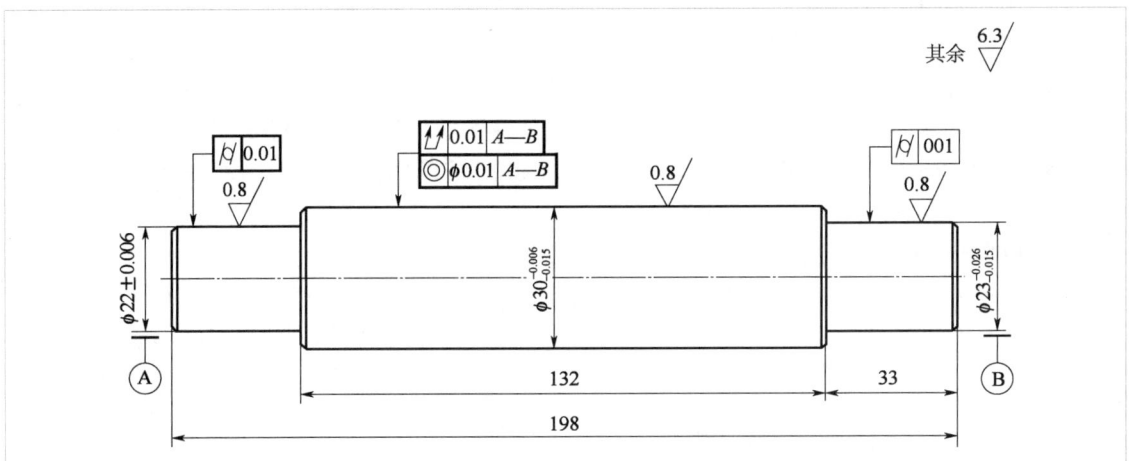

◎ 图3-5　磨削轴类工件(尺寸单位:mm)

2. 磨削步骤

(1)两端中心孔擦干净,加润滑脂。选择合适夹头,夹持ϕ23mm外圆。

(2)测量工件尺寸,计算出磨削余量。

(3)选择M1432万能外圆磨床,调整尾座至合适位置,应保证两顶尖夹持工件的夹紧力松紧适度。安装工件,调整拨杆,使拨杆能拨动夹头;按动头架电动按钮,检查工件旋转情况是否正常。

(4)调整横向进给手轮使砂轮距离ϕ30mm外圆大于50mm,调整好纵向换向挡块。

(5)试磨ϕ30mm外圆后,测量ϕ30mm外圆左右尺寸,根据情况调整上工作台,再次试磨ϕ30mm外圆至图纸要求的公差范围。

(6)粗磨ϕ30mm外圆,留0.1mm精磨量。

(7)粗磨ϕ22mm外圆,留0.1mm精磨量。

（8）调头粗磨 ϕ23mm 外圆，留 0.1mm 精磨量。

（9）精细修整砂轮。

（10）精磨 ϕ30mm 外圆至图纸要求。

（11）精磨 ϕ23mm 和 ϕ22mm 两外圆至图纸要求。注意要保护工件无夹持痕迹，必要时可垫上铜皮。

（12）加工结束后，取下工件，擦拭工件。

（13）停止机床并擦拭干净。

七、磨削外圆检查评分标准

磨削外圆检查评分标准见表 3-2。

磨削外圆检查评分标准   表 3-2

班级			姓名			学号	
实训			磨削外圆				
磨削外圆检查	序号	检测内容		配分	扣分标准	学生互评	教师评分	企业评分
	1	工件装夹正确		10	酌情扣分			
	2	机床调整正确		10	酌情扣分			
	3	试磨方法恰当		10	酌情扣分			
	4	磨削用量选择正确		20	酌情扣分			
	5	磨削质量检测		30	酌情扣分			
	6	磨床维护		10	酌情扣分			
工作态度	7	行为规范、纪律表现		10	酌情扣分			
综合得分				100				

完成该零件的加工，并将完成好的零件照片粘贴在空白处。

【注意事项】

1. 调整上工作台要耐心细致，应微量转动调整螺钉，注意消除反向螺钉的间隙。

2. 磨削前应仔细检查中心孔的质量，并保护好中心孔。

3. 精磨时，应在工件外圆表面和夹头螺钉之间垫上铜皮，以免产生夹痕。

4. 磨削台阶轴的各外圆面时，要注意相邻外圆之间的直径差，要缓进快退，以免摇错，使砂轮碰撞工件。

5. 严禁两人同时操作。

6. 机床在运转过程中，严禁操作者离开机床。

铣削加工

一、实训内容

根据铣床的操作过程分组进行机床操作训练。

二、学习目标

1. 知识目标

了解铣削加工特点。

了解铣削加工工艺范围。

掌握普通铣床的型号及主要技术规格。

掌握普通铣床的组成部分及其作用。

了解普通铣床的传动系统。

完成零件的铣削加工。

2. 技能目标

熟练掌握铣床的基本操作方法。

能应用刻度盘调整背吃刀量。

能完成零件的铣削加工。

能正确维护与调整铣床。

三、实训操作

1. 工作台纵向、横向、垂直方向的手动进给操作

以 X62W 铣床为例,机床上工作台纵向手动进给手柄、工作台横向手动进给手柄和工作台垂直方向手动进给手柄,将上述手柄分别接通其手动进给离合器,摇动各手柄,带动工作台做各进给方向的手动进给运动。顺时针方向摇动各手柄,工作台前进(或上升);逆时针方向摇动各手柄,工作台后退(或下降)。摇动各手柄,工作台做手动进给运动时,进给速度应均匀适当。

纵向、横向刻度盘,圆周刻线 120 格,每摇一转,工作台移动 6mm,每摇一格,工作台移动 0.05mm;垂直方向刻度盘,圆周刻线 40 格,每摇一转,工作台上升(或下降)2mm,每摇一格,工

作台上升(或下降)0.05mm,如图4-1所示。摇动各手柄,通过刻度盘控制工作台在各进给方向的移动距离。

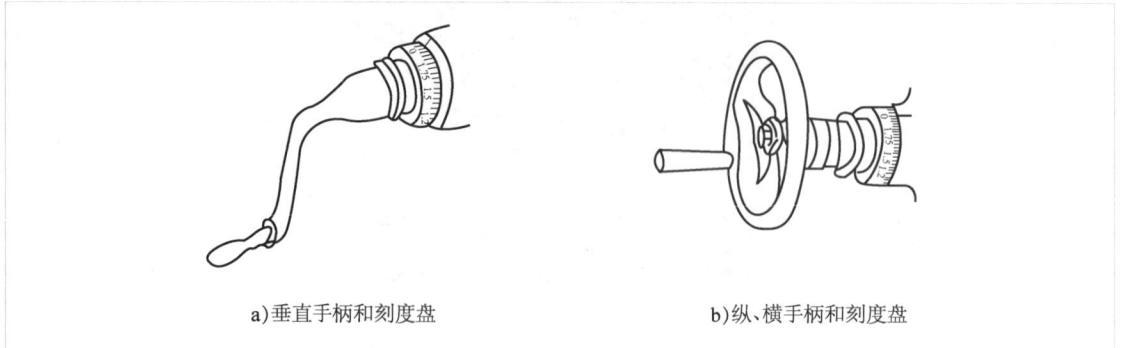

a)垂直手柄和刻度盘　　　　　　　b)纵、横手柄和刻度盘

◎ 图4-1　纵、横、垂直手柄和刻度盘

摇动各进给方向手柄,使工作台在某一方向按要求的距离移动。若手柄摇过头,则不能直接退回到要求的刻线处,应将手柄反转一转后,再摇到要求的刻度,如图4-2所示。

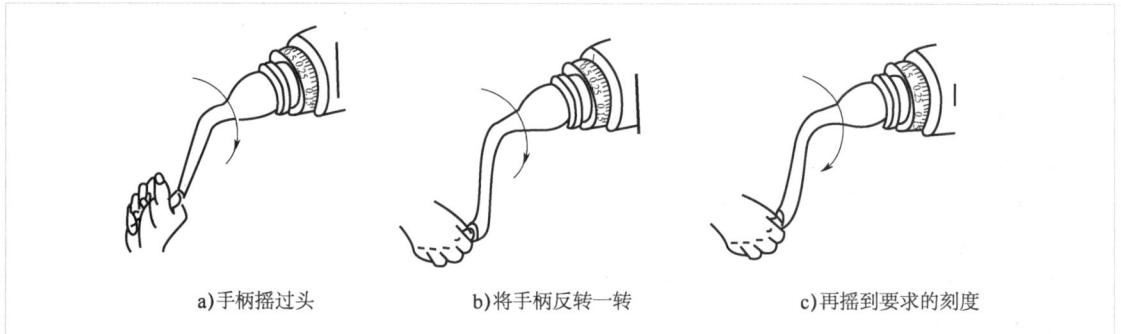

a)手柄摇过头　　　　b)将手柄反转一转　　　　c)再摇到要求的刻度

◎ 图4-2　消除刻度盘空转的间隙

2. 主轴变速操作

变换主轴转速时,手握变速手柄球部,将变速手柄1下压,如图4-3所示,使手柄的楔块从固定环2的槽1内脱出,再将手柄外拉,使手柄的楔块落入固定环2的槽2内,手柄处于脱开位置Ⅰ。然后转动转速盘3,使所需要的转速数对准指针4,再接合手柄。接合变速操纵手柄时,将手柄下压并较快地推到位置Ⅱ,使开关6接通电动机瞬时转动,以利于变速齿轮啮合,再由位置Ⅱ慢速继续将手柄推到位置Ⅲ,使手柄的楔块落入固定环2的槽1内,变速终止,用手按"启动"按钮,主轴就获得要求的转速。转速盘3上有30～1500r/min18种转速。

变速操作时,连续变换的次数不宜超过3次,如果必要时每隔5min后再进行变速,以免因启动电流过大,导致电动机超负荷,使电动机线路烧坏。

3. 进给变速操作

变速操作时,先将变速手柄外拉(图4-4),再转动手柄,带动转速盘旋转(转速盘上有23.5～1180mm/min,18种进给速度),当所需要的转速数对准指针后,再将变速手柄推回到原位;按动"启动"按钮使主轴旋转,再扳动自动进给操纵手柄,工作台就按要求的进给速度做自动进给运动。

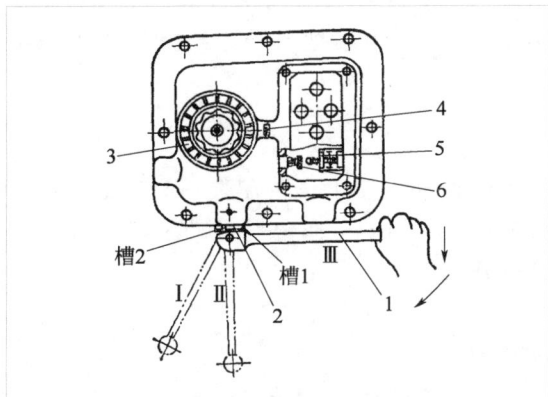

◎图4-3 主轴变速操作

1-变速手柄;2-固定环;3-转速盘;4-指针;5-螺钉;6-开关

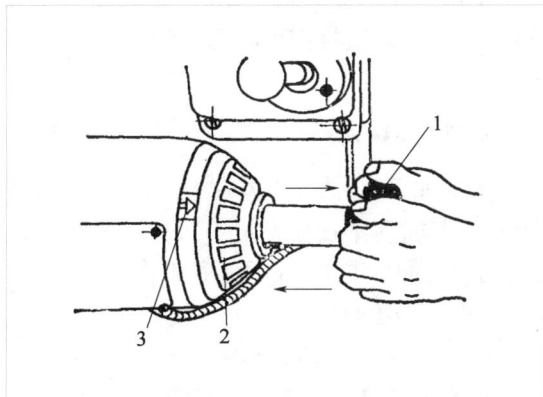

◎图4-4 进给变速操作

1-变速手柄;2-转速盘;3-指针

4. 启动与停止机床

将电源转换开关扳至"通",将主轴换向开关扳至要求的转向,然后按"启动"按钮,使主轴旋转,按主轴"停止"按钮,主轴停止转动。

5. 工作台纵向、横向、垂直方向的机动进给操作

工作台纵向、横向、垂直方向的机动进给操纵手柄均为复式手柄。纵向机动进给操纵手柄有3个位置,即"向右进给""向左进给""停止";扳动手柄时,手柄的指向就是工作台的机动进给方向,如图4-5所示。

横向和垂直方向的机动进给由同一手柄操纵,该手柄有5个位置,即"向里进给""向外进给""向上进给""向下进给""停止"。扳动手柄,手柄的指向就是工作台的进给方向,如图4-6所示。

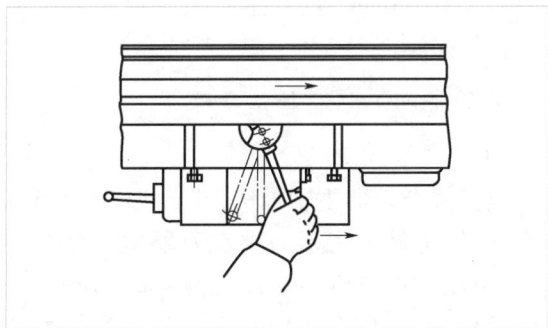

◎图4-5 工作台纵向自动进给操作

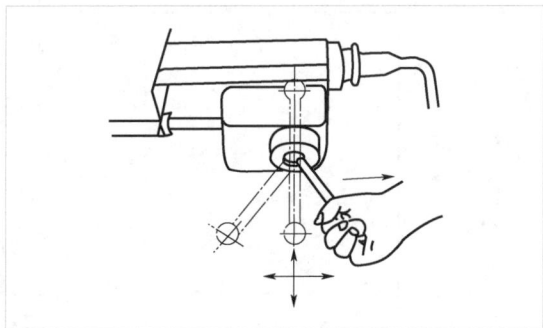

◎图4-6 工作台横向、垂直方向自动进给操作

以上各手柄,接通其中一个时,就相应地接通了电动机的电器开关,使电动机"正转"或"反转",工作台就处于某一方向的机动进给运动状态。因此,操作时只能接通一个,不能同时接通两个。

6. 工作台纵向、横向、垂直方向的快速进给操作

工作台作快速进给运动时,先扳动工作台机动进给手柄,再按下"快速"按钮,工作台就做这个方向的快速进给运动;手指松开,快速进给结束,进给结束后把自动进给操纵手柄恢复原位。

7. 纵向、横向、垂直方向的紧固

铣削加工时,为了减小振动,保证加工精度,避免因铣削力使工作台在某一个进给方向产生位置移动,对不使用的进给机构应紧固。这时可分别旋紧纵向工作台紧固螺钉、横向工作台紧固手柄、垂直进给紧固手柄,工作完毕,必须将其松开。

【注意事项】

1. 开车后严禁变换主轴转速,否则会发生机床事故。

2. 开车前要检查各手柄位置是否处于正确位置,如没有到位,则主轴或机动进给就不会接通,甚至会发生危险。

3. 纵向和横向及升降手动进退方向不能摇错,如把退刀摇成进刀,会使工件报废。

4. 严禁两人同时操作。

5. 机床在运转过程中,严禁操作者离开机床。

四、零件加工——平面加工

1. 平面工件图纸分析

铣平面是铣工常见的工作内容之一,如图 4-7 所示,水平平面在铣削加工时,技术要求一般包括平面度和表面粗糙度,还常包括相关毛坯面加工余量的尺寸要求。水平平面的加工是加工其他平面的基础。

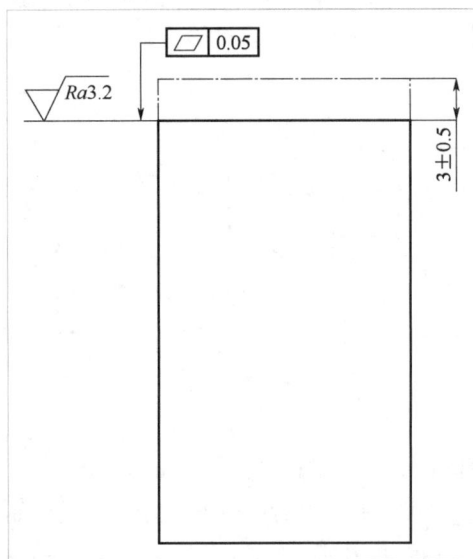

◎图 4-7　水平平面的铣削(尺寸单位:mm)

从图中可以看到要求在工件的上表面铣去 (3 ± 0.5)mm 的加工余量,并保证加工后的平面其平面度公差在 0.05mm 范围之内,表面粗糙度达到 $7 \sim 24 \mu m$。

2. 平面的铣削工艺及加工步骤

1)对刀

首先选择好合理的主轴转速,开动机床,操控各工作台手柄,使工件上表面与端铣刀硬质合金刀头相接触,记下此时的升降台刻度,然后降下升降台。操作相应手柄,使工作台纵向移出工件。停止主轴转动。

2)粗铣、精铣 1 面(图 4-8)

(1)启动机床,主轴转动。

(2)手动上升工作台,上升高度以对刀时所记刻度位置为基准,再向上摇动2.5mm,手动纵向移动工作台,当工件距离回转刀具一定距离时停止。

（3）调整横向运动手轮,使横向工作台运动至工件位置处于不对称的逆铣状态。

（4）选择合理的进给速度。

（5）操纵纵向自动进给手柄,完成1面粗铣的加工。

（6）操纵相应手柄,使升降方向、纵向均远离工件一定距离至安全位置。

（7）停止主轴转动。

（8）卸下工件,去除毛刺。

（9）以同样的方法进行一遍精铣即可。

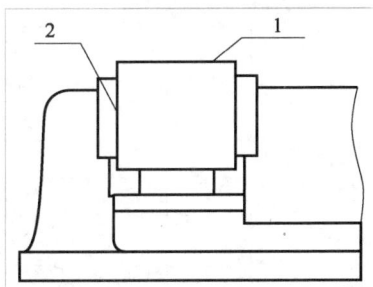

◎图4-8　铣削1面
1-加工面;2-定位侧面

3. 平面的检验

1）表面粗糙度检验

用标准的表面粗糙度样块对比检验,或者凭经验用肉眼观察得出结论。

2）平面度检验

一般用刀口尺检验平面的平面度。检验时,手握刀口尺的尺体,向着光线强的地方,使尺子的刃口贴在工件被测表面上,用肉眼观察刀口与工件平面间的缝隙大小,确定平面是否平整。检测时,移动尺子,分别在工件的纵向、横向、对角线方向进行检测,如图4-9所示,最后检测出整个平面的平面度误差。

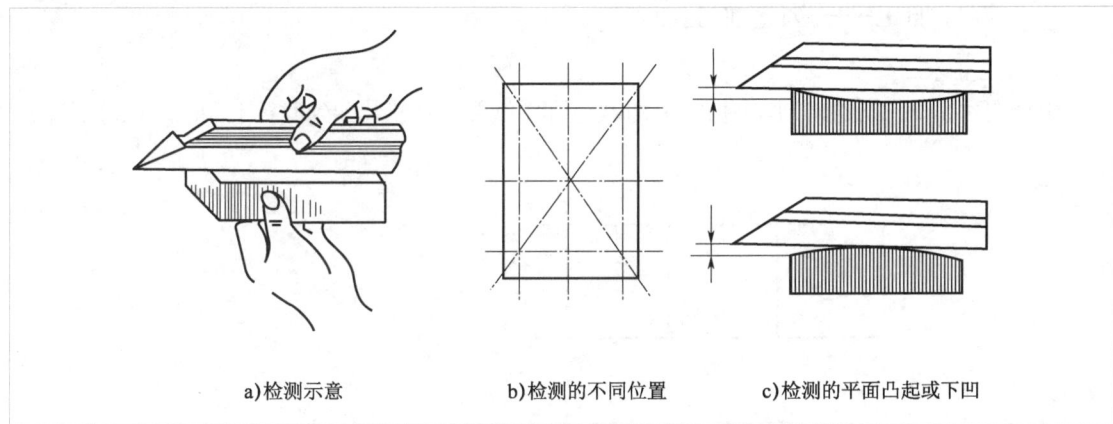

a)检测示意　　　　b)检测的不同位置　　　　c)检测的平面凸起或下凹

◎图4-9　用刀口尺检测平面的平面度

五、铣削平面操作检查评分标准

铣削平面操作检查评分标准见表4-1。

铣削平面操作检查评分标准   表 4-1

班级			姓名			学号	
实训				铣削平面			
铣削平面操作检查	序号	检测内容		配分	扣分标准	学生互评	教师评分	企业评分
	1	机床的选择正确		10	酌情扣分			
	2	铣刀的选择正确		10	酌情扣分			
	3	工艺顺序正确		10	酌情扣分			
	4	操作动作标准		10	酌情扣分			
	5	尺寸公差符合图样要求		20	酌情扣分			
	6	形位公差符合图样要求		20	酌情扣分			
	7	表面粗糙度符合图样要求		10	酌情扣分			
工作态度	8	行为规范、纪律表现		10	酌情扣分			
综合得分				100				

【注意事项】

1. 及时使用锉刀修整工件上的毛刺和锐边,防止给后续定位带来影响。

2. 用手锤轻击工件时,不要砸到已加工表面或与已加工表面连接的棱角。

3. 对立铣刀应进行及时冷却。

4. 测量时要注意读尺的准确。

5. 做到安全文明操作。

完成该零件的加工,并将完成好的零件照片粘贴在空白处。

六、零件加工——沟槽加工

1)加工要求

根据图 4-10 的要求加工平口钳的主钳口,达到图纸要求并能装配到底板上和活动螺母配合。

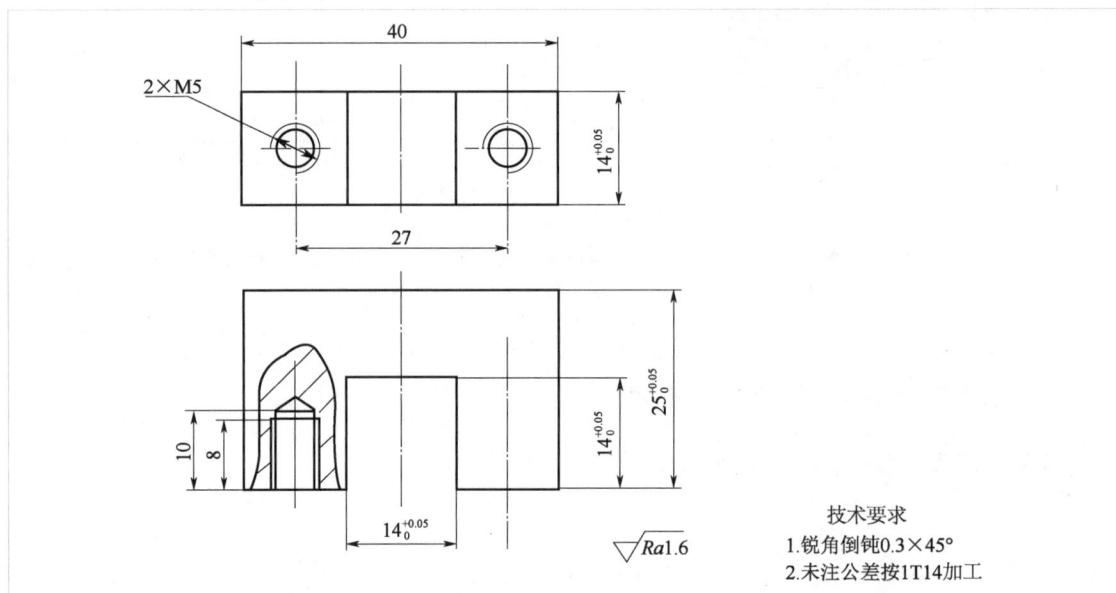

技术要求
1. 锐角倒钝0.3×45°
2. 未注公差按1T14加工

◎ 图 4-10 主钳口(尺寸单位:mm)

2）工艺知识

主钳口加工工艺卡如表 4-2 所示。

主钳口加工工艺卡　　　　　　　　表 4-2

工序号	工序名称	工序内容	刀具	设备	装夹方法
1	备料	40×25×14			
2	铣	铣槽保证槽宽$14_0^{+0.05}$、槽深$14_0^{+0.05}$至尺寸，并相对中心对称	立铣刀	铣床或加工中心	平口钳
3	铣	钻 2×M5 螺纹底孔合格	钻头	铣床或加工中心	
4	钳	攻螺纹合格	丝锥		
5	锉	去刺	锉刀		
6	检验	按图样要求检验			

七、主钳口加工尺寸检查评分标准

主钳口加工尺寸检查评分标准见表 4-3。

主钳口加工尺寸检查评分标准　　　　　　表 4-3

班级		姓名			学号		
实训		主钳口的加工					
主钳口加工尺寸检查	序号	检测内容	配分	扣分标准	学生互评	教师评分	企业评分
	1	$14_0^{+0.05}$（2 处）	30	酌情扣分			
	2	2×M5	20	酌情扣分			
	3	8、27、10	30	酌情扣分			
	4	表面粗糙度	10	酌情扣分			
工作态度	5	行为规范、纪律表现	10	酌情扣分			
综合得分			100				

完成该零件的加工，并将完成好的零件照片粘贴在空白处。

钻孔、扩孔、锪孔和铰孔

一、实训内容

在板料上进行钻孔操作训练。

二、学习目标

1.知识目标

熟悉各种相关设备的使用。

了解各种钻孔的特点。

了解各种钻孔加工工艺范围。

掌握钻头刃磨要领,保证刃磨姿势、站立动作、钻头几何形状及各种角度的正确性。

2.技能目标

熟练掌握各种钻孔的基本操作方法。

能达到图样技术要求。

三、实训操作

1.一般工件的加工方法

钻孔前应把孔中心的样冲眼用样冲再冲大一些,使钻头的横刃预先落入样冲眼的锥坑中,这样钻孔时钻头不易偏离孔的中心。

(1)起钻。钻孔时,应把钻头对准钻孔的中心,然后启动主轴,待转速正常后,手摇进给手柄,慢慢地起钻,钻出一个浅坑,这时观察钻孔位置是否正确,如钻出的锥坑与所画的钻孔圆周线不同心,应及时借正。

(2)借正。如钻出的锥坑与所画的钻孔圆周偏位较小,可移动工件(在起钻的同时用力将工件向偏位的反方向推移)或移动钻床主轴(摇臂钻床钻孔时)来借正;如偏位较多,可在借正方向打上几个样冲眼或用油槽錾錾出几条槽(图 5-1),来减小此处的钻削阻力,达到借正的目的。无论用哪种方法借正,都必须在锥坑外圆小于钻头直径之前完成,这是保证达到钻孔位置精度的重要一环。如果起钻锥坑外圆已经达到钻孔孔径,而孔位仍然偏移,那么纠正就困难了,这时只有用镗孔刀具才能把孔的位置借正过来。

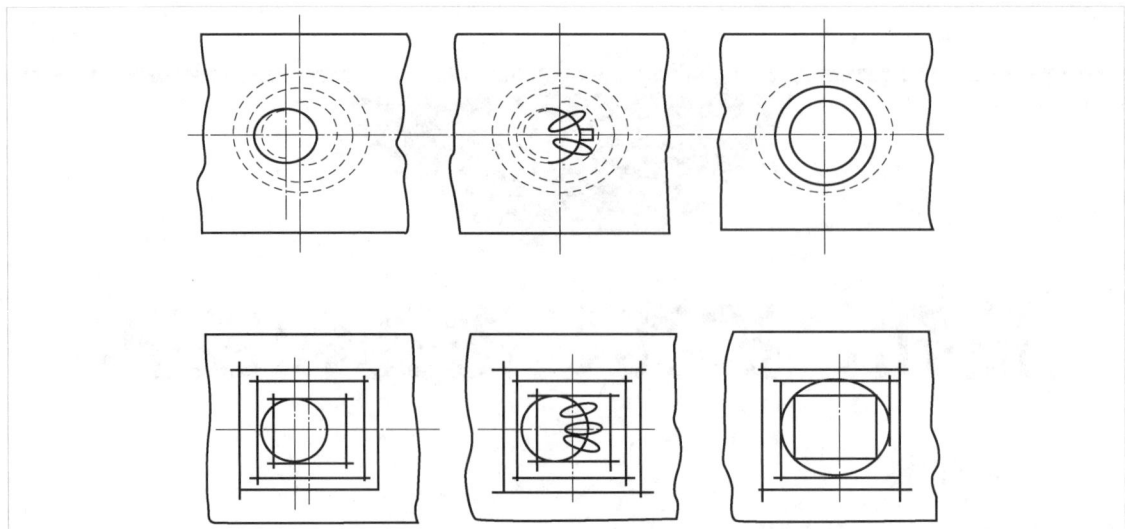

◎ 图 5-1 用槽錾来借正试钻偏位的孔

（3）限位。钻不通孔时，可按所需钻孔深度调整钻床挡块限位，当所需孔深度要求不高时，也可用表尺限位。

（4）分两次钻削。当钻削直径大于 30mm 的大孔时，由于机床、刀具的强度和刚度等因素，一般要分两次钻削：先用 0.5 ~ 0.7 倍孔径的钻头钻削；然后再用所需孔径的钻头扩孔，这样可以减小轴向力，保护机床，同时也可提高钻孔质量。

（5）排屑。钻深孔时，钻头钻进深度达到直径的 3 倍时，钻头就要退出排屑一次，以后每钻进一定深度，钻头就要退出排屑一次。要防止连续钻进使切屑堵塞在钻头的螺旋槽内而折断钻头。

（6）手动进给。通孔将要钻穿时，必须减小进给量，如果是采用自动进给的，应改为手动进给。这是因为当钻头刚钻穿工件材料时，轴向阻力会突然减小，钻床进给机构的间隙和弹性变形会突然恢复，这将使钻头以很大的进给量自动切入，易造成钻头折断或钻孔质量降低等现象。此时改用手动进给，减小进给量，轴向阻力自然减小，钻头自动切入现象就不会发生。起钻后采用手动进给，进给量也不能太大，否则因进给用力不当而导致钻头弯曲，使钻孔轴线歪斜。

（7）钻穿。要求孔将要钻穿时，必须减小进给量，如采用自动进给的，此时最好改为手动进给，以减少孔口的毛刺，并防止钻头折断或钻孔质量降低等现象。

钻不通孔时，可按钻孔深度调整挡块，并通过测量实际尺寸来控制钻孔深度。

钻深孔时，一般钻进深度达到直径的 3 倍时钻头要退出排屑，以后每钻进一定深度，钻头即退出排屑一次，以免切屑阻塞而扭断钻头。

2. 钻削加工的操作要点

（1）每班工作前，先把钻床的外表滑动部位擦拭干净，注入润滑油，并将各操作手柄移到正确位置；然后开慢车，经过几分钟的试运转，待确定机械传动和润滑系统正常后，再开始动作。如发现钻床有故障，应会同有关人员进行检查和调整。

（2）采用正确的工件安装方案，钻床工作台面或垫铁与工件的安装基准面之间，需保持清洁,使接触平稳;压紧螺钉的分布要对称,夹紧力要均匀牢靠;严禁用金属物体敲击工件,以防工件变形。

(3)工件在装夹过程中,应仔细校正,保证钻孔中心线与钻床的工作台面垂直。当所钻孔的位置精度要求比较高时,应在每个孔缘画参考线,以检查钻孔是否偏斜。对刀时要从不同的方向,观察钻头横刃对正样冲眼的情况。钻孔前先锪出一个浅窝,确定无误之后,再正式钻孔。使用钻床钻孔时,工件必须压平夹紧,按钻头直径大小和工件材料选择适当的转速和进给量。

(4)钻头在装夹前,应将其柄部和钻床主轴锥孔擦拭干净。钻头装好以后,可缓慢转动钻床主轴,检查钻头是否正直,如有摆动,可调换不同方向装夹,将振摆调整到最小值。直柄钻头的装夹长度一般不小于15mm。

(5)开始钻孔时,钻头要慢慢地接触工件,不能用钻头撞击工件,以免碰伤钻尖。在工件的未加工表面上钻孔时,开始要手动进给,这样当碰到过硬的质点时,钻头可以退让,避免打坏刃口。

(6)在钻削过程中,工件对钻头有很大的抵抗力,使钻床的主轴箱或摇臂产生上抬的现象,这样在钻通孔时,当钻头横刃穿透工件以后,工件的抵抗力迅速下降,主轴箱或摇臂通过自重压下来,使进给量突然增加,导致扎刀,这时钻头很容易被扭断,特别是在钻大孔时,这种现象更为严重。因此,当钻孔即将穿透时,最好改用手动进给。

(7)在摇臂钻床上钻大孔时,立柱和主轴箱一定要锁紧,以减小晃动和摇臂上抬量,否则钻头容易折断。

(8)需要变换转速时,一定要先停机,以免打伤齿轮或其他部件。转换变速手柄时,应切实放到规定的位置上,如发现手柄失灵或不能移到所需的位置时,应进行检查调整,不得强行扳动。

(9)在钻床工作台、导轨等滑动表面上,不要乱放物件,不得撞击这些表面,以免影响钻床精度。工作完毕或更换工件时,应随即清理切屑及冷却润滑液。摇臂钻床在使用以后,要将摇臂降到近下端,将主轴箱移近立柱一端。下班前应在钻床没有涂漆的部位擦一些润滑油,以防止锈蚀。

(10)操作者在离开钻床或更换工具、工件以及总电源突然断电时,都要关闭钻床电闸。

四、钻孔操作检查评分标准

钻孔操作检查评分标准见表5-1。

钻孔操作检查评分标准   表5-1

班级			姓名		学号		
实训			钻孔、扩孔、锪孔和铰孔				
	序号	检测内容		配分	扣分标准	学生自评	教师评分	企业评分
钻孔操作检查	1	工件装夹正确		10	酌情扣分			
	2	钻头选择与装夹正确		10	酌情扣分			
	3	起钻正确		20	酌情扣分			
	4	借正正确		20	酌情扣分			
	5	钻孔正确		30	酌情扣分			
工作态度	6	行为规范、纪律表现		10	酌情扣分			
综合评分				100				

【注意事项】

1. 钻孔时不能戴手套。

2. 铁屑不能用嘴去吹。

3. 工件装夹要紧固。

4. 锪钻的刀杆和刀片装夹要牢固,工件夹持要稳定。

5. 锪钢件时,要在导柱和切削表面加机油或切削液润滑。

6. 手铰孔时两手用力要平衡,旋转铰杠的速度要均匀,铰刀不得摇摆,以保持铰削的稳定性,避免在孔的进口处出现喇叭口。

7. 铰刀在孔内不能反转,即使退出时也要顺转,因为反转会使切屑卡在孔壁和刀齿的后刀面之间,从而将孔壁刮毛,而且铰刀也容易磨损,甚至发生崩刃。

8. 机铰时要在铰刀退出后再停车,否则孔壁有刀痕,退出时孔也会被拉毛。铰通孔时,铰刀的校准部分不能全部出头,否则孔的下端要刮坏,铰刀退出也很困难。

实训六

机床夹具设计

一、实训内容

分组进行机床夹具设计训练。

二、学习目标

1.知识目标

了解夹具用途。

了解夹具结构特点和组成。

2.技能目标

掌握夹具设计原理及方法。

正确设计夹具的定位、夹紧元件及其他附件。

正确查阅各类机械手册。

三、实训操作

按要求设计指定工序的专用夹具,零件的生产纲领、零件图和工序图是夹具设计的依据。生产纲领决定了夹具的复杂程度和自动化程度;零件图给出了工件的尺寸、形状和位置精度、表面粗糙度等具体要求;工序图则给出了夹具所在工序的零件的工序基准、工序尺寸、已加工表面、待加工表面以及本工序的定位、夹紧原理方案,这是夹具设计的直接依据。

1.制定总体方案,绘制结构草图

专用夹具总体方案的确定是一项十分重要的设计程序,方案的优劣往往决定了夹具设计的成功与失败,因此必须充分进行研究和讨论,以确定最佳方案而不应急于绘图,草率从事。

草图可以徒手画,也可以按尺寸和比例画,直接在绘图纸上边画边算边修改。只画主要部位,不必画同细部结构。草图的绘制过程如下。

(1)以工人在本工序加工时所面对的工件位置为主视图,在草图上用双点画线勾勒出工件三视图的轮廓,注意必须画出定位表面、夹紧表面和待加工表面,有时需对零件图做必要的转换。

（2）根据该道工序的加工要求和基准的选择，确定工件的定位方式及定位元件的结构。这是一个将工序简图上的定位方法具体实现的过程，要选择好定位元件及定位元件在夹具上的安装方式，将这些定位元件在草图上的被加工零件相应位置上画出。

（3）确定刀具的导向、对刀方式，选择导向、对刀元件。一般来说，不同类型的夹具（如钻夹具、镗夹具、铣夹具等），其刀具的导向、对刀方式也不同。设计时，要先确定是哪种类型的夹具，再有针对地选择其导向、对刀方式。同样也把选定的导向、对刀元件及其安装方式在草图上的被加工零件相应位置上画出。

（4）按照夹紧的基本原则，确定工件的夹紧方式、夹紧力的方向和作用点的位置，选择合适的夹紧机构，在草图的被加工零件相应位置上画出。

（5）确定其他元件或装置的结构形式，如连接件、分度装置等。这些结构都有一些常用的标准结构和标准件，在资料中找到后选择确认。同样把它们在草图的被加工零件相应位置上画出。

（6）设计夹具体。通过夹具体将定位元件、对刀元件、夹紧元件、其他元件等所有装置连接成一个整体。夹具体还用于保证夹具相对于机床的正确位置，铣夹具要有定位键，钻夹具注意钻模板的结构设计，车夹具注意与主轴连接的结构设计等。

（7）计算定位误差和夹紧力。夹具结构草图画好后，应对夹具的定位误差进行分析计算，校核制定的夹具公差和技术要求能否满足工件工序尺寸公差和技术要求。计算结果如超差时，需要改变定位方法或提高定位元件、定位表面的制造精度，以减小定位误差，提高加工精度。有时甚至要从根本上改变工艺路线的安排，以保证零件的加工能顺利进行。

采用机动夹紧时还应计算夹紧力。应该指出，由于加工方法、切削刀具以及装夹方式千差万别，夹紧力的计算在有些情况下是没有现成公式可以套用的，所以需要同学们根据过去所学的理论进行分析研究以决定合理的计算方法。

以上绘制的结构草图和分析计算的结果经指导教师审阅通过后，即可正式进行夹具装配图的绘制。

2. 绘制夹具装配图

画夹具装配图是夹具设计工作中重要的一环，注意事项如下。

（1）尽量采用 1∶1 的比例绘制，使图形具有良好的直观性。根据视图大小，也可采用 1∶2 或 2∶1 比例。

（2）用双点画线绘制被加工零件的外形轮廓、定位基准面、夹紧表面和加工表面。工件在图中作透明处理，不影响夹具元件的投影。

（3）尽可能以操作者正面相对位置的视图为主视图，视图多少以能完整、清晰地表达夹具的工作原理、结构和各种元件间的装配关系为准。一般情况下，最好画出三视图，必要时可画出局部视图或剖面图。

（4）参考草图，合理选择和布置视图，注意在各个视图间留有足够的距离，以便引出件号、标注尺寸和技术要求。在适当的位置上画缩小比例的工序图，以便审核、制造、装配、检验者在阅图时对照。

（5）装配图按夹紧机构应处于的夹紧状态绘制。对某些在使用中位置可能变化且范围较大的夹具,例如夹紧手柄或其他移动或转动元件,必要时以双点画线局部地表示出其极限位置,以便检查是否与其他元件、部件、机床或刀具相干涉。

（6）为减少加工表面面积和加工行程次数,夹具体上与其他夹具元件相接触的结合面一般应设计成等高的凸台,凸台高度一般高出非加工铸造表面 3 ~ 5mm。若结合面用其他方法加工时,其结构尺寸也可设计成沉孔或凹槽。

（7）夹具体上各元件应与夹具体可靠连接。为保证工人操作安全,一般采用内六角圆柱头螺钉(GB/T 70.1—2008)沉头连接,若相对位置精度要求较高,还需用两个圆柱销(GB/T 119.1—2000)定位。

（8）对于标准部件或标准机构,如标准液压油缸、汽缸等,可不必将结构剖示出来。

（9）装配图绘制完成后,按一定顺序引出各元件和零件的件号。一般从件号 1 开始,顺时针引出各个件号。如果夹具元件在工作中需要更换(如钻、扩、铰的快换钻套),应在一条引出线端引出 3 个件号。

（10）如果某几个零件在使用中需要更换,在视图中是以某个零件画出的,为表达更换的零件,可用局部剖面表示更换零件的装配关系,并在技术要求或局部剖面图下面加以说明。

此外,夹具装配图上应合理标注尺寸、公差和技术要求。最后应画出标题栏和零件明细表,格式如图 6-1 所示,写明零件名称、数量、材料牌号、热处理硬度等内容。

以上绘制夹具装配图经自我认真审查后请指导教师审阅,修改定稿后即可着手绘制专用零件图。

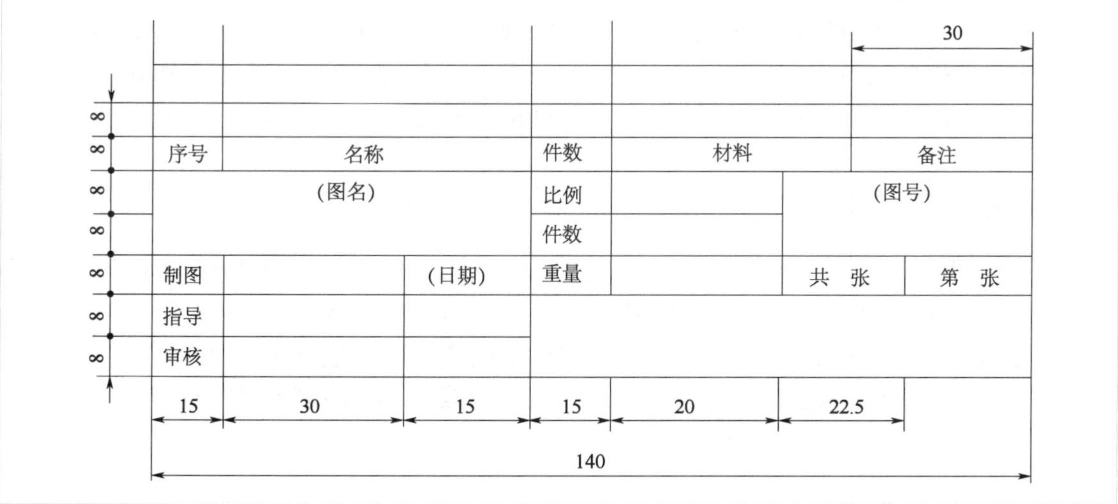

◎ 图 6-1　装配图标题栏和零件明细表格式(尺寸单位:mm)

3. 绘制零件图

经教师指定绘制 1 个关键的、非标准的夹具零件,如夹具体等。根据已绘制的装配图绘制专用零件图,装配图标题栏和零件明细表格式如图 6-1 所示,零件图标题栏格式如图 6-2 所示,具体要求如下:

（1）零件图的投影应尽量与总图上的投影位置相符合，便于读图和核对。

（2）尺寸标注应完整、清楚，避免漏注，既便于读图，又便于加工。

（3）应将该零件的形状、尺寸、相互位置精度、表面粗糙度、材料、热处理及表面处理要求等完整地表示出来。

（4）同一工种加工表面的尺寸应尽量集中标注。

（5）对于可在装配后用组合加工来保证的尺寸，应在其尺寸数值后注明"按总图"字样，如钻套之间、定位销之间的尺寸等。

（6）要注意选择设计基准和工艺基准。

（7）某些要求不高的形位公差由加工方法自行保证，可省略不注。

（8）为便于加工，尺寸应尽量按加工顺序标注，以免进行尺寸换算。

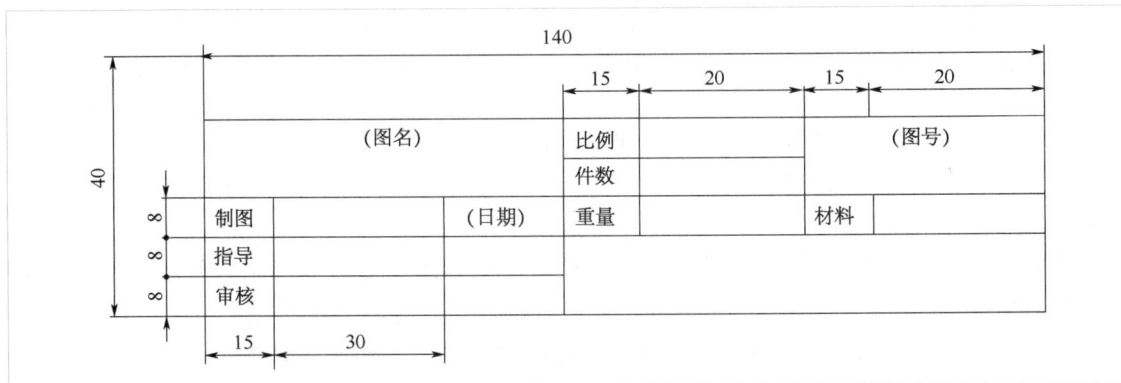

◎ 图 6-2　零件图标题栏格式（尺寸单位：mm）

绘制被加工零件图的目的是加深对上述问题的理解，绘图过程应是分析认识零件的过程。学生应按机械制图国家标准仔细绘制，应根据具体零件，选择恰当比例画出。零件图标题栏如图 6-2 所示。如果有条件，可以在计算机上对零件进行三维造型、创建二维工程图，然后打印。

4. 夹具设计零件图例

（1）图 6-3 杠杆零件 1，其他表面均已完成加工，设计 $\phi 10_0^{+0.10}$ mm、$\phi 13$ mm 钻夹具。

（2）图 6-4 拨叉零件，其他表面均已完成加工，设计钻 M8 孔钻夹具。

（3）图 6-5 杠杆零件 2，其他表面均已完成加工，设计 $\phi 30$H7 孔钻夹具。

以上零件均为中批量生产，请完成指定工序的夹具设计，完成相关零件图及装配图。

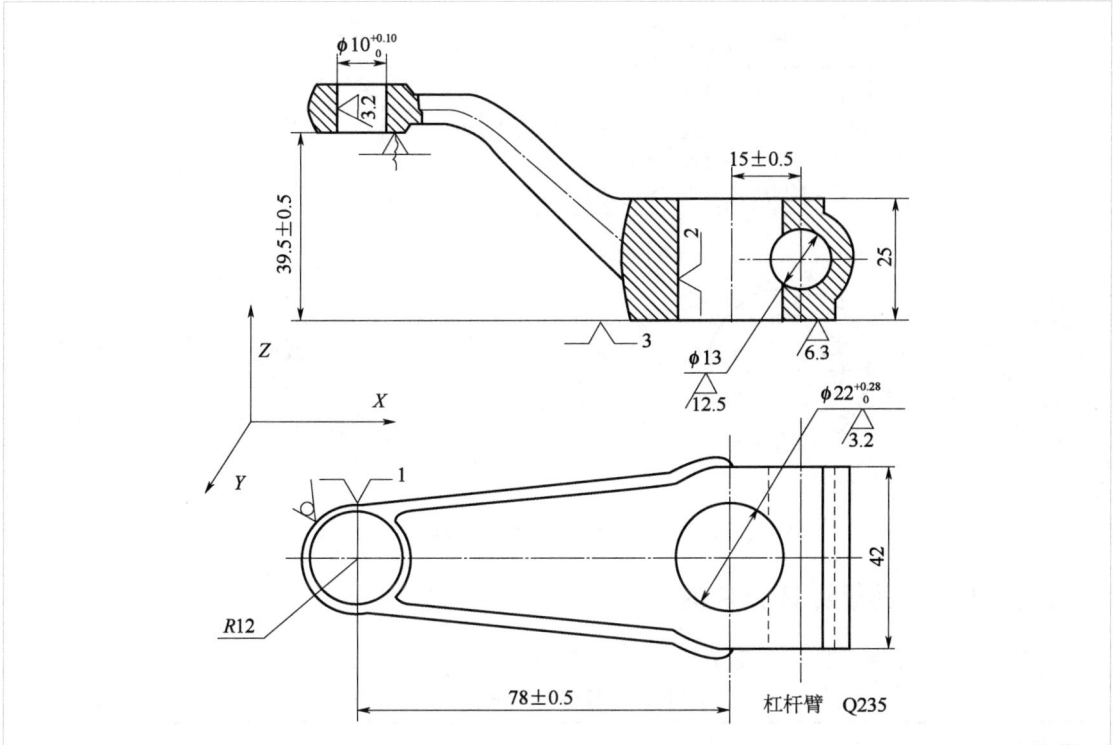

◎ 图6-3　杠杆零件1(尺寸单位:mm)

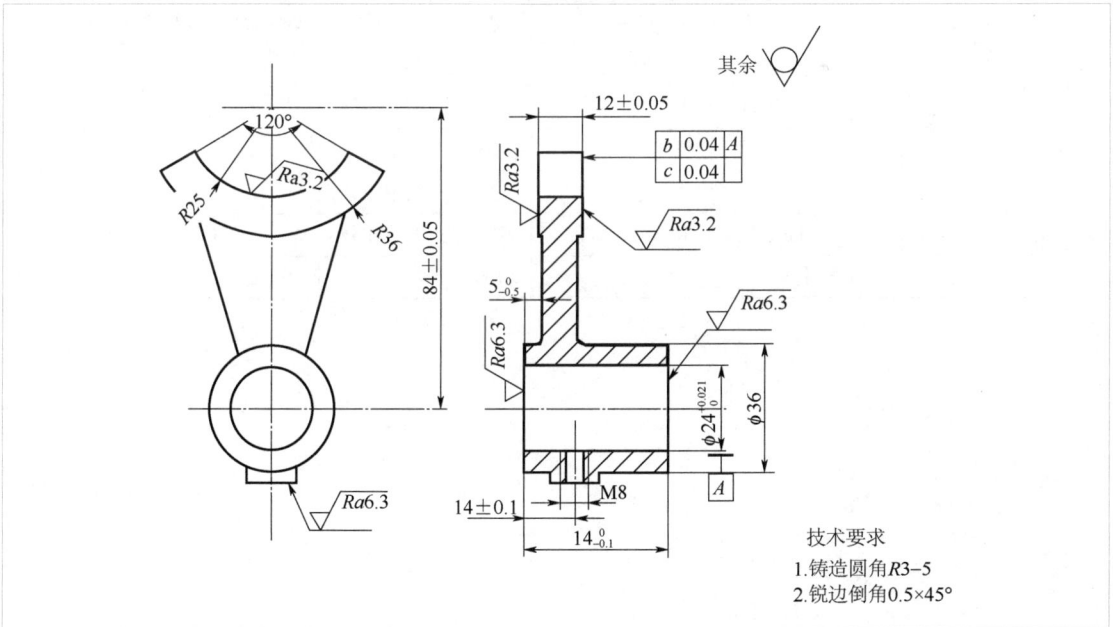

◎ 图6-4　拨叉零件(尺寸单位:mm)

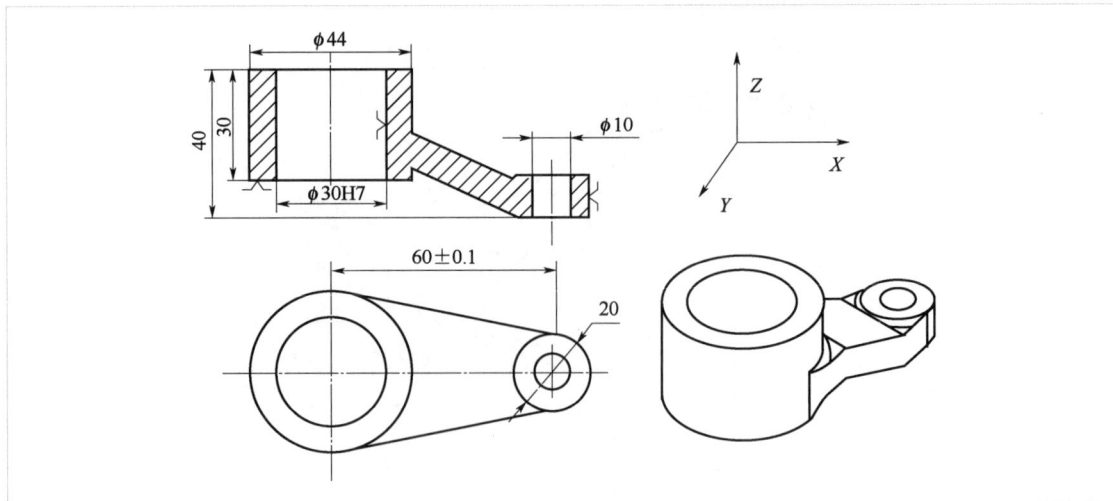

◎ 图6-5 杠杆零件2(尺寸单位:mm)

四、机床夹具设计评分标准

机床夹具设计评分标准见表6-1。

机床夹具设计评分标准 表6-1

班级			姓名			学号		
实训		机床夹具设计						
机床夹具设计	序号	检测内容		配分	扣分标准	学生互评	教师评分	企业评分
	1	正确使用机械手册		20	酌情扣分			
	2	图纸完整正确		30	酌情扣分			
	3	设计合理		20	酌情扣分			
	4	创新设计		20	酌情扣分			
工作态度	5	行为规范、纪律表现		10	酌情扣分			
综合得分				100				

实训七

轴类零件工艺分析及加工

一、实训内容

分组进行轴类零件的工艺分析及加工训练。

二、学习目标

1. 知识目标

了解轴类零件的加工特点。

正确进行零件的技术要求分析。

合理选择加工方法。

合理制定零件加工工艺。

2. 技能目标

熟练掌握机床的基本操作方法。

正确装夹工件,正确使用刀具、量具、夹具。

正确维护与操纵机床。

三、实训操作

根据车床的操作过程进行机床操作训练。学习普通车床的型号及主要技术规格、组成部分及其作用以及普通车床的传动系统。熟练掌握车床的基本操作方法,能应用刻度盘调整背吃刀量,能正确维护与调整车床。

(一)基础操作

1. 手动移动拖板

(1)移动大拖板:大拖板的纵向移动由溜板箱正面左侧的大手轮控制。顺时针方向转动手轮时,床鞍向右运动;逆时针方向转动手轮时,向左运动。手轮轴上的刻度盘圆周等分 300 格,手轮每转过 1 格,纵向移动 1mm。

（2）移动中拖板：中拖板的横向移动由中拖板手柄控制。顺时针方向转动手轮时，中拖板向前运动，横向进刀；逆时针方向转动手轮时，中拖板向操作者运动，横向退刀。手轮轴上的刻度盘圆周等分 100 格，手轮每转过 1 格，纵向移动 0.05mm。其原理为：刻度盘紧固在丝杠轴头上，中滑板和丝杠螺母紧固在一起，当用手带着刻度盘转动手柄一周时，丝杠也转一周，这时，螺母带着横刀架移动一个螺距。所以，中滑板移动的距离可根据刻度盘上的格数来计算。刻度盘每转一格，横刀架移动的距离 = 丝杠导程/刻度盘一圈格数。对于 CA6140 车床，丝杠导程为 5mm，刻度盘每圈等分成 100 格，则每转一格移动距离为（5 ÷ 100）mm = 0.05mm。由于是径向进给，所以工件的直径将减小 0.1mm。调整刻度时，如果刻度盘手柄转过头，或试切后发现尺寸不对，而需将车刀退回一数值时，由于丝杠与螺母之间有间隙，刻度盘不能直接退回到所要刻度，应按图 7-1 所示的方法调整。小拖板的原理与使用方法与中拖板相同。

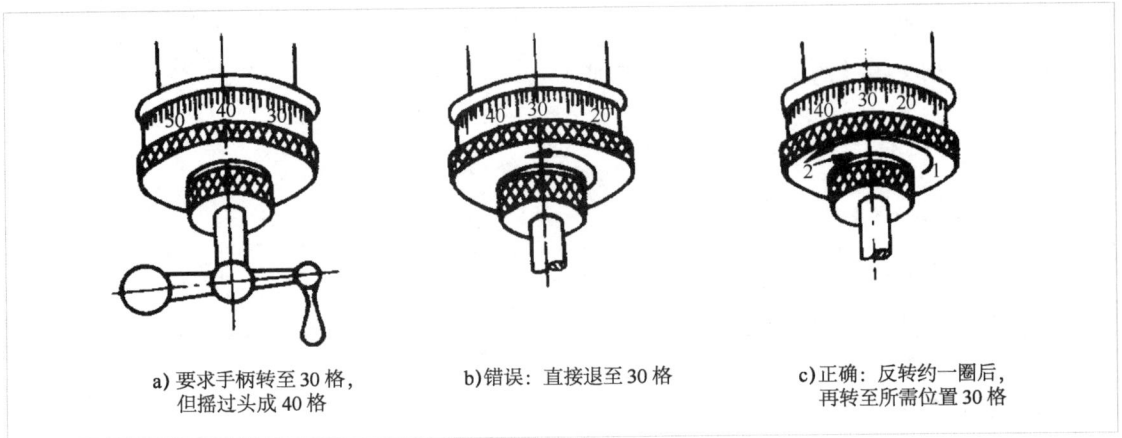

a) 要求手柄转至 30 格，
但摇过头成 40 格
b) 错误：直接退至 30 格
c) 正确：反转约一圈后，
再转至所需位置 30 格

◉ 图 7-1　手柄转过头后需退回的方法

（3）移动小拖板：小拖板可做短距离的纵向移动。小拖板手柄顺时针方向转动时，小拖板向左运动；逆时针方向转动手柄时，小拖板向右运动。小拖板手轮轴上的刻度盘圆周等分 100 格，手轮每转过 1 格，纵向或斜向移动 0.05mm。

（4）摇曲线：卡盘装夹一块木板，木板上画一条曲线，刀架上固定一根细铁丝，用铁丝模仿车刀双手控制拖板，使铁丝沿曲线运动熟悉拖板的移动方向。

2. 车床的启动与停止操作

（1）检查车床各变速手柄是否处于空挡位置，离合器是否处于正确位置，操纵杆是否处于停止状态，确认无误后，合上车床电源总开关。

（2）按下床鞍上的绿色启动按钮，电动机启动工作。

（3）向上提起溜板箱右侧的操纵杆手柄，主轴正转；操纵杆手柄回到中间位置，主轴停止转动；操纵杆向下压，主轴反转。

（4）按下床鞍上的红色停止按钮，电动机停止工作。

3. 主轴箱的变速操作

调整主轴转速分别为 16r/min、450r/min、1400r/min，确认后启动车床并观察。每次进行主轴转速调整必须停车。主轴变速通过改变主轴箱正面右侧的两个叠套手柄的位置来控制。前面的手柄有 6 个挡位,每个有 4 级转速,由后面的手柄控制,所以主轴共有 24 级转速,如图 7-2 所示。主轴箱正面左侧的手柄用于螺纹的左右旋向和加大螺距变换,共有 4 个挡位,即右旋螺纹、左旋螺纹、右旋加大螺距螺纹和左旋加大螺距螺纹。

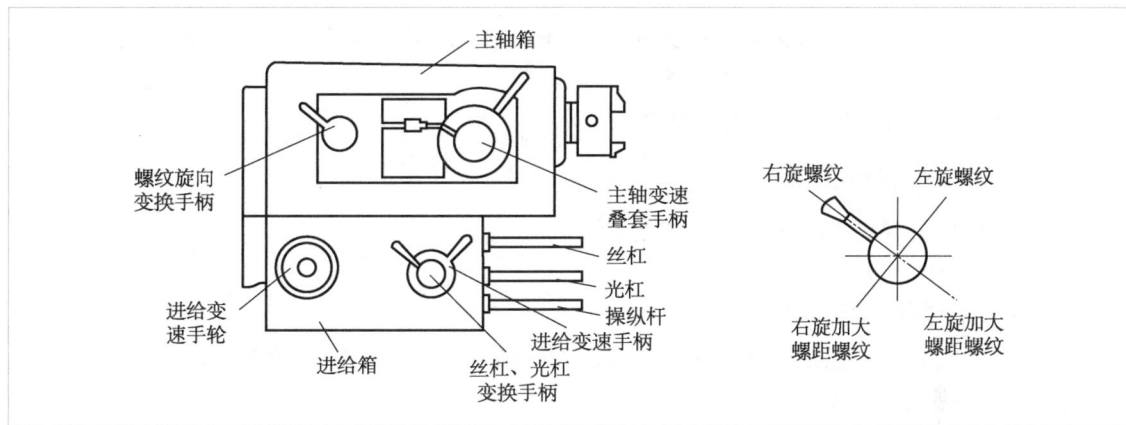

◎ 图 7-2　主轴箱、进给箱变速

4.进给箱的变速操作

调整纵向进给量为 0.35mm/r、0.08mm/r,横向进给量为 0.20mm/r、0.45mm/r。

CA6140 型车床上进给箱正面左侧有一个手轮,手轮有 8 个挡位;右侧有前、后叠装的两个手柄,前面的手柄是丝杠、光杠变换手柄,后面的手柄有Ⅰ、Ⅱ、Ⅲ、Ⅳ 4 个挡位,与手轮配合,用以调整螺距或进给量。根据加工要求调整所需螺距或进给量时,可通过查找进给箱油池盖上的标牌表来确定手轮和手柄的具体位置。

5.机动移动拖板

机动纵向移动拖板、横向移动拖板,能在指定的位置停止机动,并手动向相反方向摇拖板。CA6140 型车床的纵、横向机动进给采用单手柄操纵。自动进给手柄在溜板箱右侧,可沿十字槽纵、横扳动,手柄扳动方向与刀架运动方向一致,操作简单、方便。手柄在十字槽中央位置时,停止进给运动。另外在自动进给手柄顶部有一快进按钮,按下此钮,快速电动机工作,大拖板或中拖板手柄扳动的方向与拖板纵向或横向快速移动的方向相同;松开按钮,快速电动机停止转动,快速移动中止。

(二)制定零件的加工工艺规程

1.制定工艺规程的原则

所制定的工艺规程应保证在一定生产条件下,以最高的生产率和最低的成本,可靠地生产出符合要求的产品。为此,应尽量做到技术上先进,经济上合理,并且有良好的劳动条件。另外还应该做到正确、统一、完整和清晰;所用的术语、符号、计量单位、编号等都要符合有关的标准。

2. 制定工艺规程的主要依据(原始资料)

(1)产品的成套装配图和零件工作图。

(2)产品验收的质量标准。

(3)产品的生产纲领。

(4)现有生产条件和资料,包括毛坯的生产条件、工艺装备及专用设备的制造能力,有关机械加工车间的设备和工艺装备的条件。

(5)国内同类产品的有关工艺资料等。

3. 制定工艺规程的步骤

(1)分析研究产品图纸,进行工艺性分析。

(2)确定生产类型。

(3)确定毛坯的种类和尺寸。

(4)拟定工艺路线,包括各加工表面加工方法与加工顺序,选择定位基准和主要表面加工方法,拟定零件加工工艺路线。

(5)进行各工序的详细设计,确定工序尺寸及公差。

(6)选择机床、工艺装备,确定切削用量及确定时间定额。

(7)填写工艺文件。

4. 制定轴零件加工工艺

分析下面轴零件(图7-3)的加工工艺,制定机械加工工艺过程卡片(表7-1)。

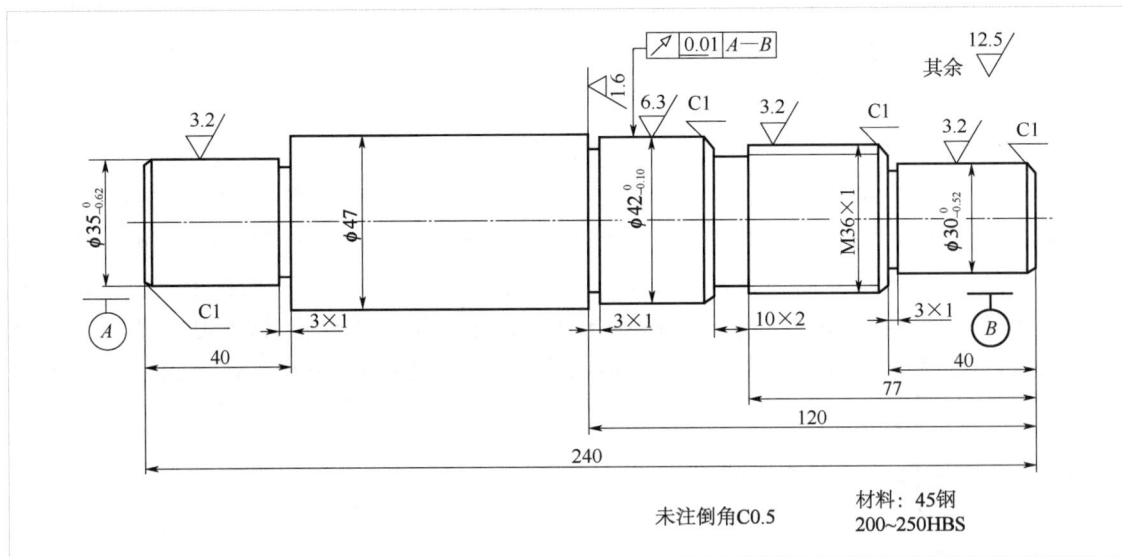

● 图7-3　轴零件图(尺寸单位:mm)

机械加工工艺过程卡片 表 7-1

			机械加工工艺过程卡片		产品名称		名称	
					产品图号		图号	
		材料名称及牌号		毛坯类型尺寸			来自何处	
		毛坯中零件数	每( )件毛重 kg	每( )件净重 kg	每( )件工艺定额 kg		交往何处	
工作地	工序号	工种	工序(步)内容及要求			工装	设备	工时定额	备注

旧底图总号								
底图总号					设计			
					审核			
日期	签名							
					标准化		第1页 共 页
		更改标记	数量	更改单号	签名	日期	批准	

续上表

工作地	工序号	工种	机械加工工艺过程卡片		产品名称		名称	
					产品图号		图号	
			工序(步)内容及要求		工装	设备	工时定额	备注

旧底图总号								
底图总号					设计			
					审核			
日期	签名							
		更改标记	数量	更改单号	签名	日期	标准化 批准	第2页 共 页

描图:　　　　　　　　描校:

四、轴类零件工艺分析及加工评分标准

正确选择毛坯进行工件的装夹,选择合适的刀具、量具、加工参数等,正确使用机床及其附件,按照图纸的技术要求,完成轴零件的加工,具体评分标准见表7-2。

轴类零件工艺分析及加工评分标准 表7-2

班级		姓名		学号			
实训		轴类零件工艺分析及加工					
轴类零件工艺分析及加工	序号	检测内容	配分	扣分标准	学生自评	教师评分	企业评分
	1	正确选择加工方法	15	酌情扣分			
	2	合理安排加工顺序	15	酌情扣分			
	3	正确制定加工工艺	15	酌情扣分			
	4	正确操作机床	15	酌情扣分			
	5	零件精度保证	15	酌情扣分			
	6	安全操作	15	酌情扣分			
工作态度	7	行为规范、纪律表现	10	酌情扣分			
综合得分			100				

完成该零件的加工,并将完成好的零件照片粘贴在空白处。

责任编辑　杨　思

封面设计　赞泰書装

机械制造技术

实训手册

QQ群(教师专用):64428474
汽车高职教学研讨群

"交通教育出版"公众号

ISBN 978-7-114-20500-2

9 787114 205002 >

定价：58.00元
（主教材+实训手册）

职业教育·装备制造大类专业教材

江苏省高等职业教育高水平专业群建设教材

机械制造技术

刘　峻　郭长城　朱敏红　主编

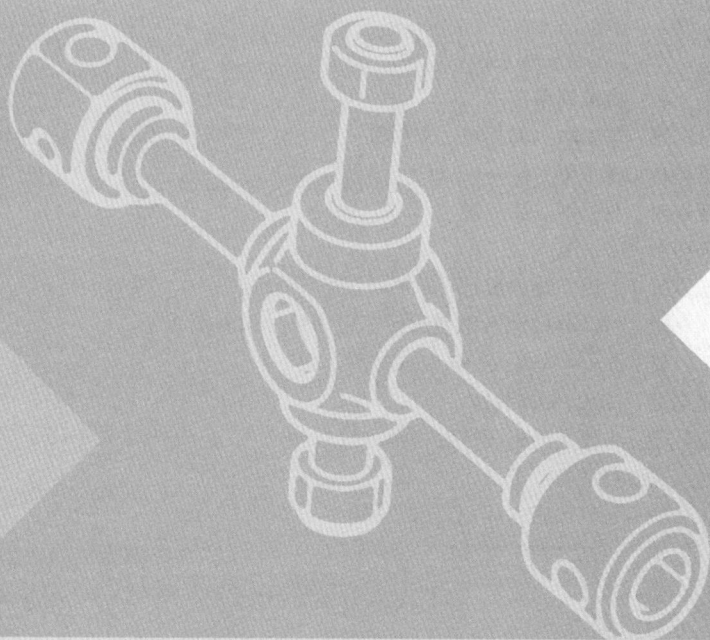

人民交通出版社

北　京

内 容 提 要

本书为职业教育装备制造大类专业教材、江苏省高等职业教育高水平专业群建设教材。其主要内容包括机械制造技术概述、机械工程材料常识、金属切削的基本知识、金属切削加工基本理论的应用、金属切削机床与加工工艺、机床夹具设计、机械加工过程与工艺规程、机械加工精度及质量、典型零件加工工艺、装配工艺基础。

本书结合制造业智能化、数字化、绿色化趋势,旨在为机械类专业学生及从业人员提供全面、系统、实用的知识体系。同时,融入新材料、智能制造及绿色制造前沿技术,并注重理论与实践结合,强化职业素养培育。书中配套活页式实训手册,培养学生动手实践能力。

本书适用于高职高专及应用型本科机械类相关专业的专业基础课程教学,也可作为企业技术人员的培训用书或工程技术人员的参考手册。

本书配套课件等资源,任课教师可加入"汽车高职教学研讨群"(QQ群号:64428474)获取。

图书在版编目(CIP)数据

机械制造技术 / 刘峻,郭长城,朱敏红主编.

北京 : 人民交通出版社股份有限公司, 2025. 8.

ISBN 978-7-114-20500-2

Ⅰ. TH

中国国家版本馆 CIP 数据核字第 2025V5N223 号

Jixie Zhizao Jishu

书　　名:机械制造技术

著 作 者:刘　峻　郭长城　朱敏红

责任编辑:杨　思

责任校对:龙　雪　武　琳

责任印制:张　凯

出版发行:人民交通出版社

地　　址:(100011)北京市朝阳区安定门外外馆斜街 3 号

网　　址:http://www.ccpcl.com.cn

销售电话:(010)85285911

总 经 销:人民交通出版社发行部

经　　销:各地新华书店

印　　刷:北京市密东印刷有限公司

开　　本:787×1092　1/16

印　　张:20.5

字　　数:492 千

版　　次:2025 年 8 月　第 1 版

印　　次:2025 年 8 月　第 1 次印刷

书　　号:ISBN 978-7-114-20500-2

定　　价:58.00 元(主教材＋实训手册)

(有印刷、装订质量问题的图书,由本社负责调换)

前言

制造业是立国之本、兴国之器、强国之基，作为国民经济的支柱产业，更是提升综合国力、维护国家安全、建设世界强国的保障。当前，我国正处于从制造业价值链低端向中高端、从制造大国向制造强国、从"中国制造"向"中国创造"转变的关键历史时期。为此，必须坚持科技是第一生产力、人才是第一资源、创新是第一动力，深入实施科教兴国战略、人才强国战略、创新驱动发展战略，开辟发展新领域新赛道，不断塑造发展新动能新优势。

为深入贯彻落实党的二十大精神，编者根据党的二十大报告和《职业院校教材管理办法》《高等学校课程思政建设指导纲要》《"十四五"职业教育规划教材建设实施方案》等相关文件精神，精心编写了本书。本书秉持"工学结合、产教融合"理念，以"理论与实践并重、技能与素养共育"为培养目标，致力于为机械类专业学生及从业人员构建系统、实用、前沿的知识体系与实践指导方案。

为了给读者提供更加全面、系统、实用的机械制造基础知识，本书内容涵盖：从机械制造技术的基本概念和发展历程，到机械工程材料的选择与应用；从金属切削机床与加工工艺的详细介绍，到金属切削加工基本知识和基本理论的应用；从机床夹具的设计到机械加工过程与工艺规程的制定，延伸至机械加工精度及质量的控制和典型零件加工工艺的介绍，最终到装配工艺基础的学习。

在编写过程中，我们注重理论与实践的结合，既介绍了机械制造技术的基本理论，又注重实际操作技能的培养。同时，本书配套活页式实训手册，培养学生动手实践能力。

本书特色如下：

1. 知识体系完整。从机械制造技术概述、工程材料、机床加工工艺，到切削理论、夹具设计、工艺规程制定，再到加工质量分析与典型零件加工，最后延伸至装配工艺，形成完整的知识链条。

2. 融入前沿技术。新增新材料应用（如复合材料、纳米材料）、智能制造技术(如数控加工、数字化工艺设计)及绿色制造理念,帮助学生紧跟行业技术革新。

3. 注重理实一体。活页式实训手册便于学生学习,基于职业能力分析提取典型实训任务,实现"知识传授"与"能力实践"的有机统一。

4. 强化学习支持。各模块配备小结、习题及拓展思考题,便于学生巩固知识、提升综合应用能力。

本书由江海职业技术学院刘峻、郭长城、朱敏红担任主编。

在编写过程中参考了国内外相关教材、技术标准及行业研究成果,在此向所有贡献者致以诚挚谢意。限于编者水平,书中难免存在疏漏,恳请广大师生和读者批评指正。

编　者
2025 年 2 月

数字资源列表

资源使用说明：

1. 扫描封面二维码，注意每个码只可激活一次；

2. 长按弹出界面的二维码关注"交通教育出版"微信公众号并自动绑定资源；

3. 公众号弹出"购买成功"通知，点击"查看详情"，进入后即可查看资源；

4. 也可进入"交通教育出版"微信公众号，点击下方菜单"用户服务—图书增值"，选择已绑定的教材进行观看。

序号	资源名称	序号	资源名称
1	非合金刚分类	13	锪孔
2	铁基金属材料分类	14	锪钻
3	铸铁的分类	15	铰刀
4	铝合金的时效强化	16	单刃内孔镗刀
5	铜合金分类	17	双刃镗刀
6	普通黄铜	18	带状切屑
7	普通青铜	19	单元切屑
8	车刀	20	挤裂切屑
9	麻花钻	21	积屑瘤形成
10	中心钻	22	刀具的磨损
11	深孔钻	23	车削与切屑形状
12	扩孔钻	24	切屑

续上表

序号	资源名称	序号	资源名称
25	刀片上的断屑槽	51	分度头应用
26	车刀角度	52	成型齿轮刀具
27	车刀角度测量	53	齿轮滚刀
28	车刀刃磨	54	齿轮滚刀加工
29	车削加工演示	55	齿轮插刀加工
30	车床组成	56	插齿刀
31	刀架	57	圆柱心轴(微课)
32	跟刀架与中心架	58	圆柱心轴(彩图)
33	三爪卡盘安装工件	59	锥度心轴
34	铰孔	60	键铣削仿真加工
35	卧式车床的加工范围	61	V 形块
36	内圆磨削	62	菱形销
37	平面磨削	63	一面两孔过定位
38	外圆磨削	64	单个螺旋夹紧机构1
39	铣床类型	65	单个螺旋夹紧机构2
40	铣削加工工艺	66	浮动式螺旋压板夹紧机构
41	铣键槽	67	铣床夹具
42	逆铣录像	68	钻床夹具
43	铣削运动	69	滑柱式钻模
44	顺铣录像	70	钻径向孔仿真加工
45	牛头刨床	71	钻轴向三孔仿真加工
46	铣镗床	72	铸造
47	孔的加工	73	自由锻
48	摇臂钻工作过程	74	轴类零件仿真加工
49	扩孔	75	加工轴类、盘套零件
50	仿形法加工直齿轮		

目录

模块1

机械制造技术概述

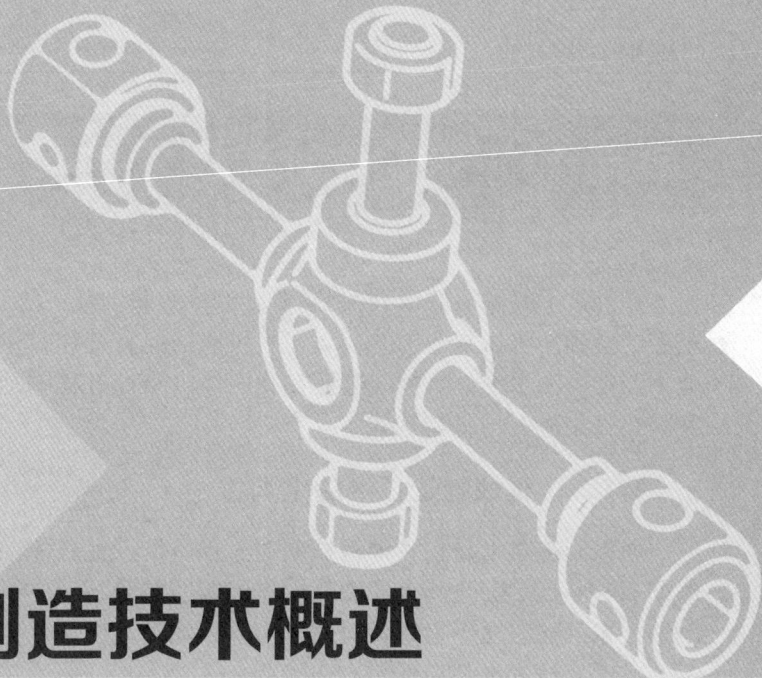

学习目标

知识目标

◎理解机械制造技术的概念。
◎熟悉机械制造技术的特点与优势。
◎洞察机械制造技术的发展趋势。
◎掌握机械制造技术的学习内容及要求。

技能目标

◎能掌握初步的机械制造技术学习方法。
◎能根据机械制造技术的发展趋势了解行业发展。

素养目标

◎能够根据机械制造技术的学习要求，制订合理的学习计划，提升自我学习效率。
◎培养创新思维和实践能力，为技术创新和产业升级贡献力量。

单元 1.1 机械制造技术的概念及发展

在经济不断发展的今天,制造业已经成为我国经济的支柱产业,机械制造为制造业奠定了坚实的基础。机械制造中的金属切削机床的拥有量和技术水平高低,可以反映一个国家的工业生产能力和水平。机械制造业在我国经济建设过程的地位是十分重要的,而金属切削机床又是机械制造业的坚实基础。

1.1.1 机械制造技术的定义

机械制造技术是指各种机械制造过程所涉及的技术总称。它不仅包括传统的金属切削、磨削、装配等工艺,还涵盖了现代先进的制造技术,如数控加工、智能制造、特种加工等。机械制造技术的核心在于将原材料通过一系列加工过程转变为具有特定功能和使用价值的机械产品。其主要技术类型如下:

(1)金属切削技术,包括车削、铣削、磨削等,是机械制造中最基本的加工方法之一。这些技术通过切削工具去除工件上多余的材料,以达到所需的形状和尺寸。

(2)装配技术。将加工好的零件按照设计要求进行组合和装配,形成完整的机械产品。装配过程中需要考虑零件之间的配合、精度和可靠性等因素。

(3)特种加工技术。如电火花加工、电解加工、超声波加工等,这些技术适用于加工难切削材料或复杂形状零件。

(4)智能制造技术。结合计算机、物联网、人工智能等技术,实现机械设备的智能化控制和管理。智能制造技术可以提高生产效率、降低能耗和成本,是未来机械制造技术的重要发展方向。

1.1.2 机械制造技术的特点与优势

机械制造技术作为现代工业的核心组成部分,具有一系列显著的特点与优势,这些特点与优势不仅推动了制造业的发展,也促进了社会经济的整体进步。以下是机械制造技术的主要特点与优势:

1)机械制造技术的特点

(1)高度集成化。机械制造技术融合了设计、制造、测试、管理等多个环节,形成了高度集成的生产系统。通过计算机辅助设计(Computer Aided Design,CAD)、计算机辅助制造(Computer Aided Manufacturing,CAM)、计算机辅助工程(Computer Aided Engineering,CAE)等技术的应用,实现了从设计到制造的无缝衔接。

(2)高精度与高效率。借助先进的加工设备和工艺,如数控机床、激光切割、3D打印等,机械制造技术能够实现高精度加工,满足复杂零件的需求。自动化和智能化的生产流程大大提高了生产效率,缩短了产品交付周期。

(3)灵活性与适应性。机械制造技术能够快速适应市场需求的变化,通过调整生产计划和工艺参数,灵活生产不同规格和类型的产品。模块化设计使得生产线易于调整,能够快速切换生产不同系列的产品。

（4）可持续发展性。机械制造技术注重环保和节能,通过采用绿色材料和工艺,减少资源消耗和废弃物排放。循环经济和再利用技术的应用促进了资源的可持续利用。

综上所述,机械制造技术以其高度集成化、高精度与高效率、灵活性与适应性以及可持续发展性等特点,为制造业带来了显著的优势。

2）机械制造技术的优势

（1）提高产品质量。机械制造技术的高精度和自动化控制确保了产品的一致性和可靠性,提高了产品质量。通过在线检测和质量控制技术,及时发现并纠正生产中的缺陷,降低了废品率。

（2）降低成本。自动化和智能化的生产流程减少了人工干预,降低了劳动力成本。高效的生产设备和工艺提高了材料利用率,减少了浪费,降低了原材料成本。

（3）增强市场竞争力。机械制造技术能够快速响应市场需求,缩短产品上市周期,增强企业的市场竞争力。高质量的产品和良好的售后服务提升了品牌形象和客户满意度。

（4）推动产业升级。机械制造技术的不断创新和发展推动了制造业的产业升级和转型。智能化、绿色化等先进技术的应用促进了制造业向更高层次的发展。

这些优势不仅提高了产品质量和降低了成本,还增强了企业的市场竞争力并推动了产业升级。随着科技的不断进步和市场需求的变化,机械制造技术将继续创新和发展,为制造业的繁荣做出更大的贡献。

1.1.3　机械制造技术的发展趋势

当今世界,新一轮科技革命和产业变革深入演进。信息技术、生物技术、新材料技术、新能源技术以及制造技术等领域的深度融合,极大地促进了机械工程技术的发展,使其呈现出绿色化、智能化、非凡性能化、高度集成化及服务导向化的鲜明特征。

1）新一轮科技革命和产业变革

新一轮科技革命和产业变革的本质特征体现为信息网络技术与制造体系的深度交融与协同发展。这一进程以制造业数字化为根基,依托信息网络技术的承载作用,并融合新能源、新材料以及生物技术等领域的突破性进展,共同驱动着新一轮的产业转型与升级。

（1）数字化技术、信息网络技术对机械制造的影响。在未来,以信息网络技术为主导的技术创新与应用预计将步入一个更为迅猛的发展阶段,全球制造业及经济社会转型的方向与趋势将愈发明确且显著。信息网络、云计算、大数据等前沿技术的日新月异,不仅在生产供给侧、消费需求端、商业服务模式、金融与商业流通体系、公共管理与服务领域以及创新创业活动中,均开辟了新的机遇窗口,同时也带来了前所未有的挑战。这些技术的深度渗透与融合,正引领着各领域向更高效、更智能、更可持续的方向发展。

（2）新材料对机械制造的影响。材料作为技术创新的基石与核心驱动力,其发明与应用历来是全球科技创新的先导,有力推动了高新技术制造业的转型升级,并催生出众多新兴产业。轻量化材料、纳米材料、增材制造(3D打印)材料、智能仿生材料以及超材料等前沿新材料的创新水平,直接关系到我国在机械制造领域内能否抢占技术制高点,对于提升国家竞争力具有至关重要的作用。

（3）新能源对机械制造的影响。自 21 世纪伊始，全球各国持续加大对太阳能、风能、地热能、海洋能、生物能及核能等新能源技术的投资力度。新能源与绿色经济已成为引领科技与产业深度融合的关键趋势，生态农业领域亦步入快速发展轨道，正逐步成长为经济社会发展的新引擎与重要支柱。

（4）生物技术对机械制造的影响。生命科学、信息科学、纳米科学与认知科学的交叉融合，正逐渐成为科学探索的前沿。在这一背景下，生物制造技术应运而生，它将生物技术巧妙融入制造流程中，不仅能够用于生产生物医学装置与设备，还能制造出人造生物组织及其功能性替代品。另一方面，仿生制造技术则通过精密模仿自然有机体的结构，设计和打造出高性能的材料、结构、装置与设备。此外，生物技术还进一步将制造技术的边界拓展至生命科学领域，为医学工程的未来发展开辟了新的科学原理与技术途径，潜力无限。

2）机械制造技术五大发展趋势

（1）绿色化。保护全球环境，确保社会可持续发展，已成为世界各国普遍关注的重要议题。推动机械工业实现绿色、低碳、循环发展，不仅是该行业自身可持续发展的内在要求，也是支撑我国经济社会健康、长远发展的关键。为此，需全面考虑产品从设计、制造、包装、运输、使用直至回收处理的整个生命周期的绿色化转型。这要求不断升级和应用绿色制造技术与工艺，以减少资源能源的消耗，促进资源的持续高效利用。同时，通过减少污染物的排放，提升生产与消费过程与环境的和谐共存度，最终达成经济效益与环境效益的双重优化，为构建更加绿色、可持续的未来贡献力量。

（2）智能化。数控技术、机器人技术和计算机辅助设计技术的融合，率先在制造活动中引入了数字技术，并成功满足了柔性制造对多样化制成品的需求。传感技术的广泛发展与应用，为制造过程提供了海量数据，而人工智能技术的飞跃，则为这些数据的分析处理提供了强有力的支持，助力制造技术腾飞到新高度。

智能制造技术，作为一种综合性的交叉技术，深度贯穿于产品生命周期的各个环节，它不仅能够感知和分析各类数据与信息，还能有效表达和学习相关经验与知识，并基于这些数据、信息和知识进行智能决策与执行。该技术旨在提升生产柔性、优化决策过程、提高资源生产力和利用效率。其应用范围广泛，涵盖了产品设计、生产、管理以及服务等全生命周期的各个方面。

（3）超常化。现代基础工业、航空航天及电子制造领域的蓬勃发展，对机械工程技术提出了更为严苛与新颖的要求，这直接催生了多种超常态条件下的先进制造技术。通过深入的科学探索与实践，人类将不断深化对物质在极端尺度（极大或极小）或超常制造环境下的内在规律的理解，同时加深对超常条件与制造对象之间复杂相互作用机制的认识，为未来的科技进步与产业发展奠定坚实基础并作出重要贡献。

（4）融合。随着信息技术、新材料技术、生物技术、新能源技术等前沿领域的蓬勃发展以及社会文明的持续进步，新技术、新理念与制造技术之间的深度融合，正逐步塑造出全新的制造模式，预示着新技术领域的重大突破与技术体系的深刻变革。展望未来，机械工业的发展将更加深度地融入各类高新技术与新概念，这不仅将推动机械制造技术实现质的飞跃，还将引领整个行业迈向更加高效、环保与智能的新纪元。

（5）服务化。迈入21世纪，全球网络通信、云计算、云存储及大数据技术的飞速发展，为制造业构筑了全新的技术驱动基石与信息网络物理环境。面对全球市场日益增长的多元化与个性化需求以及资源环境方面的严峻挑战，这些因素共同构成了推动制造业文明转型的强大动力。在此背景下，制造业正经历着从传统的以工厂化、规模化、自动化为显著特征的工业制造模式，向更加注重用户体验、强调多元化、个性化、定制化服务以及倡导协同创新、全球网络化智能制造服务的深刻转变。这一转型不仅重塑了制造业的生产方式，也极大地丰富了其服务内涵与价值创造空间。

加速推进服务型制造的发展，对于提升我国机械工业的质量与效益，推动经济发展模式转型具有重大意义，同时也是孕育国民经济新增长点的关键策略。当前，制造服务业已广泛渗透至多个行业，制造服务技术正日益成为机械制造技术体系中不可或缺的一环，为产品全价值链服务的实现提供了坚实支撑。这一趋势不仅深化了制造业的服务导向，也促进了制造业与服务业的深度融合，为产业升级与经济结构优化注入了新的活力。

单元 1.2　机械制造技术的学习内容及要求

1.2.1　机械制造技术的学习内容

机械制造技术的学习内容是一个既综合又深入的知识体系，机械制图、公差配合、工程力学、工程材料与热处理工艺、电工电子技术、液压与气动等是机械制造技术的基础理论。机械设计基础、数字化设计技术、机械系统设计原理、产品三维建模与结构设计、机械制造工艺流程、数控编程与机床操作以及精密测量技术等是机械制造技术的核心专业内容。金工实习、课程设计与毕业设计等实践环节，是学习旅程中不可或缺的组成部分，通过将理论知识转化为实际操作，可极大地增强解决实际问题的能力。

此外，为了紧跟技术前沿，还需密切关注先进制造技术的发展动态，尤其是智能制造与绿色制造等新兴领域，同时还应涉足企业管理与质量控制等跨学科知识，以期全面提升个人的综合素质与行业竞争力，为未来职业生涯奠定坚实的基础。

1.2.2　机械制造技术的学习要求

机械制造技术的学习要求全面而深入，旨在培养综合能力，具体包括以下方面：

（1）扎实的机械制造技术理论知识。掌握机械制图、公差配合、工程力学等基础知识，为机械设计、制造提供理论基石。深入理解工程材料与热处理工艺，了解材料的性能与应用，为选材与加工提供依据。

（2）核心专业技能的深入学习和实践。精通机械设计基础、数字化设计技术，具备设计、分析和优化机械系统的能力。掌握产品三维建模与结构设计，能够独立完成产品的设计任务。熟练掌握机械制造工艺流程、数控编程与机床操作、精密测量技术等实际操作技能，提升制造与加工能力。

(3)紧跟技术前沿。关注智能制造、绿色制造等新兴领域的发展趋势和技术特点,了解未来制造业的发展方向。掌握先进制造技术,保持竞争力,为未来的职业生涯做好准备。

(4)企业管理与质量控制能力。了解企业管理的基本原理和方法,掌握质量控制的基本技术和手段。具备质量意识和安全意识,提高产品质量和生产效率,适应企业需求。

综上所述,机械制造技术的学习旨在培养具备扎实理论基础、熟练操作技能、敏锐技术前沿视野以及良好企业管理与质量控制能力的专业人才。

⚠ 模块小结

经过本模块的学习,机械制造技术的全面而系统的认识得以构建。从机械制造技术的核心概念出发,明确了其作为现代工业体系核心组成部分的重要地位以及涵盖设计、材料、工艺、自动化控制等多个关键要素的特点。机械制造技术所展现出的高精度、高效率、灵活性等特点,在成本控制、质量提升、环境友好等方面相较于传统制造方式展现出显著优越性。同时,本模块也关注了机械制造技术的发展趋势,特别是智能制造、绿色制造、数字化设计等前沿领域的发展动态。这些新兴技术和趋势的学习,不仅拓宽了视野,更为未来的职业规划提供了宝贵的参考方向。机械制造技术的学习内容和要求也得到了详细的阐述。从基础理论到专业技能,再到实践环节,每一个环节的学习都至关重要。明确了机械制造技术的学习体系,制定了相应的学习目标,为未来在机械制造技术领域的深入学习和职业发展奠定了坚实的基础。

通过本模块的学习,专业知识水平得到了提升,同时,科学思维、创新意识、团队协作精神、沟通能力等综合素养也得到了培养。质量意识和安全意识得以树立,对可持续发展和环保的重视也得到了加强,为成为具备综合能力的机械制造技术人才做好了充分准备。

◎ 模块习题

1. 判断题

(1)机械制造技术仅涉及机械设计和制造过程,不包括自动化控制和质量管理。(　　)

(2)机械制造技术的主要特点之一是高效率,能够显著提高生产速度。(　　)

(3)机械制造技术的发展趋势中,数字化设计已经过时,不再是未来发展的重要方向。

(　　)

(4)学习机械制造技术不需要进行实践操作,只需掌握理论知识即可。(　　)

2. 选择题

(1)机械制造技术的基础理论知识不包括以下哪一项?(　　)

　　A. 机械制图　　　　B. 公差配合　　　　C. 市场营销　　　　D. 工程力学

(2)以下哪项不是机械制造技术的核心专业技能?(　　)

  A. 数字化设计技术　　　　　　　　　B. 数控编程与机床操作

  C. 财务管理　　　　　　　　　　　　　D. 产品三维建模与结构设计

(3)机械制造技术中,哪一领域代表了未来制造业的发展方向? (　　　)

  A. 传统手工制造　　　　　　　　　　B. 智能制造

  C. 低效制造　　　　　　　　　　　　D. 高污染制造

(4)机械制造技术的学习要求中,哪一项不是必要的? (　　　)

  A. 扎实的理论基础　　　　　　　　　B. 熟练的操作技能

  C. 对新兴技术的忽视　　　　　　　　D. 良好的企业管理与质量控制能力

(5)在机械制造技术的学习过程中,以下哪项实践环节不是必需的? (　　　)

  A. 金工实习　　　　B. 课程设计　　　　C. 社交活动　　　　D. 毕业设计

3. 简答题

(1)简述机械制造技术的主要特点。

(2)列举机械制造技术中几个重要的学习内容。

(3)简述机械制造技术的发展趋势。

(4)在机械制造技术的学习过程中,实践环节的作用是什么?

(5)机械制造的学习要求中,为什么需要了解企业管理与质量控制的知识和能力?

模块2

机械工程材料常识

学习目标

知识目标

◎熟悉金属材料的分类、成分和性能特点。

◎掌握钢的热处理常识。

◎了解当前机械工程领域中的新型材料。

◎认识机械工程材料的发展趋势。

技能目标

◎能够准确识别并列举出常见的金属材料和非金属材料。

◎能够根据材料的成分、性能要求和工艺条件，制定合理的热处理工艺方案。

◎能够分析新型材料的性能特点和应用优势。

素养目标

◎通过了解我国在制造工艺方面所取得的举世瞩目的成就，树立民族自豪感、自信心，增强爱国情怀。

◎能够准确识别并列举出常见的金属材料和非金属材料，理解它们的基本特性和应用场景。

单元 2.1　常见的工程材料

常见的机械工程材料主要包括金属材料、非金属材料。以下是对这两类材料的介绍。

2.1.1　金属材料

金属材料常用于机械工程,以高强度、高刚性、高硬度及良好导热导电性著称,常见类型包括碳素钢、合金钢、铸铁和有色金属。

1)碳素钢

碳素钢实际上是含碳量为 0.02% ~ 2.11% 的铁碳合金,又称碳钢或非合金钢。碳素钢的性能与含碳量有关:含碳量越高,其强度、硬度越高;含碳量越低,其韧性越好。

（1）碳素钢的分类。

生产上常根据含碳量对碳素钢进行分类,一般把含碳量低于 0.25% 的钢称为低碳钢,含碳量为 0.25% ~ 0.6% 的钢称为中碳钢,含碳量在 0.6% 以上的钢称为高碳钢。低碳钢与中碳钢常用于制造机器零件;高碳钢则适用于刀具、量具的制造。依据冶金质量和有害杂质硫、磷含量,碳素钢又分普通、优质及高级优质三类。

按用途不同,碳素钢又可分为碳素结构钢和碳素工具钢。其中,碳素结构钢又分普通碳素结构钢和优质碳素结构钢。碳素钢在冶炼过程中,不可避免地会残存一些杂质元素,如硅、锰、硫、磷等。其中,有些杂质元素是有益的,如硅和锰;也有一些是有害的,如硫和磷。

（2）碳素钢的牌号和用途。

钢的品种繁多,为了便于生产、管理和使用,必须将钢进行编号。

①普通碳素结构钢。这类钢主要保证力学性能,故其牌号体现其力学性能,用 Q + 数字表示,其中"Q"为屈服强度"屈"字的汉语拼音字首,数字表示屈服强度,例如 Q275 表示屈服强度为 275MPa。若牌号后面标注字母 A、B、C、D,则表示钢材质量等级不同,含 S、P 的量依次降低,钢材质量依次提高。若在牌号后面标注字母"F"则为沸腾钢,标注"Z"为镇静钢。例如 Q235AF 表示屈服强度为 235MPa 的 A 级沸腾钢,Q235CZ 表示屈服强度为 235MPa 的 C 级镇静钢。表 2-1 和表 2-2 分别列出了普通碳素结构钢的牌号、化学成分和力学性能。

普通碳素结构钢一般情况下都不经热处理,而在供应状态下直接使用。通常 Q195、Q215、Q235 钢碳的质量分数低,焊接性能好,塑性、韧性好,有一定强度,常轧制成薄板、钢筋、焊接钢管等,用于桥梁、建筑等结构和制造普通铆钉、螺钉、螺母等零件。Q275 钢碳的质量分数稍高,强度较高,塑性、韧性较好,可进行焊接,通常轧制成型钢、条钢和钢板作结构件以及制造简单机械的连杆、齿轮、联轴器、销等零件。

非合金刚分类

铁基金属材料分类

普通碳素结构钢的牌号和化学成分

表 2-1

牌号	等级	质量分数 w(% ,不大于)					脱氧方法
		C	Mn	Si	S	P	
Q195	—	0.12	0.25 ~ 0.50	0.30	0.050	0.045	F、Z
Q215	A	0.15	0.25 ~ 0.55	0.30	0.050	0.045	F、Z
	B				0.045		
Q235	A	0.22	0.30 ~ 0.65	0.30	0.050	0.045	F、Z
	B	0.20	0.30 ~ 0.70		0.045		
	C	0.17	0.35 ~ 0.80		0.040	0.040	Z
	D	0.17			0.035	0.035	TZ
Q275	—	0.28 ~ 0.38	0.50 ~ 0.80	0.35	0.050	0.045	Z

注:1. Q235 A、B 级沸腾钢锰的质量分数上限为 0.60% 。

2. "F"沸腾钢,"Z"镇静钢,"TZ"特殊镇静钢。

普通碳素结构钢的力学性能

表 2-2

牌号	等级	拉伸试验												冲击试验（V 形缺口）	
		屈服强度 $R_{p0.2}$（MPa）						抗拉强度 R_m（MPa）	伸长率 A_5（%）					温度（℃）	冲击吸收功（纵向）（J）
		钢材厚度（直径）（mm）							钢材厚度（直径）（mm）						
		≤16	>16 ~ 40	>40 ~ 60	>60 ~ 100	>100 ~ 150	>150		≤40	>40 ~ 60	>60 ~ 100	>100 ~ 150	>150 ~ 200		
		不小于							不小于						不小于
Q195	—	195	185	—	—	—	—	315 ~ 430	33	—	—	—	—	—	—
Q215	A	215	205	195	185	175	165	335 ~ 410	31	30	29	27	26	—	—
	B													20	27
Q235	A	235	225	215	215	195	185	375 ~ 500	26	25	24	22	21	—	—
	B													20	27
	C													0	
	D													− 20	
Q275	A	275	265	255	245	225	215	410 ~ 540	22	21	20	18	17	20	27
	B													0	
	C													− 20	

②优质碳素结构钢。这类钢必须同时保证化学成分和力学性能。其牌号是采用两位数字表示钢中平均碳的质量分数的万分数（$w_C \times 10000$）。例如 45 钢表示钢中平均碳的质量分数为 0.45% ;08 钢表示钢中平均碳的质量分数为 0.08% 。

优质碳素结构钢主要用于制造机器零件。一般都要经过热处理以提高力学性能。根据碳的质量分数不同,有不同的用途。08、10 钢,塑性、韧性强,具有优良的冷成型性能和焊接性能,常冷轧成薄板,用于制作仪表外壳、汽车和拖拉机上的冷冲压件,如汽车车身、拖拉机驾驶室等;15、20、25 钢用于制作尺寸较小、负荷较轻、表面要求耐磨、心部强度要求不高的渗碳零件,如活塞销、样板等;30、35、40、45、50 钢经热处理(淬火 + 高温回火)后具有良好的综合力学性能,即具有较高的强度、塑性和韧性,用于制作轴类零件,例如 40、45 钢常用于制造汽车、拖拉机的曲轴、连杆、一般机床主轴、机床齿轮和其他受力不大的轴类零件;55、60、65 钢经热处理(淬火 + 中温回火)后具有高的弹性极限,常用于制作负荷不大、尺寸较小(截面尺寸小于12 ~ 15mm)的弹簧,如调压和调速弹簧、柱塞弹簧、冷卷弹簧等。优质碳素结构钢的化学成分和力学性能分别见表 2-3 和表 2-4。

优质碳素结构钢的化学成分 表 2-3

牌号	化学成分 w(%)							
	C	Si	Mn	P	S	Ni	Cr	Cu
				不大于				
08	0.05 ~ 0.11	0.17 ~ 0.37	0.35 ~ 0.65	0.035	0.035	0.30	0.10	0.25
10	0.07 ~ 0.13	0.17 ~ 0.37	0.35 ~ 0.65	0.035	0.035	0.30	0.15	0.25
15	0.12 ~ 0.18	0.17 ~ 0.37	0.35 ~ 0.65	0.035	0.035	0.30	0.25	0.25
20	0.17 ~ 0.23	0.17 ~ 0.37	0.35 ~ 0.65	0.035	0.035	0.30	0.25	0.25
25	0.22 ~ 0.29	0.17 ~ 0.37	0.50 ~ 0.80	0.035	0.035	0.30	0.25	0.25
30	0.27 ~ 0.34	0.17 ~ 0.37	0.50 ~ 0.80	0.035	0.035	0.30	0.25	0.25
35	0.32 ~ 0.39	0.17 ~ 0.37	0.50 ~ 0.80	0.035	0.035	0.30	0.25	0.25
40	0.37 ~ 0.44	0.17 ~ 0.37	0.50 ~ 0.80	0.035	0.035	0.30	0.25	0.25
45	0.42 ~ 0.50	0.17 ~ 0.37	0.50 ~ 0.80	0.035	0.035	0.30	0.25	0.25
50	0.47 ~ 0.55	0.17 ~ 0.37	0.50 ~ 0.80	0.035	0.035	0.30	0.25	0.25
55	0.52 ~ 0.60	0.17 ~ 0.37	0.50 ~ 0.80	0.035	0.035	0.30	0.25	0.25
60	0.57 ~ 0.65	0.17 ~ 0.37	0.50 ~ 0.80	0.035	0.035	0.30	0.25	0.25
65	0.62 ~ 0.70	0.17 ~ 0.37	0.50 ~ 0.80	0.035	0.035	0.30	0.25	0.25

优质碳素结构钢的力学性能 表 2-4

牌号	试样毛坯尺寸(mm)	推荐热处理(℃)			力学性能					钢材交货状态硬度(HBW)	
		正火	淬火	回火	R_m(MPa)	$R_{p0.2}$(MPa)	A_5(%)	Z(%)	A_K(J)	未热处理	处理钢
					不小于					不大于	
08	25	930	—	—	325	195	33	60	—	131	—
10	25	930	—	—	335	205	31	55	—	137	—
15	25	920	—	—	375	225	27	55	—	143	—
20	25	910	—	—	410	245	25	55	—	156	—
25	25	900	870	600	450	275	23	50	71	170	—
30	25	880	860	600	490	295	21	50	63	179	—
35	25	870	850	600	530	315	20	45	55	197	—

续上表

牌号	试样毛坯尺寸（mm）	推荐热处理（℃）			力学性能					钢材交货状态硬度（HBW）	
		正火	淬火	回火	R_m（MPa）	$R_{p0.2}$（MPa）	A_5（%）	Z（%）	A_K（J）	未热处理	处理钢
					不小于					不大于	
40	25	860	840	600	570	335	19	45	47	217	187
45	25	850	840	600	600	355	16	40	39	229	197
50	25	830	830	600	630	375	14	40	31	241	207
55	25	820	—	—	645	380	13	35		255	217
60	25	810	—	—	675	400	12	35		255	229
65	25	810	—	—	695	410	10	30		255	229

③碳素工具钢。这类钢的牌号用 T + 数字表示,其中"T"为"碳"字的汉语拼音字首,数字表示钢中平均碳的质量分数的千分数($w_C \times 1000$）。例如 T8、T10 分别表示钢中平均 w_C 为 0.80% 和 1.0% 的碳素工具钢。若为高级优质碳素工具钢,则在钢号最后附以"A"字,例如 T12A 等。

碳素工具钢经热处理(淬火 + 低温回火)后具有高硬度,用于制造尺寸较小要求耐磨性强的量具、刀具和模具等。随着钢中碳的质量分数增加,由于未溶渗碳体数量增多,则钢的耐磨性增强,而韧性则降低,因此它们适于在不同场合下使用。表 2-5 列出了常用碳素工具钢的牌号、成分、热处理。

常用碳素工具钢的牌号、成分、热处理　　　　表 2-5

牌号	化学成分 w(%)					淬火			交货状态硬度（HBW）	
	C	Mn	Si	S	P	温度（℃）	冷却介质	硬度（HRC）≥	退火（℃）	退火后冷却≥
T7	0.65~0.74			≤0.030	≤0.035	800~820	水	62	187	241
T7A	0.65~0.74			≤0.020	≤0.030	800~820	水	62	187	241
T8	0.75~0.84			≤0.030	≤0.035	780~800	水	62	187	241
T8A	0.75~0.84	≤0.40	≤0.35	≤0.020	≤0.030	780~800	水	62	187	241
T10	0.95~1.04			≤0.030	≤0.035	760~780	水	62	197	241
T10A	0.95~1.04			≤0.020	≤0.030	760~780	水	62	197	241
T12	1.15~1.24			≤0.030	≤0.035	760~780	水	62	207	241
T12A	1.15~1.24			≤0.020	≤0.030	760~780	水	62	207	241

④铸造碳钢。铸造碳钢简称铸钢,牌号由"ZG"+ 两组数字组成。其中,"ZG"是"铸、钢"两字的汉语拼音大写首字母;在两组数字中,前一组数字表示为铸件的屈服强度的最低值,后一组数字表示抗拉强度的最低值。例如,ZG200~400 表示屈服强度不小于 200MPa、抗拉强度

不小于400MPa的铸钢。

铸钢主要用于受冲击载荷作用的形状复杂件,如轧钢机机架、重载大型齿轮、飞轮等,因为对于许多形状复杂件,很难用锻压等方法成型,用铸铁又难以满足性能要求,这时就需选用铸钢件。铸钢中含碳量 w_C 为 $0.15\% \sim 0.6\%$,若碳的质量分数过高,则塑性差,易产生裂纹。

目前,常用铸钢的牌号有 ZG230~500、ZG270~500 和 ZG310~570,其中,ZG270~500 是生产中常用的材料,多用于大箱体的制造。为了消除铸造内应力,铸完后要进行热处理,同时为了防止生锈,还要涂上防锈漆。

2)合金钢

随着现代工业和科学技术的不断发展,对设备零件的强度、硬度、韧性、塑性、耐磨性及物理性能、化学性能的要求也越来越高。尽管碳钢的冶炼、加工简单,价格低廉,并且可以通过改变碳的含量和采用相应的热处理,改善其性能而满足很多生产上的要求,但碳钢在高强度、高耐磨性等特殊性能方面已不能满足使用要求。

合金钢正是为了弥补碳钢的缺点而发展起来的。所谓合金钢,就是为得到或改善某些性能,在碳钢的基础上,有意加入一种或多种合金元素所制成的钢,常加入的元素有锰(Mn)、硅(Si)、铬(Cr)、镍(Ni)等。根据添加元素的不同,可采取适当的加工工艺,以获得高强度、高韧性、耐磨、耐腐蚀、耐低温、耐高温、无磁等特殊性能。目前,世界上的合金钢种类已有数千种。

(1)合金钢的分类。

合金钢种类繁多,分类方法也较多,常用的有两种:一是按合金钢中合金元素总含量分为低合金钢(合金元素总含量小于5%)、中合金钢(合金元素总含量为5%~10%)、高合金钢(合金元素总含量大于10%);二是按合金钢的用途分为合金结构钢、合金工具钢和特殊性能钢;合金结构钢又分为建筑工程用合金结构钢和机械制造用合金结构钢两类。

合金钢优点虽多,但也存在不足之处,如钢中加入合金元素往往使其冶炼、铸造、锻造、焊接及热处理等工艺比碳钢更复杂,成本也更高。因此,当碳钢能满足要求时,应优先选用碳钢,以符合节约原则。

(2)合金钢的牌号和用途。

①合金结构钢的牌号和用途。合金结构钢是通过在碳素钢中添加合金元素以改善力学性能的钢材,广泛应用于建筑、机械制造等领域。

a. 建筑工程用合金结构钢的牌号和用途。建筑工程用合金结构钢的牌号表示方法与碳素结构钢相同,用字母 Q + 数字 + 质量等级符号(A、B、C、D,从 A 到 D 质量依次提高)表示。例如,Q390A 表示屈服强度不小于390MPa、质量等级为 A 的低合金高强度结构钢。

建筑工程用合金结构钢是结合我国资源条件发展起来的钢种,它是低碳结构钢,合金元素总含量小于3%。与碳素结构钢相比,它具有较高强度,足够的塑性、韧性,良好的焊接工艺性能和较好的耐蚀性。在钢中加入的主要元素有锰、硅、铬、镍、钒、铌等。

建筑工程用合金结构钢大多数在热轧、正火状态下使用,具有良好的力学性能。常用建筑工程用合金结构钢牌号有 Q295、Q345、Q390、Q420 和 Q460 等。

b. 机器制造用合金结构钢的牌号和用途。机器制造用合金结构钢常用的有合金渗碳钢、合金调质钢、合金弹簧钢和滚动轴承钢。合金渗碳钢的牌号用"两位数字 + 元素符号 + 数字"

表示。前面两位数字表示钢中含碳量的万倍。其后的元素符号表示钢中所含的合金元素。最后的数字表示该合金元素含量的百分数:若合金元素含量小于1.5%,其后不标数字;若合金元素含量大于等于1.5%且小于2.5%,其后标注2;若合金元素含量大于等于2.5%且小于3.5%其后标注3……如果硫、磷含量少,钢的质量好,则属于高级优质钢,在牌号的末尾加"A"。常用的合金渗碳钢有20Cr、20MnV、20CrMnTi、18Cr2Ni4WA等。

c. 合金调质钢的牌号和用途。合金调质钢的牌号与合金渗碳钢的牌号的表示方法相似。常用的合金调质钢有40Cr、35CrMO、38CrMoAl、40CrNiMo、40CrMnMo等。

d. 合金弹簧钢的牌号和用途。合金弹簧钢的牌号同上述两种合金钢的牌号的表示方法相似。常用的合金弹簧钢有50CrVA、60Si2Mn和60Si2CrVA等。

e. 滚动轴承钢的牌号和用途。滚动轴承钢的牌号用"G + Cr + 数字 + 其他"表示,其中"G"是"滚"字的汉语拼音大写首字母,"Cr"后面的数字表示平均含铬量的千分数,其碳的质量分数不标出。常用的滚动轴承钢有GCr9、GCr15和GCr15SiMn等。

②合金工具钢的牌号和用途。合金工具钢的牌号表示方法与合金结构钢类似,差别在于:若钢中$w_C < 1\%$,牌号前的数字表示平均含碳量的千分数;若钢中$w_C \geq 1\%$,牌号前不标出含碳量。

对于合金工具钢中的高速工具钢,无论其碳的质量分数是多少均不标出。因合金工具钢和高速工具钢都是高级优质钢,故其牌号后面不必再加"A"。合金工具钢比碳素工具钢具有更高硬度、耐磨性,特别是具有更好的淬透性、热硬性和回火稳定性等,因而可以制作形状复杂、性能要求高的刃具、模具、量具和其他工具。

合金工具钢按用途分为合金刃具钢、合金模具钢、合金量具钢。

a. 合金刃具钢。合金刃具钢用于制造各种刀具,主要指车刀、铣刀、钻头、丝锥、扳手等切削刀具。刀具的工作任务就是将钢材或坯料通过切削加工成工件。在切削时刀具受到工件的压力,刃部与切屑之间产生摩擦热与磨损,切削速度越大,温度越高,有时可达500 ~ 600℃;此外,还承受一定的冲击和振动。因此,要求刃具钢具有高硬度、高耐磨性和高热硬性。热硬性指刃部受热升温时,仍能维持高硬度的一种特性,又称红硬性。

合金刃具钢又分为低合金工具钢和高速钢两种。

低合金工具钢。低合金工具钢是在碳素工具钢的基础上,加入合金元素铬、锰、硅、钨等,以提高钢的淬透性和回火稳定性,提高钢的强度、耐磨性和热硬性,使其在230 ~ 260℃回火后硬度仍保持在60HRC以上,从而保证一定的热硬性。常用低合金工具钢的牌号有Cr06、Cr2、9SiCr、8MnSi、9Cr2等。

高速钢。高速钢是一种高碳合金工具钢,用高速钢制的刀具其主要特性是具有良好的热硬性,可以进行高速切削。当切削温度高达600℃时其硬度仍无明显下降,因而得名高速钢。在钢中加入的合金元素主要有钨、钼、钒等。高速钢分钨系、钨钼系和超硬系三种。常用的高速钢牌号有 W18Cr4V、CW6Mo5Cr4V2、W6Mo5Cr4V2、CW6Mo5Cr4V3、W18Cr4V2Co8、W6Mo5Cr4V2Al等。

b. 合金模具钢。根据工作条件的不同,模具钢又可分为冷作模具钢和热作模具钢两种。

冷作模具钢。冷作模具钢用于制造在室温下使金属变形的模具,如冲压模、冷镦模和拉丝模等,属于接近室温状态下对金属进行变形加工的一种模具。要求有高的硬度和良好的耐磨性以及足够的强度和韧性,而且热处理变形要小。在钢中加入的合金元素主要有钨、锰、铬、钼、钒等。常用的冷作模具钢牌号有 CrWMn、9CrWMn、9Mn2、V9SiCr 和 9Cr2 等。

热作模具钢。热作模具钢常用来制作使加热的固态金属或液态金属在压力成型的模具,前者称为热锻模具钢,后者称为压铸模具钢。由于模具要承受很大的载荷,要求具有高强度;模具在工作时往往还承受很大冲击,所以要求韧性好,即要求综合力学性能好。同时,要求具有良好的热透性和抗热疲劳性。在钢中加入的合金元素主要有锰、铬、钨、钼、钒等。热作模具钢常用的牌号有 5CrMnMO、5CrNiMO、3Cr2W8V、4CrMnSiMoV、4Cr5MoSiV 等。

c. 合金量具钢。合金量具钢用于制造各种测量工具,如卡尺、千分尺、量规、块规等测量工件尺寸的工具。

量具在使用过程中与工件接触,受到磨损与碰撞,因此要求工作部分应具有高的硬度(58~64HRC)、耐磨性、尺寸稳定性和足够的韧性。

为了保证量具的精确度,制造量具的钢应具有良好的尺寸稳定性、较高的硬度及耐磨性。在钢中加入的合金元素主要有锰、钨、铬、钒等。

③特殊性能钢牌号和用途。特殊性能钢是指具有特殊的物理性能和化学性能的钢,简称特殊钢。特殊性能钢种类较多,但常用的有不锈钢、耐热钢和耐磨钢三种。

a. 不锈钢的牌号和用途。不锈钢牌号前面的数字表示碳质量分数的千倍。当 $w_C \leq$ 0.03% 或 $w_C \leq 0.08\%$ 时,其牌号前的数字分别用"00"或"0"代替。

不锈钢是指在大气和一般介质中具有高耐蚀性的钢。在生产实践和科学试验中发现,当铬的含量大于 12% 时,就会使钢表面形成致密的氧化膜(Cr_2O_3),防止继续氧化。铬含量越高,钢的耐蚀性越好。

钢中的含碳量越多,铬和碳形成的碳化物就越多,这样会减少固溶体中的含铬量,降低钢的耐蚀性。因此,一般不锈钢中的含碳量较低,只有要求高硬度和耐磨性的不锈钢才能适当地提高含碳量。在钢中加入的合金元素主要有锰、铬、铌、硅等。不锈钢按组织状态分为铁素体不锈钢、马氏体不锈钢和奥氏体不锈钢。

b. 耐热钢的牌号和用途。耐热钢牌号与不锈钢牌号相似,前面的数字表示碳质量分数的千倍,当 $w_C \leq 0.03\%$ 或 $w_C \leq 0.08\%$ 时,其牌号前的数字分别用"00"或"0"代替,如 0Cr19Ni9。

耐热钢是抗氧化钢和热强钢的总称。金属材料的耐热性包含高温抗氧化性和高温强度两方面性能。在钢中加入的合金元素主要有铬、钼、锰、铌、钛、钨、铝、硼等。

抗氧化钢。在高温下有较好的抗氧化性又有一定强度的钢称为抗氧化钢,又称不起皮钢。

热强钢。在高温下有一定抗氧化能力和较高强度及良好组织稳定性的钢称为热强钢。耐热钢主要用于制作高压锅炉、汽轮机、内燃机、热处理炉等设备。耐热钢常用的牌号有 15CrMo、12CrMoV、1Cr13、1Cr11MoV、1Cr13MO、1Cr12WMoV、4Cr9Si2、0Cr18Ni11Ti、0Cr19Ni9 等。

c. 耐磨钢的牌号和用途。耐磨钢通常是指在冲击和磨损条件下使用的高锰钢,它的牌号是用符号"ZG"+元素符号 Mn+两组数字表示。其中,"ZG"代表"铸、钢"二字汉语拼音的大写首字母,Mn 后第一组数字表示所加入锰元素含量的百分数,最后一组数字1、2、3、4 表示顺序号,如"1"表示 1 号铸造高锰钢,"4"表示 4 号铸造高锰钢等。

高锰耐磨钢是指在巨大压力作用下和强烈冲击下才发生硬化的钢,主要用于制造受强烈冲击和巨大压力,并要求耐磨的零件,而在一般机器工作条件下,高锰钢并不耐磨。在钢中加入的合金元素主要有锰、硅等。高锰钢常用来制造破碎机齿板、大型球磨机衬板、挖掘机铲齿、坦克和拖拉机履带、破碎机颚板及铁轨道岔等。又由于它在受力变形时,吸收大量能量,不易被击穿,因此可用于制造防弹装甲车板、保险箱等。

高锰耐磨钢常用的牌号有 ZGMn13-1、ZGMn13-2、ZGMn13-3 和 ZGMn13-4。

3) 铸铁

铸铁是含碳量为 2.1% ~6.69% 的铁碳合金。铸铁具有优良的铸造性、减振性、耐磨性;铸铁生产工艺简单、成本低,应用广泛。特别是随着具有良好力学性能的球墨铸铁和合金铸铁的广泛应用,形成了以铁代钢的趋势。目前在汽车生产上,50% ~70% 的金属材料为铸铁,如汽缸体、汽缸盖、活塞环、变速器外壳、后桥壳等。

铸铁含有较多的硅、锰等元素,使碳在铸铁中大多数以石墨形式存在。根据铸铁中石墨的形态,铸铁可分为灰铸铁(石墨以片状的形式存在)、球墨铸铁(石墨以球状的形式存在)、可锻铸铁(石墨以团絮状的形式存在)、蠕墨铸铁(石墨以蠕虫状的形式存在)。

铸铁的分类

(1)灰铸铁。

灰铸铁用符号"HT + 数字"表示。其中,"HT"是"灰、铁"二字的汉语拼音大写首字母,后面数字表示最小抗拉强度值。例如,HT200 是最小抗拉强度为 200MPa 的灰铸铁,其中的碳元素大部或全部以自由状态的片状石墨形式存在,断口呈灰色。它具有良好铸造性切削加工性,减摩性、耐磨性好,熔化配料简单,成本低,广泛用于制造结构复杂的铸件和耐磨件。灰铸铁按基体组织不同,分为铁素体基灰铸铁、珠光体 – 铁素体基灰铸铁和珠光体基灰铸铁三类。

灰铸铁内存在片状石墨,而石墨是一种密度小、强度低、硬度低、塑性和韧性趋于零的组分。它的存在如同在钢的基体上存在大量小缺口,既减少承载面积,又增加裂纹源。因此灰铸铁强度低、韧性差,不能进行压力加工。为改善其性能,浇注前在铁液中加入一定量的硅铁、硅钙等孕育剂,使珠光体基体细化,石墨变细小而均匀分布,经过这种孕育处理的铸铁称为孕育铸铁。

常用灰铸铁的牌号有 HT150、HT200、HT250、HT300 等。

(2)球墨铸铁。

球墨铸铁的牌号由"符号 QT + 两组数字"组成。其中,"QT"是"球、铁"二字汉语拼音的大写首字母,第一组数字代表最低抗拉强度值,第二组数字代表最小伸长率。例如,QT500-07 表示最小抗拉强度为 500MPa、最小伸长率为 7% 的球墨铸铁。

在球墨铸铁冶炼时,通常要加一定量的球化剂,常用的球化剂有硅、铁、镁等,目的是使铸铁中的石墨球化。碳(石墨)以球状存在于铸铁基体中,改善了其对基体的割裂作用,使球墨铸铁的抗拉强度、屈服强度、塑性、冲击韧性大大提高。球墨铸铁具有耐磨、减振、工艺性能好、成本低等优点,现已广泛替代可锻铸铁及部分铸钢、锻钢件。

常用的球墨铸铁的牌号有 QT400-15、QT500-07、QT500-03、QT700-02 等。

（3）可锻铸铁。

可锻铸铁又称马铁,它具有一定的塑性和韧性,但它是不能锻造的。可锻铸铁按热处理后显微组织的不同分为两类:一类是黑心可锻铸铁(铁素体可锻铸铁),一类是珠光可锻铸铁。

可锻铸铁的牌号用符号"KTH 或 KTZ + 两组数字"表示。其中,"KT"是"可、铁"二字的汉语拼音大写首字母,"H"和"Z"分别表示"黑"和"珠"的汉语拼音大写首字母,牌号后边第一组数字表示最小抗拉强度值,第二组数字表示最小伸长率。例如,KTH300-06 表示最小抗拉强度值为 300MPa、最小伸长率为 6% 的黑心可锻铸铁。可锻铸铁是用含碳、硅量较低的铁碳合金铸成白口铸铁坯件,再经过长时间高温退火处理,使渗碳体分解出团絮状石墨。

常用的可锻铸铁的牌号有 KTH300-06、KTH350-10、KTZ450-06、KTZ550-04 等。

（4）蠕墨铸铁。

蠕墨铸铁的牌号用"RuT + 一组数字"表示。其中,"RuT"是"蠕、铁"二字的汉语拼音字母,后面一组数字表示其最小抗拉强度值。例如,RuT300 表示最小抗拉强度值为 300MPa 的蠕墨铸铁。

蠕墨铸铁是 20 世纪 70 年代发展起来的一种新型铸铁,因其内部石墨很像蠕虫而得名。蠕墨铸铁的力学性能介于相同基体组织的灰铸铁和球墨铸铁之间,同时兼有球墨铸铁和灰铸铁的性能。因此,它具有独特的用途,在钢锭模、汽车发动机、排气管、玻璃模具、柴油机缸盖、制动零件等方面的应用均取得了良好的效果。特别是我国第二汽车制造厂蠕墨铸铁排气管流水线的投产,标志着我国蠕墨铸铁生产已达到高水平。

常用的蠕墨铸铁的牌号有 RuT260、RuT300、RuT340、RuT380、RuT420 等。我国在蠕墨铸铁形成机制的研究方面处于领先地位。另外,在蠕墨铸铁的处理工艺、铁液熔炼及炉前质量控制、蠕墨铸铁常温和高温性能方面均进行了广泛、深入的研究。特别要指出的是,在我国冲天炉条件下,不少工厂能稳定地生产蠕墨铸铁,取得了显著的经济效益。蠕墨铸铁具有良好的综合性能、力学性能,在高温下有较高的强度,具有氧化生长倾向较低、组织致密、热导率高及断面敏感性小等特点,可取代一部分高牌号灰铸铁、球墨铸铁和可锻铸铁,从而取得良好的技术经济效果。

4）有色金属

金属通常分为两大类:一类是黑色金属,一类是有色金属。人们通常把钢铁称为黑色金属,除钢铁以外,如铝、铜、镁、锌等金属及其合金称为有色金属。与黑色金属相比,有色金属的产量和使用量都很低,价格也昂贵。但由于相比黑色金属,它们具有某些独特的性能,因而成为现代工艺技术中不可缺少的重要材料。

有色金属具有许多优良的性能,如密度小、耐热、耐腐蚀及良好的导电性和导热性。同时许多有色金属又是制造各种优质合金钢和耐热钢所必需的合金元素,因此有色金属在金属材料中占有重要的地位,是现代航天、航空、原子能、计算机、电子、汽车、船舶、石油化工等工业必不可少的材料。例如,铝、镁、钛等金属及其合金在运载火箭、卫星、飞机、汽车、船舶上获得广泛应用,是其中许多结构件和零部件的主要制造材料;再如,银、铜、铝等有色金属,其导电性和导热性优良,是电力、电器工业和仪表工业不可缺少的材料;又如,铜和钛具有良好的耐蚀性,是石油化工和航海工业所必需的优良耐蚀材料。目前,工程上应用广泛的有色金属有铝、铜、钛及其合金等。

(1)铝及铝合金。

铝及其合金是航空工业中的主要结构材料,是有色金属中应用较广泛的材料之一。

①工业纯铝。工业纯铝是指铝元素含量不低于99%的纯材,钝铝是面心立方晶格,无同素异构转变。纯铝的特点是密度小,仅为铁或铜密度的1/3左右。纯铝的导电性、导热性能好,仅次于银和铜。铝的化学性质很活泼,在空气中,铝表面能与氧气反应而形成一层致密保护膜,阻止铝被进一步氧化。因此,纯铝在空气和水中有较好的耐蚀性,但纯铝不能耐酸、碱、盐的腐蚀。

工业纯铝分为未加压力加工产品(铝锭)和压力加工产品(铝材)两种。国家标准规定,铝锭的牌号有 A199.7、A199.6、A199.5、A199 和 A198 五种。铝材的牌号有 1070A、1060、1050A、1035、1200 等,牌号中数字越大,表示杂质的含量越高。

工业纯铝一般不能作为结构材料使用,可通过冷或热的压力加工制成线、板、带等型材,但强度不高;纯铝也可用来制作散热器等要求不锈、耐蚀但强度要求不高的日用品或配制合金。

②铝合金。纯铝的强度很低,不宜作受力的结构零件和结构材料,为提高其强度,通常在钝铝中加入一些合金元素,制成铝合金。常加的元素有硅、铜、镁、锌、锰等。

铝合金强度较高,并且具有密度小,特别是比强度(强度极限与密度的比值)很高以及导热性及耐蚀性很好等特点;另外,还可用变形或热处理的方法进一步提高其强度,铝合金热处理的主要方法是固溶热处理。固溶热处理是将能热处理强化的铝合金加热至高温单相区,经保温溶解,形成单相固溶体后,迅速水冷至室温。经固溶热处理后的铝合金,在室温或加热到一定的温度时,其性能随时间发生变化,即强度和硬度显著升高,塑性下降,这一现象称为时效。时效有时又称为"时效强化"或"时效硬化"。在室温下所进行的时效称为自然时效,在加热的条件下所进行的时效称为人工时效。时效温度过高,合金会出现软化现象,称为过时效处理。

铝合金的时效强化

根据铝合金的成分及工艺特点,通常把铝合金分为变形铝合金和铸造铝合金两种。铝合金相图如图 2-1 所示,相图上合金元素的最大溶解度 D 点以左的合金,塑性好,宜于进行压力加工,称为变形(形变)铝合金;在 D 点以右的合金,由于有共晶组织存在,流动性好,适于铸造,称为铸造铝合金。

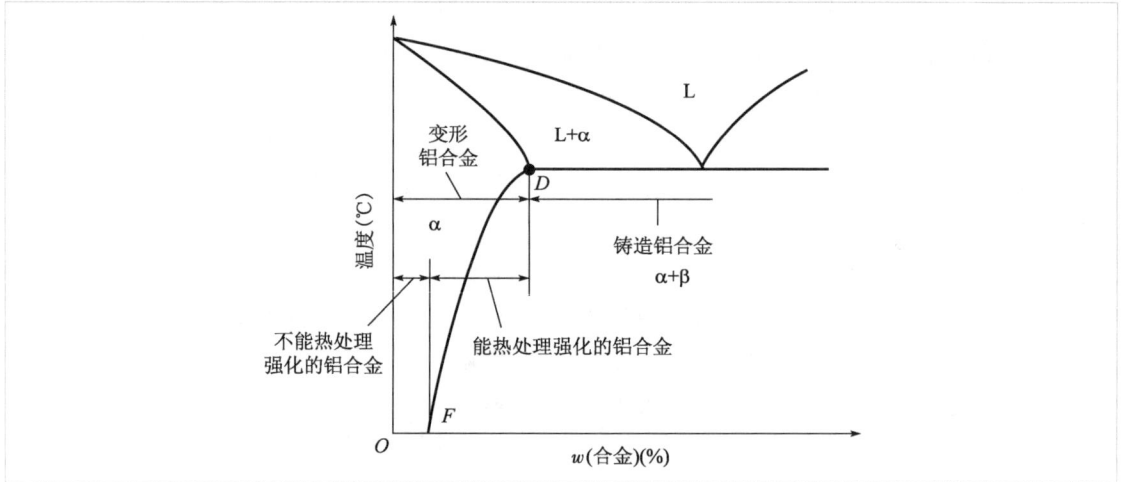

◎图 2-1 铝合金相图

α、β-固溶体相；L-液态铝合金

在变形铝合金中，成分在 F 点左边的铝合金，其 α 固溶体的成分不随温度变化而变化，不能进行热处理强化，称为不能热处理强化的铝合金；成分在 F 点右边的铝合金，其 α 固溶体成分随温度变化而变化，能进行热处理强化，称为能热处理强化的铝合金。

a. 变形铝合金。变形铝合金牌号用 2××××~8×××× 系列表示。牌号第一位数字表示组别，按铜、锰、硅、镁和锌等元素的顺序来确定合金组别；牌号第二位的字母表示原始合金的改型情况，若字母为 A，则表示为原始合金，若字母为 B~Y，则表示为原始合金改型合金；牌号最后两位数字无特殊意义，仅用来区分同一组中不同的铝合金。

变形铝合金按照其主要的性能特点分为防锈铝合金、硬铝合金、超硬铝合金及锻铝合金四种。

（a）防锈铝合金。主要合金元素是镁或锰，其作用是提高抗蚀能力、固溶强化，镁还可降低合金含量比例。这类合金不能进行热处理强化，可通过冷变形处理强化，主要用于制作焊接容器、铆钉、导管或需用弯曲等方法制造的低载荷零件等。防锈铝合金的典型牌号有 5A05 和 3A21。

（b）硬铝合金。主要合金元素是铜和镁，其主要作用是形成强化相，提高热处理强化效果。这类合金既能通过热处理强化，也能通过冷变形强化，主要用于制作中高强度结构件，如大型铆钉、螺旋桨叶片、骨架、梁等。硬铝合金的不足之处是耐蚀性较差，固溶热处理的加热温度范围很窄，在使用或加工时必须予以注意。硬铝合金的典型牌号有 2A11 和 2A12。

（c）超硬铝合金。主要合金元素是铜、镁、锌，其主要作用是形成多种复杂的强化相，经固溶热处理和人工时效后，可获得很高的强度和硬度，主要用于制作飞机的大梁、桁架、起落架等高强度零件。超硬铝合金的耐蚀性差、高温下软化快，使用时应注意。超硬铝合金的典型牌号有 7A04。

（d）锻铝合金。主要合金元素有铜、硅、镁，每种元素含量少。这类合金的力学性能与硬铝合金相近，还具有较好的耐蚀性和良好的热塑性，适于锻造成型，主要用于制作承受较重载荷的锻件和模锻件,如内燃机活塞、风扇轮等。锻铝合金通常都要进行固溶热处理和人工时效。锻铝合金的典型牌号有2A50和2A70。

b. 铸造铝合金。铸造铝合金中有一定数量的共晶组织,故具有良好的铸造性能,但塑性差,常用变质处理和热处理的方法提高其力学性能,常加入的元素有硅、铜、镁、锌、钛等。

铸造铝合金按主加元素不同,分为铝-硅(Al-Si)系铸造铝合金、铝-铜(Al-Cu)系铸造铝合金、铝-镁(Al-Mg)系铸造铝合金及铝-锌(Al-Zn)系铸造铝合金四种,其中以铝-硅系的应用最广泛。仅含硅元素的铝-硅合金通常又称硅铝明。

铸造铝合金的牌号用"ZL + 三组数字"表示。其中,"ZL"是"铸、铝"二字汉语拼音的大写首字母,第一组数表示合金类别(1为铝-硅系,2为铝-铜系,3为铝-镁系,4为铝-锌系),第二组、第三组数字为顺序号,顺序号不同,则化学成分不同。例如,ZL102表示顺序为2号的铝-硅系铸造铝合金。

(2)铜及铜合金。

①工业纯铜。铜是人类最早开发利用、在地壳中储量较少的金属元素。纯铜是玫瑰红色的金属,表面形成氧化铜膜后,外观呈紫红色。

工业纯铜按含杂质的量可分为四种:T1、T2、T3、T4。其中,T是"铜"字的汉语拼音大写首字母,数字为编号,数字越大则纯度越低。

铜合金分类

纯铜在固态时具有面心立方晶格,无同素异构转变,具有许多优良的性能。纯铜的优点是导电性及导热性好,故广泛应用在电气工业方面,如用来制作电线、电缆、电刷、散热器、冷却器等。铜的导电性在各种元素中仅次于银而居第二位,故纯铜的主要用途就是制作电工导体。此外,它还具有较高的耐蚀性和抗磁性。

在力学和工艺性能方面,纯铜的特点是具有极好的塑性,可以承受各种形式的冷热压力加工,可碾压成极薄的板,拉成极细的线,压力加工成线材、管材、棒材及板材。铜的抗拉强度较低,不宜作结构材料,铸造性能差,熔化时易吸收一氧化碳和二氧化硫等气体而形成气孔。

②铜合金在纯铜中加入合金元素制成的铜称为铜合金。按照化学成分的不同,铜合金分为黄铜、白铜和青铜。

a. 黄铜。以锌为主加合金元素的铜合金称为黄铜,普通黄铜是铜锌二元合金。按照化学成分的不同,黄铜又分为普通黄铜和特殊黄铜。黄铜的牌号用"H + 数字"表示。其中,字母"H"是"黄"字的汉语拼音大写首字母,数字代表铜的百分含量,如H68表示$w_{Cu}=68\%$的普通黄铜。黄铜色泽美观,能有效抵御海水和大气的腐蚀,常用来制造装饰品、弹壳、散热器、垫片及热压零件、热轧零件等。黄铜常用的牌号有H80、H6、H59等。为改善黄铜的性能,在普通黄铜中加入其他合金元素,可形成特殊黄铜。加入的合金元素可以改善铜的切削加工性,提高其耐蚀性、铸造性能和力学性能等。特殊黄铜的牌号用"H + 主加合金元素符号 + 铜的百分含量 + 合金元素的百分含量"表示。

普通黄铜

普通青铜

b 白铜。以镍为主加合金元素的铜合金称为白铜。白铜主要用来制作精密机械和仪表中的耐蚀零件、热电偶等,由于其价格昂贵,很少用于制作一般机械零件。

c.青铜。除黄铜和白铜外的其他铜合金称为青铜。青铜加入的主要元素有锡、铝、铍等。青铜的牌号用 Q + 主加元素符号及其平均含量的百分数 + 其他元素平均含量的百分数表示,字母"Q"是"青"字的汉语拼音大写首字母。铸造青铜的牌号表示方法是在其牌号前加"ZCu"。

(3)钛及钛合金。

钛及其合金具有质量小、强度高及良好的耐蚀性等优点。钛及其合金还具有很高的耐热性,工作温度可达 400 ~ 500℃,因而,钛及其合金已成为航天、航空、机械工程、化工、冶金工业中不可缺少的材料。但由于钛在高温中异常活泼,熔点高,炼、浇铸工艺复杂且价格昂贵,成本较高,因此使用受到一定限制。

①纯钛。纯钛按其杂质含量不同,分为 TA0、TA1、TA2、TA3 四个牌号。随着牌号后数字增大,其杂质含量也随之增加,其中 TA0 为高纯钛,仅在科学研究中应用,其余三种均含有一定量的杂质,又称工业纯钛。纯钛是灰白色轻金属,具有焊接性能好、低温韧性好、强度低、塑性好、易于冷压力加工等特点。

②钛合金。钛合金按其退火组织可分为 α、β 和 α + β 三大类,分别称为 α 钛合金、β 钛合金和 α + β 钛合金。牌号分别以"钛"字的汉语拼音大写首字母"T"后跟 A、B、C 和顺序数字表示。

a. α 钛合金。由于 α 钛合金的组织全部为 α 固溶体,该合金组织稳定,抗氧化性和抗蠕变性好,焊接性也很好,因此 α 钛合金具有较高的室温强度、高温强度和优良的抗氧化性及耐蚀性,并具有很好的低温性能,适宜制作使用温度不超过 500℃ 的零件。α 钛合金常用的牌号有 TA4、TA5、TA6、TA7 等。

b. β 钛合金。β 钛合金具有较高的强度、优良的冲压性,但耐热性差,抗氧化性能低。当温度超过 700℃ 时,该合金很容易受到大气中的杂质污染。生产工艺复杂且性能不太稳定的缺点,限制了其应用。β 钛合金可进行热处理强化,一般可进行淬火和时效强化。β 钛合金多用于制造飞机上的结构件和紧固件等。β 钛合金常用的牌号有 TB1、TB2 等。

c. α + β 钛合金。α + β 钛合金室温组织为 α + β,它兼有 α 钛合金和 β 钛合金两者的优点,强度高,塑性好,耐热性强,耐蚀性和冷热加工性及低温性能都好,并可通过火和时效进行强化,是钛合金中应用最广泛的合金。α + β 钛合金常用于制造工作在 400℃ 以下的零件。α + β 钛合金常用的牌号有 TC1、TC2、TC3、TC4、TC6、TC9 等。

知识拓展

滑动轴承合金

目前的机械制造业中,在相对运动的机械构件中常使用轴承来减小摩擦。轴承分为滚动轴承和滑动轴承两类,虽然滚动轴承有很多优点,但滑动轴承具有承压面积大,承载能力强,工作平稳,无噪声及检修方便等优点,所以滑动轴承仍占有相当重要的地位。

（1）对轴承合金的性能要求。在滑动轴承中,制造轴瓦及内衬的合金称为轴承合金。通常,滑动轴承与轴直接配合使用,当轴承支承着轴进行工作时,由于轴的旋转,轴和轴瓦之间产生强烈的摩擦,因轴价格较贵,且更换困难,为了减少轴承对轴颈的磨损,确保机器的正常运转,对轴承合金应有一定的要求,具体如下:

① 具有足够的强度和硬度,以承受较高的周期性载荷。

② 塑性和韧性好,以保证轴承的配合良好,并耐冲击和振动。

③ 与轴之间有良好的磨合能力及较小的摩擦系数,并能保留润滑油,减少损失。

④ 有良好的导热性和耐蚀性。

⑤ 有良好的工艺性,容易制造且价格低廉。

根据上述要求,轴承合金既要求有较高的强度,又要求有较好的减摩性,针对这两个对立的性能要求,合金组织应同时存在两类不同的组织组成物,轴承合金组织最好是在软基体上分布着硬质点。这样,轴承跑合后,软的基体受损而压凹,可以储存润滑油,以便能形成连续的油膜,同时,软的基体还能承受冲击和振动,并使轴和轴承能很好贴合。软的基体还能起嵌藏外来硬质点的作用,以保证轴颈不被擦伤。轴承合金组织承受高载荷能力差,属于这类组织的有锡基轴承合金和铅基轴承合金(又称巴氏合金)。采用硬基体上分布软质点的组织形式也可以达到同样的目的。这类组织有较大的承载能力,但磨合能力较差,属于这类组织的有铝基轴承合金和铜基轴承合金。

（2）轴承合金分类。常用轴承合金有锡基轴承合金、铅基轴承合金、铜基轴承合金和铝基轴承合金。

① 锡基轴承合金(锡基巴氏合金)。锡基轴承合金是以锡为基础,加入锑、铜等其他元素组成的合金。锡基轴承合金牌号为"Z"("铸"字的汉语拼音大写首字母)加基体元素与主加元素的化学符号并标明主加元素与辅加元素的百分含量表示。锡基轴承组织特点是软基体分布有硬质点,这类合金具有较好的塑性和韧性以及适中的硬度,具有膨胀系数小和优良的导热性和耐蚀性,但疲劳强度低,工作温度低于150℃。锡基轴承合金主要用于重要的轴承,如汽车、汽轮机等的高速轴承。锡基轴承合金常用的牌号有ZSnSb12Pb10Cu4、ZSnSb11Cu6、ZSnSb8Cu4、ZSnSb4Cu4 等。

② 铅基轴承合金(巴氏合金)。铅基轴承合金是以铅为基础,加入锑、锡、铜等元素组成的合金。其显微组织是硬基体上大量均匀分布软的质点。铅基轴承合金的强度、硬度、

韧性、导热性、耐蚀性均低于锡基轴承合金,但价格低廉。铅基轴承合金主要用于中低载荷的中速滑动轴承,如汽车、拖拉机的曲轴、连杆轴承及电动机轴承。铅基轴承合金常用的牌号有 ZPbSb16Sn16Cu2、ZPbSb15Sn5Cu3Cd2、ZPbSb15Sn10、ZPbSb15Sn5、ZPbSb15Sn6 等。

③铜基轴承合金。铜基轴承合金有锡青铜、铅青铜等,尤以铅青铜最适于制作轴承。其显微组织是硬基体(铜)上大量均分布软的质点(铅)。与铅基轴承合金相比,铅青铜基轴承合金具有较高的疲劳强度、承载能力,同时还具有高的热导性和低的摩擦系数,能在低于 250℃ 的环境下工作。铜基轴承合金主要用于高速、高压下工作的轴承,如高速柴油机、航空发动机的主轴承。铜基轴承合金常用的牌号有 ZCuPb30、ZCuSn10Pb1 等。

④铝基轴承合金。铝基轴承合金是以铝为基本元素,加入锡、铜、镁等合金元素制成的合金,其组织特点是硬基体(铝)上均匀分布软质点(球状锡晶粒)。铝基轴承合金的优点是原料丰富、价格低、导热性好、疲劳强度及高温硬度高,能承受较大压力和速度;其缺点是线膨胀系数大,抗咬合性不如铅基轴承合金。常用的铝基轴承合金有铝锑镁轴承合金和铝锡轴承合金两类。

第一类铝锑镁轴承合金。该合金与 08 钢板一起热轧成双金属轴承,生产工艺简单,价格低廉,且具有良好的疲劳强度和耐磨性,但承载能力不大。

第二类铝锡轴承合金。这类合金与以 08 钢为衬背又轧制成合金带,它具有较高的疲劳强度和较好的耐热性、耐磨性及耐蚀性,生产工艺简单,成本低。目前用它代替其他轴承合金,广泛应用于汽车、拖拉机和内燃机车等。

2.1.2　非金属材料

非金属材料在机械工程中同样发挥着不可或缺的作用,它们具有高强度、高刚性、耐腐蚀、耐磨等优点,适用于一些特殊场合和结构复杂的零件。常见的非金属材料包括塑料、橡胶、陶瓷和复合材料等。

1)塑料

塑料是以树脂为主要组分,加入一些能改善其使用性能和工艺性能的添加剂而制成的高分子材料,通常在加热、加压条件下塑制成型,故称为塑料。

(1)塑料的组成及性能特点。

①合成树脂。树脂是塑料的主要组分,工程上所用塑料的合成树脂胶黏着塑料中的其他一切组成部分,并使其具有成型性能。绝大多数塑料就是以所用树脂命名的。

②添加剂。为改善塑料某些性能而必须加入的物质称为添加剂。添加剂的作用和类型如下。

a.改善塑料的工艺性能。能改善塑料的工艺性能的添加剂有增塑剂、固化剂、发泡剂和催化剂等。其中增塑剂可提高树脂的可塑性与柔顺性。

b.改善塑料的使用性能。能改善塑料的使用性能的添加剂有稳定剂、填料、润滑剂、着色剂、阻燃剂、静电剂等。如稳定剂可以提高树脂在受热和受光作用时的稳定性,防止树脂过早老化,延长其使用寿命;润滑剂是为防止塑料在成型过程中黏在模具或其他设备上而加入的,同时可使制品表面光亮美观;着色剂可使塑料制品具有美观的颜色。

③塑料的性能特点。与金属相比,塑料具有以下优点。

a.质轻、比强度高。一般塑料的密度为 $1.0 \sim 2.0g/cm^3$,只有钢的 $1/8 \sim 1/4$,比强度比金属高。这对于汽车、船舶、飞机、航天飞行器的制造有十分重要的意义。

b.化学稳定性好。塑料对一般的酸、碱、油、海水等具有良好的耐腐蚀能力,特别是"塑料王"(聚四氟乙烯)能耐"王水"(硝基盐酸)的腐蚀。塑料的这种性能特别适用于制作在腐蚀性介质中工作的零件、管道。

c.良好的电绝缘性能。塑料的电绝缘性能与陶瓷、橡胶相近,这对于有绝缘性能要求的机械零件和电气开关十分重要。

d.优良的减摩性、耐磨性和自润滑性。基于减摩性、耐磨性和自润滑性等优良性能,工程塑料可制作在无润滑条件下工作的零件。

e.消声、减振性好。工程塑料的消声、减振性可以降低机械振动,减小噪声。

f.成型加工性好、方法简单、成本低、生产效率高。塑料的成型加工性好等优点是塑料工业在近50年来得以迅速发展的重要原因。

但塑料也存在缺点,这大大限制了它的使用范围。例如,塑料的强度、硬度不及金材料的高,耐热性和导热性差、膨胀变形大、蠕变大、易老化等。

(2)塑料的分类。

①按树脂在加热和冷却时所表现的性能分。按树脂在加热和冷却时所表现的性能,塑料分为热塑性塑料和热固性塑料。

a.热塑性塑料是指能重复加热成型的塑料。其特点是成型加工简单,但是刚度和耐热性差。

b.热固性塑料是指不能重复加热成型的塑料。其特点是耐热性强、受压不易变形,但强度不强、韧性差、成型加工复杂、生产率低。

②按使用性能分。按使用性能,塑料分为通用塑料、工程塑料和特种塑料三大类。

a.通用塑料大多用于生活制品。其产量大、成本低、用途广,占塑料总产量的3/4以上。

b.工程塑料是作为结构材料在机械设备和工程结构中使用的塑料。其力学性能优良,耐热性、耐腐蚀性也较好,是当前大力发展的塑料。常用的工程塑料有聚乙烯(Polyethylene,PE)、聚氯乙烯(Polyvinyl Chloride,PVC)、聚苯乙烯(Polystyrene,PS)、聚丙烯(Polypropylene,PP)、ABS(Acrylonitrile Butadiene Styrene)塑料等。

c.特种塑料是指具有某些特殊性能(如耐高温、耐腐蚀、耐光化学反应等)的塑料。

常用塑料的性能与应用见表2-6。

常用塑料的性能与应用   表2-6

类别	名称	性能特点	用途举例
热塑性塑料	聚乙烯	高压聚乙烯:化学稳定性好,抗拉强度较低,塑性和韧性较好,质地柔软,最高使用温度80℃ 低压聚乙烯:质地坚硬,耐磨性、耐腐蚀性和绝缘性好,最高使用温度100℃	高压聚乙烯:可制作塑料薄膜、软管、电线包皮、日用品、玩具等 低压聚乙烯:可制作承载较小的齿轮、轴承等结构件、耐腐蚀管道等

类别	名称	性能特点	用途举例
热塑性塑料	聚氯乙烯	硬质聚氯乙烯:强度较高,刚性好,塑性低,耐腐蚀性和绝缘性好,耐热性差,使用温度 -15~55℃。 软质聚氯乙烯;质地柔软,高弹性,耐蚀性和绝缘性好,耐热性差。 泡沫聚氯乙烯:隔热、隔音性能好	硬质聚氯乙烯:可制作各种上下水管、接头和化工耐腐蚀结构件,如输油管、容器、阀门等,用途广泛。 软质聚氯乙烯:可制作农用薄膜、人造革、电线包皮等。因有毒,不能用于食品包装。 泡沫聚氯乙烯:可用于隔热、隔音和包装
	聚酰胺(尼龙)	耐冲击、耐磨、耐腐蚀,自润滑性能较好,摩擦系数小,但热稳定性和导热性差,使用温度低于 100℃;吸水性大,成型收缩大,影响零件的尺寸精度	多用于小型零件的制造,如齿轮、螺母、轴承、密封圈等,不适于制作精密零件
	聚甲基丙烯酸甲酯(有机玻璃)	透光性好,耐紫外线和耐大气老化,耐腐蚀性和绝缘性好,但硬度低、不耐磨、脆性大,使用温度为 -60~100℃	可制作仪器和设备的防护、光学镜片、飞机的座舱、风挡、舷窗等
	丙烯腈-丁二烯-苯乙烯共聚物(ABS 塑料)	综合力学性能好,尺寸稳定,绝缘性好,耐腐蚀,易于成型,能机械加工,表面还可进行电镀,但耐热性差、耐候性差	可制作齿轮、轴承、叶轮、仪表盘及仪表、家用电器的外壳等
	聚四氟乙烯(塑料王)	具有优越的化学稳定性和热稳定性,绝缘性和自润滑性好,但强度低,刚性和加工成型性差,可在 -195~250℃使用	可制作减摩密封零件,化工机械中的耐腐蚀零件、管道,可作为高频或潮湿条件下的绝缘材料
热固性塑料	酚醛塑料(电木)	较高的抗拉强度,硬度高,耐磨,耐腐蚀,耐热性好;但脆性大,可加工性差,不耐碱,着色性差	广泛用于电气开关、插座、灯头,也可制作制动衬片、风扇带轮、耐酸泵、整流罩等
	脲醛塑料(电玉)	力学性能、耐热性和绝缘性和电木相近,颜色鲜艳,半透明,耐水性差,长期使用温度低于80℃	电气开关、装饰件、钟表外壳等
	环氧树脂塑料	强度高,耐热性、耐腐蚀性、绝缘性好,易于成型,化学稳定性好,可在 -80~155℃下长期使用,但有一定毒性	可制成玻璃纤维增强塑料,用于制作塑料模具、盘具、灌封电子元件等

（3）塑料的成型与加工。

①塑料的成型。塑料的成型工艺形式多样,主要有注射成型、压制成型、浇注成型、抗压成型、吹塑成型、真空成型等。

②塑料的加工。塑料加工即塑料成型后的再加工,又称二次加工。塑料加工常用的有机械加工(切削加工)、塑料的连接(热熔接、溶剂黏结、粘黏剂黏结等)以及塑料制品的表面处理(涂漆镀金)等。

2）橡胶

橡胶是一种具有高弹性的高分子材料,橡胶最显著的性能特点是具有高弹性。此外,橡胶还具有优良的伸缩性和独特的积蓄能量的能力,良好的耐磨性、绝缘性、隔音性和阻尼性,是常用的弹性材料、密封材料、减振防振材料和传动材料。

（1）橡胶的组成。

工业用橡胶是以生胶为原料加入适量的配合剂而形成的高分子弹性体。

①生胶。生胶（或纯橡胶）是橡胶制品的主要成分,也是形成橡胶特性的主要因素,其来源可以是天然的,也可以是合成的。生胶性能随温度和环境变化很大,且容易被溶剂溶解,因此必须加入各种不同的橡胶配合剂,以提高橡胶制品的使用性能和加工工艺性能。

②配合剂。配合剂是用来提高和改善橡胶制品的各种性能而加入的物质,主要有硫化剂、防老剂、着色剂等。其中硫化剂的作用是提高橡胶的弹性、强度、耐磨性和抗老化能力。

（2）橡胶的分类。

按生胶来源不同,橡胶可分为天然橡胶和合成橡胶两类,合成橡胶按用途又分为通用橡胶和特种橡胶。

①天然橡胶。天然橡胶是橡胶树的乳胶,经过凝固、干燥、加压等工序制成的片状生胶,具有良好的综合性能和较好的弹性,适用于制造轮胎、胶带、胶管、胶鞋等。

②合成橡胶。为了弥补天然橡胶的产量和性能的不足,人们发明了合成橡胶。合成胶是以石油天然气、煤和农副产品为原料,提炼制得的类似天然橡胶的高分子材料。

常用的合成橡胶包括用于制造轮胎、胶布、胶鞋和胶管的丁苯橡胶,用于制造三角胶带的顺丁橡胶和用于制造密封件的氟橡胶等。常用橡胶的性能见表2-7。

常用橡胶的性能　　　　表2-7

类别	名称	R_b（MPa）	A（%）	使用温度 t（℃）	性能特点
通用橡胶	天然橡胶	17～35	650～900	-70～110	高强度、绝缘、防振
	丁苯橡胶	15～25	500～600	-50～140	与天然橡胶相比,有较好的耐磨性、耐热性、耐油性及耐老化性,但弹性和强度差
	顺丁橡胶	18～25	450～800	-70～120	耐磨性和弹性优于天然橡胶,耐寒,但可加工性能、抗撕裂性差
	氯丁橡胶	25～27	800～1000	-35～130	耐油性、耐磨性、耐热性、耐燃性、耐蚀性和气密性均优于天然橡胶,特别是耐老化性
	丁腈橡胶	15～30	300～800	-35～175	耐油性、耐磨性和耐热性优于天然橡胶,但耐低温性差、弹性低、绝缘性差
特种橡胶	聚氨酯橡胶	20～35	300～800	-30～80	强度、耐磨性优于其他橡胶,耐油性好,但耐腐蚀性差
	氟橡胶	20～22	100～500	-50～300	耐腐蚀性优于其他橡胶,但耐热性差、耐寒性差
	硅橡胶	4～10	50～500	-100～300	绝缘性好、耐热、耐寒、抗老化、无毒

3) 陶瓷

陶瓷是陶器与瓷器的总称。它是一种既古老又现代的工程材料,又称无机非金属材料,具有耐高温、耐腐蚀、硬度高、绝缘等优点。

现代陶瓷充分利用了不同组成物质的特点以及组成物质特定的力学性能和物理化学性能。从性能角度出发,不仅能够充分发挥无机非金属物质的高熔点、高硬度、高化学稳定性的优势,开发出一系列耐高温、耐磨和耐腐蚀的新型陶瓷,而且能够充分利用其无机非金属材料优异的物理性能,制得大量不同功能的功能陶瓷,以适应航天、能源、电子等新技术发展的需求。可见,现代陶瓷是目前材料开发的热点之一。

陶瓷材料及产品种类繁多,并且还在不断扩展。按其原料的来源不同可分为普通陶瓷(传统陶瓷)和特种陶瓷(先进陶瓷)两类。普通陶瓷是以天然硅酸盐矿物(黏土、长石、石英)为原料,经过原料加工、烧结而成,又称传统陶瓷或硅酸盐陶瓷。这类陶瓷质地坚硬,不会生锈、不导电,耐 1200℃ 高温,加工成型性好,成本低廉;其缺点是强度较低。这类材料可用于制作工作温度低于 200℃ 的耐腐蚀器皿和容器、管道、供电系统的绝缘子等。特种陶瓷是采用纯度较高的人工合成化合物,经配料、成型、烧结而制得的。这种陶瓷优点很多,以氧化铝(Al_2O_3)陶瓷为例,其强度比普通陶瓷高 2~3 倍有的甚至高 5~6 倍;硬度高,具有很好的耐磨性、耐高温性、耐腐蚀性及绝缘性好等优点;但也有缺点,如氧化铝陶瓷脆性大,抗热振性差,不能承受环境温度的突然变化。特种陶瓷主要用于生产内燃机的火花塞、火箭和导弹整流罩、轴承、切削刀具,以及密封环等。

陶瓷的分类及常用陶瓷的性能与应用见表 2-8 和表 2-9。

陶瓷的分类 表 2-8

普通陶瓷	特种陶瓷					
	按性能分类	按化学组成分类				
		氧化物陶瓷	氮化物陶瓷	碳化物陶瓷	复合陶瓷	金属陶瓷
日用陶瓷	高强度陶瓷	氧化铝陶瓷	氮化硅陶瓷	碳化硅陶瓷	氧氮化硅铝陶瓷	—
建筑陶瓷	高温陶瓷	氧化锆陶瓷	氮化铝陶瓷	碳化硼陶瓷	镁铝尖晶石陶瓷	—
绝缘陶瓷	耐磨陶瓷	氧化镁陶瓷	氮化硼陶瓷	—	锆钛酸铝镧陶瓷	—
化工陶瓷	耐酸陶瓷	氧化铍陶瓷	—	—	—	—
多孔陶瓷(过滤陶瓷)	压电陶瓷	—	—	—	—	—
—	电介质陶瓷	—	—	—	—	—
—	光学陶瓷	—	—	—	—	—
—	半导体陶瓷	—	—	—	—	—
—	磁性陶瓷	—	—	—	—	—
—	生物陶瓷	—	—	—	—	—

常用陶瓷的性能与应用   表2-9

名称	性能特点	用途举例
普通陶瓷	硬度高、耐腐蚀、绝缘性好、有一定的耐高温能力、成本低、加工成型性好	用于制作受力不大、工作温度一般在200℃以下的酸碱介质中工作的容器、反应塔管道及供电系统中的绝缘子等绝缘材料
氧化铝陶瓷	强度高于普通陶瓷，具有很好的耐高温性能、优良的电绝缘性能、耐蚀能力，但脆性大、抗热振性差	用于制作高温试验的容器、热电偶套管、内燃机火花塞、刀具、火箭导流罩等
氮化硅陶瓷	有自润滑性、摩擦系数小、强度高、硬度高、耐磨性好、抗热振性好、耐腐蚀性好	用于制作耐腐蚀水泵密封件、高温轴承、电磁泵的管道、阀门、刀具、燃气轮机叶片等
碳化硅陶瓷	高温强度高、导热性好、热稳定性好、耐腐蚀性好、耐磨性好、硬度高	用于制作工作在1500℃以上的结构件，如火箭尾喷嘴、浇注金属用的喉嘴、热电偶套管、燃气轮机的叶片、耐磨密封圈等
氮化硼陶瓷	高温绝缘性好、化学性能稳定、有润滑性、耐热性好、硬度低、可进行切削加工	用于制作热电偶套管、高温容器、半导体散热绝缘零件、高温轴承等

陶瓷的品种有很多，所具有的性能也十分丰富，在所有的工业领域都有这一类材料的应用，随着科学技术的发展，其应用必将越来越广泛。

4）复合材料

复合材料是指用人工合成的方法将一种或几种材料均匀地与另一种材料结合而成的多相材料。在其组成相中，一类为基体材料，起黏结作用；另一类为增强材料，起提高强度或韧性的作用。

复合材料最大的特点是能根据人们的要求进行设计，以改善材料的使用性能，克服单一材料的某些缺点，充分发挥各组成材料的最佳特性，达到取长补短、有效利用材料的目的。现代复合材料是在充分利用材料科学理论和材料制作工艺的基础上发展起来的一类新型材料，在不同的材料之间（如金属之间、非金属之间、金属与非金属之间）进行复合，既保持了各组成部分的性能又有组合的新功能，充分发挥了材料的性能潜力。

（1）复合材料的分类。

①按材料的用途（复合效果）分。按材料的用途，复合材料可分为结构复合材料和功能复合材料；前者已经过大量研究并应用广泛，而后者还处于研制阶段。结构复合材料能显著改善材料的力学性能，主要用于工程结构，以承受各种载荷。功能复合材料能显著改善材料的物理性能和化学性能，具有优异的功能特性，如吸波、超导、屏蔽等。

②按基体材料类型分。按基体的不同，复合材料可分为金属基和非金属基两类。金属基复合材料主要为纤维增强金属，非金属复合材料又可分为树脂基复合材料（玻璃钢）、橡胶基复合材料（轮胎）、陶瓷基复合材料（钢筋混凝土、纤维增强陶瓷）等。

③按增强相特性分。复合材料的结构是基体＋增强相。按增强相的种类和形状，复合材料可分为纤维增强复合材料、颗粒增强复合材料、层状增强复合材料和填充骨架型复合材料。

其中,发展最快、应用最广的是各种纤维增强复合材料。

(2)常用复合材料。

①纤维增强复合材料。纤维增强复合材料的基体材料是树脂,增强体是纤维。按增强纤维的不同,纤维主要有玻璃纤维、碳纤维、硼纤维、碳化硅纤维、有机物纤维等。

②颗粒增强复合材料。颗粒增强复合材料是由一种或多种颗粒均匀地分布在基体中所组成的材料。一般情况下,颗粒的尺寸越小,增强效果越明显。颗粒直径小于 $0.01 \sim 0.1\mu m$ 的称为弥散强化材料,常见的颗粒增强复合材料有金属颗粒与塑料复合、陶瓷颗粒与金属复合两类。

③叠层或夹层复合材料。叠层或夹层复合材料是由两层或两层以上的不同材料经热压胶合而成,其目的是充分利用各组成部分的最佳性能,这样不但可减轻结构的质量,提高其强度和刚度,还可获得各种各样的特殊性能,如耐磨、耐腐蚀、绝热隔音等。

常用复合材料的性能与应用见表 2-10。

常用复合材料的性能与应用　　　　　　　　　　　　　　　表 2-10

种类	名称	性能特点	用途举例
纤维增强复合材料	玻璃纤维增强材料(玻璃钢)	热塑性玻璃钢:与未增强的塑料相比,具有更高的强度和韧性及抗蠕变的能力,其中,以尼龙的增强效果最好,聚碳酸酯、聚乙烯、聚丙烯的增强效果较好	轴承、轴承座、齿轮、仪表盘、电器的外壳等
		热固性玻璃钢:强度高、比强度高、耐腐蚀性好、绝缘性能好、成型性好、价格低廉,但弹性模量低、刚度差、耐热性差、易老化和蠕变	要求自重小的受力构件,如直升机的旋翼、汽车车身、氧气瓶。也可用于制作耐腐蚀的结构件,如轻型船体、耐海水腐蚀的结构件、耐腐蚀容器、管道、阀门等
	碳纤维增强材料	保持了玻璃钢的许多优点,强度和刚度超过玻璃钢,碳纤维-环氧复合材料的强度和刚度接近于高强度钢。此外,还具有耐腐蚀性、耐热性、减摩性和抗疲劳性	飞机机身、螺旋桨、涡轮叶片、连杆、齿轮、活塞、密封环、轴承、容器、管道等
叠层或夹层复合材料	夹层结构复合材料	由两层薄而强的面板、中间夹一层轻而弱的型芯组成,相对密度小,刚度好、绝热、隔音、绝缘	飞机上的天线罩隔板、机翼、火车车厢、运输容器等
	塑料-金属多层复合材料	如 SF 型三层复合材料,表面层是塑料(自润滑材料)、中间层是多孔性的青铜、基体是钢,自润滑性好、耐磨性好,相比单一塑料,承载能力和导热性大幅提高,热膨胀系数降低 75%	无润滑条件下的各种轴承
颗粒增强复合材料	金属陶瓷	陶瓷微粒分散于金属基体中,硬度高、耐磨性强、耐高温、耐腐蚀、膨胀系数小	工具材料

单元2.2 金属材料的主要性能

2.2.1 物理性能

(1)密度。金属材料的密度不仅直接关系到其质量和体积,还对多个方面产生重要影响。在航空航天领域,轻质高强度的金属材料(如铝合金、钛合金)因能显著减轻飞行器重量,有助于减少燃料消耗、提升飞行效率而备受青睐。在汽车制造中,低密度材料的使用有助于节能减排和性能提升。此外,密度还决定了材料在流体中的浮力特性,这在水下设备或浮体设计中尤为重要。

(2)熔点。熔点不仅是金属从固态到液态转变的温度标志,更是材料加工过程中的一个重要参数。高温熔点金属(如钨、钼)通常用于需要极高温度稳定性的场合,如灯泡灯丝、高温炉具等。而低熔点金属(如锡、铅)则便于铸造和焊接,常用于制作保险丝、涂层材料等。此外,熔点还决定了材料在火灾或高温环境下的安全性,因此是材料选择时需要考虑的重要因素。

(3)热导率。金属材料的热导率是其作为热交换介质和散热材料的重要性能指标。高热导率金属(如铜、银)能够迅速传导热量,适用于制造高效散热器、热交换器等设备,对于电子设备的冷却、核反应堆的热控制等至关重要。而低热导率材料则有助于保持热量,在保温、隔热等场合发挥作用。

(4)电导率。金属的电导率直接关系到其在电气系统中的表现。高电导率金属(如铜、铝)导电性能优越,是电力传输、电子元件制造的首选材料。它们确保了电流的稳定传输,减少了能量损失,提高了电力系统的效率。此外,金属的电导率还影响其电磁屏蔽性能,对于减小电磁干扰、保护电子设备至关重要。

2.2.2 力学性能

(1)强度。强度是衡量金属材料抵抗外力破坏能力的关键指标。抗拉强度是指材料在拉伸试验中直至断裂所能承受的最大应力,表征材料抵抗拉伸破坏的极限能力。屈服强度则是材料在拉伸过程中开始产生显著塑性变形时的应力值,标志着材料从弹性变形到塑性变形的转变。根据应用需求,有时需要材料具有高抗拉强度以抵抗断裂,有时则更注重屈服强度以确保结构在变形前不会失效。

(2)塑性。塑性是金属材料在受力后能够发生显著变形而不立即断裂的能力。延伸率衡量材料在拉伸试验中直至断裂时的长度增加比例,而断面收缩率则反映断裂后试样横截面积的缩减比例。高塑性材料在受到冲击或过载时能够吸收更多能量,降低脆性断裂的风险,提高结构的安全性和可靠性。在成型加工中,良好的塑性也有助于材料顺利变形,减小加工难度和降低成本。

(3)硬度。硬度是金属材料抵抗局部压入变形的能力,它直接影响材料的耐磨性和切削加工性。硬度测试通常通过压头在材料表面施加压力并测量压痕的大小来评估。高硬度材料具有更好的耐磨性,能够抵抗磨损和划痕,适用于制造刀具、模具等需要承受高摩擦和磨损的部件。然而,硬度过高也可能导致材料脆性增加,降低其韧性。

(4)韧性。韧性是金属材料在冲击载荷下吸收能量而不易断裂的能力。它反映了材料在受到快速、高能量冲击时的抗断裂性能。冲击韧性值通常通过冲击试验来测量,该试验模拟了材料在受到冲击时的行为。高韧性材料能够吸收更多冲击能量而不发生断裂,提高了结构在极端条件下的生存能力。在航空航天、汽车制造等领域,韧性是确保结构安全性的关键因素。

(5)疲劳强度。疲劳强度是金属材料在反复应力作用下抵抗疲劳破坏的能力。许多结构件在服役过程中都会受到周期性应力的作用,如发动机叶片、桥梁索缆等。长期承受这种应力会导致材料内部微裂纹的形成和扩展,最终导致疲劳断裂。疲劳强度测试通常涉及在特定频率和应力幅值下对材料进行循环加载,直至发生断裂。高疲劳强度材料能够承受更多循环次数而不发生断裂,延长了结构的使用寿命。

2.2.3　化学性能

(1)耐腐蚀性。耐腐蚀性是指材料在暴露于腐蚀性介质(如酸、碱、盐溶液等)时,能够抵抗这些介质对其表面或内部结构的侵蚀。这种性能对于在恶劣环境中使用的材料至关重要,如化工设备、海洋工程、食品加工设备等。耐腐蚀性不仅关系到材料的使用寿命,还直接影响设备的安全性和运行效率。

(2)抗氧化性。抗氧化性是指材料在高温下能够抵抗氧化反应的能力。在高温环境中,材料容易与空气中的氧气发生反应,导致性能下降甚至失效。因此,抗氧化性是评价材料在高温下稳定性和使用寿命的重要指标。具有高抗氧化性的材料能够在高温环境中保持其原有性能,适用于高温炉具、航空航天发动机等高温部件。

2.2.4　特殊性能

(1)磁性。磁性是某些金属材料的一种独特性质,它使得这些材料在电磁设备、数据存储等领域具有广泛应用。例如,铁、镍、钴等金属及其合金具有显著的磁性,可用于制造永磁体、电磁铁、变压器等电磁设备。此外,磁性材料在数据存储领域也发挥着重要作用,如硬盘驱动器中的磁性记录介质。

(2)超导性。超导性是指在极低温度下,某些材料的电阻变为零的特性。这种特性使得超导材料在传输电流时不会产生热量损失,因此具有极高的电流传输效率。超导性在电力传输、磁悬浮列车、核磁共振成像等领域具有广泛应用。例如,超导电缆能够减少电力传输过程中的能量损失,提高电力传输效率;超导磁悬浮列车则利用超导体的抗磁性实现无接触悬浮和高速运行。

(3)形状记忆效应。形状记忆效应是指某些金属合金在特定温度下能够恢复其原始形状的能力。这种效应使得这些材料在受到外力作用发生变形后,能够在加热到特定温度时自动恢复到原始形状。形状记忆合金在智能材料和医疗设备中具有广泛应用,例如,可以用于制造形状记忆弹簧、血管支架以及智能传感器、执行器等。

单元2.3 钢的热处理常识

2.3.1 普通热处理

钢的普通热处理是将工件整体加热、保温和冷却,使其获得均匀的组织和性能的一种工艺,它包括退火、正火、淬火和回火四种。普通热处理是钢制零件制造过程中不可缺少的工序。对于重要的零部件,其制造工艺路线常采用铸造(或锻造)→退火(或正火)→粗加工→淬火→回火→精加工→成品,其中退火或正火作为预备热处理,而淬火和回火作为最终热处理。对于一般零部件,其制造工艺路线常采用铸造(或锻造)→退火(或正火)→切削加工→成品,其中退火或正火也可作为最终热处理。

1)钢的退火

所谓退火是将工件加热到临界点(A_1、A_3、A_{cm})以上或在临界点以下某一温度保温一定时间后,以十分缓慢的冷却速度(炉冷、坑冷、灰冷)进行冷却的一种工艺。最常用的退火工艺有完全退火、球化退火和去应力退火等。

(1)完全退火。

完全退火主要用于亚共析成分的碳素钢及合金钢的铸件、锻件及热轧型材,有时也用于焊件。其过程是将工件加热至Ac_3(Ac_3为实际加热时亚共析钢完全转变为奥氏体的最低温度)以上30~50℃,保温一定时间后十分缓慢地冷却至500℃以下,然后在空气中冷却。在此过程中,室温下的组织为铁素体与球光体的混合物。其目的是改善组织、细化晶粒、降低硬度,从而改善切削加工性。一般常作为一些对强度要求不高的零件的最终热处理,或作为某些重要零件的预备热处理。

(2)球化退火。

球化退火主要用于共析和过共析成分的碳素钢及合金钢。其过程是将钢件加热到Ac_1(Ac_1为实际加热时珠光体转变为奥氏体的最低温度)以上30~50℃,保温一定时间后随炉缓慢冷至600℃以下出炉空冷。在此过程中,钢中的片层状渗碳体和网状二次渗碳体发生球化,得到硬度更低、韧性更好的球状珠光体组织。球化退火的目的是降低硬度,改善切削加工性,并为以后淬火做准备,减小工件淬火变形和开裂。

(3)去应力退火。

去应力退火主要用于消除铸件、锻件、焊件、冷冲压件(或冷拉件)及机加工件的残留应力,防止零件变形或裂纹产生,以保持机器精度,避免发生事故。钢的去应力退火是将工件随炉缓慢加热至500~650℃,保温一段时间后,随炉缓慢冷却至200℃以下出炉空冷的工艺。与退火前相比,去应力退火后的组织没有明显变化,其性能(如硬度、强度、塑性、韧性等)也无明显变化,仅是残余应力得到松弛。例如,汽轮机的隔板由隔板体和静叶片焊接而成,焊接后若不进行去应力退火,则可能在运转过程中产生变形而打坏转子叶片,发生严重事故。为此,大型铸件如机床床身、内燃机汽缸体,重要的焊件如汽轮机隔板,冷成型件如冷卷弹簧等必须进行去应力退火。

2）钢的正火

所谓正火是将工件加热至 Ac_3 或 Ac_{cm}（Ac_{cm}是实际加热时过共析钢完全转变为奥氏体的最低温度）以上 30～80℃，保温后从炉中取出在空气中冷却。与退火的明显区别是正火的冷却速度较快，正火后形成的组织要比退火组织细，因而使钢的硬度和强度有所提高。正火的目的主要是细化组织，适当提高硬度和强度，用于普通结构件作为最终热处理；或用于低、中碳钢作为预备热处理，以改善切削加工性；还可用于过共析钢消除网状渗碳体，以利于球化退火的进行。

由以上讨论可以看出退火与正火在某种程度上有相似之处，设计时应根据不同情况加以选择，通常从以下两方面考虑：

（1）从切削加工性考虑，低碳钢硬度低，切削加工时切屑不易断开而黏刀，切削刃容易损坏，导致加工后零件表面粗糙度值大。通过正火可以适当提高硬度以利于切削加工，故低碳钢和低碳合金钢以正火作为预备热处理。高碳钢硬度高，难以切削加工，刀具易损，通过退火可以适当降低硬度，以利于切削加工，故高碳结构钢、工具钢及中碳以上多元合金钢均采用退火作为预备热处理。中碳钢和中低碳合金钢采用退火或正火作为预备热处理，切削加工性是个重要的考虑因素。从经济上考虑，正火比退火的生产周期短，耗能少，且操作简便，尽可能以正火代替退火。

（2）从使用性能考虑，如果工件的性能要求不高，则以正火为最终热处理，以提高其力学性能。但如果工件形状复杂，则应采用退火作为最终热处理，以防止裂纹出现。

3）钢的淬火

（1）淬火的目的。

所谓淬火就是将钢件加热到 Ac_3（对亚共析钢）或 Ac_1（对共析和过共析钢）以上 30～50℃，保温一定时间后快速冷却（一般为油冷或水冷）以获得马氏体（或下贝氏体）组织的一种工艺。因此，淬火的目的是获得马氏体（或下贝氏体）。随后的回火处理是许多机器零件必不可少的最终热处理，是发挥钢铁材料性能潜力的重要手段之一。例如，用 T8 钢制造切削刀具，退火后的硬度很低，为 163～187HBW（相当于 ＜20HRC），甚至与被切削零件的硬度相近，显然无法切削零件。若将其淬火成马氏体，再配以低温回火，硬度可达 60～64HRC，则可切削零件，并具有较高的耐磨性。又如用 45 钢制造轴类零件，正火后硬度为 250HBW，$R_{p0.2} \approx$ 320MPa，$R_m \approx 750$MPa，$A \approx 18\%$，$a_K \approx 70$J/cm^2。若将其淬火成马氏体，再配之以高温回火（调质），则其硬度为 250HBW，$R_{p0.2} \approx 450$MPa，$R_m \approx 800$MPa，$A \approx 23\%$，$a_K \approx 100$J/cm^2，具有良好的强度与塑性和韧性，零件的使用寿命就可以延长。

（2）常用淬火方法。

无论哪种淬火冷却介质都不能使工件获得理想的淬火冷却速度。为了使工件既淬成马氏体又能防止变形和开裂，除选择合适的淬火冷却介质外，还必须采取正确的淬火方法。最常用的淬火方法有四种（图 2-2）。

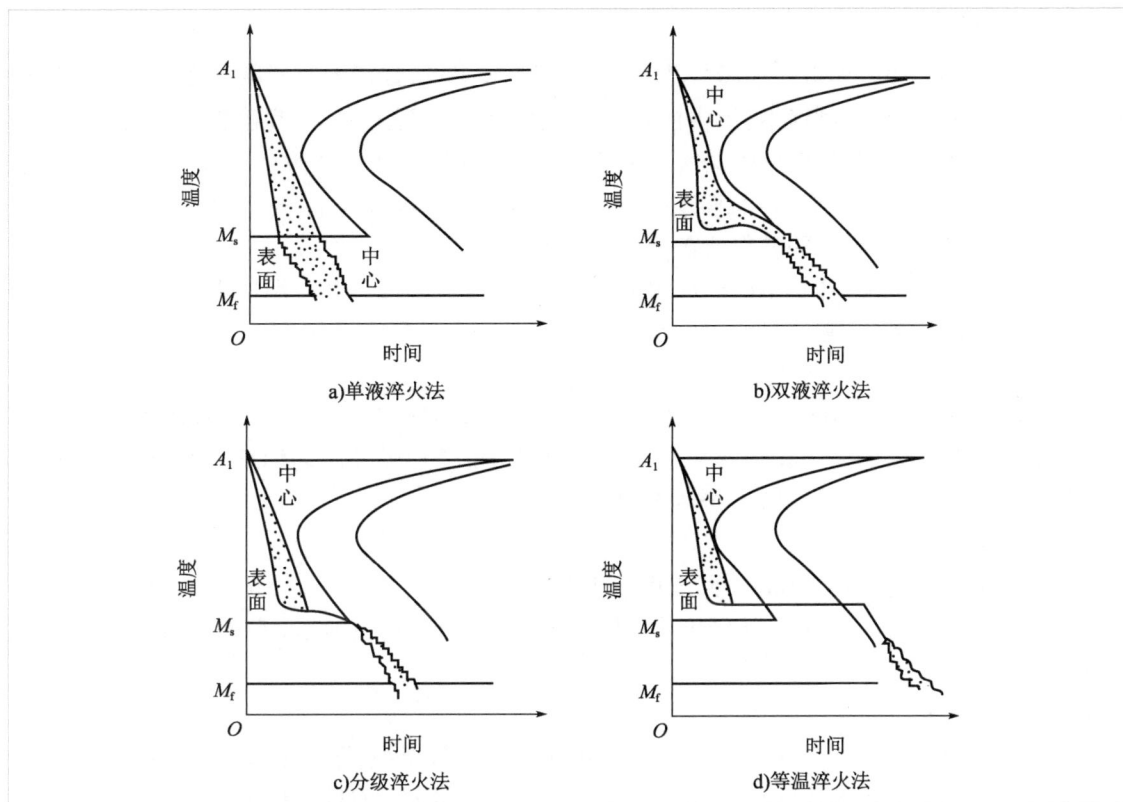

◎图2-2　常用淬火方法示意图

M_s-奥氏体向马氏体转变的开始温度;M_f-奥氏体向马氏体转变的完成温度

①单液淬火法。如图2-2a)所示,将加热工件淬入一种介质中一直冷到室温,如碳素钢在水中淬火,合金钢在油中淬火。该方法操作简单,容易实现机械化、自动化,但水淬容易产生变形和开裂,油淬容易产生硬度不足或硬度不均匀等现象。

②双液淬火法。如图2-2b)所示,将加热的工件先在冷能力较强的介质中冷却至300℃左右,立即转入另一种淬冷能力较弱的介质中冷却至室温。如形状复杂的碳素钢件先在水中冷却再在油中冷却,即水淬油冷,而合金钢件常采用油空冷。如能恰当掌握好在第一种介质中的停留时间,则可有效防止变形和开裂。

③分级淬火法。如图2-2c)所示,将加热的钢件先放入温度稍高于该钢M_s点的硝盐浴或碱浴中保温2~5min,待其表面与心部的温度均匀后,立即取出在空气中冷却。该法可有效减小内应力,防止变形和开裂。但由于硝盐浴和碱浴的冷能力较弱,故只适用于尺寸较小、要求变形小、尺寸精度高的工件,如模具、刀具等。

④等温淬火法。如图2-2d)所示,将加热的工件放入温度稍高于M_s点的硝盐浴或浴中、保温足够长的时间使其完成贝氏体转变,当温度降至M_f点以下时,获得下贝氏体组织。在含碳量相近、硬度相当的情况下,下贝氏体与回火马氏体相比,具有较好的塑性与韧性。此法适用于尺寸较小、形状复杂、要求变形小、具有高硬度和强韧性的工具、模具以及重要的结构件(如飞机起落架)等。

4)钢的回火

所谓回火是将淬火钢重新加热至 A_1 点以下的某一温度,保温一定时间后冷却至室温的一种工艺。如前所述,淬火过程中,钢中的过冷奥氏体转变为马氏体,并残留部分奥氏体;马氏体和残留奥氏体极不稳定,使用时会发生转变,引起工件尺寸和形状改变。此外,淬火钢硬度高、脆性大、具有较大的内应力,不宜直接使用。回火的目的就是降低淬火钢的脆性,减小或消除内应力,使组织趋于稳定并获得所需要的力学性能。

按照回火温度范围不同,钢的回火可分为低温回火、中温回火和高温回火三种。应根据对工件性能的不同要求,正确选择回火种类。

(1)低温回火。

回火温度为 $150 \sim 250℃$,回火后的组织为 $M_回$ 。低温回火钢具有高硬度和高耐磨性,但内应力和脆性低。主要应用于高碳钢和高碳合金钢制造的工模具和滚动轴承以及经渗碳和表面淬火的零件,回火后的硬度一般为 $58 \sim 64HRC$ 。

(2)中温回火。

回火温度范围为 $350 \sim 500℃$,回火后的组织为 $T_回$,主要应用于 $w_C = 0.5\% \sim 0.7\%$ 的碳素钢和合金钢制造的各类弹簧。其硬度为 $35 \sim 45HRC$,具有一定韧性和高的弹性极限及屈服强度。

(3)高温回火。

回火温度范围为 $500 \sim 650℃$,回火后的组织为 $S_回$ 。主要应用于 $w_C = 0.3\% \sim 0.5\%$ 的碳素钢和合金钢制造的各类连线和传动的结构零件,如轴、齿轮、连杆、螺栓等。其硬度为 $25 \sim 35HRC$,具有适当的强度与足够的塑性和韧性,即良好的综合力学性能。生产上习惯将淬火并高温回火称为"调质处理"。

2.3.2 表面热处理

机械制造中,很多机器零件在动载荷和摩擦条件下工作,如汽车和拖拉机齿轮、曲轴、凸轮轴、精密机床主轴等,其表面要求具有高硬度和耐磨性,以保证高精度,而心部具有足够的塑性和韧性,以防止脆性断裂。显然,仅靠选材和普通热处理无法满足性能要求。若选用高碳钢淬火并低温回火,则硬度高,表面耐磨性好,但心部性差;若选用中碳钢则只进行调质处理,则心部韧性好,但表面硬度低,耐磨性差。解决上述问题的正确途径是采用表面热处理,即表面淬火和化学热处理。

1)表面淬火

表面淬火是将工件表面快速加热到奥氏体区,在热量尚未传到心部时迅速冷却,使表面得到一定深度的淬硬层,而心部仍保持原始组织的一种局部淬火方法。工业上广泛应用的有火焰淬火、感应淬火和激光淬火。

(1)火焰淬火。

火焰淬火(图 2-3)是将乙炔氧或煤气-氧的混合气体燃烧的火焰喷射到工件表面,使表面快速加热至奥氏体区,立即喷水冷却,使表面淬硬的工艺方法。淬硬层深度一般为 $2 \sim 6mm$ 。此方法简便,无需特殊设备,适用于单件或小批量生产的各种零件,如轧钢机齿轮、轧辊,矿山机械的齿轮、轴,机床导轨和齿轮等。缺点是要求熟练工操作,否则加热不均匀,质量不稳定。

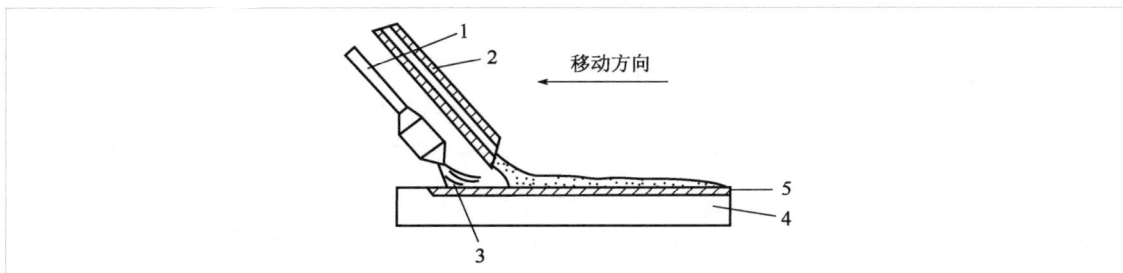

◎图2-3 火焰淬火示意图
1-烧嘴;2-喷水管;3-加热层;4-工件;5-淬硬层

(2)感应淬火。

感应淬火(图2-4)是利用通入交流电的加热感应器在工件中产生一定频率的感应电流,感应电流的集肤效应使工件表面层快速加热到奥氏体区后,立即喷水冷却,使工件表层获得一定深度淬硬层的工艺方法。电流频率越高,淬硬层越浅。根据电流频率不同,感应加热可分为:高频感应加热($1 \times 10^5 \sim 1 \times 10^6$Hz),硬层为$0.2 \sim 2$mm,适用于中小型齿轮、轴等零件;中频感应加热($0.5 \times 10^3 \sim 1 \times 10^4$Hz),淬硬层为$2 \sim 8$mm,适用于大中型齿轮、轴等零件;工频感应加热(50Hz),硬层深度$10 \sim 15$mm,适用于直径大于300mm的轧、轴等大型零件。

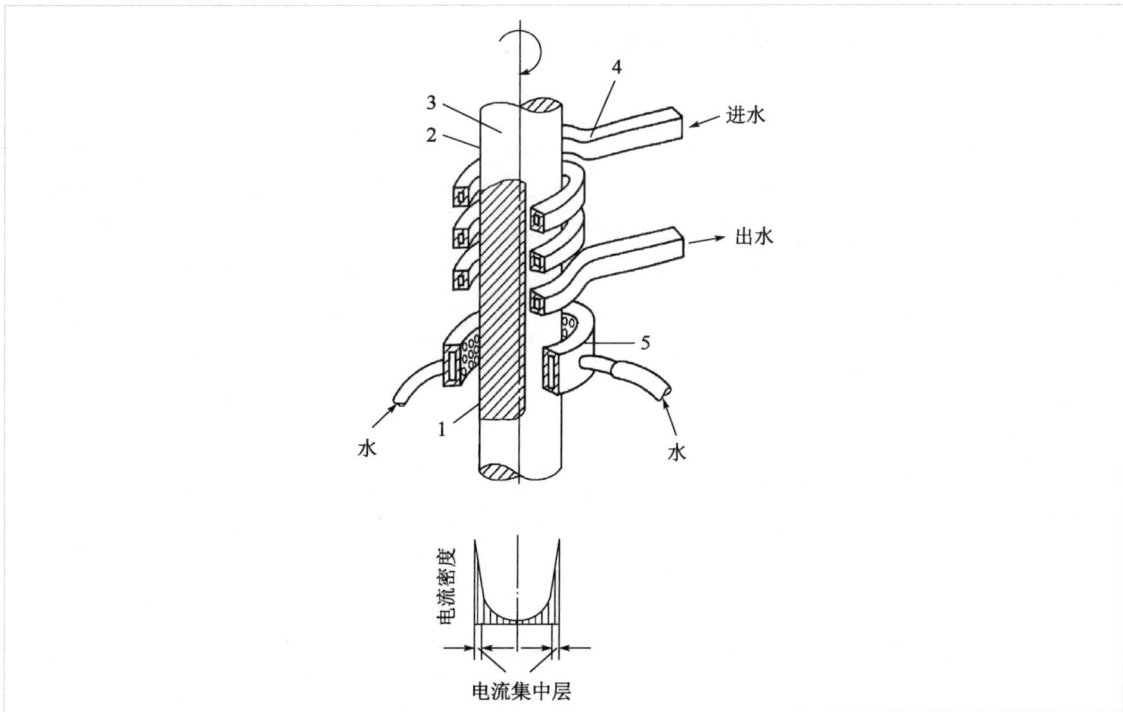

◎图2-4 感应淬火示意图
1-加热淬火层;2-间隙;3-工件;4-加热感应圈;5-淬火喷水套

感应淬火的优点是淬火质量好,表层组织细,硬度高(比常规淬火高 2 ~ 3HRC),脆性小,生产率高,便于自动化。缺点是设备较贵,形状复杂的感应器不易制造,不适于单件生产等。

必须注意,感应淬火之前需进行预备热处理,一般为调质或正火,以保证工件表面淬火后获得均匀细小的马氏体,改善工件心部的硬度、强度和韧性以及切削加工性,并减小淬火变形。工件在感应淬火后还需低温回火(180 ~ 200℃),使表层获得回火马氏体,在保持表面高硬度的同时,减小内应力和脆性。生产中常采用"自回火",即当淬火冷却至200℃时停止喷水、利用工件中的余热传到表面而达到回火的目的,这样既可省去回火工序,又可减小淬火开裂的危险。对于感应淬火工件,其设计技术条件应注明表面淬火部位、硬层深度、表面硬度等。

(3)激光淬火。

激光淬火是将高功率密度的激光束照射到工件表面,使表面层快速加热到奥氏体区或熔化温度,依靠工件本身热传导迅速自冷而获得一定的淬硬层或熔凝层。由于激光光斑尺寸只有 20 ~ 50mm²,要使整个工件表面硬,工件必须转动或平动使激光束在工件表面快速扫描。激光束的功率密度越大,扫描速度越慢,硬层或熔凝层深度越深。调整功率密度和扫描速度,硬化层深度可达 1 ~ 2mm。激光淬火已应用于汽车和拖拉机的汽缸、汽缸套、活塞环、凸轮轴等零件。目前我国应用较多的是 1 ~ 5kW 激光发生装置。

激光淬火的优点是淬火质量好,表层组织超细化,硬度高(比常规淬火高 6 ~ 10HRC)脆性极小,工件变形小,自冷淬火而无须回火,节约能源,无环境污染,生产率高,便于自动化。缺点是设备昂贵,在生产中大规模应用受到了限制。

2)表面化学热处理

化学热处理是将工件置于某种化学介质中,通过加热、保温和冷却使介质中某些元素渗入工件表层以改变工件表层的化学成分和组织,从而使其表面具有与心部不同性能的一种热处理工艺。与表面淬火相比,表面化学热处理的主要特点是工件表面层不仅与心部组织不同,而且成分也不同。渗入不同的元素,可赋予工件表面不同的性能。例如,渗碳、渗氮、碳氮共渗可提高硬度、耐磨性及疲劳强度,渗硼、渗铬可提高耐磨和耐蚀性,渗铝、渗硅可提高耐热抗氧化性,渗硫可提高减摩性等。在一般机器制造业中,最常用的是渗碳、渗氮和碳氮共渗。

(1)钢的渗碳。

渗碳是向低碳钢或低碳合金钢工件表层渗入碳原子的过程。其目的是提高工件表层的含碳量,使热处理后的工件表面具有高的硬度和耐磨性,而工件心部具有一定的强度和较高的韧性。这样,工件既能承受大的冲击,又能承受大的摩擦。齿轮、活塞销等零件常采用渗碳处理。

根据渗碳剂的不同,渗碳可分为固体渗碳、液体渗碳和气体渗碳。这里仅介绍工业上常用的气体渗碳。

气体渗碳法如图 2-5 所示。工件被置于充有气体渗碳剂的渗碳炉中,在渗碳温度(900 ~ 950℃)下加热至奥氏体状态并保温,气体渗碳剂分解出的活性碳原子被工件表面吸收并向工件内部扩散,形成一定深度的渗碳层。常用的气体渗碳剂是裂化混合气体(天然气或煤气 + $CH_4 + C_2H_4$ 等)或有机液体(煤油、苯、甲醇、丙酮等)在高温下分解成的混合气体(CO、CH、CH_x 等)。现在企业一般采用连续式气体渗碳,整个过程采用机械化和自动化控制。

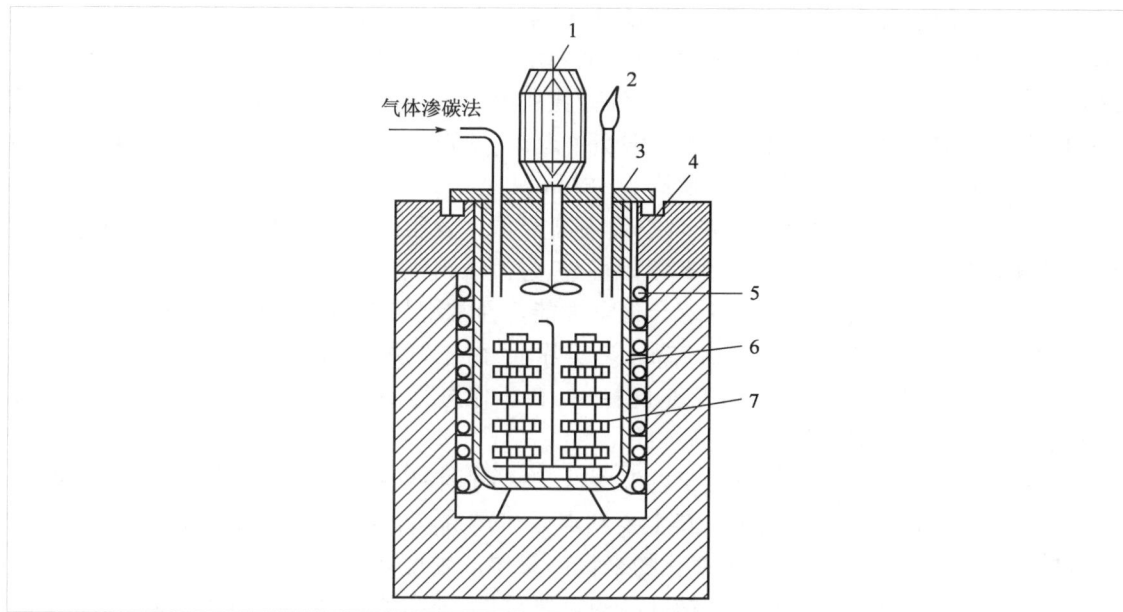

◎图2-5 气体渗碳法

1-风扇电动机;2-排出废气火焰;3-炉盖;4-砂封;5-电炉丝;6-耐热罐;7-工件

渗碳后工件中的碳浓度从表面向心部逐渐降低。表面碳的质量分数最高,通常为0.8% ~ 1.1%,心部则保持原始成分。低碳钢渗碳缓冷后的组织,由表面向心部依次为过共析组织、共析组织、过渡亚共析组织、原始亚共析组织。通常把过渡亚共析组织区一半处到表面的深度(对低碳钢)或过渡亚共析组织区终止处到表面的深度(对低碳合金钢)作为渗碳层深度。显然,渗温度越高,渗碳时间越长,则渗碳层深度越大。

工件渗碳后还需进行淬火和低温回火处理,才能使表面具有高硬度、高耐磨性和较高的接触疲劳强度及弯曲疲劳强度,心部具有一定强度和高韧性。淬火可采用直接淬火法(自渗碳温度直接淬火)、一次淬火法(渗碳后出炉空冷,再重新加热进行淬火)或二次淬火法(渗碳后出炉空冷,先根据工件心部成分重新加热进行淬火,再根据工件表面成分加热进行淬火)。淬火 + 低温回火后,工件表层组织为高碳回火马氏体 + 粒状渗碳体或碳化物 + 少量残留奥氏体,其硬度为58 ~ 64HRC,而心部组织则随钢的淬透性而定。对于普通低碳钢如15钢、20钢,其心部组织为铁素体 + 珠光体,硬度相当于10 ~ 15HRC;对于低碳合金钢如20CrMnTi,其心部组织为回火低碳马氏体 + 铁素体,硬度为35 ~ 45HRC,具有较高的心部强度和足够的塑性和韧性。

(2)钢的渗氮。

渗氮是向钢件表层渗入氮原子的过程。其目的是提高工件表面硬度、耐磨性、疲劳强度、耐蚀性以及热硬性(600 ~ 650℃温度下仍保持较高硬度)。钢渗氮的方法很多,如气体渗氮、液体渗氮、低温氮碳共渗、离子渗氮、镀钛渗氮等,这里仅介绍工业中应用最广泛的气体渗氮。

气体渗氮是将工件放入充有氮气的渗氮炉中,在渗氮温度(500～560℃)下加热并保温,氮气分解出的活性氮原子被工件表面的铁素体吸收并向内部扩散,形成一定深度的渗氮层。工件渗氮前一般先调质处理,获得回火索氏体组织,以保证渗后工件心部有良好的综合力学性能,渗氮后不再进行淬火、回火处理。渗氮用钢通常是含有 Al、Cr、Mo、V、Ti 等的合金钢,典型的是 38CrMoAlA,还有 35CrMo、18CrNiW 等。这些合金元素极易与氮元素发生反应,形成颗粒细小、分布均匀、硬度很高而且非常稳定的各种氮化物,这对提高工件性能有重要作用。采用渗氮工艺制造的零件常用的工艺路线为:锻造→退火(或正火)→粗加工→调质→半精加工→去应力退火→粗磨→渗氮→精磨(或研磨)→成品。

渗氮后工件表面氮浓度最高,并向心部逐渐降低。表层组织为氮化物 $Fe_2N(\varepsilon) + Fe_4N(\gamma')$,硬度为 1000～1100HV,耐磨性和耐蚀性好;过渡区组织为 $Fe_4N(\gamma')$ + 含氮铁素体(α);心部组织为回火索氏体,具有良好的综合力学性能。通常把从工件表面到过渡区终止处的深度作为渗氮层深度,一般为 0.15～0.75mm。实际上,由于钢中含有一定量的碳,渗氮层内会形成碳氮化合物。工件最表层的 e 相是脆性的,在工作过程中易产生龟裂及剥落,故不应过厚,通常在渗氮后精磨时将该层磨去后再用。

与渗碳相比,渗氮的主要优点是工艺温度低,变形小,渗层薄,硬度高,耐磨性好,疲劳强度高,并具有一定的耐蚀性和热硬性。其主要缺点是生产周期长(30～50h),渗氮层脆性大,而且需要使用专用合金钢以形成合金氮化物来提高渗层的硬度和耐磨性。因此,它主要应用于在交变载荷下工作,要求耐磨和尺寸精度高的重要零件,如高速传动精密齿轮、高速柴油机曲轴、高精密机床主轴、镗床镗杆、压缩机活塞杆等,也可用于在较高温度下工作的耐磨、耐热零件,如阀门、排气阀等。对于渗氮零件,其设计技术条件应注明渗氮部位、渗氮层深度、表面硬度、心部硬度等,对轴肩或截面改变处应有 $R > 0.5$mm 的圆角以防止渗氮层脆裂。

(3)钢的碳氮共渗。

碳氮共渗是同时向钢的表层渗入碳、氮原子的过程。将工件放入充有渗碳介质(如煤油、甲醇等)和氮气的炉中,在 840～860℃温度下加热、保温,共渗介质分解出活性碳、氮原子被工件表面奥氏体吸收并向内部扩散,形成一定深度的碳氮共渗层。与渗碳相比,碳氮共渗温度低,速度快,零件变形小。在 840～860℃温度下保温 4～5h 即可获得深度为 0.7～0.8mm 的共渗层。经淬火 + 低温回火处理后,工件表层组织为细针状回火马氏体 + 颗粒状碳氮化合物 $Fe_3(C,N)$ + 少量残留奥氏体,具有较高的耐磨性和疲劳强度及抗压强度,并兼有一定的耐蚀性,常应用于低中碳合金钢制造的重、中负荷齿轮。近年来,国内外都在发展深层碳氮共渗以代替渗碳,效果很好。其缺点是气氛控制较难。

上述各种表面热处理方法都能使工件获得"表硬心韧"的性能,从而具有既耐磨又抗冲击和疲劳的能力。但是,它们又各有其特点,应根据不同零件的工作条件合理选用。以齿轮为例,对于齿面硬度要求 45～55HRC 的齿轮,若模数大,如矿山、冶金机械上的大型齿轮,应选用中碳合金钢如 40Cr 钢制造,进行火焰淬火或中频感应加热单齿表面淬火;若模数较小,如机床上的齿轮,则用中碳钢如 40、45 钢制造,进行高频感应淬火;对于齿面硬度要求 58～62HRC 并承受较大负荷及冲击力的齿轮,如汽车、拖拉机的变速器齿轮,应选用低碳合金钢如 20CrMnTi 钢制造,进行渗碳和淬火 + 低温回火处理;对于齿面硬度要求 65～72HRC 的齿轮,如冲击力小的高速传动精密齿轮,应选用 38CrMoAlA 钢渗氮处理。

2.3.3 特种热处理

钢件在空气炉中加热时,表面常发生氧化、脱碳,影响其表面质量和性能,这是由于空气中存在21%左右(体积分数)的氧气。为了避免上述缺陷,工件在加热过程中应将炉内氧气排除掉。一种方法是把空气抽掉,这就是真空热处理;另一种方法是向热处理炉内通入能够保护钢件不氧化、不脱碳的气体,这就是可控气氛热处理。

1)真空热处理

真空是指压强远低于一个大气压(101325Pa)的气态空间。在真空中进行的热处理称为真空热处理,包括真空退火、真空淬火、真空回火及真空化学热处理等,通常可在低真空、高真空或超高真空热处理炉内进行。

(1)真空热处理的作用。

①表面保护作用。真空状态下,金属的氧化反应很少进行或完全不能进行。因此真空热处理能够防止钢件表面的氧化和脱碳,具有表面保护作用。

②表面净化作用。真空状态下,氧化物分解所产生气体的压力(称为分解压力)大于真空炉内氧的压力,反应只能向氧化物进行分解的方向进行。因此,当工件表面有氧化物时,就可使其中的氧除掉,使表面得到净化。

③脱脂作用。真空热处理时,钢件表面油污中的碳、氢、氧的化合物易分解为氢水蒸气和二氧化碳气体,随后被抽走。

④脱气作用。真空状态下长时间加热时,工件在前几道工序(熔炼、铸造、热处理等)吸收的氢、氧等气体会慢慢释放出来,从而降低钢件的脆性。

(2)真空热处理的优点。

与普通热处理相比,真空热处理有以下主要优点:

①工件变形小,特别是在淬火的情况下。主要原因是真空状态下加热缓慢,工件内温差很小,此时主要靠辐射传热,而在600℃以下辐射传热作用很弱。

②工件的力学性能较好。由于真空热处理有防止氧化和脱碳及脱气(尤其是脱氢)等良好作用,对工件的力学性能会带来有益影响,主要表现在使强度提高,特别是使与工件表面状态有关的疲劳性能和耐磨性等得到提高。对于模具寿命,真空热处理比盐浴处理一般高40%～400%;对于工具寿命,可提高3～4倍。

③工件尺寸精度较高。

由于真空热处理存在设备投资大、辅助材料(保护性气体、淬火油等)价格高等缺点,目前仅适宜于处理下述产品:刀具、模具和量具,性能要求高的结构件和精密零件,形状与结构复杂的渗碳件及难以渗碳的特殊材料。

2)可控气氛热处理

为了一定的目的,向热处理炉内通入某种经过制备的气体介质,这些气体介质总称为可控气氛,工件在可控气氛中进行的各种热处理称为可控气氛热处理。

(1)可控气氛的组成及性质。

常用的可控气氛主要由一氧化碳(CO)、氢(H_2)、氮(N_2)及微量的二氧化碳(CO_2)、水分

(H_2O)和甲烷(CH_4)等气体组成。根据这些气体与钢铁发生化学反应的性质,可将它们分为四类。

①具有氧化和脱碳作用的气体除了氧是强烈氧化和脱碳性气体以外,二氧化碳和水蒸气同样可使钢铁零件在高温下产生氧化和脱碳。因此,必须严格控制气氛中的这两种气体。

②具有还原性的气体氢和一氧化碳不仅能够保护工件在高温下不氧化,而且还具有将氧化铁还原成铁的作用。一氧化碳还是一种增碳性气体。

③具有强烈渗碳作用的气体甲烷是一种强渗碳性气体,高温下能分解出大量活性碳原子,渗入工件表层,使之增碳。

④高温下,中性气体氩气、氦气、氮气等与工件既不发生氧化、脱碳,也不还原,也无渗碳作用。

实际上,通入炉内的可控气氛常采用多种气体的混合气体。高温下,这些混合气体究竟使钢铁氧化、脱碳,还是不氧化不脱碳,或是增碳,要取决于组成混合气体的各种气体的性质及相对含量。控制上述混合气体的相对含量,便可使加热炉内分别获得渗碳性、还原性和中性气氛,以进行各种热处理。

(2)可控气氛热处理的优点。

可控气氛热处理主要有以下优点:①减轻或避免工件加热过程中的氧化和脱碳,改善热处理后的表面质量,提高零件的耐磨性、抗疲劳性和使用寿命,达到光亮热处理的目的;②可进行钢件的渗碳或碳氮共渗处理,使表面含碳量控制在合理范围内,确保产品质量;③对于某些形状复杂且要求高弹性或高强度的薄形工件,若用高碳钢制造,则加工不便,可选用低碳钢冲压成型,再穿透渗碳,以代替高碳钢,大大减少加工程序;④所需设备比真空热处理简单,成本较低,易于推广。

单元2.4 新材料及其发展趋势

2.4.1 机械工程新材料

机械工程领域近年来涌现了许多创新材料,这些材料在轻量化、强度、耐高温、智能响应等方面表现出显著优势。以下是当前备受关注的几类最新材料及其应用方向。

1)高强度轻质材料

(1)高熵合金。

高熵合金(High-Entropy Alloys,HEA)是一种创新的金属材料,由五种或更多种金属元素以等量或近似等量比例合成。这种合金的独特之处在于其高混乱度的晶体结构,赋予了它一系列卓越的物理和化学性能,包括高强度、出色的耐高温特性、优异的抗腐蚀能力以及抗辐照性能。正因如此,高熵合金在航空航天领域的发动机叶片、核反应堆的关键内壁部件以及极端环境条件下运行的机械部件中,均展现出巨大的应用潜力。

（2）碳纤维增强复合材料。

碳纤维增强复合材料（Carbon Fiber Reinforced Polymer/Plastic，CFRP）是一种卓越的高性能材料，其核心在于碳纤维或碳纤维织物作为增强体，与多种基体材料如树脂、陶瓷、金属、水泥、碳质或橡胶等复合而成。如今，升级版的纳米碳纤维/石墨烯增强复合材料应运而生，这种材料在保留 CFRP 原有优势的基础上，实现了重量的进一步减轻、强度的显著提升以及抗疲劳性能的极大增强。

在汽车底盘、无人机框架以及机械臂结构等应用中，纳米碳纤维/石墨烯增强复合材料展现出了无与伦比的优势。其轻质的特性使得汽车能够减轻重量，提高燃油效率，同时保持卓越的操控性和稳定性；在无人机领域，这种材料使得无人机框架更加坚固耐用，能够承受更高的飞行负荷和更恶劣的环境条件；而在机械臂结构中，纳米碳纤维/石墨烯增强复合材料则提供了更高的强度和抗疲劳性能，确保了机械臂在长时间、高负荷的工作条件下的稳定性和可靠性。

2）先进陶瓷材料

（1）氮化硅陶瓷。

氮化硅陶瓷的分子式为（Si_3N_4），是一种共价键化合物。其基本结构单元为 $[SiN_4]$ 四面体，硅原子位于四面体的中心，四个氮原子分别位于四面体的四个顶点，然后以每三个四面体共用一个原子的形式，在三维空间形成连续而又坚固的网络结构。这种结构使得氮化硅陶瓷具有高强度、高硬度、良好的耐磨性和耐腐蚀性。氮化硅陶瓷凭借其卓越性能，在冶金、机械、化学、半导体、航空航天及医药工业中，广泛应用于热工设备、刀具、泵阀、电绝缘体及医疗器械等。

（2）陶瓷基复合材料。

陶瓷基复合材料（Ceramic Matrix Composite，CMC）是以陶瓷为基体与各种纤维复合的一类复合材料。由陶瓷基体和增强纤维组成。陶瓷基体可为氮化硅、碳化硅等高温结构陶瓷，这些先进陶瓷具有耐高温、高强度和刚度、相对重量较轻、抗腐蚀等优异性能。根据增强材料的不同，陶瓷基复合材料可分为颗粒补强陶瓷基复合材料和纤维补强陶瓷基复合材料。陶瓷基复合材料凭借其卓越性能，广泛应用于航空航天、能源、汽车、电子及医疗领域，如发动机部件、热结构装置、刹车系统、电子散热及医疗修复材料。

3）智能材料

（1）形状记忆合金。

形状记忆合金（Shape Memory Alloy，SMA）是一种新型的功能材料，具有独特的形状记忆效应和相变伪弹性。形状记忆合金是由两种或两种以上金属元素构成的材料，通过热弹性与马氏体相变及其逆变而具有形状记忆效应。迄今为止，人们已发现 50 多种具有形状记忆效应的合金。形状记忆合金凭借其独特性能，在航空航天、生物医疗、机械电子、汽车工业及建筑工程等领域广泛应用，可提升效能与智能化水平。

（2）磁流变液。

磁流变液（Magnetorheological Fluid，MRF）是一种流动性可控的新型智能材料，由微小软磁性颗粒、非导磁性液体以及少量的添加剂组成。其中，磁性颗粒一般为微米级或纳米级的铁磁颗粒（如羰基铁颗粒），这些颗粒沉浸在非磁性载液中形成悬浮液。添加剂则用于改善磁流变液的沉降稳定性、再分散性、零场黏度和剪切屈服强度等性能。磁流变液凭借其独特性能,广泛应用于汽车、土木、航空、精密制造及医疗康复领域,可提升系统性能与产品质量。

（3）电流变液。

电流变液（Electrorheological Fluids，ER 流体）是一种智能材料,其流变性能可以由外加电场控制。电流变液通常由分散相、连续相和添加剂组成。分散相是电流变液产生电流变效应的核心,常见的材料有氧化锡、二氧化钛、钛酸钡、钛酸钙、石膏以及陶瓷粉等,这些材料具有高的介电常数和较强极性,且颗粒粒径通常为纳米或微米级。连续相是分散相固体颗粒的载体,常见的连续相液体有煤油、矿物油、植物油、硅油等,这些液体需要具有较低的凝固点、较高的沸点、较低的黏度以及良好的化学稳定性和绝缘性能。添加剂则用于改善电流变液的稳定性和性能。电流变液因其独特性能,广泛应用于汽车、机械、航空、精密制造及建筑、医疗等领域,可提升操控性、精度与稳定性。

（4）自愈合聚合物。

自愈合聚合物（Self-healing Polymers）是指当材料受到破坏后,在一定条件下可以自我修复部分或者全部性能的材料。自修复聚合物具有自我修复能力,可以显著延长材料的使用寿命,并减少维护成本。同时,一些高性能自修复聚合物还具有高机械性能、高稳定性和环境适应性。自修复聚合物在多个领域展现出广泛的应用前景。例如,在电子设备方面,可用于手机屏幕和外壳材料的制造;在汽车与航空航天领域,可用于车身涂层和航空零部件的制造;在基础设施建设方面,能够实时监测建筑结构的损伤情况,并实现智能修复。

4）非晶合金（金属玻璃）

非晶合金,又称金属玻璃（Metallic Glass）,是一种新型的金属合金材料。非晶合金是利用快速冷凝技术阻止合金熔体在凝固过程中的晶相形核和长大,使得合金熔体的原子来不及规则排列,从而得到的一种原子状态呈无序排列的新型非晶态金属材料。这种特殊的组织结构决定了非晶合金具有独特的性能。非晶合金因独特性能,在工业制造、电子电气、航空航天及医疗领域广泛应用,提高产品精度、效率和稳定性。

2.4.2 机械工程材料的发展趋势

（1）高性能化。随着机械设备对性能要求的不断提高,机械工程材料向着高性能化发展。新型材料将更加注重高强度、高韧度、耐高温、耐低温、抗腐蚀、抗辐射等特性的开发。例如,高强度钢、钛合金、高温合金等金属材料以及碳纤维、陶瓷等复合材料,都将在未来得到更广泛的应用。这些高性能材料将有助于提高机械设备的耐用性、可靠性和稳定性,进而提升设备的整体性能。

（2）复合化。复合化已成为结构材料发展的一个重要趋势。通过将不同种类的材料进行复合,可以得到具有优异性能的新型材料。复合材料具有重量轻、强度高、耐腐蚀性好等优点,因此在航空航天、汽车、船舶等领域具有广泛的应用前景。未来,随着复合材料制备技术的不断进步,其性能将进一步提升,应用领域也将更加广泛。

（3）绿色化。随着全球环保意识的提升,可持续发展和绿色制造已成为现代制造业的重要发展方向。机械工程材料也将向绿色化发展,注重低能耗、低排放、可回收等特性的开发。例如,生物降解材料、可回收材料等环保型材料将在未来得到更多的关注和应用。这些绿色材料将有助于减少环境污染,降低资源消耗,实现可持续发展。

(4)智能化。智能化是现代机械工程材料的一个重要发展趋势。通过引入智能元素,可以使材料具有自感知、自诊断、自修复等特性。例如,形状记忆合金、压电材料等智能材料已经在机器人、航空航天等领域得到了应用。未来,随着智能技术的不断发展,更多具有智能特性的材料将被开发出来,并广泛应用于机械工程领域。

(5)数字化与信息化。现今,数字化与信息化已成为机械工程材料发展的重要方向。通过大数据、云计算、物联网等技术的运用,可以实现材料的智能化设计、生产和管理。例如,利用数字化技术可以对材料的性能进行精准预测和优化,提高生产效率和产品质量。未来,数字化与信息化技术将在机械工程材料领域发挥更加重要的作用,推动材料的创新与发展。

(6)可持续性与循环经济。在全球资源紧张和环境保护的双重压力下,机械工程材料的可持续性成为行业关注的焦点。未来,将更加注重材料的可再生性、可回收性和循环利用性。通过开发可持续材料、优化材料使用流程、推广循环经济模式等措施,可以实现资源的有效利用和环境的保护。

⚠ 模块小结

本模块全面而深入地探讨了机械工程领域中的关键材料知识。从常见的金属材料与非金属材料出发,系统学习了它们的分类、特性及应用场景,为后续的材料选择与设计奠定了坚实基础。接着,深入剖析了金属材料的主要性能,包括物理性能、力学性能、化学性能及特殊性能,这有助于更精准地评估材料的适用性和可靠性。

热处理作为提升材料性能的重要手段,本模块也进行了详尽的介绍,从普通热处理到表面热处理,再到特种热处理,每一步都充满了实践与理论的结合,能够根据实际情况制定合理的热处理工艺方案。

最后,展望了机械工程材料的新趋势,包括新型材料的涌现及其发展趋势。通过本模块的学习,不仅能掌握扎实的理论知识,更能培养科学思维、实践能力和创新精神,为未来在机械工程领域的深造与职业发展奠定了坚实的基础。

◎ 模块习题

1.请列举至少三种金属材料和非金属材料的典型应用。

2.详细阐述钢的普通热处理过程(退火、正火、淬火、回火)及其各自的目的和效果。如果一块低碳钢需要提高其硬度和耐磨性,应该选择哪种热处理工艺?

模块3

金属切削的基本知识

学习目标

知识目标

◎掌握切削运动、切削参数及刀具角度的分析方法。

◎熟悉刀具的角度坐标系和车刀的刀具角度。

◎了解车刀、铣刀、孔加工刀具、齿轮加工刀具的结构功能。

技能目标

◎能够根据切削材料的特性和加工要求，选择合适的切削刀具类型。

◎能够监控切削过程中的切削参数。

◎能够运用所学知识，进行简单的金属切削加工实验和设计。

◎能够识别常见的车刀、铣刀、孔加工刀具和齿轮加工刀具，在面对不同加工任务时，能够迅速选择合适的刀具，制定合理的加工工艺方案。

素养目标

◎勇于面对切削加工中遇到的问题，积极寻求解决方案，培养独立思考和创新能力。

单元 3.1 金属切削加工的基本知识

切削加工在机械制造中占有十分重要的地位,虽然它们的形式有所不同,但是却有着许多共同的规律。所以,在切削加工中只有对金属切削原理有深刻的认识和理解,才能合理地选择加工方法及合理地控制切削过程,保证零件的加工质量、提高劳动生产率和降低生产成本。

1)切削加工概述

在金属切削的过程中,由机床的执行机构来驱动刀具和工件运动,以实现对工件的切削;在加工的过程中,机床的运动完成母线和导线(导面)的形成,以保证加工零件的形状精度。切削加工时,为了获得各种形状的零件,刀具与工件必须具有一定的相对运动,即切削运动,可见切削运动是合成的运动。

2)切削运动

在切削零件的过程中,通过工件和刀具的相对运动以使工件形成符合技术要求的形状,通常称这种相对运动为切削运动。切削运动按其所起的作用可分为主运动和进给运动。

(1)主运动。主运动是指由机床或人力提供的,使刀具与工件之间产生的主要相对运动。主运动的特点是速度最高,消耗功率最大。车削时,主运动是工件的回转运动,如图 3-1 所示;牛头刨床刨削时,主运动是刀具的往复直线运动,如图 3-2 所示。

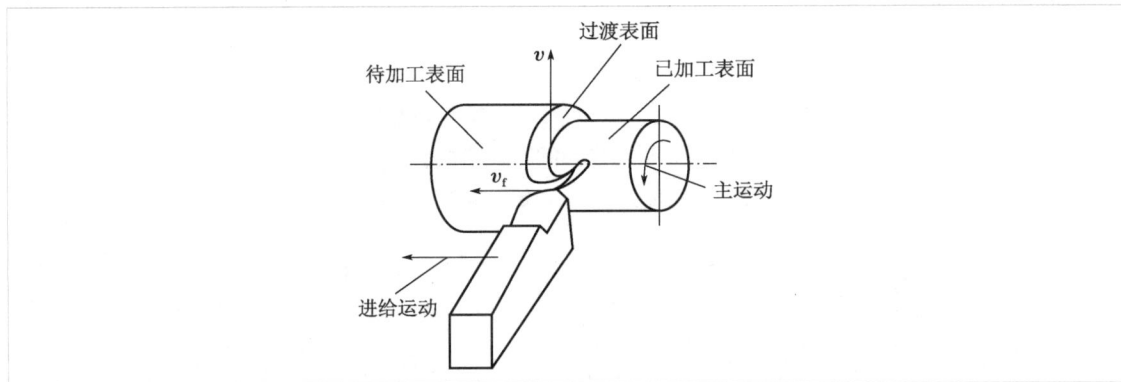

◎ 图 3-1　车削运动和工件上的表面

v-切削速度;v_f-进给速度

(2)进给运动。进给运动是指由机床或人力提供的,使刀具与工件间产生的附加相对运动,进给运动将使被切金属层不断地投入切削,以加工出具有所需几何特性的已加工表面。车削外圆时,进给运动是刀具的纵向运动,车削端面时,进给运动是刀具的横向运动。牛头刨床刨削时,进给运动是工作台的移动。

主运动的运动形式可以是旋转运动,也可以是直线运动;主运动可以由工件完成,也可以由刀具完成;主运动和进给运动可以同时进行,也可以间歇进行;主运动通常只有一个,进给运动的数目可以有一个或几个。

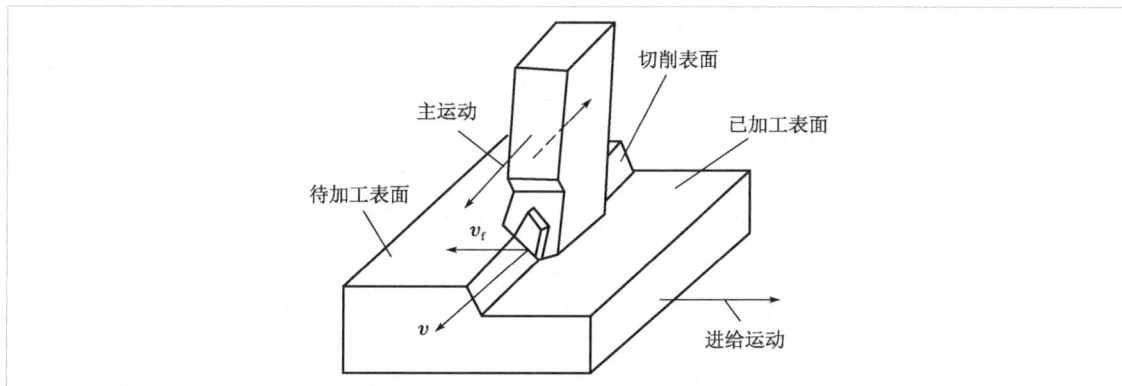

◎ 图 3-2　刨削运动和工件上的表面

v-切削速度；v_f-进给速度

（3）主运动和进给运动的合成。当主运动和进给运动同时进行时，切削刃上某一点相对于工件的运动为合成运动，常用合成速度向量 v_f 来表示，如图 3-3 所示。

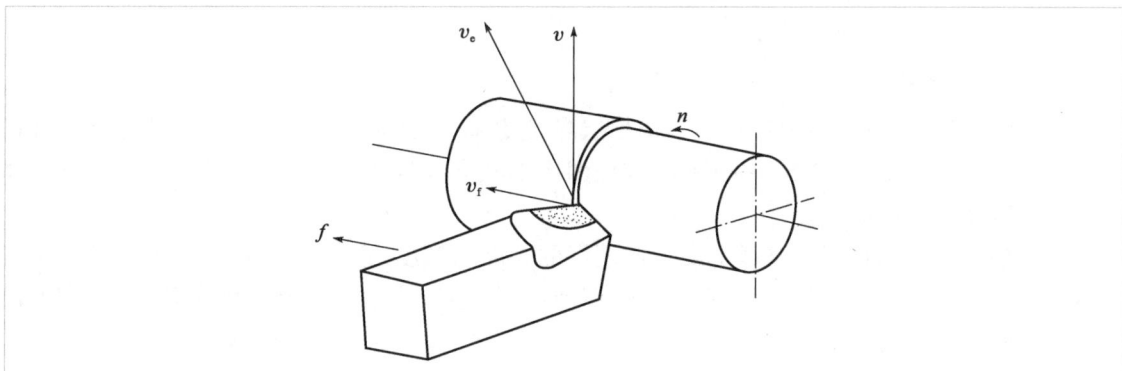

◎ 图 3-3　合成速度

v-切削速度；v_e-合成速度；v_f-进给速度；n-工件转速；f-进给量

3）工件表面

切削加工过程中，在切削运动的作用下，工件表面一层金属不断地被切下来变为切屑，在新表面形成的过程中，工件上有 3 个依次变化着的表面，它们分别是待加工表面、切削表面和已加工表面，如图 3-1 和图 3-2 所示。

（1）待加工表面。待加工表面即将被切去金属层的表面。

（2）切削表面。切削表面指切削刃正在切削而形成的表面，又称加工表面或过渡表面。

（3）已加工表面。已加工表面指切去多余金属层后而形成的新表面。

4）切削用量

为了更好地分析机床的相对运动，在制造过程中将与相对运动的相关的参数称为切削用量。切削用量是机床调整的重要工艺参数，是切削加工过程中切削速度、进给量和背吃刀量（切削深度）的总称，或称为切削三要素。

一般用切削速度来描述主运动，进给量来描述进给运动，背吃刀量描述刀具每次切削的深度。

（1）切削速度 v。切削速度为过切削刃选定点相对工件主运动的瞬时速度，单位为 m/s 或

m/min。以车削为例,切削速度计算式为:

$$v = \frac{\pi dn}{1000} \tag{3-1}$$

式中:n——工件或刀具的转速,r/min;

d——工件或刀具选定点旋转直径,mm。

(2)进给量f。进给量为刀具在进给运动方向上相对工件的位移速度,可用工件每转(行程)的位移量来度量,单位为mm/r。进给量也可用进给速度v_f表示。v_f指切削刃选定点相对工件进给运动的瞬时速度,单位为mm/s或m/min。车削时进给运动速度为:

$$v_f = nf \tag{3-2}$$

(3)背吃刀量(切削深度)a_p。背吃刀量指在垂直于进给速度方向测量的切削层最大尺寸,单位为mm。当车削外圆时,背吃刀量为:

$$a_p = \frac{d_w - d_m}{2} \tag{3-3}$$

式中:d_w——待加工表面直径,mm;

d_m——已加工表面直径,mm。

5)切削层参数

当切削用量确定后,切削过程中的切削层参数也随之而确定。切削层为刀具切削部分切过工件的一个单程所切除的工件材料层。切削层形状和尺寸影响切削过程的变形、刀具上作用的负荷以及刀具的磨损。

切削层参数是指在刀具基面上度量切削层的长度与宽度,它与切削用量a_p和f的大小有关,如图3-4所示。在切削过程中直接影响切削过程的主要是切削层横截面及其厚度、宽度尺寸。它们的定义与符号如下:

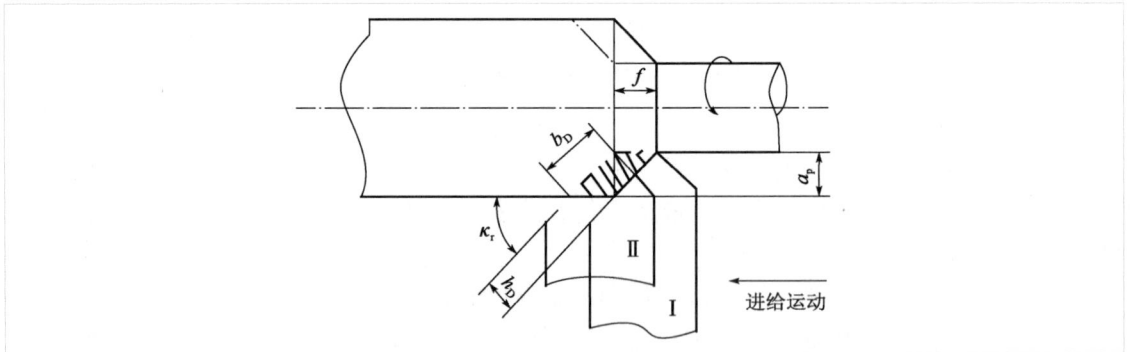

◎图3-4 切削层参数

(1)切削层公称横截面积A_d。切削层公称横截面积简称切削层横截面积,它是切削层在切削层尺寸平面内的横截面积,计算式为:

$$A_d = h_D b_D \tag{3-4}$$

(2)切削层公称厚度h_D。切削层公称厚度简称切削厚度,它是在垂直于过渡表面度量的切削层尺寸,为相邻两个过渡表面之间的距离,计算公式为:

$$h_D = f \sin \kappa_r \tag{3-5}$$

（3）切削层公称宽度 b_D。切削层公称宽度简称切削宽度，它是在平行于过渡表面度量的切削层尺寸，计算公式为：

$$b_D = a_p/\sin\kappa_r \tag{3-6}$$

式（3-4）～式（3-6）中各物理量所代表的含义如图3-4所示。

单元3.2 金属切削刀具的基本知识

3.2.1 刀具切削部分的基本定义

在金属的切削过程中，刀具是参与切削的主体，刀具的几何形状也至关重要，如图3-5所示，车刀由刀头、刀体两大部分组成。在切削过程中刀头用于切削，刀体用于装夹。

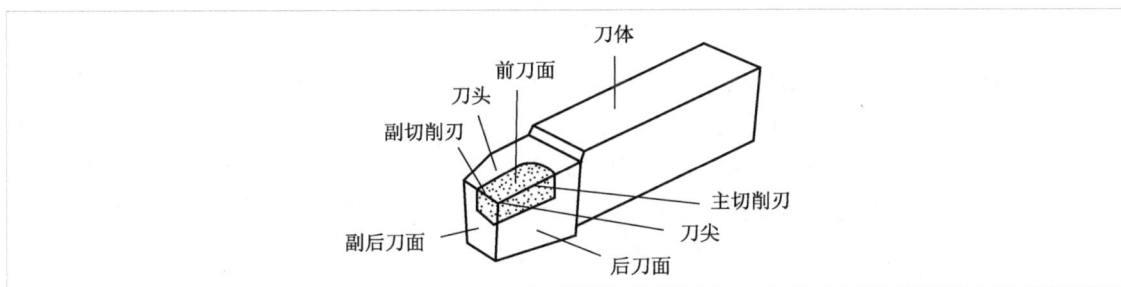

◎ 图3-5 车刀的组成

刀具切削部分（刀头）由一尖、两刃、三面构成。

1）刀面

（1）前刀面。前刀面是指刀具上切屑流过的表面。

（2）后刀面。后刀面是指与过渡表面相对的表面。

（3）副后刀面。副后刀面是指与已加工表面相对的表面。前刀面与后刀面之间所包含的刀具实体部分称为刀楔。

2）切削刃

（1）主切削刃。主切削刃是指前、后刀面汇交的边缘。

（2）副切削刃。副切削刃是指除主切削刃以外的切削刃。

3）刀尖

刀尖是指主、副切削刃汇交的一小段切削刃。

实际上，切削刃无法达到理论上的一条线那样锋利的状态，这便致使刀尖量微观圆弧状态。实践中，为了提高刀尖刃口强度，常将刀尖修圆或倒角。

3.2.2 刀具的角度坐标系

在切削过程中，刀具的各个面在空间的位置变化会影响切削过程，为准确地描述刀具的形状,同时更加确切地确定刀具切削部分几何形状,一般用平面角度来描述复杂刀具空间形状,用于定义刀具角度的基准坐标平面称为参考系。

刀具角度的辅助平面如图 3-6 所示,一般由以下几方面组成:

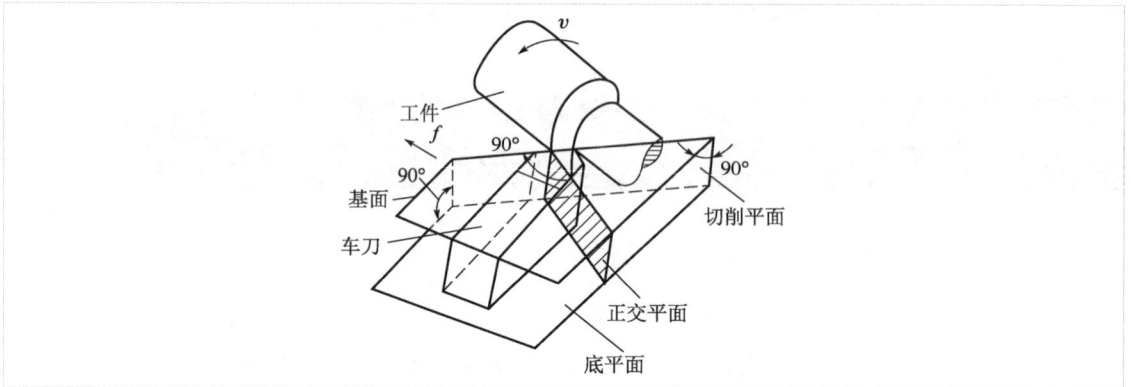

◎图 3-6   刀具正交平面参考系

(1)基面。基面是指过切削刃选定点平行或垂直刀具上的安装面(轴线)的平面,图 3-6 中车刀的基面可理解为平行刀具底面的平面。

(2)切削平面。切削平面是指过主切削刃选定点与切削刃相切并垂直于基面的平面。

(3)正交平面。正交平面是指过切削刃选定点同时垂直于切削平面与基面的平面。

以上 3 个表面构成了刀具正交参考坐标系,在这个坐标系中,刀具的各个表面和刃的角度全部确定。

3.2.3   刀具的角度

刀具角度是描述刀具表面在空间方位的参数。在各类参考系中最基本的角度类型只有 4 个,即前角、后角、偏角(主偏角、副偏角)和刃倾角。其含义如图 3-7 所示。

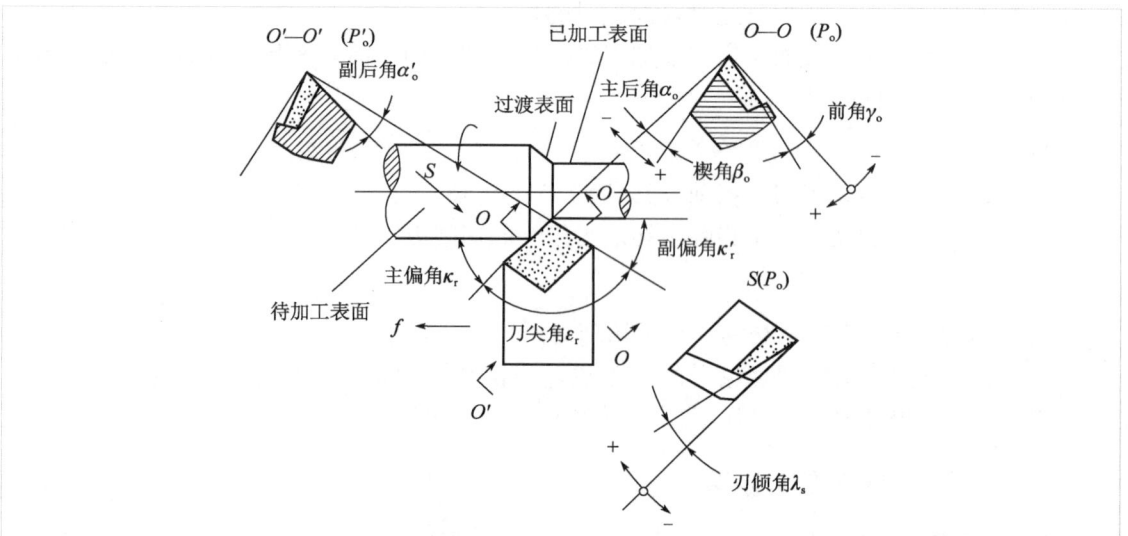

◎图 3-7   车刀的几何角度

在正交平面参考系中刀具各个角度的定义如下：

（1）前角 γ_o。正交平面中可以测量的前刀面与基面间夹角称为前角，符号为 γ_o。前角表示刀具前刀面的倾斜程度，决定刀具的锋利程度。

（2）后角 α_o。正交平面中测量的后刀面与主切削平面间夹角称为后角，符号为 α_o。后角表示主后刀面倾斜的程度。

（3）主偏角 κ_r。基面中测量的主切削平面与假定工作平面（进给方向）间夹角称为主偏角，符号为 κ_r。

（4）刃倾角 λ_s。切削平面中测量的切削刃与基面间夹角称为刃倾角，符号为 λ_s。

（5）副后角 α_o'。正交平面中测量的副后刀面与副切削平面间的夹角称为副后角，符号为 α_o'。

（6）副偏角 κ_r'。基面中测量的副切削平面与假定工作平面（进给方向）间夹角称为副偏角、符号为 κ_r'。

前角 γ_o、后角 α_o、主偏角 κ_r、刃倾角 λ_s、副后角 α_o' 和副偏角 κ_r'，通常称为基本角度，它们能完整地表达出车刀切削部分的几何形状，反映出刀具的切削特点。

单元3.3 各种刀具简介

金属切削刀具是切削加工中的重要工具，因工件形状的差异很大，导致刀具的种类繁多，应用广泛。本单元重点介绍常用标准刀具（包括车刀、铣刀、孔加工刀具、孔加工刀具、齿轮加工刀具）的种类与用途，各种刀具的正确选择与使用方法，进一步阐述在不同切削条件下各种刀具的几何参数和结构组成。

3.3.1 车刀

车刀是结构简单但应用广泛的一种具有代表性的刀具，是一种易于掌握的刀具。按车刀的加工表面特征可以分为外圆车刀、端面车刀、切断刀、螺纹车刀和内孔车刀等。图3-8为常用车刀的种类和用途。

在车刀的命名时，一般按照车刀的主偏角的数值来命名，如主偏角为90°称为90°偏刀，当主偏角为45°称为45°外圆车刀；或者按照加工表面命名，如内孔车刀、切断车刀等。

车刀

1）车刀的分类

车刀按其结构可分为整体车刀、焊接车刀、机夹车刀和可转位车刀等。

整体车刀用整块高速钢做成长条形状，俗称"白钢刀"。白钢刀均淬硬至62～66HRC，使用时可视其用途进行刃磨，结构如图3-9a）所示。

焊接车刀是把硬质合金刀片镶焊（钎焊）在优质碳素结构钢（碳钢）或合金结构钢（40Cr）的刀杆上后经刃磨而成的，结构如图3-9b）所示。

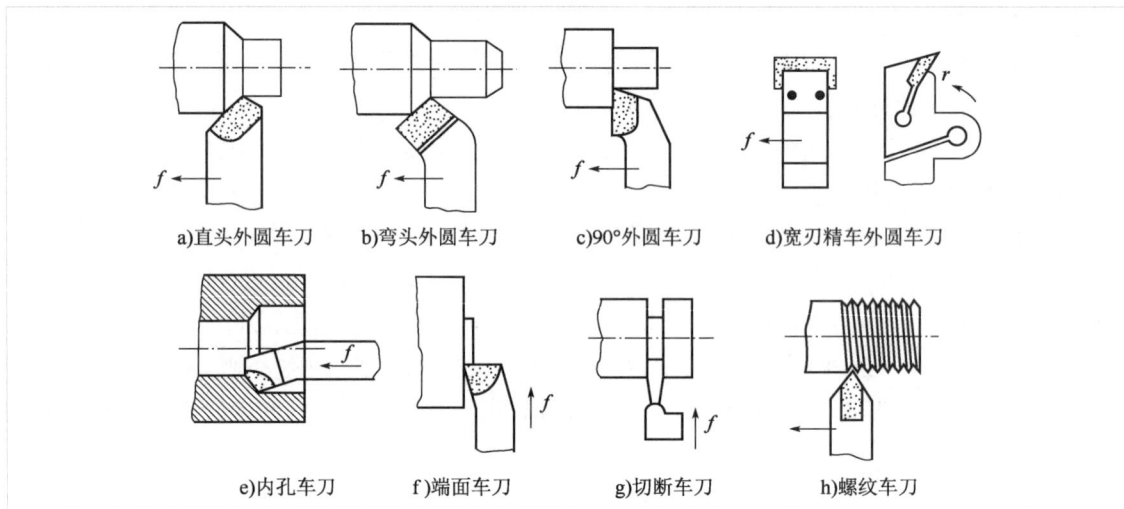

a)直头外圆车刀　b)弯头外圆车刀　c)90°外圆车刀　d)宽刃精车外圆车刀

e)内孔车刀　f)端面车刀　g)切断车刀　h)螺纹车刀

◎图3-8　常用车刀的种类和用途

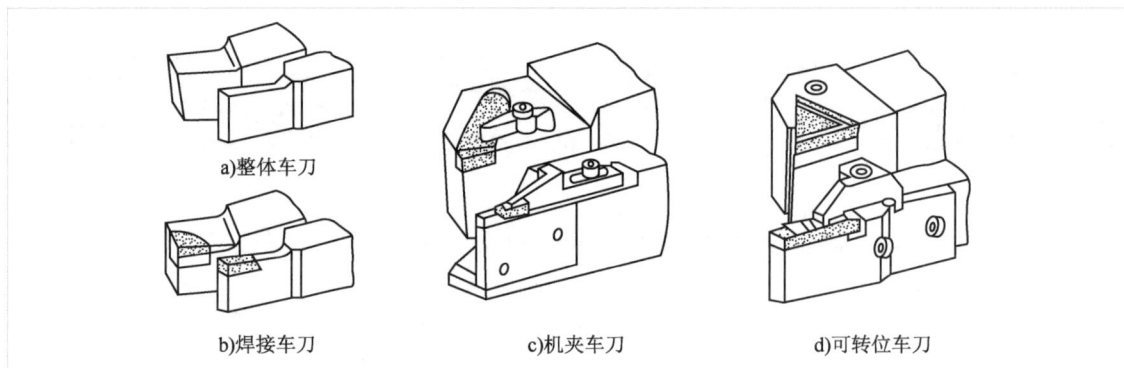

a)整体车刀

b)焊接车刀　c)机夹车刀　d)可转位车刀

◎图3-9　车刀的结构

　　焊接装配式车刀是将硬质合金刀片焊在小刀块上,再将小刀块装配在刀杆上,主要用于重型车刀,刃磨时只需刃磨小刀块,刀杆则能重复使用。

　　机夹车刀是将硬质合金刀片用机械夹固的方法装夹在刀杆上,如图3-9c)所示。刀刃位置可以调整,用钝后可重复刃磨。

　　可转位车刀的刀片也是用机械夹固法装夹的结构,如图3-9d)所示。但可转位刀片均为正多边形,每边都可做切削刃,用钝后只需将刀片转位,即可使新的切削刃投入切削。

　　在上述车刀中,焊接车刀结构简单、使用可靠、制造方便,可根据使用要求随意刃磨,刀片的利用也较充分,但车刀刀杆不能完全重复使用,浪费钢材;另外,由于硬质合金刀片和刀杆材料的线膨胀系数差别较大,焊接时会因热应力引起刀片上表面产生微裂纹,形成硬质合金刀片的应力集中,这是焊接车刀的两个缺点。而其他类车刀刀杆的利用率很高,安装和调整很快捷,有利于减少辅助时间。

　　2)几种车刀结构组成及形状

　　在加工时,因工件表面很复杂,所以加工刀具的形状也要随工件表面的变化而变化,在加工时还要充分考虑,合理选择刀具和刀具的角度,这样才能加工出满足形状和尺寸要求的工件。

（1）90°外圆车刀。该车刀刀具角度的特点在于主偏角 $\kappa_r = 90°$，过主切削刃选定点的正交平面和假定工作平面重合，侧向视图就是切削平面投影视图，如图3-10a）所示。由于刀具的主、副切削刃共处在同一平面上，在各种车床上，90°外圆车刀用来加工外圆、端面、锥面等。

（2）45°外圆车刀。该车刀刀具角度的特点在于主偏角 $\kappa_r = 45°$，主切削刃在正交平面坐标系下的投影和刀具相关的角度如图3-10b）所示。45°外圆车刀用来加工外圆、端面、锥面、倒角表面。

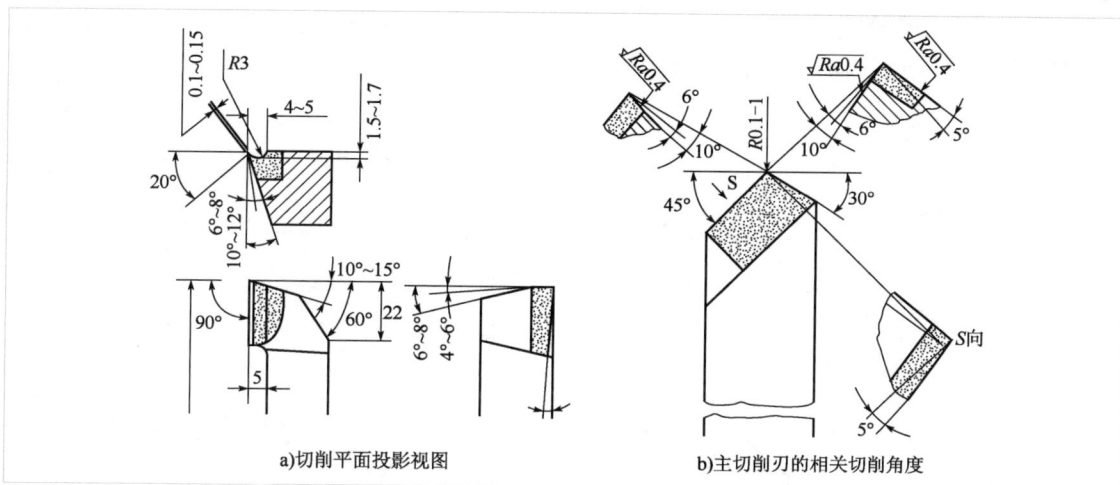

a）切削平面投影视图 b）主切削刃的相关切削角度

◎图3-10 90°、45°车刀的结构（尺寸单位：mm）

（3）切断刀。切断刀有一条公共的主切削刃，两条副切削刃，左右两个刀尖，可以看成两把端面车刀的组合，同时车削左右两个端面，如图3-11所示。切断刀共有4个刀具表面，形成两个副偏角。由于切断刀的主切削刃较窄，为使排屑畅通，主切削刃大多平行于工件轴线，为保持刀尖强度，副偏角和副后角较小（1°～2°）。主切削刃如果太宽，刀具和工件的接触面相对来说也就增大了，所以在其他切削参数不变的情况下，切削力就会增加，同时切断时工件和刀具都是轴向受力，易引起工件振动，在工件和刀具刚性不足的情况下，刀具也会产生振动，在切削面上也会产生震纹，从而影响表面质量。

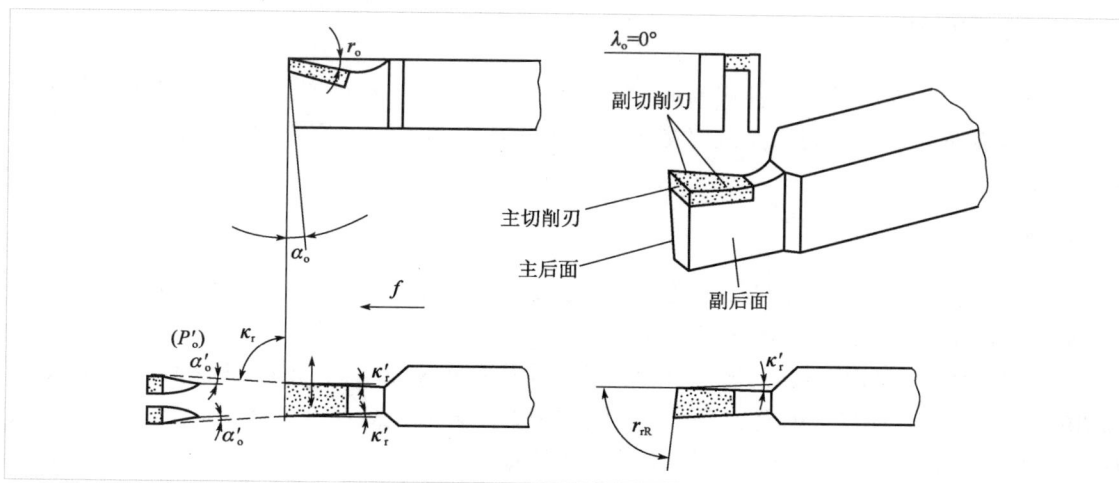

◎图3-11 切断刀的结构

综上所述,切断刀主切削刃不宜过宽,如有需要,可以把主切削刃磨成∧形,这样可以把主切削力左右分散,并互相抵消。如果切槽的话,可以分成两刀加工,这样对刀具和工件更有益处。

(4)内孔车刀。内孔车刀分为通孔车刀和盲孔车刀两种,如图 3-12 所示,内孔车刀的刀具角度,其切削部分的几何形状基本与外圆车刀相似。在切削过程通孔车刀按图示主偏角为 75°,盲孔车刀车切削部分的几何形状基本与偏刀相似,取主偏角等于或小于 90°。在加工孔时应根据是否通孔或阶梯孔来选择刀具。

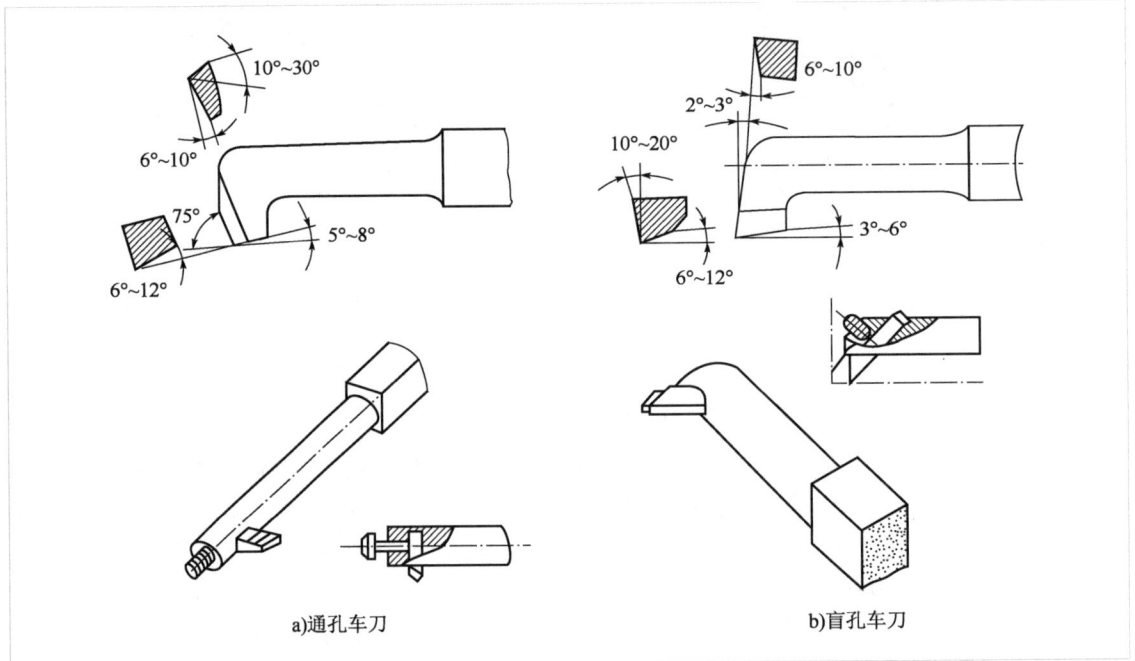

a)通孔车刀　　　　　b)盲孔车刀

◎图 3-12　内孔车刀的结构

3.3.2　铣刀

铣削是应用非常广泛的一种切削加工方法,不仅可以加工平面、沟槽、台阶,还可以加工螺纹、花键、齿轮及其他成型表面。铣刀又是一种多刃刀具,铣削速度较高且无空行程,因此是一种高效率的切削加工方法。

1)铣刀的分类

铣刀的种类繁多,其分类方法也较多。一般按用途分类,也可按齿背形式和结构形式分为圆柱铣刀、端面铣刀、立铣刀、盘铣刀、槽铣刀、成型铣刀、切断刀。

(1)圆柱铣刀。如图 3-13a)所示,圆柱铣刀切削刃呈螺旋状,分布在圆柱表面上,两端面无切削刃,常用来在卧式铣床上加工平面。圆柱铣刀大多数是高速钢整体制造,也可以钎焊硬质合金刀条,少数采用刀头镶嵌在刀体上的可转位式。

(2)端面铣刀。如图 3-13b)所示,端铣刀切削刃分布在铣刀端面。切削时,铣刀轴线垂直于被加工表面,多用于立式铣床上加工平面。端铣刀多采用硬质合金刀块焊接在刀体上,少数是可转位式,在加工时是多齿加工,故生产效率较高。

(3)立铣刀。如图 3-13c)所示,立铣刀圆柱面上的螺旋切削刃是主切削刃,端面上的切削刃是副切削刃。一般不能做轴向进给,可加工平面、台阶面、沟槽等。用于复杂二维、三维成型表面的立铣刀,端部做成球形,称球头立铣刀,如图 3-13d)所示。其球面切削刃从轴心开始,也是主切削刃,可做多向进给。

(4)盘铣刀。盘铣刀包括槽铣刀、两面刃铣刀和三面刃铣刀,如图 3-13e)所示。

(5)槽铣刀。槽铣刀仅在圆柱表面有刀齿,为了减小端面与沟槽侧面的摩擦,两侧面做成内凹锥面,使副切削刃也参加部分切削工作。一般槽铣刀只用于加工浅槽。两面刃铣刀在圆柱表面和一个侧面上做有刀齿,用于加工台阶面。三面刃铣刀在两侧面上都有刀齿。错齿三面刃铣刀的齿左、右旋交错排列,从而改善了侧刃的切削条件,常用于加工沟槽。V 形槽铣刀如图 3-13f)所示。

(6)成型铣刀。如图 3-13g)所示,成型铣刀即切削刃廓形根据工件廓形设计的铣刀,可在通用铣床上加工形状复杂的表面。使用成型铣刀能较容易地实现对复杂表面的加工,并能得到较高的加工精度和表面质量,同时生产率也极高。

(7)切断铣刀。如图 3-13h)所示,切断铣刀实际上就是薄片槽铣刀,与切断车刀类似,用于切断材料或切深而窄的槽。

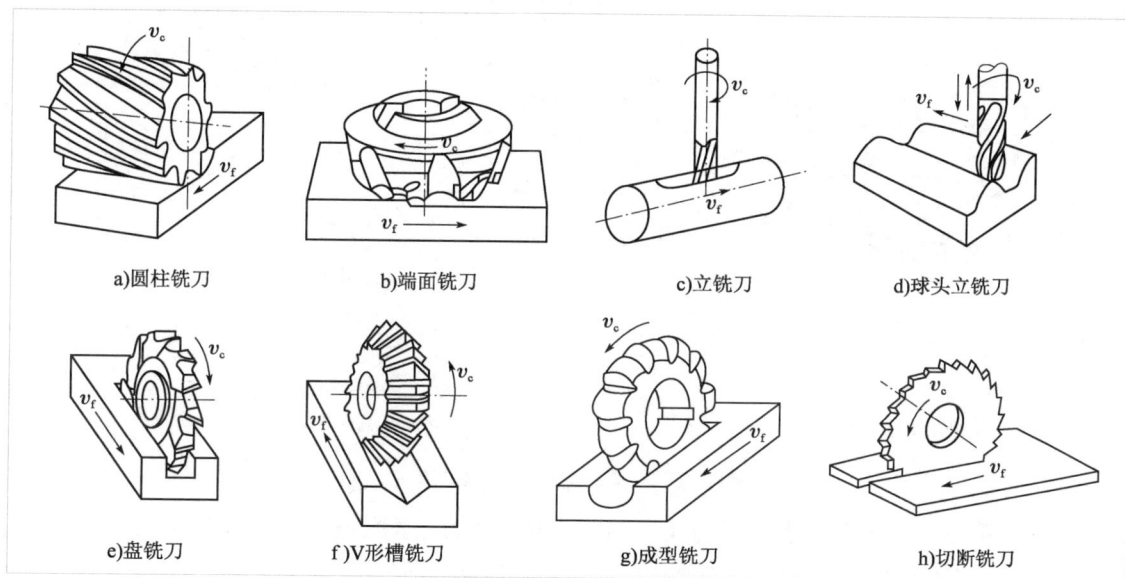

◎图 3-13　铣刀的分类

v_c-切削速度;v_f-车削时的进给速度

2)铣刀的坐标系

因铣床加工的表面较为复杂,铣刀种类比较多,本书只对常见的铣刀做简单的介绍。铣刀的基本形式为圆柱铣刀和端铣刀,前者轴线平行于被加工表面,后者轴线垂直于被加工表面。铣刀齿数虽多,但各刀齿的形状和几何角度相同,所以可以用一个刀齿作为对象进行研究。无论是端铣刀,还是圆柱铣刀,每个刀齿都可视为一把车刀,故车刀几何角度的概念完全可应用在铣刀上。在铣刀分析时用到如下平面:

（1）基面 P_r。基面是指铣刀切削刃选定点的基面，是通过该点并包含轴线的平面。

（2）切削平面 P_s。切削平面是指铣刀切削刃选定点的切削平面，是通过该点并切于过渡表面的平面。

（3）正交平面 P_o。正交平面是指圆柱铣刀的正交平面，与假定工作平面重合，都是垂直于轴线的平面。端铣刀的正交平面 P_o 垂直于主切削刃在选定点的基面中的投影。

（4）法平面 P_n。法平面是指垂直于主切削刃的平面。

（5）假定工作平面。与车刀类似，假定工作平面和背平面 P_p 也互相垂直，且垂直于选定点。

3）典型铣刀的角度

在分析和制造的过程中利用法平面来规定一些角度。下面以常见的铣刀为例加以说明：

（1）圆柱铣刀。图 3-14a）按照静止坐标系的定义确定各个面，圆柱铣刀的标注角度如图 3-14b）所示。铣刀的一个刀齿，就相当于一把普通外圆车刀，角度标注方法与车刀相同。在 P_o—P_o 剖面上标注的是后角，在法平面上得到的是前角，与车刀有区别。

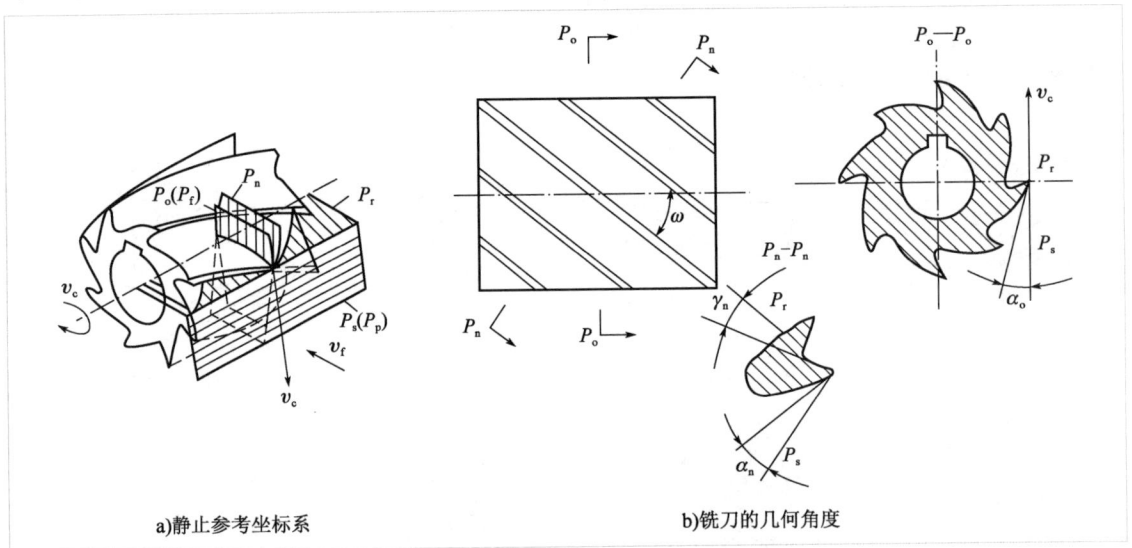

a)静止参考坐标系   b)铣刀的几何角度

◎ 图3-14 圆柱铣刀的坐标系和角度

（2）端铣刀。端铣刀的坐标系的建立如图 3-15a）所示，平面是按基本定义来确定的，与车刀的建立过程相同，但是复杂一些；端铣刀的一个刀齿，就相当于一把普通外圆车刀，角度标注方法与车刀类似。端铣刀与面铣刀还有区别，其角度分为正交平面坐标系角度和法向坐标系角度，如图 3-15b）所示。

在铣削过程中由于铣刀是多齿断续切削，就导致了刀具形状的复杂性及产生了一些铣刀特有的规律。

3.3.3 孔加工刀具

机械加工中的孔加工刀具分为两类：一类是在实体工件上加工出孔的刀具，如麻花钻、中心钻及深孔钻等；另一类是对工件上已有孔进行再加工的刀具，如扩孔钻、锪钻、铰刀及镗刀等。

a)静止参考坐标系　　　　　　　b)铣刀的几何角度

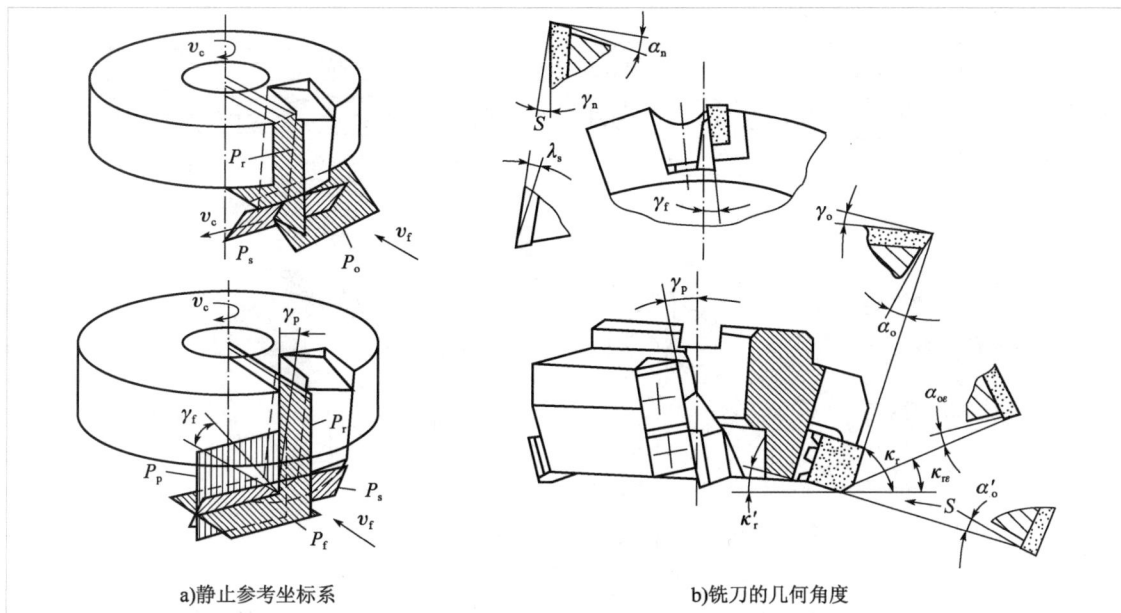

◎ 图 3-15　面铣刀的坐标系和角度

这些孔加工刀具有着共同的特点:刀具均在工件内表面切削,工作部分处于加工表面包围之中,刀具的强度、刚度及导向、容屑、排屑、冷却、润滑等都比切削外表面时问题更突出。各种加工刀具简介如下。

1)麻花钻

麻花钻是迄今最广泛应用的孔加工刀具。因为它的结构适应性较强,又具有成熟的制造工艺及完善的刃磨方法,特别是加工直径小于 30mm 的孔,麻花钻仍为主要工具。生产中也有将麻花钻作为扩孔钻使用的。

麻花钻一般由 3 部分组成,即工作部分、柄部和颈部,如图 3-16 所示。

工作部分包括切削部分和导向部分。切削部分承担切削工作,导向部分在切削部分切入孔后起导向作用,也是切削部分的备磨部分。为了减小与孔壁的摩擦,一方面在导向圆柱面上只保留两个窄棱面,另一方面沿轴向每 100mm 长度上有 0.03～0.12mm 的倒锥度。为了提高钻头的刚度,工作部分两刃瓣间的钻心直径沿轴向做出每 100mm 长度上有 1.4～1.8mm 的正锥度。

柄部是钻头的夹持部分,用以与机床主轴孔配合并传递力矩。柄部有直柄和锥柄之分。柄部末端还做有扁尾。

颈部位于工作部分与柄部之间,可供砂轮磨锥柄时退刀设计的结构,直柄钻头无颈部。

麻花钻

钻头的切削部分由"三面、三刃"组成。

(1)前刀面。前刀面即螺旋沟表面,是切屑流经过的表面,起容屑、排屑作用,需抛光以使排屑流畅。

(2)后刀面。后刀面与加工表面相对,位于钻头前端,形状由刃磨方法决定,可为螺旋面、圆锥面和平面,手工刃磨获得任意曲面。

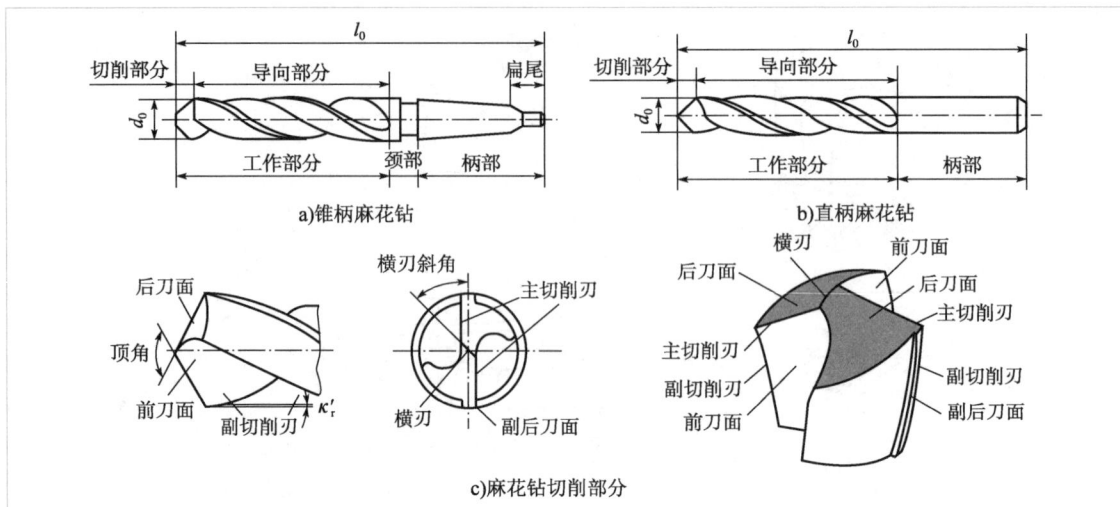

◎ 图 3-16 麻花钻的结构

l_0-钻头全长；d_0-直径；κ_r'-副偏角

（3）副后刀面。副后刀面是与已加工表面（孔壁）相对的钻头外圆柱面上的窄校正面。

（4）主切削刃。主切削刃是前刀面（螺旋沟表面）与后刀面的交线，标准麻花钻主切削刃为直线（或近似直线）。

（5）副切削刃。副切削刃是前刀面（螺旋沟表面）与副后刀面（窄棱面）的交线，即棱边。

（6）横刃。横刃是两个（主）后刀面的交线，位于钻头的最前端，亦称钻尖。

2）中心钻

中心钻如图 3-17 所示，主要用于加工轴类工件中心孔。中心钻有 3 种结构形式，即无护锥中心钻、有护锥中心钻和弧型中心钻。对于不同中心度要求的中心孔，要使用不同形式的中心钻，中心孔是轴类工件在顶尖上安装的定位基面。中心孔的 60°锥孔与顶尖上的 60°锥面相配合，里端的小圆孔用于保证锥孔与顶尖锥面配合贴切，并可存储少量润滑油（黄油）。在钻中心孔之前，工件的平面应加工平整，避免中心钻在钻孔时，因平面不平导致中心钻钻偏或折断。

3）深孔钻

通常把孔深与孔径之比大于 5～10 倍的孔称为深孔，加工所用的钻头称为深孔钻。深孔钻有很多种，常用的有枪孔钻、外排屑深孔钻、内排屑深孔钻、喷吸钻及套料钻等。深孔加工特点如下：

（1）由于孔深与孔径之比大，钻头细长、强度和刚度均较差，工作不稳定，易引起孔中心线的偏移或钻偏。

（2）由于孔深度大，容屑排屑空间又小，切屑流经的路程又长，切屑不易排除，必须设法解决断屑、排屑问题。

（3）深孔钻头在封闭状态下工作，切削热不易散出，故必须设法采取措施

中心钻

深孔钻

确保切削液的顺利进入,充分发挥冷却和润滑作用。

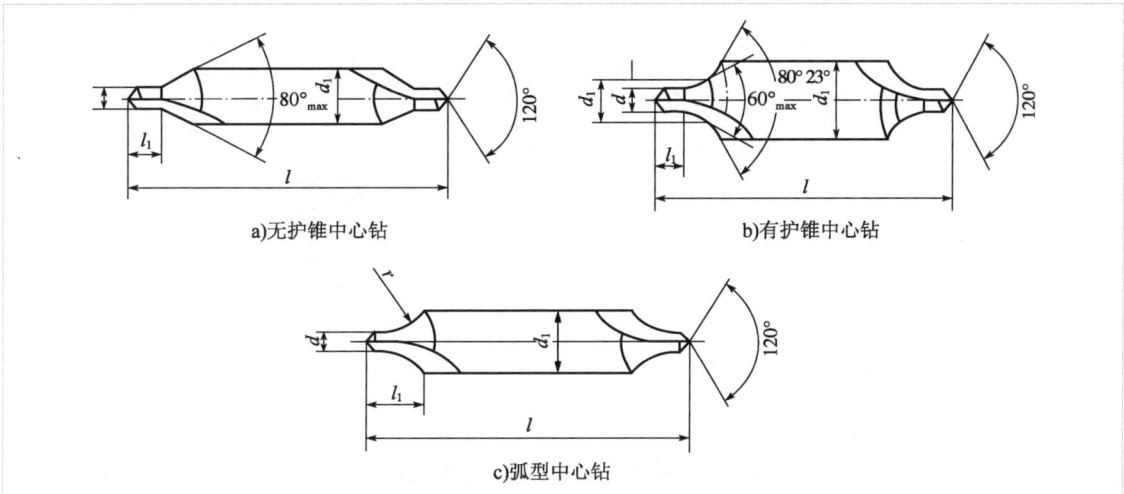

a)无护锥中心钻 b)有护锥中心钻

c)弧型中心钻

◎图3-17　中心钻的3种类型
d、d_1-直径;l-全长;l_1-切削部分

　　当孔深与孔径比值较小时,可以用加长麻花钻或带内冷却通道的麻花钻加工,而孔深与孔径比值较大时,一般要采用专门深孔钻头。

　　如图3-18所示为错齿内排屑深孔钻,深孔钻由钻头和钻杆组成,在钻削时高压切削液从孔壁和钻杆之间流入,经过切削区后同切屑一起从钻杆内排出。因钻杆中空,刚性好,一般用于大孔径的深孔加工。

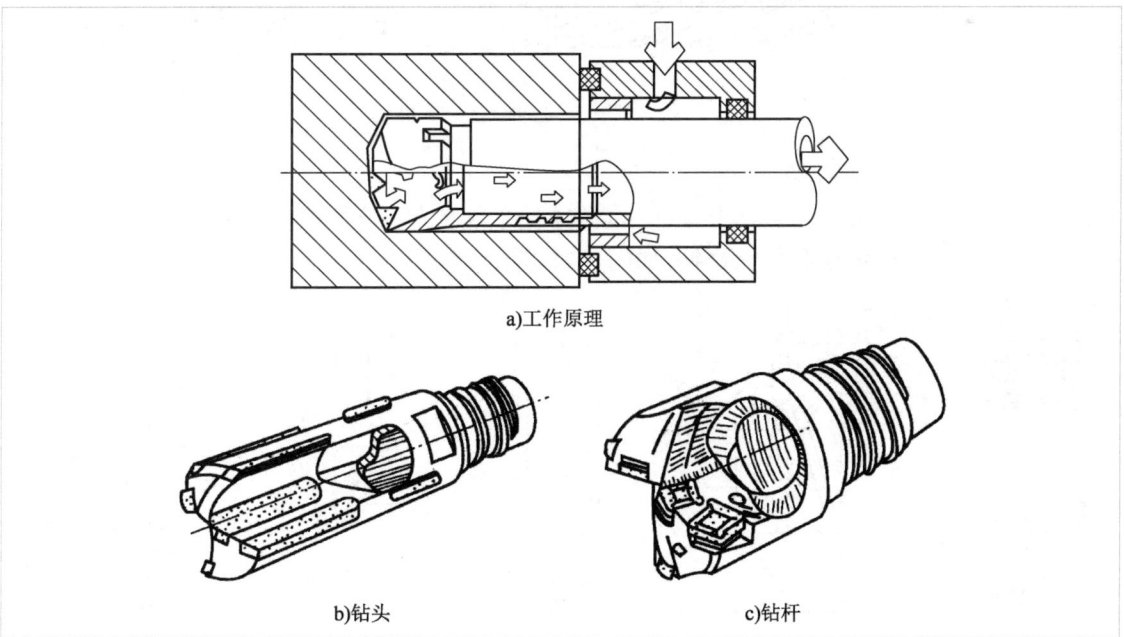

a)工作原理

b)钻头 c)钻杆

◎图3-18　深孔钻

　　如图3-19所示为枪孔钻,用于小孔(2～20mm)的加工,可以钻削孔径100倍的深度。

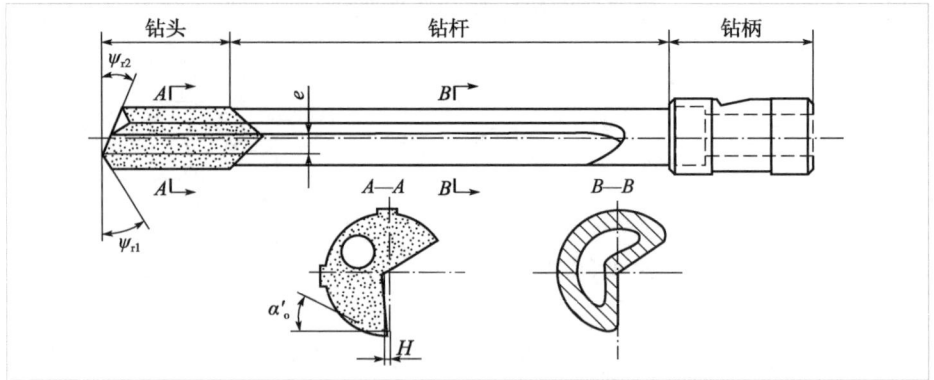

◎ 图 3-19　枪孔钻

4）扩孔钻

扩孔钻专门用来扩大已有孔，其比麻花钻的齿数多（$Z > 3$），容屑槽较浅、无横刃，强度和刚度均较高，导向性能、切削性能较好，加工质量和生产效率比麻花钻高，精度可达 IT11～IT10 级，表面粗糙度可达 6.3～3.2μm。

如图 3-20 所示为扩孔钻的结构示意图。扩孔钻由工作部分、颈部、柄部组成，其中工作部分由切削部分和导向部分组成，切削部分由多条切削刃和相应的前、后刀面组成。

扩孔钻

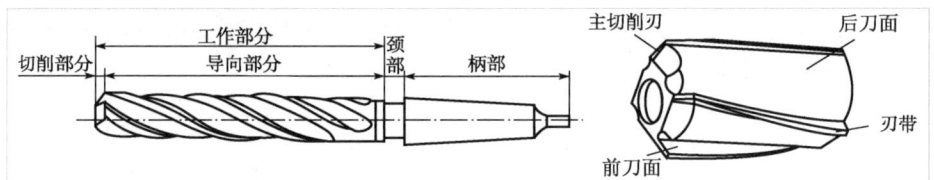

◎ 图 3-20　扩孔钻

5）锪钻

常见的锪钻有 4 种，即带导柱平底锪钻、带导柱 90°锥面锪钻、不带导柱锥面锪钻和端面锪钻，如图 3-21 所示。

锪孔

锪钻

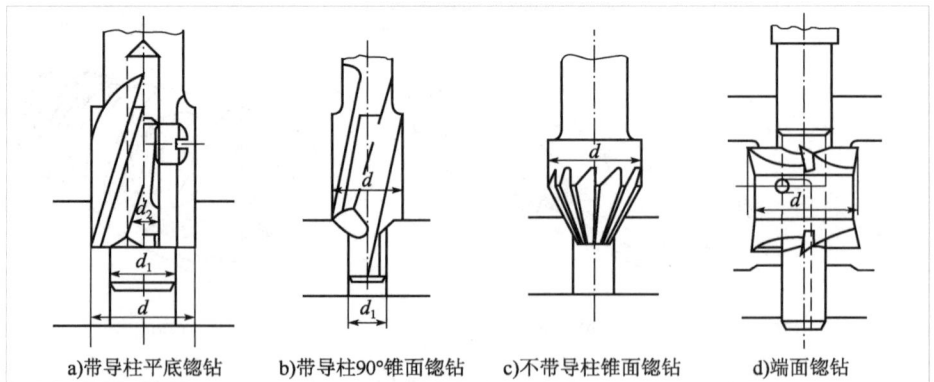

a)带导柱平底锪钻　　b)带导柱90°锥面锪钻　　c)不带导柱锥面锪钻　　d)端面锪钻

◎ 图 3-21　锪钻

d、d_1、d_2-直径

6）铰刀

用铰刀从被加工孔的孔壁上切除微量金属，使孔的精度和表面质量得到提高的加工方法称为铰孔。铰孔是应用较普遍的对中小直径孔进行精加工的方法之一，它是在扩孔或半精镗孔的基础上进行的。根据铰刀的结构不同，铰孔可以加工圆柱孔、圆锥孔，可以用于手工操作，也可以在机床上进行。铰孔后孔的精度可达 IT9 ~ IT7 级，表面粗糙度 Ra 值达 $1.6 ~ 0.4\mu m$。

铰刀由柄部、颈部和工作部分组成。工作部分包括切削部分和修光部分（标准部分）。切削部分为锥形，担负主要切削工作。修光部分起校正孔径、修光孔壁和导向作用。为减小修光部分刀齿与已加工孔壁的摩擦，并防止孔径扩大，修光部分的后端为倒锥形状。

铰刀可分为手用铰刀和机用铰刀两种。手用铰刀为直柄，其工作部分较长，导向性好，可防止铰孔时铰刀歪斜。机用铰刀又分为直柄、锥柄和套式3种形式。

选用铰刀时，应根据被加工孔及铰刀的特点正确选用。一般手用铰刀用于小批生产或修配工作中，对未淬硬孔进行手工操作的精加工。手用铰刀适用范围为直径 $1 ~ 71mm$。

机用铰刀通常在车床、钻床、数控机床等机床上使用，主要对钢、合金钢、铸铁、铜、铝等工件的孔进行半精加工和精加工。一般机用铰刀的适用范围为直径 $1 ~ 50mm$，套式机用铰刀适合于较大孔径的加工，其范围为直径 $23.6 ~ 100mm$。

另外，铰刀分为3个精度等级，分别用于不同精度孔的加工（H7、H8、H9）。在选用时，应根据被加工孔的直径、精度和机床夹持部分的形式来选用相应的铰刀。

铰孔生产率高，可保证孔的精度和表面粗糙度，但铰刀是定值刀具，一种规格的铰刀只能加工一种尺寸和精度的孔，且不宜铰削非标准孔、台阶孔和盲孔。对于中等尺寸以下较精密的孔，钻—扩—铰是生产中经常采用的典型工艺方案。

铰刀

7）镗刀

镗孔是常用的孔加工方法之一，其加工范围广泛。根据工件的尺寸形状、技术要求及生产批量的不同，镗孔可以在镗床、车床、铣床、数控机床和组合机床上进行。一般回转体零件上的孔，多用车床加工，而箱体类零件上的孔或孔系（即要求相互平行或垂直的若干孔）则可以在镗床上加工。在设备上镗削的刀具称为镗刀，镗刀有多种类型：按其切削刃数量可分为单刃镗刀、双刃镗刀和多刃镗刀；按其加工表面可分为通孔镗刀、盲孔镗刀、阶梯孔镗刀和端面镗刀；按其结构可分为整体式、装配式和可调式。图3-22为镗刀的结构。

（1）单刃镗刀。单刃镗刀刀头结构与车刀类似，刀头装在刀杆中，根据被加工孔孔径大小，通过手工操纵，用螺钉固定刀头的位置。刀头与镗杆轴线垂直可镗通孔，如图3-22a）所示；倾斜安装可镗盲孔，如图3-22b）所示。单刃镗刀结构简单，可以校正原有孔轴线偏斜和小的位置偏差，适应性较广，可用来进行粗加工、半精加工或精加工。镗孔径尺寸的大小要靠人工调整刀头的悬伸长度来保证，较为麻烦，加之仅有一个主切削刃参加工作，故生产效率较低，多用于单件小批量生产。

单刃内孔镗刀

（2）双刃镗刀。双刃镗刀有两个对称的切削刃，切削时径向力可以相互抵消，工件孔径尺寸和精度由镗刀径向尺寸保证。图 3-22c）为固定式双刃镗刀。工作时，镗刀块可通过斜楔、锥销或螺钉装夹在镗杆上，镗刀块相对于轴线的位置偏差会造成孔径误差。固定式双刃镗刀是定尺寸刀具，适用于粗镗或半精镗直径较大的孔。

图 3-22d）为可调节浮动镗刀块，调节时，先松开螺钉 2，转动螺钉 1，改变刀片的径向位置至两切削刃之间尺寸等于所要加工孔径尺寸，最后拧紧螺钉 2。工作时，镗刀块在镗杆的径向槽中不紧固，能在径向自由滑动，刀块在切削力的作用下保持平衡对中，可以减小镗刀块安装误差及镗杆径向跳动所引起的加工误差，从而获得较高的加工精度。但它不能校正原有孔轴线偏斜或位置误差，其使用应在单刃镗削之后进行。浮动镗刀适于精加工批量较大、孔径较大的孔。

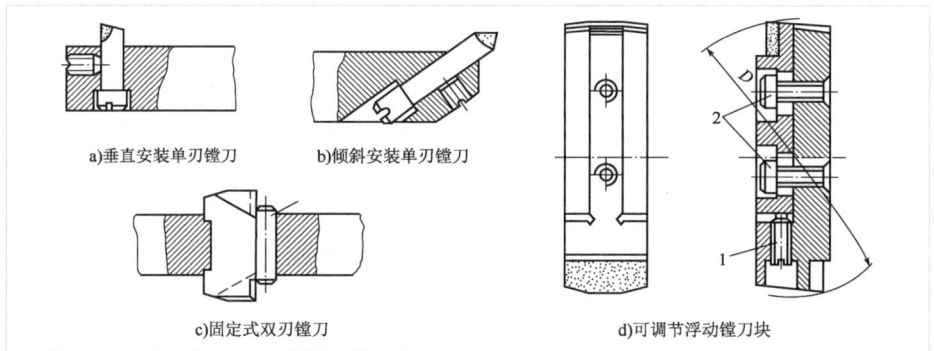

a)垂直安装单刃镗刀　　　　b)倾斜安装单刃镗刀

c)固定式双刃镗刀　　　　　　d)可调节浮动镗刀块

◎图 3-22　镗刀的结构
1、2-螺钉

3.3.4　齿轮加工刀具

用切削加工方法制造齿轮，可以分为成型法和展成法。成型法使用的是成型齿轮刀具，一般常用盘形齿轮铣刀和指状齿轮铣刀，如图 3-23 所示。成型齿轮刀具的精度决定了齿轮加工的精度，且分度的精度低，一般用于加工精度较低的齿轮加工。用盘状或指状齿轮铣刀加工斜齿轮时，被加工齿槽任何剖面中的形状并不和刀具齿形相同，被加工齿轮齿面任何一处的形状都不是由刀具的一个刀齿切成的，而是由刀具若干刀齿齿形运动轨迹包络而成，这种加工方法称为无瞬心包络法。由于其刀具结构与成型铣刀相同，故将此类齿轮加工刀具归于成型齿轮刀具中。

展成法使用的是齿轮形和齿条形刀具，一般常用齿轮滚刀、插齿刀、弧齿锥齿轮铣刀、剃齿刀等。展成齿轮刀具齿形或齿形的投影，均不同于被切齿轮。切齿时，除刀具做切削运动外，还与工件齿坯做相应的啮合（展成）运动，被切齿轮齿形是由刀具齿形运动轨迹包络而形成。这类刀具加工齿轮精度和生产效率均较高，通用性好，是生产中常用的齿轮刀具。

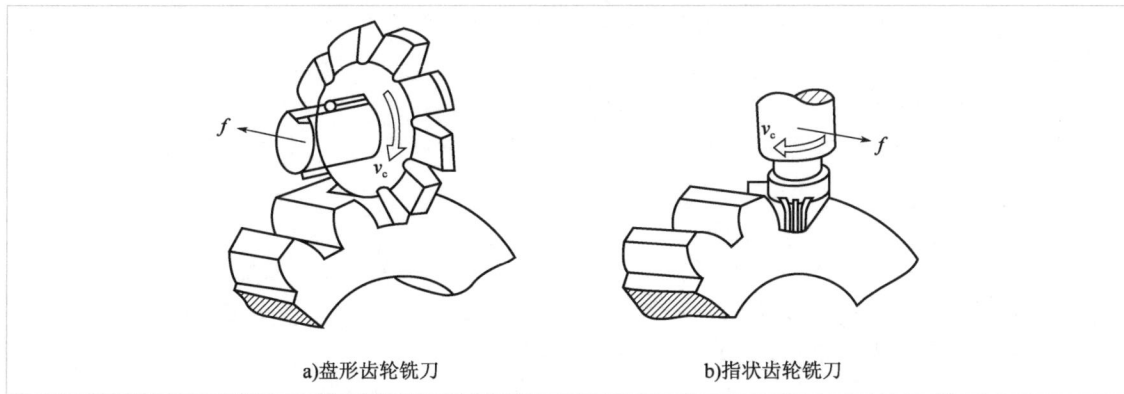

a)盘形齿轮铣刀　　　　　　　　　　b)指状齿轮铣刀

◎图 3-23　成型齿轮刀具

f-进给量;v_c-切削速度

⚠ 模块小结

本模块系统地讲解了金属切削加工的基本知识,深入了解了金属切削刀具的核心内容。从金属切削加工的基本原理到切削刀具的基本定义、角度坐标系、角度分类以及实际工作时角度的变化,逐步构建了金属切削加工的知识体系。

在学习过程中,本模块详细探讨了车刀、铣刀、孔加工刀具以及齿轮加工刀具等常见刀具的结构特点、适用范围和使用注意事项。这些刀具在金属切削加工中扮演着至关重要的角色,它们的选择和使用直接关系到加工效率和工件质量。

此外,本模块还学习了如何根据加工需求和工件材料选择合适的刀具以及如何调整刀具角度以优化切削效果。这些知识不仅提升了专业技能,也为将来在机械制造和加工领域的发展奠定了坚实的基础。

◎ 模块习题

1. 判断题

(1)正交平面是通过切削刃选定点与切削刃相切并垂直于基面的平面。　　　　(　　)

(2)钻中心孔时,为了防止中心钻折断,中心钻的轴线必须与工件的旋转中心平行。

　　　　　　　　　　　　　　　　　　　　　　　　　　　　　　　　　(　　)

(3)常用车刀中,外圆车刀用于车削工件的外圆、台阶和端面。　　　　　　(　　)

(4)通孔车刀既能加工直孔又能加工台阶孔。　　　　　　　　　　　　　(　　)

(5)通过切削刃选定点并同时垂直于基面和切削平面的平面是切削平面。　(　　)

(6)按铣刀的齿背形状分可分为尖齿铣刀和三面刃铣刀。　　　　　　　　(　　)

(7)铰锥孔时,由于加工余量大,锥铰刀一般制成 2~3 把一套,其中一把是精铰刀,其余是粗铰刀。　　　　　　　　　　　　　　　　　　　　　　　　　　　　　（　　）

(8)标准麻花钻的切削部分由三刃、四面组成。　　　　　　　　　　　　　　　（　　）

(9)使工件与刀具产生相对运动以进行切削的最基本运动,称为进给运动。　　　（　　）

2. 选择题

(1)车刀的主偏角为主切削刃在(　　　)上的投影与进给方向间的夹角。

　　A. 基面　　　　　　　　B. 切削平面　　　　　　C. 主截面　　　　　　　D. 副截面

(2)麻花钻工作部分有(　　)。

　　A. 柄部、颈部　　　　　　　　　　　　　B. 颈部、切削部分

　　C. 导向部分、切削部分　　　　　　　　　D. 柄部、工作部分

(3)通过切削刃选定点与切削刃相切并垂直于基面的平面是(　　　)。

　　A. 基面　　　　　　　　　　　　　　　　B. 切削平面

　　C. 正交平面　　　　　　　　　　　　　　D. 辅助平面

(4)在切削刃上的选定点相对于工件主运动的瞬时速度是(　　　)。

　　A. 主轴转速　　　　　　　　　　　　　　B. 进给量

　　C. 切削速度　　　　　　　　　　　　　　D. 刀具移动距离

(5)(　　　　　)是刀具在进给运动方向上相对工件的位移量。

　　A. 切削速度　　　　　　　　　　　　　　B. 进给量

　　C. 切削深度　　　　　　　　　　　　　　D. 工作行程

(6)车刀角度的测量,需要假想的 3 个辅助平面有(　　　)。

　　A. 切削平面、基面、截面　　　　　　　　B. 切削平面、前面、后面

　　C. 前面、后面、基面　　　　　　　　　　D. 后面、切削平面、基面

(7)用于加工平面的铣刀有圆柱铣刀和(　　　)。

　　A. 立铣刀　　　　　　B. 三面刃铣刀　　　　C. 端铣刀　　　　　　　D. 尖齿铣刀

(8)常用车刀中切断刀可用于加工工件的(　　　)工序。

　　A. 外螺纹　　　　　　B. 切槽　　　　　　　C. 外圆　　　　　　　　D. 端面

3. 简答题

(1)切削加工由哪些运动组成? 它们各有什么作用?

(2)切削用量三要素是什么? 它们的单位是什么?

(3)刀具正交平面参考系由哪些平面组成? 它们是如何定义的?

(4)刀具切削部分包括哪些几何参数?

(5)按其用途不同,常用的车刀有哪几种类型? 简单介绍这几类车刀的主要用途。

模块4

金属切削加工基本理论的应用

学习目标

知识目标

◎ 掌握刀具材料的要求及刀具材料的选用，掌握切削过程的基本规律和应用，掌握刀具几何参数的选择。
◎ 熟悉切削加工过程。
◎ 了解切削力和切削热的概念及影响因素。

技能目标

◎ 能够根据切削任务的需求，正确选择并识别不同类型的刀具材料。
◎ 能够识别刀具磨损的不同类型和原因。
◎ 能够将金属切削加工的基本理论应用于实际切削任务中。

素养目标

◎ 培养环保意识，了解切削加工对环境的影响，学会采取合理措施减少废弃物排放和能源消耗。

单元 4.1 刀具材料

在切削加工时,刀具切削部分与切屑、工件相互接触的表面上承受了很大的压力和强烈的摩擦,刀具在高温下进行切削的同时,还承受着切削力、冲击和振动,因此要求刀具切削部分的材料应具备很多特殊的性能。

4.1.1 刀具材料要求

刀具材料一般是指刀具切削部分的材料,它的性能优劣是影响加工表面质量、切削效率、刀具寿命的重要因素。选用合适的刀具材料不仅能有效地提高切削效率、加工质量和降低成本,而且往往是解决某些难加工材料的关键。熟知常用刀具材料的性能并合理选用是非常重要的。

在切削过程中,刀具材料不仅承受着切削力和剧烈摩擦,还面临冲击与振动。同时,还伴随有切削力和热变形等各种不利的因素,这样的工况对刀具的材料提出非常高的要求,刀具材料应具备以下性能:

(1)具有高的硬度。刀具材料只有在切削过程中保持高硬度,才能顺利地将工件材料从本体上切削下来。

(2)具有很好的耐磨性。耐磨性表示刀具抵抗磨损的能力,通常刀具材料硬度越高,耐磨性越好。在切削过程中,工件材料在被分离时,切屑流经刀具的表面,与刀具产生剧烈的摩擦。如果刀具材料的耐磨性差,刀具表面会快速地磨损,一方面使刀具的表面质量下降,导致摩擦加剧,另一方面使刀具的角度产生改变,切削条件也随之变化。所以要长时间维持切削理想条件,刀具材料一定要有很好的耐磨性。

(3)足够的强度与韧性。在切削过程中,刀具受到很大的冲击,尤其是在断续切削时,切削力会交互变化。若刀具材料没有足够的强度和韧性,刀具会产生裂纹甚至断裂之类的结构性破坏,因此,要求刀具材料有较好的韧性。

(4)高的耐热性和好的导热性。在切削时,因切削过程中的摩擦,刀具表面的温度很高。高耐热性是指在高温下仍能维持刀具切削性的一种特性,通常用高温硬度值来衡量,也可用刀具切削时允许的耐热温度值来衡量;它是影响刀具材料切削性能的重要指标。耐热性越好的材料允许的切削速度就越高,同时还要求刀具材料具有好的导热性,能将热量快速地传递出去,以保证刀具在较低的温度下就达到热平衡。

(5)较好的工艺性与经济性。大多的金属切削刀具的形状十分复杂,并且有很高的硬度(60HRC 以上),这将造成加工刀具时很困难,所以要求刀具材料有较好的可加工性,包括锻、轧、焊接、切削加工、磨削和热处理特性等。此外,在满足以上性能要求时,宜尽可能在保证满足工艺要求的条件下,选用经济性好的材料。

4.1.2 刀具材料的选用

在各类刀具材料中,因稀有金属的组成比例不同,导致刀具的性能有较大的差异,这样就可以满足不同的切削要求。

1)高速钢

(1)通用型高速钢。

通用型高速钢应用最广,约占高速钢总量的75%。碳的质量分数为0.7%～0.9%,按钨、钼含量的不同分为钨系、钨钼系,主要牌号有以下3种:

①18Cr4V(184-1)钨系高速钢。该类高速钢具有较好的综合机械性能。含钒量少,刃磨性好。淬火时过热倾向小,热处理控制较容易。缺点是碳化物分布不均匀,不宜做大截面的刀具。

②W6Mo5Cr4V2钨钼系高速钢。该类高速钢是国内外普遍应用的牌号。在高速钢中加入一定质量分数的钼,可改善刃磨工艺性,降低钢中碳化物的数量及分布的不均匀性,提高热塑性、抗弯强度与韧性,一般用于加工热轧刀具。

③W9Mo3Cr4V钨钼系高速钢。在合金中加入钨金属,可使耐热性能好,同时Mo金属的含量降低,其抗弯强度与韧性以及高温热塑性变好,并有良好的切削性能。

(2)高性能高速钢。

高性能高速钢是指在通用型高速钢中增加碳、钒的质量分数,并添加钴或铝等合金元素。此类高速钢的常温硬度可达67～70HRC,耐磨性与耐热性有显著的提高,用于不锈钢、耐热钢的加工。

(3)粉末冶金高速钢。

粉末冶金高速钢是通过高压惰性气体或高压水雾化高速钢水而得到细小的高速钢粉末,然后压制或热压成型,再经烧结而成的高速钢。

2)硬质合金

硬质合金按其化学成分与使用性能分为3类。

(1)K类(YG类或钨钴类)。K类硬合金是由硬质相碳化钨(WC)和黏结剂钴(Co)组成的,其韧性、磨削性和导热性好,主要适用于与加工脆性材料如铸铁、有色金属及非金属材料。这类硬质合金常用牌号和应用范围见表4-1,代号YG后的数值表示钴(Co)的含量,合金中含钴量越高,其韧性越好,适用于粗加工;含钴量少的,用于精加工。

硬质合金常用牌号和应用范围

表4-1

牌号			应用范围
YG3X	硬度、耐磨性、切削速度 ↑	抗变强度、韧性、进给量 ↓	铸铁、有色金属及其合金的精加工、半精加工,不能承受冲击载荷
YG3			铸铁、有色金属及其合金的精加工、半精加工,不能承受冲击载荷
YG6X			普通铸铁、冷硬铸铁、高温合金的精加工、半精加工
YG6			铸铁、有色金属及其合金的半精加工和粗加工
YG8			铸铁、有色金属及其合金、非金属材料的粗加工,也可用于断续切削
YG6A			冷硬铸铁、有色金属及其合金的半精加工,亦可用于高锰钢、淬硬钢的半精加工和精加工

续上表

牌号			应用范围
YT30	抗变强度、韧性、进给量 ↑	硬度、耐磨性、切削速度 ↓	碳素钢、合金钢的精加工
YT15			碳素钢、合金钢在连续切削时的粗加工、半精加工,亦可用于断续切削时精加工
YT14			碳素钢、合金钢的粗加工,可用于断续切削
YT5 YW1	抗变强度、韧性、进给量 ↑	硬度、耐磨性、切削速度 ↓	高温合金、高锰钢、不锈钢等难加工材料及普通钢料、铸铁、有色金属及其合金的半精加工和精加工
YW2			高温合金、不锈钢、高锰钢等难加工材料及普通钢料、铸铁、有色金属的粗加工和半精加工

(2)P类(YT类或钨钴钛类)。P类硬质合金是由硬质相碳化钨(WC)、碳化钛(TiC)和黏结剂钴(Co)组成的,由于在合金中加入了碳化钛(TiC),从而提高了合金的硬度和耐磨性,但是抗弯强度、耐磨削性能和热导率有所下降,低温脆性较大,不耐冲击,因此,这类合金适用于高速切削一般钢材。代号YT后的数值表示碳化钛(TiC)的含量,当刀具在切削过程中承受冲击、振动而容易引起崩刃时,应选用TiC含量少的牌号,而当切削条件比较平稳,要求强度和耐磨性强时,应选用TiC含量多的刀具牌号。

(3)M类(添加稀有金属碳化物类)。M类硬质合金是指在钨钛钴类硬质合金中加入适量的碳化钽(TaC)或碳化铌(NbC)稀有难熔金属碳化物,可提高合金的高温硬度、强度、耐磨性、黏结温度和抗氧化性,同时,韧性也有所增加,具有较好的综合切削性能,主要用于加工难切削材料。

单元4.2 金属切削过程及其基本规律

4.2.1 切削过程

金属切削过程是指通过切削运动,刀具从工件上切下多余的金属层而成为切屑并形成已加工表面的过程。在这一过程中产生切削变形、切削力、切削热与切削温度、刀具磨损等现象。只有揭示金属切削过程的本质,才能掌握这些基本规律,为合理使用与设计刀具、解决切削加工质量、降低成本和提高生产效率等方面问题打下初步基础。

在金属切削过程中,金属在切离的过程中产生剪切和滑移,其过程十分复杂,为了简化此过程的分析,通常将这个塑性变形划分为3个变形区。

1）第 I 变形区

图 4-1 中 OA→OM 之间的塑性变形区域称为第 I 变形区，在此变形区时，金属开始塑性变形一直到剪切滑移基本完成。在这个变形区内的变形过程及其特点是：当切削刃处于起始切削点 O 位置时，在切削层 OA 面上力受刀具的切削力作用后，使 OA 面上产生的切应力达到材料屈服强度，引起了金属材料组织中晶格在晶面上剪切滑移，滑移方向与切应力方向一致，即与作用力方向呈 45°。继而，随着刀具的继续相对移动，切削层移动到 OM 面时，其上晶格在晶面上滑移方向仍然与切削力方向呈 45°。当切削层经过 OM 面后即被刀具切离而形成了切屑。

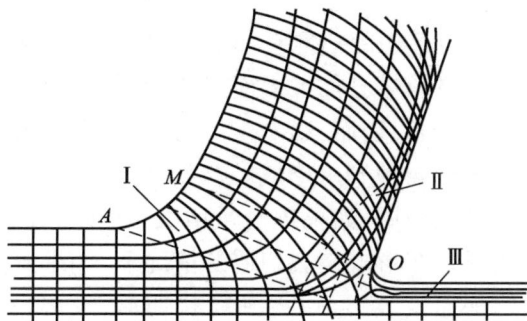

◎ 图 4-1　金属切削过程的滑移示意图

在第 I 变形区，变形的时间是极短的。通常称 OA 面为起始滑移面、OM 面为终滑移面，虽然它们之间的塑性变形区域很狭窄，但却消耗了大部分的切削功。由于工件材料和切削条件的不同，切屑过程中的变形情况也不同，因而产生的切屑形状也不同。从变形的观点来看，可将切屑的形状分为 4 种类型，如图 4-2 所示。

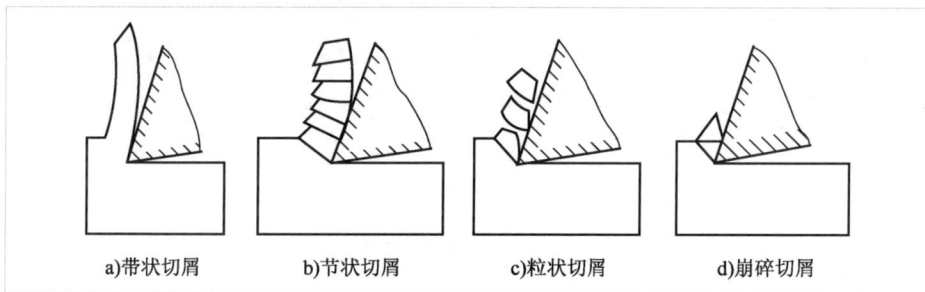

a)带状切屑　　b)节状切屑　　c)粒状切屑　　d)崩碎切屑

◎ 图 4-2　切屑类型

（1）切屑的类型。

①带状切屑。在切削过程中，切削层变形终了时，如其金属的内应力还没有达到强度极限时，就会形成连绵不断的切屑，在切屑靠近前刀面的一面很光滑，另一面略呈毛茸状，这就是带状切屑。当切削塑性较大的金属材料如碳素钢、合金钢、铜和铝合金或刀具前角较大，切削速度较高时，经常出现这类切屑。

②挤裂切屑（又称节状切屑）。在切屑形成过程中，如变形较大，其剪切面上局部所受到的剪应力达到材料的强度极限时，则剪切面上的局部材料就会破裂成节状，但与前刀面接触的一面常互相连接，因而未被折断，这就是挤

带状切屑

裂切屑。工件材料塑性越差或用较大进给量低速切削钢材时，较容易得到这类切屑。

③粒状切屑（又称单元切屑）。在切屑形成过程中，如其整个剪切面上所受到的剪应力均超过材料的破裂强度时，则切屑就成为粒状切屑，形状似梯形。

④崩碎切屑。切削铸铁、黄铜等脆性材料时，切削层几乎不经过塑性变形阶段就产生崩裂，得到的切屑呈现不规则的粒状，工件加工后的表面也极为粗糙。

前 3 种切屑是切削塑性金属时得到的，形成带状切屑时切削过程最平稳，切削力波动较小，已加工表面粗糙度较小，但带状切屑不易折断，常缠在工件上，损坏已加工表面，影响生产，甚至伤人。因此要采取断屑措施，如在前刀面上磨出卷屑槽等。形成粒状切屑时，切削力波动最大。在生产中常见的一般是带状切屑，如果进给量增大，切削速度降低，则可由带状切屑转化为挤裂切屑。在形成挤裂切屑的情况下，如果进一步减小前角，或加大进给量降低切削速度，就可以得到粒状切屑，反之，如果加大前角，减小进给量，提高切削速度，变形较小则可得到带状切屑，这说明切屑的形态是可以随切削条件而转化的。

（2）变形系数。

切削过程中，变形量的大小计算很复杂，所以在研究切削变形规律时，通常用剪应变 ε_r 或变形系数 Λ_h 来衡量切削变形程度。剪应变是指切削层在剪切面上的滑移量。变形系数 Λ_h 用于衡量切削变形程度。依据是：刀具切下的切屑厚度（h_{Dh}）通常大于工件切削层的厚度（h_D），而切屑长度（L_{Dh}）却小于切削层长度（L_D）（宽度基本不变），如图 4-3 所示。由于工件上切削层变成切屑后宽度的变化很小，根据体积不变原理，变形系数 Λ_h 可用下式表示：

$$\Lambda_h = \frac{L_D}{L_{Dh}} = \frac{h_{Dh}}{h_D} \tag{4-1}$$

单元切屑

挤裂切屑

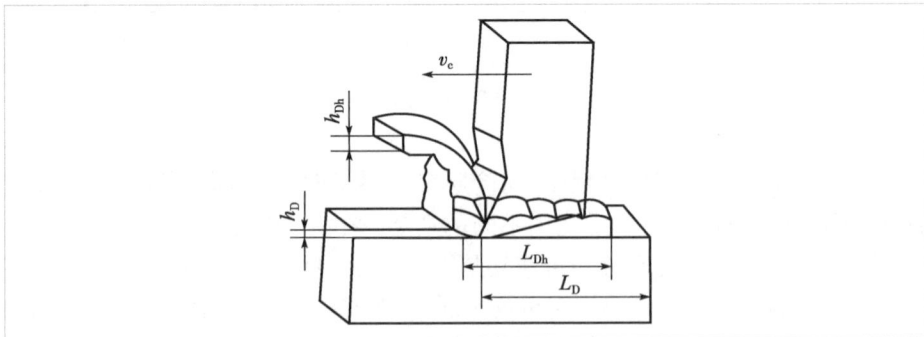

◎ 图 4-3　切削变形程度图

式中：L_D——切削层的长度，mm；

$\quad L_{Dh}$——切屑的长度，mm；

$\quad h_{Dh}$——切屑的厚度，mm；

$\quad h_D$——切削层的厚度，mm。

在一定条件下，变形系数值的大小能直观地反映切屑的变形程度，且测量方便，Λ_h 值越大，表示切屑越厚而短，切屑变形就越大，反之亦然。

参照图 4-4，可以推导出变形系数的计算公式为：

$$\Lambda_h = \frac{\cos(\varphi - \gamma_o)}{\sin\varphi} \tag{4-2}$$

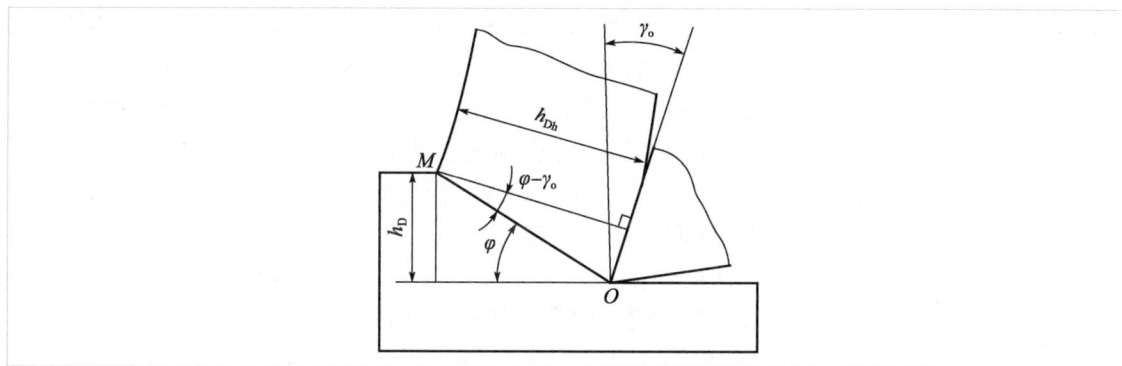

◎图 4-4　切削变形程度的表示

由式（4-2）可知，影响切削变形的主要因素是前角 γ_o 和剪切角 φ；剪切角 φ 减小，切屑就变厚、变短，变形系数 Λ_h 增大，剪切角 φ 增大，变形系数 Λ_h 减小。

根据纯剪切理论，可以推导出剪切角的计算公式为：

$$\varphi = \frac{\pi}{4} - \beta + \gamma_o \tag{4-3}$$

式中：β——前刀面与切屑底层的摩擦角，(°)。

由式（4-3）可知，当前角增大时，φ 随之增大，变形减小。可见在保证切削刃强度的前提下，增大刀具前角对改善切削过程有利；当摩擦角 β 增加时，φ 随之减小，变形增大。所以采用优质切削液，减小前刀面上的摩擦系数是很重要的。

2）第Ⅱ变形区

第Ⅱ变形区是指与刀具前面接触的切屑底层内产生塑性变形的区域，如图 4-1 所示，此变形区域为产生"纤维化"的区域。

在这个变形区域内，当切屑在刀具前刀面上流出时，由于受到前刀面的挤压和摩擦作用，使贴近前面的切削层内的近表面层流速很低，远离表面层切屑流速也很低接近为零。因此，这个层被称为"滞流层"。"滞流层"内变形剧烈，使晶粒拉长，并在平行前刀面方向晶粒纤维化，在一定温度、压力条件下出现粘屑。

（1）摩擦系数。在金属切削过程中，刀具前刀面和切屑底层之间存在非常大的压力，切削液不易流入接触界面，同时接触面的温度高达几百摄氏度，切屑底层又总是以新生表面与前刀面接触，而使刀具和切屑接触面间产生黏结，使该处的摩擦情况与一般的滑动摩擦不同。

积屑瘤形成

（2）积屑瘤。在切削速度不高而又能形成连续性切屑的情况下，加工一般钢料或其他塑性材料时，常常在刀具前刀面切削处黏着一块剖面呈三角状的硬块，这块冷焊在前刀面上的金属就称为积屑瘤。积屑瘤的硬度很高，通常是工件材料的 2~3 倍。当它处于比较稳定的状态时，能够代替切削刃进行切削，起到了保护刀具的作用，而且增大了实际前角，可减小切屑变形和切削力。但是积屑瘤会引起过量切削，降低了加工精度；当积屑瘤脱落时，其残片会黏附在已加工表面上恶化表面粗糙度，如果残片黏附在切屑底层会划伤刀具表面。因此，在粗加工时可以利用积屑瘤的有利之处，精加工时应避免产生积屑瘤。

积屑瘤形成的机理是：在温度达到一定时，刀、屑接触区间内，当切屑底层材料中剪应力超过材料的剪切屈服强度时，滞流层中流动速度为零的切削层就被剪切断裂并黏结在前刀面上。由于黏结作用，切屑底层的晶粒纤维化程度很高，其取向几乎和前刀面平行。这层金属因经受了强烈的剪切滑移作用，产生加工硬化，所以它能代替切削刃继续剪切较软的金属层，这样依次逐层堆积而逐渐增高就形成了积屑瘤。长高的积屑瘤在外力或振动作用下会发生局部的破裂和脱落，继而重复生长与脱落。

影响积屑瘤产生的主要因素是工件材料和切削速度。工件材料塑性越好，越易生成积屑瘤。实践证明，切削速度很高或很低时，很少生成积屑瘤，在某一速度范围内，积屑瘤容易生成，此外增大刀具前角、改善前刀面的表面粗糙度、使用合适的切削液，都可减少或避免积屑瘤生成。

3）第Ⅲ变形区

第Ⅲ变形区是指在已加工表面层内邻近切削刃附近的变形区域，如图 4-1 所示，这个区域为加工硬化区。

受到切削刃钝圆弧的挤压和摩擦作用，已加工表面的层内会产生剧烈塑性变形，引起晶粒伸长、纤维化、扭曲，甚至破碎，最终致使已加工表面层产生硬化。

归纳起来，在进行金属切削时，刀具切入工件使被切金属层发生变形成为切屑，在形成切屑的过程中经历了 3 个变形区域，每个区所产生的变形的形式和产生的现象各不相同。第Ⅰ变形区的特点是变形大、消耗能量大；在第Ⅱ变形区因高温高压并且局部的运动速度较小，导致产生部分材料黏结在刀具表面上；第Ⅲ变形区由于切削刃的后刀面和较钝的切削刃的综合作用导致在已加工表面层内引起晶粒伸长和晶粒纤维化、扭曲，甚至破碎，致使已加工表面层产生硬化。

4.2.2 切削力的来源、合力及其分力

1）切削力的来源

在切削金属时，切削力来源于两个方面，一是克服在切屑形成过程中工件材料对弹性变形和塑性变形的变形抗力，二是克服切屑与前刀面和后刀面的摩擦阻力。变形力和摩擦力形成了作用在刀具上的合力 F。在切削时合力 F 作用在切削刃空间的某个方向，由于大小与方向都不易确定，因此为了便于测量、

计算和反映实际作用的需要,常将合力 F 分解为互相垂直的 F_c、F_f 和 F_p 三个分力,如图4-5所示。

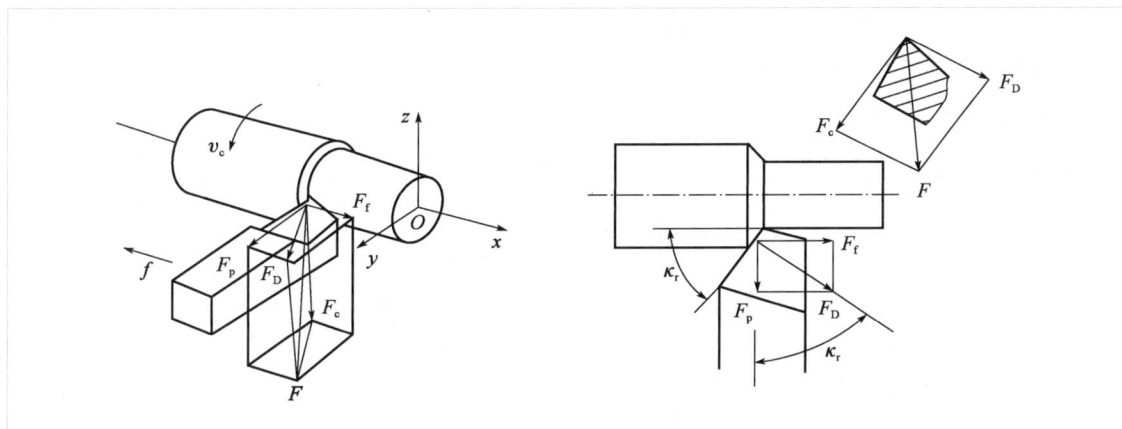

◎图4-5 切削合力及其分力

(1)切削力 F_c(主切削力 F_z)。切削力是指在主运动方向上的分力,它切于加工表面,并与基面垂直。F_c 用于计算刀具强度,设计机床零件,确定机床功率等。

(2)进给力 F_f(进给抗力 F_x)。进给力是指在进给运动方向上的分力,它处于基面内与进给方向相反。F_f 用于设计机床进给机构和确定进给功率等。

(3)背向力 F_p(切深抗力 F_y)。背向力是指在垂直于工作平面上分力,它处于基面内并垂直于进给方向。F_p 用来计算工艺系统刚度等。它也是使工件在切削过程中产生振动的力。

由图4-5可以看出,进给力 F_f 和背向力 F_p 的合力 F_D 作用在基面上且垂直于主切削刃。F、F_D、F_f、F_p 之间的关系为:

$$F = \sqrt{F_c^2 + F_D^2} = \sqrt{F_c^2 + F_f^2 + F_p^2} \tag{4-4}$$

$$F_f = F_D \sin\kappa_r \tag{4-5}$$

$$F_p = F_D \cos\kappa_r \tag{4-6}$$

2)切削力的计算

为了计算切削力,人们进行了大量的试验和研究。但所得到的一些理论公式还是不能比较精确地进行切削力的计算。所以,目前生产实际中采用的计算公式都是通过大量的试验经数据处理后而得到的经验公式。

切削力经验公式应用比较广泛,其形式如下:

$$F_c = C_{Fc} \cdot a_p^{X_{Fc}} \cdot f^{Y_{Fc}} \cdot K_{Fc} \tag{4-7}$$

$$F_f = C_{Ff} \cdot a_p^{X_{Ff}} \cdot f^{Y_{Ff}} \cdot K_{Ff} \tag{4-8}$$

$$F_p = C_{Fp} \cdot a_p^{X_{Fc}} \cdot f^{Y_{Fp}} \cdot K_{Fp} \tag{4-9}$$

式中:C_{Fc}、C_{Ff}、C_{Fp}——取决于工件材料和切削条件的切削力系数;

X_{Fc}、Y_{Fc}——切削力分力 F_c 公式中背吃刀量 a_p、进给量 f 的指数;

X_{Ff}、Y_{Ff}——切削力分力 F_f 公式中背吃刀量 a_p、进给量 f 的指数;

X_{Fp}、Y_{Fp}——切削分力 F_p 公式中背吃刀量 a_p、进给量 f 指数；

K_{Fc}、K_{Ff}、K_{Fp}——当实际加工条件与求得经验公式的试验条件不符时，各种因素对各切削分力的修正系数。

式中各种系数、指数和修正系数都可以在切削用量手册中查到。

3）切削功率的计算

在切削加工过程中，所需的切削功率 P_c（kW）可以按下式计算：

$$P_c = 10^3 \left(F_c \cdot v_c + \frac{F_f \cdot v_f}{1000} \right) \qquad (4\text{-}10)$$

式中：F_c、F_f——主切削力和进给力，N；

v_c——切削速度，m/s；

v_f——进给速度，mm/s。

一般情况下，F_f 小于 F_c，且 F_f 方向的速度很小，因此 F_f 所消耗的功率远小于 F_c，可以忽略不计。切削功率计算式可简化为：

$$P_c = 10^3 \cdot F_c \cdot v_c \qquad (4\text{-}11)$$

根据上式求出切削功率，可按下式计算机床电动机功率 P_E 为：

$$P_E = \frac{P_c}{\eta_c} \qquad (4\text{-}12)$$

式中：η_c——机床传动效率，一般取 $\eta_c = 0.75 \sim 0.85$。

4.2.3　影响切削力的因素

通过分析切削过程可知，影响切削过程变形和摩擦的因素都影响切削力，其中主要包括切削用量、工件材料和刀具几何参数等方面。下面介绍其中主要因素对切削力的影响规律。

1）切削用量的影响

（1）背吃刀量 a_p 与进给量 f。背吃刀量 a_p 与进给量 f 增大，使切削力 F 增大，但两者影响程度是不同的。a_p 增大时，切削变形和摩擦相应的都增大很多，导致切削力成比例增加；若进给量 f 增大，切削力增加较少。

背吃刀量 a_p 与进给量 f 的影响规律用于指导生产实践具有重要作用。例如，相同的切削层面积，切削效率相同，但增大进给量与增大背吃刀量比较，前者既减小了切削力又省了功率的消耗。如果消耗相等的机床功率，则在表面粗糙度允许情况下选用更大的进给量切削，可切除更多的金属层和获得更高的生产效率。

（2）切削速度 v_c。图 4-6 可以揭示切削速度对切削力的影响规律。当切削速度很小时，切削力较大。但在切削速度为 $5 \sim 19$m/min 时，处于积屑瘤产生区域，此区域内随着切削速度增大，切削力下降（因前角增大、切削变形小）。待积屑瘤消失，切削力又上升。在中速后进一步提高切削速度，切削力逐渐减小。切削速度超过 90m/min，切削力减小甚微，而后将处于稳定状态。

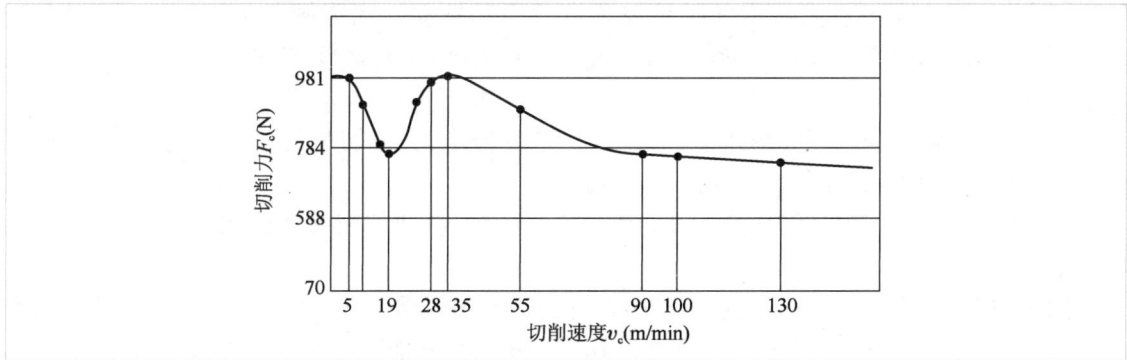

◎ 图4-6　切削速度对切削力的影响

加工脆性金属如铸铁或黄铜时,因变形和摩擦均较小,故切削速度对切削力影响不大。

2) 工件材料的影响

影响切削力的另外一个因素是工件的材料,主要体现为工件的硬度和强度。工件材料的硬度和强度越高,其剪切屈服强度就越高,产生的切削变形就需要更大的切削力。工件材料的塑性和韧性越高,则切削变形越大,切屑与刀具间摩擦增加,故切削力越大。切削铸铁等脆性材料时,因变形小,摩擦力小,故产生的切削力也小。

3) 刀具几何参数的影响

(1) 前角 γ_o。前角对各切削分力的影响较大,在切削塑性材料时,前角增大,切削变形减小,故各切削分力均减小。在对脆性材料切削时,因脆性材料的变形小,前角对切削力的影响不显著。

(2) 主偏角 κ_r。通过图4-7可知,当主偏角在30°~60°范围内增大时,因切削厚度增大,故切削变形减小,切削力减小。当主偏角在60°~90°范围内时,切削力最小,当主偏角为75°时,合力最小。继续增大时,因切削层形状变化使刀尖圆弧所占的切削宽度比例增大,故切削时挤压加剧,造成切削力逐渐增大。

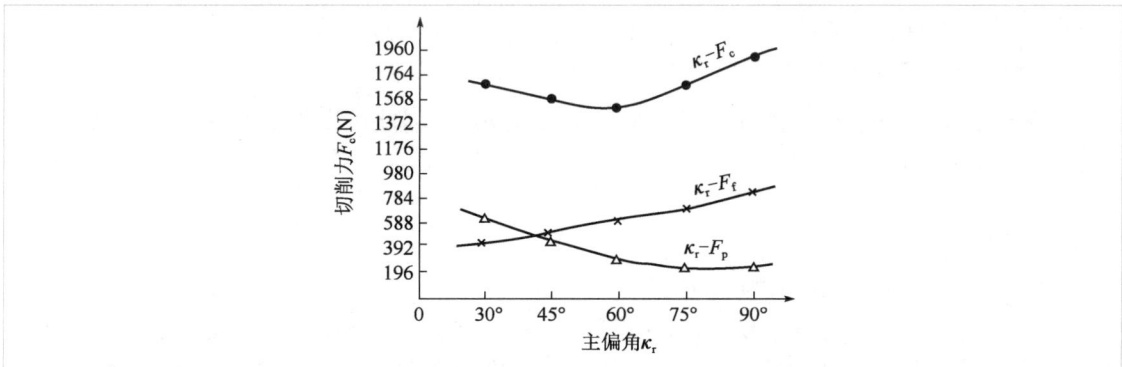

◎ 图4-7　主偏角对切削力的影响

4) 其他因素的影响

(1) 刃倾角 λ_s。刃倾角影响切屑在前刀面上的流动方向,当刃倾角负值越负,作用于工件的背向力越大,在车削轴类零件时易被顶弯并引起振动。当刃倾角为正值时,切削力变小,但是刀体的强度降低。一般确定刃倾角 λ_s 在 $-5° \sim 10°$ 之间变化,此时 F_c 基本维持不变。

(2)刀尖圆弧半径。刀尖圆弧半径增大,切削变形增大,使切削力增大。此外,在圆弧切削刃上各点主偏角的平均值减小,则背向力增大。

(3)刀具磨损。当刀具的切削刃及刀面产生磨损后,会使切削时摩擦和挤压加剧,故使切削力增大。

(4)切削液。合理选用切削液,会产生良好的冷却与润滑作用,能减小刀具与工件间的摩擦和黏结,因此使切削力减小。使用高效的切削液比干切削能减小切削力 10% ~20% 。

(5)刀具材料。各种刀具材料对切削力的影响,是通过刀具材料与工件之间的亲和力、摩擦力和磨损等决定的,刀具表面的粗糙度好,切削力较小。目前的涂层刀具就是基于这个思想被广泛采用的。

在金属切削的过程当中,各方面因素对切削过程都有影响,在切削过程中的核心问题是切削力,切削力是解释切削过程中各种现象的根本。只有对其影响因素掌握得精准,才能很好地控制切削力,达到控制加工过程的目的。在实际工作中要理论联系实际,逐步积累对各种因素的深刻认识,最终实现快速提高实际工作能力。

单元 4.3　切削热和切削温度

切削热是切削过程的重要物理现象之一。切削时做的功,会转化为热。切削热除少量散逸在周围介质中外,其余均传入刀具、切屑和工件中,并使它们温度升高。切削温度影响工件材料的性能,引起工件变形,加速刀具磨损和缩短刀具寿命,产生积屑瘤,影响加工表面质量,也引起工艺系统的热变形从而影响加工精度。因此,研究切削热和切削温度,控制切削热与切削温度具有重要的实际意义。

1)切削热的产生和传出

切削过程中所消耗的能量有 98% ~99% 转换为热能,因此可以近似地认为单位时间内所产生的切削热为:

$$Q = F_c \cdot v_c \tag{4-13}$$

式中:Q——单位时间内产生的切削热,J/s。

切削区域共有 3 个发热区域,即剪切面区、切屑与前刀面接触区、后刀面与已加工表面接触区,3 个发热区与 3 个变形区相对应。所以,切削热的来源就是切屑变形功和前、后刀面的摩擦功。在切削过程中产生的热量分别由切屑、工件、刀具和周围介质传导出去。例如,在空气冷却条件下车削时,切削热 50% ~86% 由切屑带走,10% ~40% 传入工件,3% ~9% 传入刀具,1% 左右通过辐射传入空气。

切削温度是指前刀面与切屑接触区内的平均温度,它的高低是由切削热的产生与传出的平衡条件所决定的。产生的切削热越多,传得越慢,切削温度越高;反之,切削温度就越低。凡是增大切削力和切削功率的因素都会使切削温度上升。而有利于切削热传出的因素都会降低切削温度。

2)切削温度的分布

在切削过程中,切屑、刀具和工件上不同部位的切削温度分布是不均匀的,如图4-8所示。温度的最高点在前刀面和后刀面上(可能是积屑瘤产生的区域),不在切削刃上,而是在离切削刃有一定距离的地方。这是摩擦热沿前刀面不断增加的缘故。在靠近前刀面的切屑底层上,温度变化很大,说明前刀面上的摩擦热集中在切屑底层。在已加工表面上,较高温度仅存在切削刃附近的一个很小的范围,说明温度的升降是在极短的时间内完成的,切削热在产生后会很快地通过工件和切屑将热量传递出去,达到热平衡的状态。

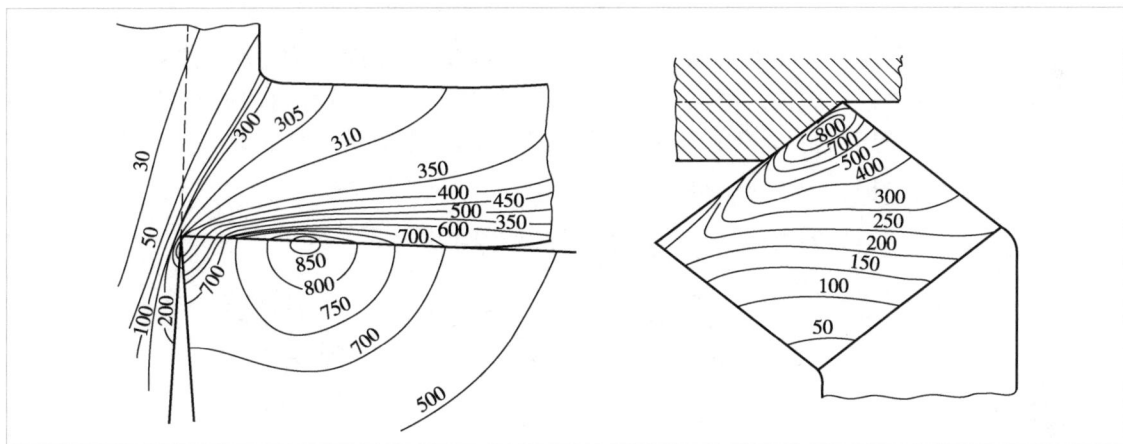

◎图4-8 切削温度分布(单位:℃)

3)影响切削温度的主要因素

根据理论分析和大量的实验研究可知,切削温度主要受工件材料、刀具几何参数、切削用量和其他因素的影响,以下对这几个主要因素加以分析:

(1)工件材料。工件材料的强度、硬度越高,切削时消耗的功就越多,产生的切削热就越多,切削温度就越高。工件材料的热导率越大,通过切屑和工件传出的热量越多,切削温度下降越快。

(2)刀具几何参数。前角增大,切削层变形小,产生的热量少,切削温度降低,但过大的前角会减少散热体积。当前角大于25°时,前角对切削温度的影响减小。主偏角减小,使切削宽度增大,散热面积增加,切削温度下降。

(3)切削用量。对切削温度影响最大的切削用量是切削速度,其次是进给量,而背吃刀量的影响最小。这是因为当切削速度 v_c 增加时,单位时间内参与变形的金属量增加而使消耗的功率增大,提高了切削温度;当 f 增加时,切屑变厚,由切屑带走的热量增多,故切削温度上升不甚明显;当 a_p 增加时,产生的热量和散热面积同时增大,故对切削温度的影响也小。

（4）其他因素。刀具后刀面磨损量增大时，加大了刀具与工件间的摩擦，使切削温度升高，切削速度越高，刀具磨损对切削温度的影响就越显著。浇注切削液对降低切削温度、减少刀具磨损和提高已加工表面质量有明显的效果。切削液的润滑作用是减小摩擦，减少切削热的产生。

分析各因素对切削温度的影响，主要应从这些因素对单位时间内产生的热量和传出的热量的影响入手。如果产生的热量大于传出的热量，则这些因素将使切削温度增高，某些因素使传出的热量增大，则这些因素将使切削温度降低。

单元 4.4 刀具磨损和刀具寿命

进行金属切削加工时，刀具一方面将切屑切离工件，另一方面自身也要发生磨损或破损。磨损是连续的、逐渐的发展过程，而破损一般是随机的、突发的破坏（包括脆性破损和塑性破损）。这里仅分析刀具的磨损。

1）刀具的磨损形式

刀具的磨损形式有以下 3 种，如图 4-9 所示。

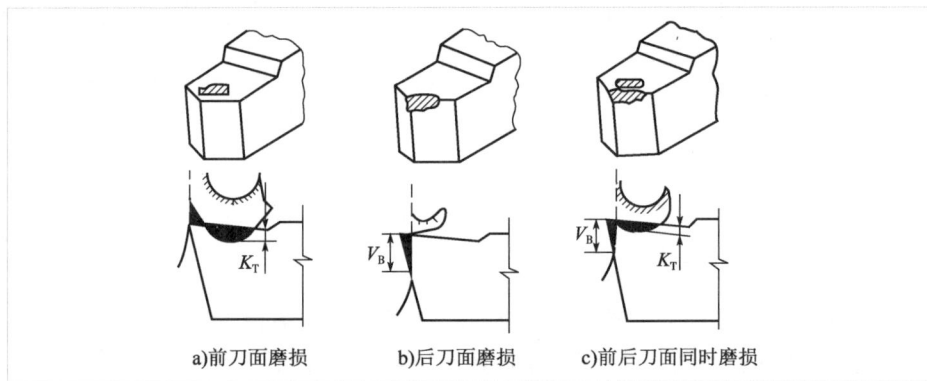

刀具的磨损

a）前刀面磨损　　b）后刀面磨损　　c）前后刀面同时磨损

◎ 图 4-9　刀具磨损形式

（1）前刀面磨损。切削塑性材料时，如果切削速度和切削厚度较大，刀具前刀面上会形成月牙洼磨损。它是以切削温度最高点的位置为中心开始发生，然后逐渐向前向后扩展，且深度不断增加。当月牙洼发展到其前缘与切削刃之间的棱边变得很窄时，切削刃强度降低，容易导致切削刃破损。前刀面月牙洼磨损值以其最大深度 K_T 表示。

（2）后刀面磨损。后刀面与工件表面实际上接触面积很小，所以接触压强很大，存在着弹性和塑性变形，因此，磨损就发生在这个接触面上。在切铸铁和以较小的切削厚度切削塑性材料时，主要也是发生这种磨损。后刀面磨损带的宽度往往是不均匀的，可划分为 3 个区域，如图 4-10 所示。

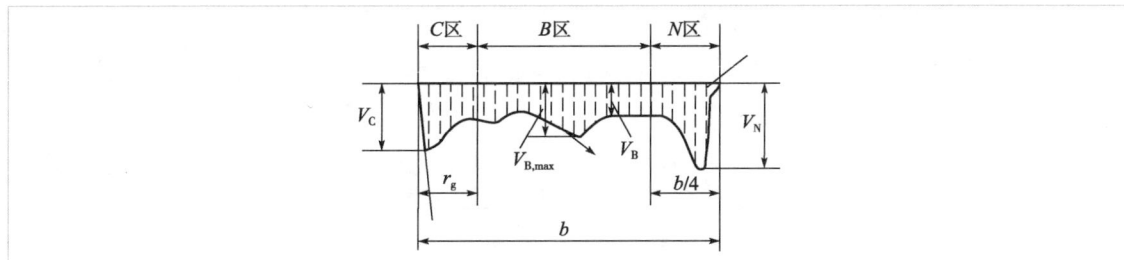

◎ 图 4-10　后刀面磨损情况

①C 区刀尖磨损。强度较低,散热条件差,磨损比较严重,其最大值为 V_C。

②N 区边界磨损。切削钢料时主切削刃靠近工件待加工表面处的后刀面(N 区)上,磨成较深的沟,以 V_N 表示。这主要是由工件在边界处的加工硬化层和刀具在边界处的较大应力梯度和温度梯度所造成的。

③B 区中间磨损。在后刀面磨损带的中间部位磨损比较均匀,其平均宽度以 V_B 表示,而其最大宽度以 $V_{B,max}$ 表示。

(3)前后刀面同时磨损。在常规条件下,加工塑性金属常常出现如图 4-9c)所示的前后刀面同时磨损的情况。

2)刀具磨损的原因

刀具磨损不同于一般的机械零件的磨损,因为与刀具表面接触的切屑底面是活性很高的新鲜表面,刀面上的接触压力很大(可达 $2 \sim 3GPa$),接触温度很高(如硬质合金加工钢,可达 $800 \sim 1000℃$ 以上),所以刀具磨损存在着机械的、热的和化学的作用,既有工件材料硬质的刻划作用而引起的磨损,也有黏结、扩散、腐蚀等引起的磨损。

(1)磨料磨损。磨料磨损是由于工件材料中的杂质、材料基体组织中的碳化物、氮化物、氧化物等硬质点对刀具表面的刻划作用而引起的机械磨损。

(2)黏结磨损。在切削过程中,当刀具与工件材料的摩擦面上具备高温、高压和新鲜表面的条件,接触面达到原子间距离时,就会产生吸附黏结现象,又称冷焊。各种刀具材料都会发生黏结磨损,磨损的程度主要取决于工件材料与刀具材料的亲和力和硬度比、切削温度、压力及润滑条件等。黏结磨损是在高温高压情况下,切屑与刀具表面的节点黏结之后,被切屑带走而产生的。黏结磨损是硬质合金刀具在中等偏低切削速度时磨损的主要原因。

(3)扩散磨损。当切削温度很高时,刀具与工件材料中的某些化学元素能在固体下互相扩散,使两者的化学成分发生变化,削弱了刀具材料的性能,加速磨损进程。扩散磨损是硬质合金刀具在高温($800 \sim 1000℃$)下切削产生磨损的主要原因之一。一般从 $800℃$ 开始,硬质合金中的 Co、C、W 等元素会扩散到切屑中而被带走,同时切屑中的 Fe 也会扩散到硬质合金中,使刀面的硬度和强度下降,脆性增加,从而磨损加剧。不同元素的扩散速度不同。例如,Ti 的扩散速度比 C、Co、W 等元素低得多,故 YT 类硬质合金抗扩散能力比 YG 类强。

(4)氧化磨损。当切削温度为 $700 \sim 800℃$ 时,空气中的氧与硬质合金中的 Co、WC、TiC 等发生氧化作用生成疏松脆弱的氧化物。这些氧化物容易被切屑和工件擦走,加速了刀具磨损。

3) 刀具的磨损过程及磨钝标准

（1）刀具的磨损过程。如图 4-11 所示，刀具的磨损过程可分为 3 个阶段，即初期磨损阶段、正常磨损阶段和急剧磨损阶段。

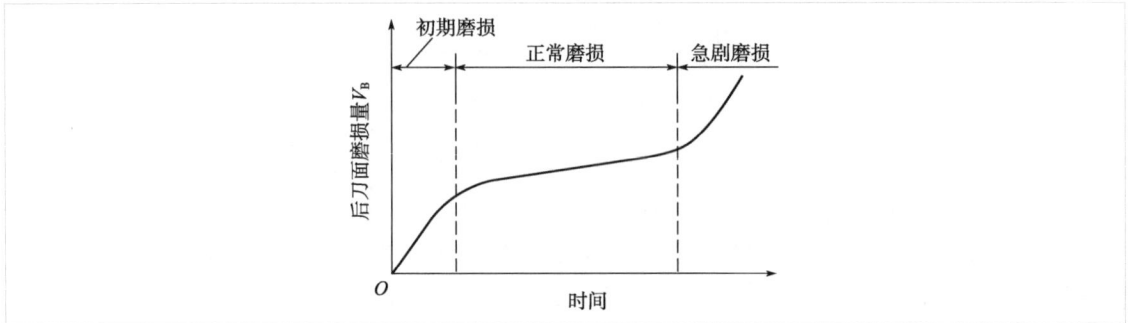

◎ 图 4-11 刀具的磨损过程

①初期磨损阶段。这一阶段的磨损速度较快，因为新刃磨的刀具表面较粗糙，并存在显微裂纹、氧化或脱碳等缺陷，但切削刃较锋利，后刀面与加工表面接触面积较小，压应力较大，所以容易磨损。

②正常磨损阶段。经过初期磨损后，刀具粗糙表面已经磨平，缺陷减少，刀具后刀面与加工表面接触面积变大，压强减小，进入比较缓慢的正常磨损阶段。后刀面的磨损量与切削时间近似地成比例增加。正常切削时，这个阶段时间较长，是刀具的有效工作时期。

③急剧磨损阶段。当刀具的磨损带达到一定程度后，刀面与工件摩擦过大，导致切削力与切削温度均迅速增高。磨损速度急剧增加。生产中为了合理使用刀具，保证加工质量，应该在发生急剧磨损之前就及时换刀。

（2）刀具的磨钝标准。刀具磨损到一定限度后就不能继续使用。这个磨损限度称为磨钝标准。由于多数切削情况下均可能出现后刀面的均匀磨损量，此外，V_B 值比较容易测量和控制，因此常用 V_B 值来研究磨损过程，作为衡量刀具的磨钝标准。ISO 标准统一规定以 1/2 背吃刀量处的后刀面上测定的磨损带宽度 V_B 作为刀具的磨钝标准。自动化生产中的精加工刀具，常以沿工件径向的刀具磨损尺寸作为刀具的磨钝标准，称为径向磨损量 N_B。

4) 刀具寿命

在生产实际中，为了更加方便、快速、准确地判断刀具的磨损情况，一般以刀具寿命来间接地反映刀具的磨钝标准。刀具寿命 T 的定义为：刀具由刃磨后开始切削，一直到磨损量达到刀具的磨钝标准所经过的总切削时间，单位为 min。

刀具寿命反映了刀具磨损的快慢程度。刀具寿命长表明刀具磨损速度慢，反之表明刀具磨损速度快。影响切削温度和刀具磨损的因素都同样影响刀具寿命。切削用量对刀具寿命的影响较为明显。通过切削实验，可以得出 v_c、f、a_p 对刀具寿命 T 的影响关系式，即：

$$T = \frac{C_T}{v_c^X \cdot f^Y \cdot a_p^Z} \tag{4-14}$$

式中，X、Y、Z 分别为 v_c、f、a_p 的指数。例如，用 YT5 硬质合金车刀切削 $\sigma_b = 0.637\mathrm{GPa}(f > 0.7\mathrm{mm/r})$ 的碳钢时，切削用量与刀具寿命的关系为：

$$T = \frac{C_T}{v_c^5 \cdot f^{2.25} \cdot a_p^{0.75}} \tag{4-15}$$

由上式可以看出,切削速度对刀具寿命影响最大,进给量次之,背吃刀量最小。这与三者对切削温度的影响顺序完全一致,反映出切削温度对刀具寿命有重要的影响。

刀具寿命是一个具有多种用途的重要参数,可用来确定换刀时间,衡量工件材料切削加工性和刀具材料切削性能的优劣,判定刀具几何参数及切削用量的选择是否合理等。

5) 工件材料的切削加工性

工件材料的切削加工性是指对其进行加工的难易程度。某种材料切削加工的难易,不仅取决于材料本身,还取决于具体的加工要求及切削条件。加工要求和切削条件不同,评定材料切削加工性的指标也不相同。前面已经讨论过在加工过程中,不同材料机械性能指标是不同的,常用的评定指标有下面几种。

(1) 刀具寿命指标。在相同的切削条件下,加工时刀具寿命较长的工件材料,其切削加工性就好,或者在一定刀具寿命 T 下,所允许的最大切削速度 V_T 高的工件材料,其切削加工性就好。由于材料的切削加工性概念具有相对性,所以我们经常以抗拉强度 $\sigma_b = 0.637\text{GPa}$ 的 45 钢的 V_{60} 作为基准,记为 $(V_{60})_j$,而把其他被切削材料的 V_{60} 与之相比,可得到该材料的相对切削加工性 K_r,即:

$$K_r = \frac{V_{60}}{(V_{60})_j} \tag{4-16}$$

凡是 $K_r > 1$ 的材料,比 45 钢容易切削;凡是 $K_r < 1$ 的材料,比 45 钢难切削;常用金属材料的相对加工性等级见表 4-2。

工件材料的相对切削加工性及分级   表 4-2

加工性等级	名称及种类		相对加工性 K_r	代表性材料
1	很容易切削材料	一般有色金属	>3.0	5-5-5 铜铝合金,铜铝合金,铝镁合金
2	容易切削易削钢	易削钢	2.5~3.0	退火 1.5Cr $\sigma_b = 0.372 \sim 0.441\text{GPa}$ 自动机钢 $\sigma_b = 0.392 \sim 0.490\text{GPa}$
3		较易削钢	1.6~2.5	正火 30 钢 $\sigma_b = 0.441 \sim 0.549\text{GPa}$
4	普通材料	一般钢及铸铁	1.0~1.6	45 钢,灰铸铁,结构钢
5		稍难切削材料	0.65~1.0	2Cr13 调质 $\sigma_b = 0.8288\text{GPa}$ 85 钢轧制 $\sigma_b = 0.8829\text{GPa}$
6	难切削材料	较难切削材料	0.5~0.65	45Cr 调质 $\sigma_b = 1.03\text{GPa}$ 60Mn 调质 $\sigma_b = 0.9319 \sim 0.981\text{GPa}$
7		难切削材料	0.15~0.5	50CrV 调质,1Cr18Ni9Ti 未淬火 α 相钛合金
8		很难切削材料	<0.15	β 相铁合金,镍基高温合金

(2) 已加工表面质量指标。以材料是否容易获得所要求的加工表面质量,作为评定材料切削加工性的指标。一般精加工的零件可用表面粗糙度值来评定材料的切削加工性。对某些有特殊要求的零件,在评定材料切削加工性时,不仅要用表面粗糙度值指标还要用表面层材质

的变化指标来全面评定。

（3）切削力或切削温度指标。在相同的切削条件下，凡使切削力加大、切削温度增高的工件材料，其切削加工性就差，反之，其切削加工性就好，在粗加工或机床动力不足时，常以此指标来评定材料的切削加工性。

（4）切屑控制性能指标。在自动机床或自动生产线上，常用切屑控制的难易程度来评定材料的切削加工性。凡切屑容易被控制或折断的材料，其切削加工性就好，反之则差。

通过工件材料的切削加工性的指标，工艺人员或加工人员可以预知工件在加工过程中的难易，通过一定的方式来对材料加工性进行修正，以达到易于加工的目的。一种工件材料很难在各方面都能获得较好的切削加工性指标，只能根据需要选择一项或几项作为衡量其切削加工性的指标。在一般的生产中，常以保证一定的刀具寿命所允许的切削速度作为评定材料切削加工性的指标。

单元 4.5 切削理论综合应用

前几个单元讨论了影响切削过程的主要因素，引入了较多的概念和参数，其目的非常明确：掌握切削过程的实质，并通过改变在加工过程中可以控制的切削参数以实现高效切削，保证切削过程的稳定，得到合格的产品。但由于影响的因素过多，在实际生产过程中还应主要考虑以下几个方面的因素。

4.5.1 控制切屑

在切削过程中，若切屑不能折断易引起切屑的失控，就会严重影响操作者的安全及机床的正常工作，或导致刀具损坏、降低加工表面质量。在自动机床或数控机床的加工过程中，控制切屑尤为重要。

1）切屑形状的分类

在对金属进行加工时，因加工条件不同，切屑的形状也不尽相同。一般常见的切屑形状有以下几种，见表4-3。

切屑形状 表4-3

切屑名称	切屑形状	切屑名称	切屑形状
带状切屑		锥状螺旋切屑	
管状切屑		弧形切屑	

续上表

切屑名称	切屑形状	切屑名称	切屑形状
盘旋状切屑		单元切屑	
环形螺旋切屑		针状切屑	

（1）带状切屑。加工时工件材料塑性较好，刀具的前角较大，切削速度中等，导屑槽开得过大，背吃刀量较小。

（2）管状切屑。工件材料塑性较好，刀具前角适中，导屑槽半径较小，背吃刀量合理。

（3）盘旋状切屑。加工时的切削条件介于带状和管状之间。

（4）环形螺旋切屑。加工的材料较硬，刀具的前角较小，切削速度较快，背吃刀量较小。

（5）锥状螺旋切屑。工件材料塑性较好，刀具前角适中，导屑槽半径较小且倾斜，背吃刀量合理。

（6）弧形切屑。工件材料塑性较差，刀具前角适中，导屑槽半径较小，背吃刀量较大。

（7）单元切屑。工件材料塑性较差，刀具前角较小，导屑槽半径较小，背吃刀量较小。

（8）针状切屑。工件材料塑性差，刀具前角小，无导屑槽半径，背吃刀量较小。

2）切屑的流向和折断

（1）切屑的流向。从各种切屑的形成过程来看，切屑的流向在不同的条件下是不同的。为了使切屑不损伤加工表面，使切削顺利进行，可通过选择切削用量和刀具角度来获得合适的切屑流向。如图 4-12 所示，A 点是车刀主切削刃上参与切削的终点，副切削刃也有很短长度在切削，其切削终点为 B，切屑流的方向垂直于 A、B 两点的连线，切屑流向与正交平面夹角为 η_c 称为流屑角。影响流屑方向主要是刀具刃倾角、主偏角及前角综合作用的结果。

当刃倾角 $\lambda_s < 0$ 时，切屑流向已加工表面；当刃倾角 $\lambda_s > 0$ 时，切屑流向待加工表面；当主偏角 $\kappa_r = 90°$ 时，切屑流偏向已加工表面。

车削与切屑形状

切屑

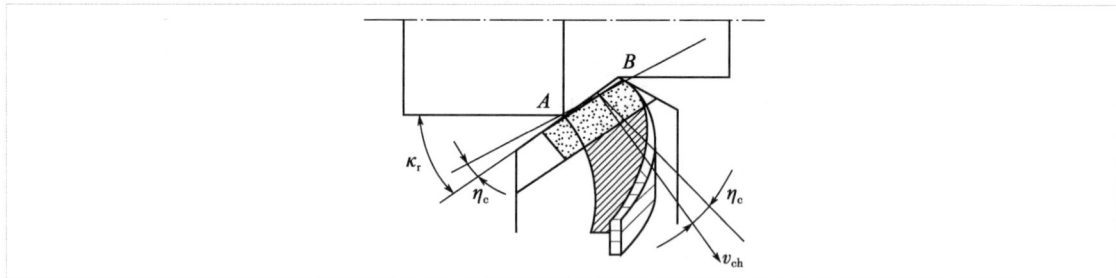

◎图 4-12 切屑的流向

（2）切屑的折断。在加工过程中，切屑流出后，会影响切削过程，同时当切屑流向已加工表面时，会影响零件的表面加工质量，所以应采用合适的办法将其折断。切屑在被排除的过程中，切屑在流出时受断屑台顶力的作用使切屑卷曲，并在切屑内部产生卷曲应变。切屑卷曲的半径开始由大变小，其内部卷曲应变也随之增加，当切屑继续流出且其顶端碰到后刀面时，又受到反力作用，使切屑产生反向卷曲应变，当正向和反向密变叠加到临界值时，则切屑产生折断。切屑在流出的过程中形成卷曲后，加剧了切屑内部的塑性变形，切屑的塑性降低，硬度增高、变脆，从而为断屑创造了有利的内在条件。

3）断屑措施

常用的断屑方法是在刀具前刀面上磨出断屑槽，以达到断屑的目的。此法结构简单使用非常普遍。对于硬质合金刀片，在刀片前刀面上设有不同形状和尺寸的断屑槽，以满足不同切削条件的断屑需要，可磨制出 3 种形式的断屑槽，即折线型、直线圆弧型和全圆弧型。折线型和直线圆弧型适用于碳钢、合金钢、工具钢使用，在断屑时，一般采用前角 5°～15°。全圆弧型适用于切削紫铜和不锈钢等塑性较好的材料，一般用前角 25°～35°。除此之外，断屑槽在前刀面的布置形式也会影响排屑，其形式有外斜式、平行式和内斜式；外斜式用于粗加工，平行式和内斜式用于半精加工和精加工。

4.5.2 刀具几何参数的选择

刀具几何参数主要包括刀具角度、前刀面与后刀面形状、切削刃与刀口形状等。合理选择刀具几何参数是指在保证加工质量和延长刀具寿命，并使生产率提高、生产成本降低的前提下，确定刀具几何参数。由于切削条件的差别很大，确定刀具几何参数所产生的效果也不相同。因此，根据选择原则所选定的几何参数，应经生产实践反馈后进一步改进后再最后确定。

1）前角的选择

（1）前角的作用。前角决定刀具的锋利程度，增大前角使切削刃锋利，切屑流出阻力小、摩擦力小，切削变形小。因此，切削力和切削功率都小，切削温度低，刀具磨损少，加工表面质量高。但过大的前角会使楔角变小，刀具的刚性和强度变差，热量不易传导出去，刀具磨损和破损严重，刀具寿命低。在确

刀片上的断屑槽

定刀具前角时,应根据实际加工条件,考虑到前角大小的正反影响而定。

(2)前角选择原则。

①根据被加工材料选择前角。加工塑性材料、软材料时前角应大些,此时刀具是锋利的,切削力小,而加工脆性材料、硬材料时前角要小些。加工材料韧性好时,应使用大的前角。

②根据加工要求选择。在精加工时,因切削力较小,应选择大的前角;粗加工和断续切削因冲击较大应选得前角较小;加工成型面前角应小,以减小刀具的刃形误差对零件加工精度的影响。

③根据刀具材料选择。高速钢刀具的抗弯强度和抗冲击韧性强,可选取较大前角,硬质合金刀具的抗弯强度较低,前角应小。

总之,前角的选择是在满足刀具耐用度的前提下,尽量选择较大的前角。

2)后角的选择

后角的大小主要影响后刀面与已加工表面之间的摩擦。增大后角,可减小摩擦,故可以提高加工表面质量;过大后角使切削刃强度降低、散热条件差,刀面磨损大,因而刀具寿命低。选择后角的原则是,在摩擦不严重的情况下,选取较小后角。

(1)根据加工精度选择。精加工时为了减小摩擦,后角取较大值一般取8°~11°,粗加工时为提高刀具强度,后角取较小值取值为6°~8°。

(2)根据加工材料选择。加工塑性材料、较软材料时,后角取较大值;加工脆性材料、硬材料时,后角取较小值;加工易产生硬化层的材料时,后角取大值。

(3)工艺系统刚度低,切削时容易出现振动应选择小的后角。

3)主偏角的选择

减小主偏角可使刀具强度提高,散热条件好,加工表面粗糙度小;主偏角小,切削宽度长,故单位切削刃长度上受力小。增大主偏角,使背向力减小,切削平稳,切削厚度增大,断屑性能好。主偏角选择原则如下:

(1)根据加工材料选择。加工高强度、高硬度、热导率小和表面有硬化层的材料,为提高刀具强度和改善散热条件,应选取较小主偏角。

(2)根据工艺系统刚性选择。在工艺系统刚性不足的情况下,应选用较大主偏角,一般取60°~75°。

(3)根据加工工件表面形状要求选择。在车细长轴或者阶梯轴时,选主偏角为90°,车外圆、车端面和倒角时,应选择45°。

4)副偏角的选择

副偏角是影响表面粗糙度的主要角度,它的大小影响刀具强度,过小的副偏角,会增加副后面与已加下表面间摩擦,引起振动。

副偏角的选择原则是,在不影响摩擦和振动的条件下,应选取较小副偏角。

车刀角度

5）刃倾角选择

（1）根据加工要求选择。一般精加工，为防止切屑划伤已加工表面，选择刃倾角 $-0° \sim +5°$。粗车时，为提高刀具强度，选择刃倾角 $-0° \sim +5°$。车削高硬度、高强度等难加工材料时，为提高刀具强度，也常取较大的负刃倾角。

（2）根据加工条件选择。加工断续表面、加工余量不均匀表面，或在其他产生冲击振动的切削条件下，通常选取负的刃倾角。

6）综合实例

细长轴加工车刀刀具角度选择。

（1）分析加工条件。工件因切削力导致变形，工件过长会产生振动，降低加工效率和加工质量。

（2）刀具角度解决方案。

① 为减小切削力和切削热选择大的前角，取 $\gamma_o = 20° \sim 30°$。

② 为增强刀刃的强度在主切削刃上磨出 $0.15 \sim 0.2$mm 的负倒棱。

③ 为减小切削力和切削过程中的振动，取 $\kappa_r = 90°$。

④ 采用 $\lambda_s = +3°$ 使切屑流向待加工表面，保证已加工表面质量。

（3）采用合适的加工方案。在加工时为减小工件的变形可以采用反向走刀或选用合适的切削参数来进一步保证加工过程稳定，提高加工效率和加工质量。

刀具的具体几何角度如图 4-13 所示。

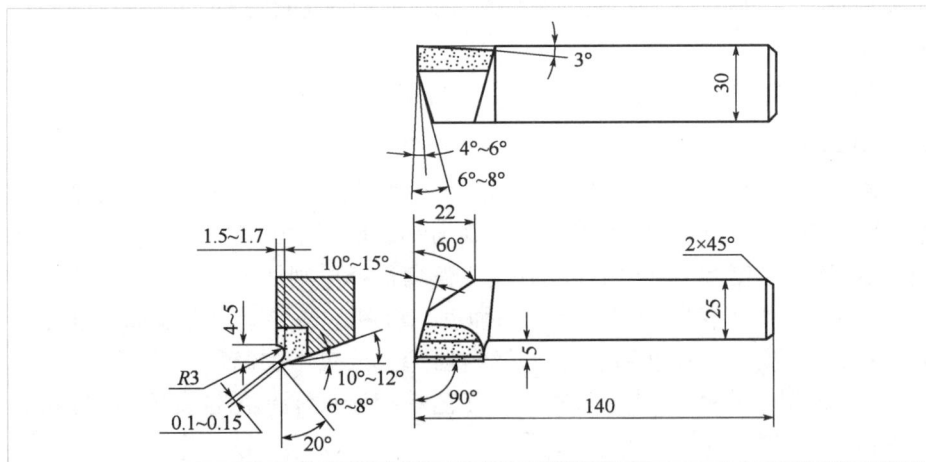

◎图 4-13　细长轴车刀的几何角度（尺寸单位：mm）

4.5.3　合理选择切削用量

确定刀具几何参数，只是满足了理想切削加工的一个条件，还需选择切削用量参数，包括背吃刀量、进给量和切削速度。合理选择刀具几何参数，合理选择切削用量，对于切削加工的生产率、加工质量和生产成本都同样具有非常重要的作用。

（1）选择背吃刀量。粗加工时，应尽可能一次切除全部的加工余量。在加工余量大并较均匀、工艺系统刚性足够时，可以分几次来对零件进行加工，可以查阅相关的工艺手册来进行选定。对于半精加工，由于粗加工后形成表面的质量较为良好，应使半精加工的背吃刀尽可能一次切除余量。当零件表面要求较高时可以进行多次切削，但是每次的加工余量不应太小。

（2）选择进给量。粗加工时，增大进给量可提高生产效率，但进给量过大，会使切削力急剧增加而影响机床进给系统、刀具和工件的强度和刚性，此外，也会显著加大表面粗糙度，为此制定合理的进给量应考虑到各种因素。在精加工和半精加工时，选择最大进给量应主要考虑加工精度和表面粗糙度，还要考虑工件材料、刀具材料和切削速度等因素的影响。

（3）选择切削速度。由于切削速度对切削力的影响最为显著，所以在粗加工时应选择较低的切削速度，在精加工时，切削速度的选择主要考虑加工精度和刀具的耐用度，可以选择较高的切削速度，但应避开积屑瘤的速度范围。

4.5.4　切削液选用

在切削过程中，因切削区域有剧烈的摩擦，导致产生大量的切削热。为防止切削热传导到工件而产生大的变形，合理选用切削液能有效地减小切削力、降低切削温度、减小加工系统热变形、延长刀具寿命和改善已加工表面质量，此外，选用高性能切削液也是改善难加工材料切削性能的一个重要措施。

1）切削液的作用

（1）冷却作用。切削液浇注在切削区域内，利用热传导、对流和汽化等方式带走大部分的切削热，以降低切削温度和减小加工系统的热变形。

（2）润滑作用。切削液渗透到刀具、切屑与加工面之间，减小了各接触面间的摩擦；带油脂的极性分子可以吸附在刀具的前、后面，形成膜，若在切削液中添加了化学物质，可以在加工时产生化学反应，并在刀具的前、后刀面上形成化学性吸附膜，膜可在高温时减小接触面间摩擦，并减少黏结，起到了减小刀具磨损和提高加工表面质量的作用。

（3）排屑和洗涤作用。在磨削、钻削、深孔加工和自动化生产中利用浇注或高压喷射方法可以冲洗散落在机床及工具上的细屑与磨粒，也可以在强大的流动压力下排屑和冷却。

（4）防锈作用。在切削液中加入防锈添加剂，使之与金属表面起化学反应形成保护膜，起到防锈蚀的作用。

2）切削液种类及其应用

在生产中常用的切削液有以冷却为主的水溶性切削液和以润滑为主的油溶性切削液。水溶性切削液主要分为水溶液、乳化液和合成切削液3种。

（1）水溶液。水溶液是以软水为主加入防锈剂、防霉剂和其他试剂。由于水的比热容大，该溶液具有较好的冷却效果。有的水溶液加入油性添加剂和表面活性剂而呈透明性水溶液，以增强润滑性和清洗性。此外，若添加极压抗磨试剂，可达到在高温、高压下增加润滑膜的强度。水溶液常用于粗加工和普通磨削加工。

（2）乳化液。乳化液是水和乳化油混合后再经搅拌而形成的乳白色液体。乳化油是一种油膏，它由矿物油、脂肪酸、皂以及表面活性乳化剂配制而成，再添加适当的乳化稳定剂。乳化液的用途很广，含较少乳化油的称为低浓度乳化液，它主要起冷却作用，适用于粗加工和普通磨削，高浓度乳化液主要起润滑作用，适用于精加工和复杂刀具加工。

（3）合成切削液。合成切削液由水、各种表面活性剂和化学添加剂组成，具有良好的润滑和冷却、热稳定性，且使用周期长。

⚠ 模块小结

本模块系统学习了金属切削加工基本理论与实践应用，全面掌握了刀具材料的选用及其性能要求，深入理解了切削过程中的基本规律，特别是切削力的来源、影响因素以及切削热与温度。同时，也关注了刀具磨损与寿命，这对于提升加工效率和保证工件质量至关重要。

在切削理论的综合应用方面，学习了如何控制切屑形态，优化刀具几何参数，合理选择切削用量，并正确选用切削液，这些技能在实际加工过程中具有极高的实用价值。

通过本模块的学习，不仅巩固了理论知识，更重要的是提升了解决实际问题的能力。应深刻认识到，金属切削加工是一个涉及多方面因素的复杂过程，只有综合运用所学知识，不断实践与创新，才能不断提升加工效率和工件质量，满足现代制造业的发展需求。

◎ 模块习题

1. 判断题

（1）高速钢的特点是高韧性、高耐磨性、高热硬性，热处理变形小等。　　　　　（　　）

（2）切断刀两刀尖处磨出过渡刃是为了提高刀具寿命。　　　　　　　　　　　（　　）

（3）切削时，切屑流向工件的待加工表面，此时车刀的刀尖位于主切削刃的最高点。

　　　　　　　　　　　　　　　　　　　　　　　　　　　　　　　　　（　　）

（4）精车切削用量的选择原则是以提高生产率为主，并兼考虑刀具寿命。　　　（　　）

（5）刀具材料的基本要求是具有良好的工艺性和耐磨性两项。　　　　　　　　（　　）

（6）钨钛钴类硬质合金由碳化钨和钴组成。　　　　　　　　　　　　　　　　（　　）

（7）粗车时，切削深、进刀快，要求车刀有足够的强度，应选择较小的后角。　（　　）

（8）钨钛钴类硬质合金适用于加工铸铁、有色金属等脆性材料。　　　　　　　（　　）

2. 选择题

（1）合金刃具钢一般是（　　　）。

　　A. 低碳钢　　　　　　　B. 中碳钢　　　　　　　C. 高碳钢　　　　　　　D. 高合金钢

(2)( )加工时,应取较大的后角。

    A. 粗　　　　　　　　B. 半精　　　　　　　　C. 精　　　　　　　　D. 任意

(3)不能做刀具材料的有( )。

    A. 碳素工具钢　　　　　　　　　　　　B. 碳素结构钢

    C. 合金工具钢　　　　　　　　　　　　D. 高速钢

(4)切削液的种类有( )大类。

    A. 2　　　　　　　　　B. 3　　　　　　　　C. 4　　　　　　　　D. 5

(5)( )加工时,应取较小的前角。

    A. 精　　　　　　　　B. 粗　　　　　　　　C. 半精　　　　　　　　D. 任意

(6)车削时,为了使切屑不拉伤已加工表面,刃倾角应取( )值。

    A. 正　　　　　　　　B. 负　　　　　　　　C. 零　　　　　　　　D. 任意

3. 简答题

(1)刀具材料应具备哪些性能?

(2)高性能高速钢有几种? 它们的特点是什么?

(3)试述切削过程3个变形区的变形特点。

(4)积屑瘤是如何形成的? 它对切削过程有何影响? 若要避免产生积屑瘤要采取哪些措施?

(5)后角的功用是什么? 怎样合理选择?

(6)切削速度对切削温度有何影响? 为什么?

(7)试述切削深度、进给量、切削速度对切削温度的影响规律。

(8)在精加工时为提高表面质量主偏角和进给量应如何选择?

(9)影响切削温度的主要因素有哪些? 如何影响?

模块5
金属切削机床与加工工艺

学习目标

知识目标

◎掌握工件表面成型方法及各种机床加工运动。
◎熟悉机床型号的含义和各种典型机床的加工范围。
◎了解机床代号的特性、各种机床的结构及加工原理。

技能目标

◎能够准确识别各种金属切削机床的类型、型号及其主要特点。
◎能够独立完成各种金属切削加工任务。
◎能够根据加工进度和工件质量的变化，灵活调整切削参数和机床设置。
◎能够运用所学的机床知识和经验，对机床故障进行初步分析和诊断，提出有效的
　排除方案。

素养目标

◎培养责任心以及良好的职业道德，为成为高素质的技术技能型人才打下坚实
　基础。

单元 5.1　机床的型号

　　金属切削机床是用刀具采用切削的方法将金属毛坯加工成机器零件的一种机器,人们习惯上称为机床。机床在机械制造中起到重要的作用,即使在现代制造技术高速发展的今天,在很多现代工业加工方法中,机械制造过程的切削加工仍是保证零件规范的具有尺寸、形状和精度的主要方法。所以机床是机械制造系统中最重要的组成部分之一,它为加工过程提供刀具与工件之间的相对位置和相对运动,为改变工件形状、尺寸、质量提供技术手段。无论是机床的操作者和机械加工工艺的设计者,不仅要准确地掌握各种机床的不同用途,更要清楚机床的技术参数,为工艺制定和生产管理提供可靠的数据。

　　在机械加工过程中,金属切削机床的品种和规格繁多,为便于区别、使用和管理,需对机床进行系统的分类。按加工性质和所用刀具的不同,机床可分为 12 大类,即车床、钻床、镗床、磨床、齿轮加工机床、螺纹加工机床、铣床、刨插床、拉床、特种加工机床、锯床和其他机床。也可以根据机床的其他特征进行分类。

　　按通用性程度不同,机床可分为通用机床(或称万能机床)、专门化机床和专用机床 3 类。通用机床适用于单件小批量生产,有较广的加工范围,可以进行不同形状的零件的不同工序的加工,如应用较为广泛的普通车床、卧式镗床、万能升降台铣床。专门化机床用于大批量生产中,加工范围较窄,可完成不同尺寸的一类或几类零件的某一种(或几种)特定工序,如滚齿机、精密丝杠车床、曲轴轴颈车床等。专用机床通常应用于成批及大量生产中,这类机床是根据工艺要求专门设计制造的,专门用于完成某一种(或几种)零件的某一特定工序,如曲轴磨床、螺纹磨床、加工车床主轴箱的专用镗床等。

　　同一种机床按加工精度的不同,可分为普通精度级、精密级和高精度级机床。按质量和尺寸不同,机床可分为仪表机床、中型(一般)机床、大型机床(重量达 10t)、重型机床(重量 30t以上)、超重型机床(重量在 100t 以上);按自动化程度不同,机床可分为手动、机动、半自动和自动机床。

　　此外,机床还可以按主要工作部件的数目进行分类,如单刀机床、多刀机床、单轴机床、多轴机床等。目前,机床已向数控化方向发展,而且其功能也在不断增加,除了完成数控加工的功能,还增加了自动装卸工件、多刀位自动换刀等功能。因此,也可按机床具有的数控功能分为一般数控机床、加工中心、柔性制造单元等。

　　随着各种新功能机床的不断出现,机床的分类也将会越来越丰富。为了根据型号就能正确识别机床的用途,人们对机床的型号进行了规定,用以表明机床类型、通用特性、结构特性、主要技术参数等。通用机床的型号表示如图 5-1 所示。

　　1)机床的类别代号

　　机床的组别、系别代号用大写的汉语拼音来代表机床的类别,按汉语拼音读。机床的种类较多时可以在字母前加阿拉伯数字来表示分类代号。机床类别代号见表 5-1。

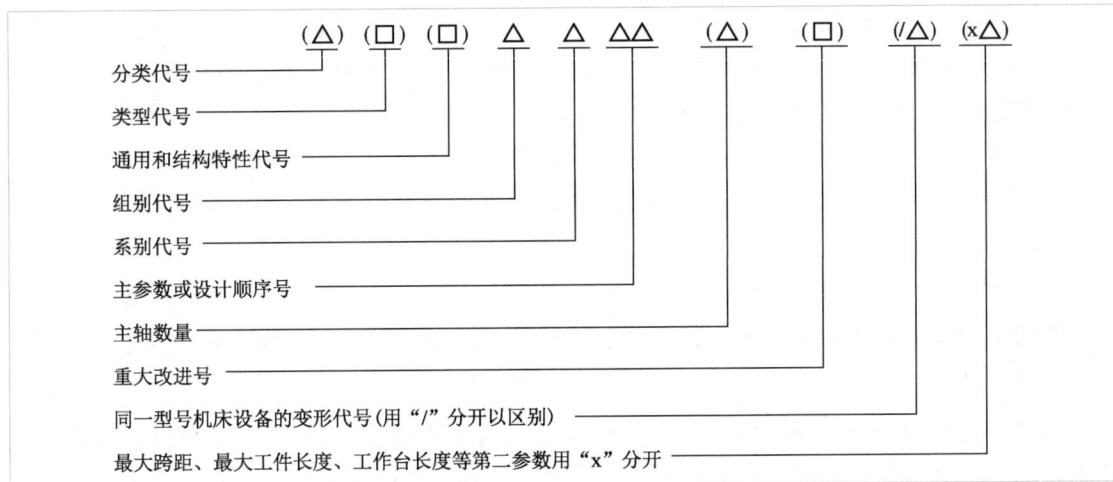

◎ 图5-1 通用机床的型号表示方法

注:1. 有"□"的代号或数字,当无内容时,不表示,若有内容,则不带括号。

2. 有"△"符号者,为大写的汉语拼音字母。

3. 有"( )"符号者,为阿拉伯数字。

机床类别代号   表5-1

类别	车床	钻床	镗床	磨床	齿轮加工机床	螺纹加工机床	铣床	刨、插床	拉床	锯床	其他机床
代号	C	Z	T	M	Y	S	X	B	L	G	Q
读音	车	钻	镗	磨	牙	丝	铣	刨	拉	割	其

2)机床的特性代号

对同类的机床,为区别除主参数以外的其他特性,在型号中加特征代号;每类机床的结构特征不尽相同,其通用特性代号是根据各类机床的实际情况分别制定的。机床通用特性见表5-2。

机床通用特性代号   表5-2

通用特性	高精度	精密	自动	半自动	数控	加工中心	仿形	轻型	重型	经济型	数显	柔性加工单元
代号	G	M	Z	B	K	H	F	Q	Z	J	X	R
读音	高	密	自	半	控	换	仿	轻	重	简	显	柔

3)结构特性代号

为了区别主参数相同但结构不同的机床,通常以型号中用汉语拼音字母区分。不同的代号表示不同的结构。例如,CQ6140型卧式车床型号中的"Q",可以理解为这种车床在结构上与C6140型车床存在着差别。

4)机床的组别、系别代号

机床的组别、系别代号用两位阿拉伯数字表示,前者表示组,后者表示系。每类机床划分为10个组,每个组又划分为10个系。在同一类机床中,凡主要布局或使用范围基本相同,即同一组机床。凡在同一组机床中,主参数相同、主要结构及布局形式相同,即同一系机床。

5）机床的主参数、设计顺序号和第二参数

（1）机床主参数。机床主参数代表机床加工规格的大小,在机床型号中,用数字给出主参数的折算数值(1/10 或 1、100 或 1/150)。

（2）设计顺序号。当无法用一个主参数表示时,则在型号中用设计顺序号表示。

（3）第二参数。第二参数一般是主轴数、最大跨距、最大工件长度或工作台面长度等,它也用折算值表示。

6）机床的重大改进顺序号

当机床性能和结构布局有重大改进时,在原机床型号尾部,加重大改进顺序号 A、B、C 等。

7）其他特性代号

其他特征代号用汉语拼音字母或阿拉伯数字或两者的组合来表示,主要用以反映各类机床的特性。例如,对于数控机床,可反映不同的数控系统;对于一般机床,可反映同一型号机床的变型等。

8）企业代号

企业代号是指生产单位为机床厂时,用机床厂所在城市名称的大写汉语拼音字母及该厂在该城市建立的先后顺序号,或机床厂名称的大写汉语拼音字母表示。

下面对机床型号的含义举例说明。最大回转直径为 400mm 的半自动曲轴磨床,其型号为 MB8240;最大磨削直径为 320mm 的半自动万能外圆磨床,其型号为 MBE1432;大河机床厂生产的经过第一次重大改进,其最大钻孔直径为 25mm 的四轴立式排钻床,其型号 Z5625X4A/DH;C2150×6 中 C 代表车床(类代号),多轴棒料自动车床(2 组 1 系),最大棒料直径 50mm(主参数),6 为轴数(第二主参数);某机床厂设计试制的第 5 种仪表磨床为立式双轮轴颈抛光机,这种磨床无法用一个主参数表示,故其型号为 M0405,后来,又设计了第 6 种轴颈抛光机,其型号为 M0406。

单元 5.2　工件表面成型方法与机床运动分析

5.2.1　工件表面的形成过程

在机械制造的过程中,要加工的零件是多种多样的,很多表面比较复杂,但机械加工表面的形成过程一般可以抽象地看成是一条母线(直线或者曲线)沿另外一条导线(直线或者曲线)运动所形成轨迹的过程。表面的复杂程度由母线和导线的形状来决定,在运动过程中每条导线实质上是由工件和刀具之间特定的相对运动所形成的,如图 5-2 所示。在加工过程中零件表面可以是平面、圆柱面、圆锥面、螺旋面等,在形成各种复杂的加工表面时导线和母线有时会较为复杂。如在加工螺纹时,母线为 60° 或 55° 刀尖角的车刀,沿工件的轴向移动,同时工件以特定的切削速度(v)转动,与进给速度相配,得到一特定的螺旋线,刀具切入工件表面,于是在刀具和工件的相对运动中就形成了螺纹的表面。

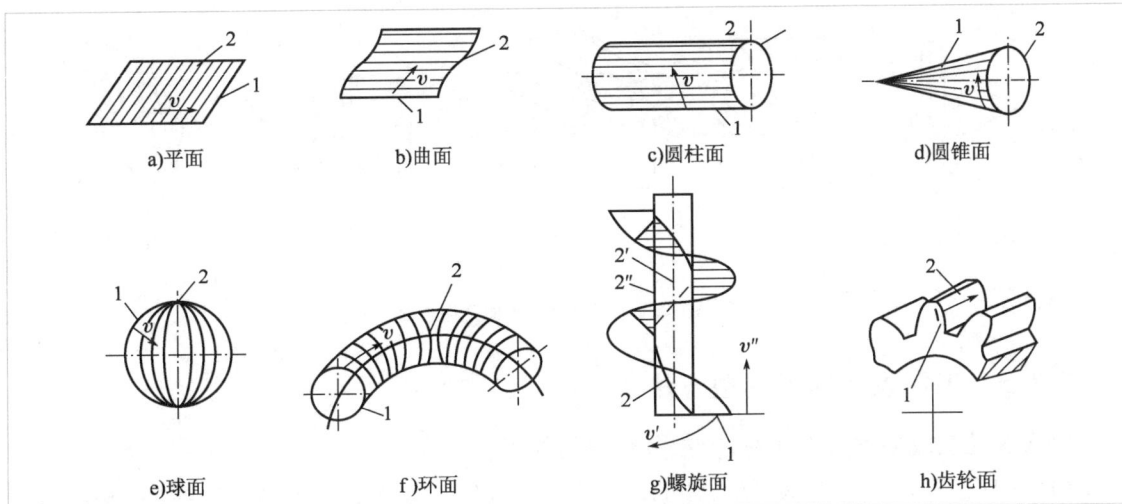

◎图 5-2　形成零件的不同几何表面
1-母线;2-导线

5.2.2　形成母线(面)或导线(面)的方法

在切削加工中发生线是由刀具的切削刃和工件的相对运动得到的,由于使用的刀具切削刃形状和采取的加工方法不同,形成发生线的方法可归纳为以下 4 种:

(1)刀尖轨迹法(轨迹法)。刀尖轨迹法是指利用刀具做一定规律的轨迹运动对工件进行加工的方法。切削刃与被加工表面为点接触,发生线为接触点的轨迹线。如图 5-3a)所示,母线 A_1(直线)和导线 A_2(曲线)均由刨刀的轨迹运动形成。采用轨迹法形成发生线需要一个成型运动。

(2)成型刀具法(成型法)。成型刀具法是指利用成型刀具对工件进行加工的方法。切削刃的形状和长度与所需形成的发生线(母线)完全重合。如图 5-3b)所示,母线由成型刨刀的切削刃直接形成,而导线则由轨迹法形成一条直线。

(3)相切法。相切法是指利用刀具边旋转边做轨迹运动对工件进行加工的方法,一般用于铣削或磨削加工中。如图 5-3c)所示,在垂直于刀具旋转轴线的截面内,切削刃可看作点,当切削点绕着刀具轴线做旋转运动,同时刀具轴线沿着发生线的等距线 A_2 做轨迹运动时,切削点运动轨迹的包络线即所需的发生线。为了用相切法得到发生线,需要两个成型运动,即刀具的旋转运动和刀具中心按一定规律运动。

(4)展成法。展成法是利用工件和刀具做展成切削运动进行加工的方法,一般用于齿轮加工。切削加工时,刀具与工件按确定的运动关系做相对运动(展成运动或称范成运动),切削刃与被加工表面相切(点接触),切削刃各瞬时位置的包络线即所需的发生线。如图 5-3d)所示,用齿条形插齿刀加工圆柱齿轮,刀具沿箭头 A_1 方向所做的直线运动,形成直线形母线。而工件的旋转运动 B_{21} 和直线运动 A_{22} 使刀具能不断地对工件进行切削,其切削刃的一系列瞬时位置的包络线便是所需要的渐开线形导线。如图 5-3e)所示,用展成法形成发生线需要一个成型运动(展成运动)。

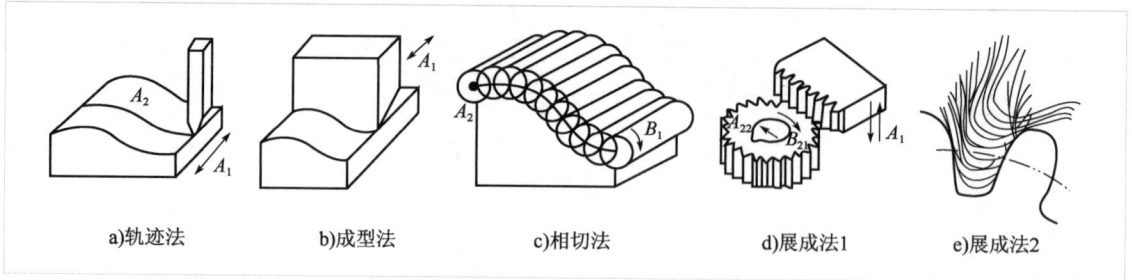

a)轨迹法　　　b)成型法　　　c)相切法　　　d)展成法1　　　e)展成法2

◎ 图 5-3　形成零件的不同几何表面

5.2.3　工件表面加工成型方法

机床的加工成型方法也各有特点,分别介绍如下:

(1)车床。车床的主运动为工件的旋转运动,进给运动为刀具的纵向、横向、斜向直线运动。

(2)铣床。铣床的主运动是铣刀的旋转运动,进给运动为工件的纵向、横向、垂直或旋转运动。

(3)牛头刨床。牛头刨床的主运动是刨刀的往复运动,进给运动为工件的横向间歇移动、刨刀的斜向直线运动或垂直运动。

(4)外圆磨床。外圆磨床的主运动是砂轮的高速旋转运动,进给运动是工件转动同时往复运动、砂轮的横向移动。

(5)钻床。钻床的主运动为钻头旋转运动,进给运动是钻头轴向移动。

(6)镗床。镗床的主运动为刀具的旋转运动,进给运动是刀具的轴向移动、工作台的横纵向移动。

(7)平面磨床。平面磨床的主运动是砂轮的旋转运动,进给运动是工件往复运动、砂轮的横向移动。

5.2.4　机床运动分析

母线和导线的组合形式不同,可以实现多种复杂成型表面的加工,这一点可从工件表面成型的方法中体现出来,图 5-4 为加工不同零件的典型加工方法的运动分析。只有加工方法正确才能在加工过程中得到合格的表面形状。

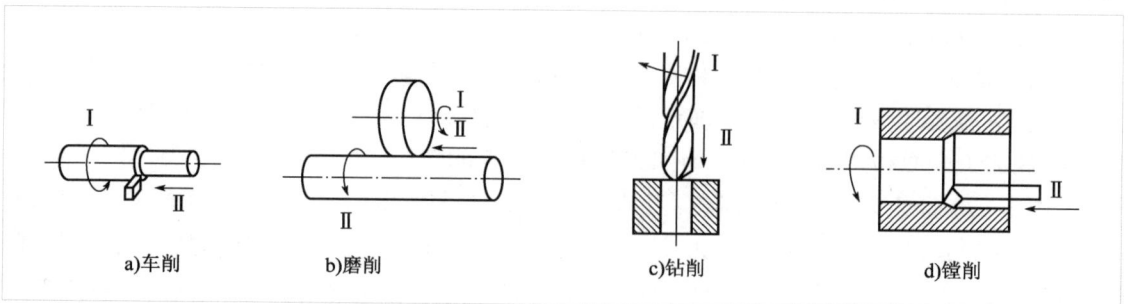

a)车削　　　　b)磨削　　　　c)钻削　　　　d)镗削

◎ 图　5-4

| e)刨削 | f)铣削 | g)成型加工 | h)齿形加工 |

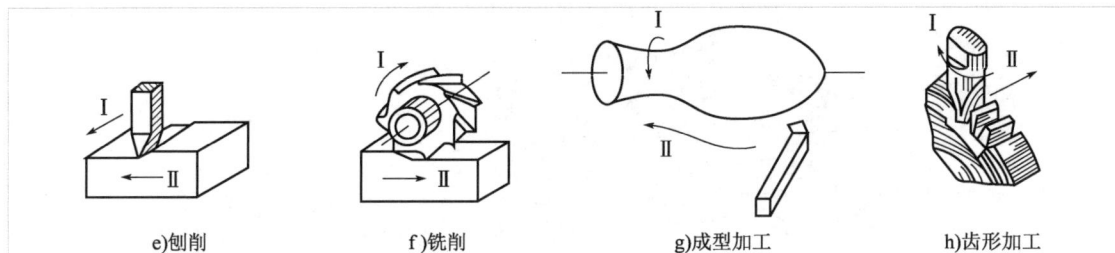

◎ 图 5-4　加工不同表面的切削方法

由图 5-4 可知,在切削过程中有刀具和工件两个运动主体,这两个不同的主体由于产生不同的运动因而形成了不同的切削加工方法,并以不同的名称加以区别。虽然加工方法不同,但是在工件和刀具的运动中,都可以将切削过程中消耗功率最大的运动称为主运动,其他的运动称为进给运动,设备通过这两种运动实现了连续的切削以形成要求的表面。由于成型运动的不同而称为不同的加工方法,实现加工的设备也用相应的名称来区分。

单元 5.3　车床与车削加工

车床是金属切削加工中常用的加工设备,在车床上用刀具与工件做相对切削运动,改变毛坯的尺寸和形状,使之成为零件。在切削过程中工件高速旋转,刀具实现直线的进给。车床主要用来加工各种回转表面,在机械加工中具有重要的地位和作用。

在车床上所使用的刀具主要是车刀,还有钻头、铰刀、丝锥和滚花刀等。车床加工范围包括内、外表面成型、车螺纹、钻孔、扩孔、铰孔、镗孔、攻丝、套丝、滚花等。

车削加工演示

5.3.1　C6132 型卧式车床简介

1)型号意义

"C"为"车"字的汉语拼音的第一个字母。其数字代表的意义如下:

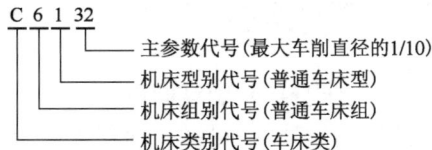

C 6 1 32
　├── 主参数代号(最大车削直径的1/10)
　├── 机床型别代号(普通车床型)
　├── 机床组别代号(普通车床组)
　└── 机床类别代号(车床类)

2)C6132 型卧式车床的组成

机床的组成如图 5-5 所示,所有的车床均由以下几大部分组成,所有的卧式车床的结构组成和各个部分的功能也是相似的。

(1)床头箱(又称主轴箱)。床头箱内装主轴和变速机构,通过改变设在

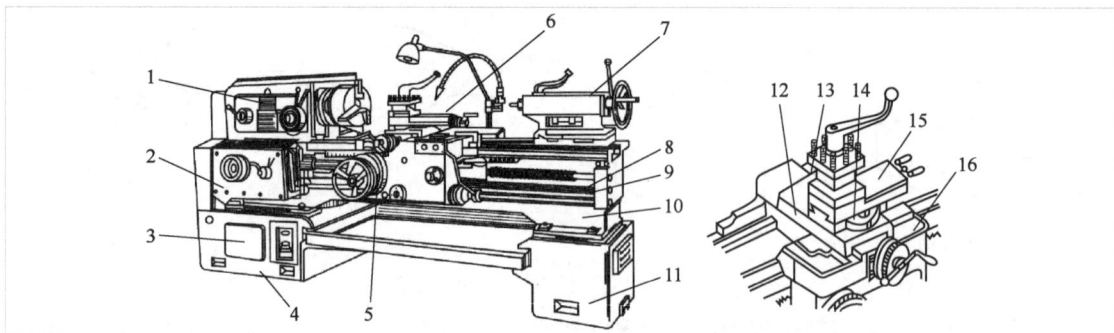

◎图5-5　C6132型普通车床

1-床头箱;2-进给箱;3-变速箱;4-前床脚;5-溜板箱;6-刀架;7-尾架;8-丝杠;9-光杠;10-床身;11-后床脚;12-中刀架;13-方刀架;14-转盘;15-小刀架;16-大刀架

车床组成

刀架

床头箱外面的手柄位置,可使主轴获得12种不同的转速(45～1980r/min)。主轴是空心结构,能通过长棒料,棒料能通过主轴孔的最大直径是29mm。主轴的右端有外螺纹,用以连接卡盘、拨盘等附件。主轴右端的内表面是莫氏5号的锥孔,可插入锥套和顶尖,当采用顶尖并与尾架中的顶尖同时使用安装轴类工件时,其两顶尖之间的最大距离为750mm。床头箱的另一重要作用是将运动传给进给箱,并可改变进给方向。

（2）进给箱(又称走刀箱)。进给箱用以控制进给运动。它固定在床头箱下部的床身前侧面。变换进给箱外面的手柄位置,可将床头箱内主轴传递下来的运动,转为进给箱输出的光杠或丝杠获得不同的转速,以改变进给量的大小或车削不同螺距的螺纹。

（3）变速箱。变速箱安装在车床前床身的内腔中,并由电动机通过联轴器直接驱动变速箱中齿轮传动轴。变速箱外设有两个长的手柄,可以实现转速控制,并通过皮带传动至床头箱。

（4）溜板箱。溜板箱又称拖板箱,溜板箱是进给运动的操纵机构。它使光杠或丝杠的旋转运动通过齿轮和齿条或丝杠和开合螺母,推动车刀做进给运动。溜板箱上有3层滑板,当接通光杠时,可使床鞍带动中滑板、小滑板及刀架沿床身导轨做纵向移动,中滑板可带动小滑板及刀架沿床鞍上的导轨做横向移动。故刀架可做纵向或横向直线进给运动。当接通丝杠并闭合开合螺母时可车削螺纹。溜板箱内设有互锁机构,使光杠、丝杠两者不能同时使用。

（5）刀架。刀架用来装夹车刀,并可做纵向、横向及斜向运动。刀架是多层结构,它由下列部分组成:

①大刀架。它与溜板箱牢固相连,可沿床身导轨做纵向移动。

②中刀架。它装置在大刀架顶面的横向导轨上,可做横向移动。

③转盘。它固定在中刀架上,松开紧固螺母后,可转动转盘,使它和床身导轨成一个所需要的角度,而后再拧紧螺母,用以加工圆锥面等。

④小刀架。它装在转盘上面的燕尾槽内,可做短距离的进给移动。

⑤方刀架。它固定在小刀架上,可同时装夹四把车刀。松开锁紧手柄,即可转动方刀架,把所需要的车刀更换到工作位置上。

跟刀架与中心架

（6）尾架。它用于安装后顶尖，以支持较长工件进行加工，或安装钻头、铰刀等刀具进行孔加工。偏移尾架可以车出长工件的锥体。尾架的结构由下列部分组成：

①套筒。其左端有锥孔，用以安装顶尖或锥柄刀具。套筒在尾架体内的轴向位置可用手轮调节，并可用锁紧手柄固定。将套筒退至极右位置时，即可卸出顶尖或刀具。

②尾架体。它与底座相连，当松开固定螺钉，拧动螺杆可使尾架体在底板上做微量横向移动，以便使前后顶尖对准中心或偏移一定距离车削长锥面。

③底板。它直接安装于床身导轨上，用以支承尾架体。

（7）光杠与丝杠。光杠与丝杠将进给箱的运动传至溜板箱。光杠用于一般车削，丝杠用于车螺纹。

（8）床身。它是车床的基础件，用来连接各主要部件并保证各部件在运动时有正确的相对位置。在床身上有供溜板箱和尾架移动用的导轨，溜板箱和尾座可沿导轨左右移动。床身由床脚支承，并用地脚螺栓固定在地基上。

（9）前床脚和后床脚。前床脚和后床脚用来支承和连接车床各零部件的基础构件，床脚用地脚螺栓紧固在地基上。车床的变速箱与电机安装在前床脚内腔中，车床的电气控制系统安装在后床脚内腔中。

5.3.2 车削加工

1）车削的概念及用途

车削加工是机械加工领域中应用极为广泛的一种技术，在金属切削加工中所占比例高达50%，彰显了其重要性。该技术主要用于加工回转体零件的回转面，涵盖了诸如轴类、盘套类零件上的内外圆柱面、圆锥面、台阶面以及各种复杂形状的回转面等。

通过引入特殊装置或先进技术，车削加工的能力得以进一步拓展，能够加工非圆形零件的表面，例如凸轮、端面螺纹等复杂形状。此外，借助标准或专用的夹具，车床还能完成非回转体零件上回转表面的加工，进一步拓宽其应用范围。车削加工的主要工艺类型如图5-6所示。

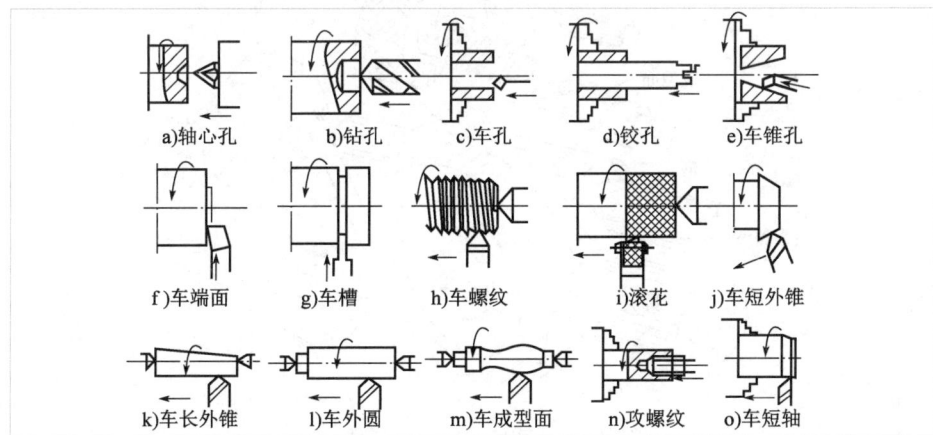

◎ 图5-6 车削加工的主要工艺类型

车削加工是在一个由车床、车刀、车床夹具以及工件共同组成的工艺系统中实现的。加工精度和表面粗糙度受多种因素影响,包括机床的精度、刀具的材料及其结构参数以及所采用的工艺参数。基于这些因素,车削加工通常被细分为粗车、半精车和精车等不同阶段。

在普通精度的卧式车床上,通过适当的操作,加工出的外圆柱表面可以达到 IT7 ~ IT6 级的精度,同时表面粗糙度 Ra 可达到 $1.6 ~ 0.8\mu m$。而当采用精密或超精密车床时,并结合适宜的刀具和工艺参数时,车削加工甚至能够胜任对高精度零件的超精加工任务,进一步提升了车削加工的应用潜力和价值。车削加工的经济精度和表面粗糙度见表 5-3。

车削加工的经济精度和表面粗糙度　　　　　　表 5-3

加工类型	加工性质	经济精度(IT)	表面粗糙度 $Ra(\mu m)$
车外圆	粗车	12 ~ 11	50 ~ 12.5
	半精车	10 ~ 9	6.3 ~ 3.2
	精车	8 ~ 6	1.6 ~ 0.8
	金刚石车	6 ~ 5	0.4 ~ 0.1
车平面	粗车	11 ~ 10	10 ~ 5
	半精车	9	10 ~ 2.5
	精车	8 ~ 7	1.25 ~ 0.63

2) 成型原理

车削加工主要依赖于工件的旋转运动作为主运动,同时刀具沿直线进行进给运动,以此实现对工件的加工。其成型机制可以理解为:刀具进给运动的轨迹作为母线,围绕车床的回转轴线旋转,从而制造出所需的曲面。因此,车床主要用于加工回转体表面,例如内外圆柱面、圆锥面、螺纹、成型面等,并且还能执行切断、切槽等附加操作。图 5-7 为车床上可加工的零件示例。

铰孔

卧式车床的加工范围

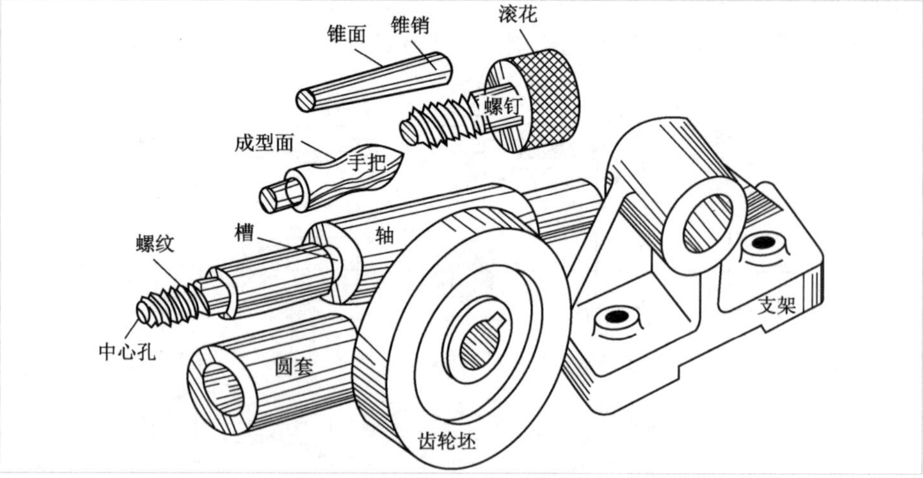

◉ 图 5-7　车床上可加工的零件示例

单元5.4 磨床与磨削加工

　　磨床是用砂轮对工件进行磨削加工的机床。磨削的加工范围很广,如图5-8所示,磨床除能磨削内圆、外圆、平面、花键轴、螺纹和齿形外,还能加工比较复杂的复合型面;其加工效率较高,在金属切削加工中应用广泛。

　　磨床的类型种类很多,按用途和采用的工艺方法不同,大致可分为以下几类:

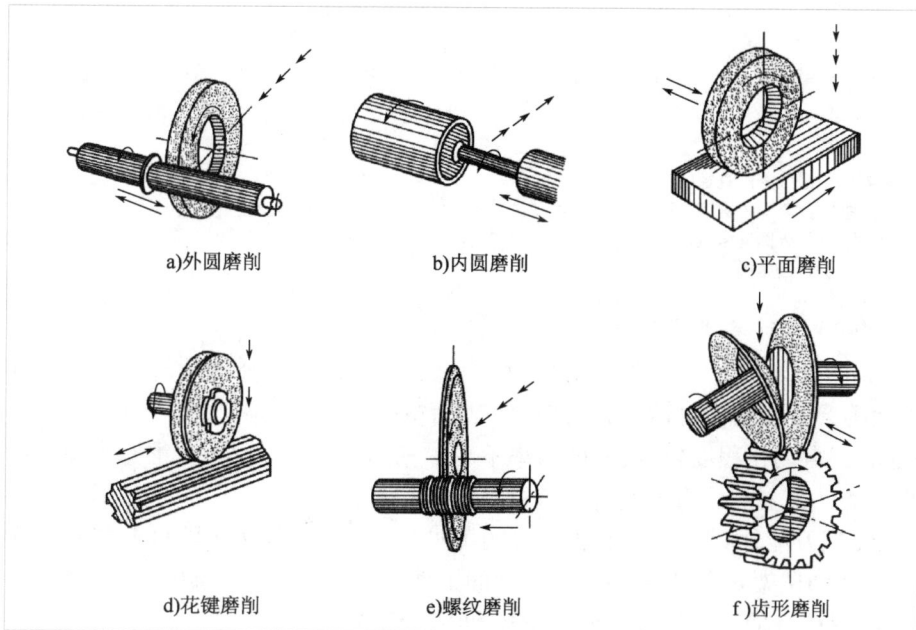

a)外圆磨削　　　　b)内圆磨削　　　　c)平面磨削

d)花键磨削　　　　e)螺纹磨削　　　　f)齿形磨削

◎ 图5-8　磨床的应用

　　(1)外圆磨床。外圆磨床主要用于磨削回转表面,包括万能外圆磨床、外圆磨床及无心外圆磨床等。外圆磨床还可以分为普通外圆磨床和万能外圆磨床,在普通外圆磨床上可磨削工件的外圆柱面和外圆锥面,在万能外圆磨床上还能磨削内圆柱面和内圆锥面和端面,外圆磨床的主参数为最大磨削直径。

　　(2)内圆磨床。内圆磨床主要包括普通内圆磨床、无心内圆磨床及行星内圆磨床等。

　　(3)平面磨床。平面磨床用于磨削各种平面,包括卧轴矩台平面磨床、立轴矩台平面磨床、卧轴圆台平面磨床及立轴圆台平面磨床等。工作台可分为矩形工作台和圆形工作台两种,矩形工作台平面磨床的主参数为工作台台面宽度,圆台平面磨床的主参数为工作台台面直径。

内圆磨削

　　(4)工具磨床。工具磨床用于磨削各种工具,如样板、钻头的容屑槽或卡板等,常用的有工具曲线磨床。

磨削加工是用砂轮做刀具以较高的线速度对工件的表面进行加工,对加工材料要求的范围更广,对硬度较高的淬硬钢可以加工,而对于一般的机械加工来说,加工硬度较高的材料是很困难的。

磨削加工工件时可以根据零件的外形和要加工的表面(如加工外圆表面、内圆表面、平面、花键外表面、螺纹磨削齿轮齿面磨削、燕尾导轨磨削以及成型面等)来选择合适的设备。对要求较为特殊的情况,可以根据工厂的实际需要使用专用的磨床,如应用较为广泛的工具磨床、专门用于加工小孔的小孔磨床和曲轴磨床等。下面以常用的 M1432 型万能外圆磨床为例进行介绍。

5.4.1 M1432A 型万能磨床简介

1)型号意义

M1432A 型号的含义如下:

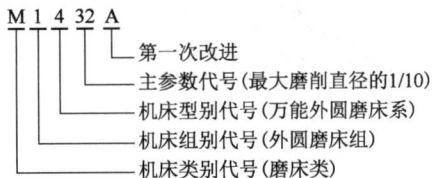

```
M 1 4 32 A
          └── 第一次改进
          └── 主参数代号(最大磨削直径的1/10)
          └── 机床型别代号(万能外圆磨床系)
          └── 机床组别代号(外圆磨床组)
          └── 机床类别代号(磨床类)
```

2)M1432A 型万能升降台磨床的组成

M1432A 型万能外圆磨床主要用于磨削内外圆柱面、内外圆锥面、阶梯轴轴肩以及端面和简单的成型回转表面等。磨削精度可达 IT7~IT6 级,表面粗糙度 Ra 值为 $1.25~0.08\mu m$。这种机床加工工艺范围广,自动化程度较低,磨削效率不高,一般适用于工具车间,维修车间和单件小批生产类型的加工。其主参数为最大磨削直径,其值为 320mm。

图 5-9 为 M1432A 型万能外圆磨床外形图。由图可见,在床身 1 的纵向导轨上装有工作台 3,台面上装有头架 2 和尾架 6,用以夹持不同长度的工件,头架带动工件旋转。工作台靠液压传动沿床身导轨往复移动,使工件实现纵向进给运动。工作台由上下两层组成,其上部可相对下部在水平面内偏转一定的角度(一般不大于 ±10°),以便磨削锥度不大的圆锥面。砂轮架 5 安装在滑鞍上,转动横向进给手轮,通过横向进给机构带动滑鞍及砂轮架作快速进退或周期性自动切入进给。内圆磨具 4 放下时用以磨削内圆(图示处于抬起状态)。

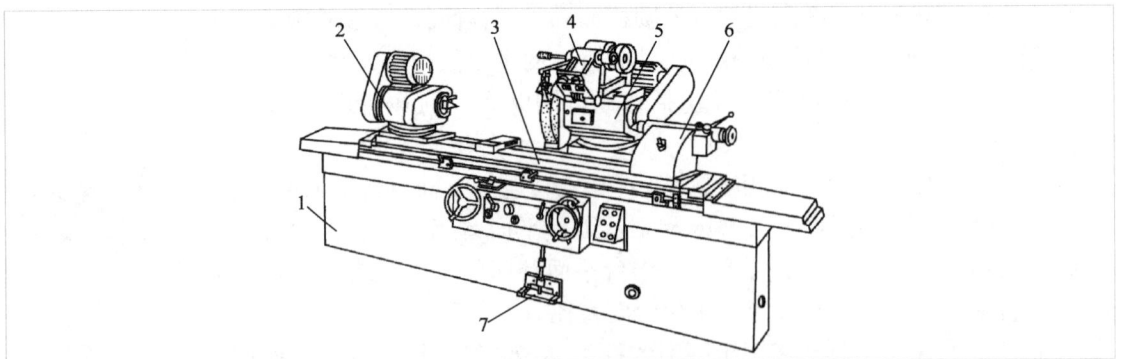

◎ 图 5-9 M1432A 型万能外圆磨床

1-床身;2-头架;3-工作台;4-内圆磨具;5-砂轮架;6-尾架;7-脚踏操纵板

（1）床身。床身用来支承磨床的其他部件,在床身上有纵向和横向导轨,为工件和砂轮的运动提供导向,同时安装电气控制和液压系统来控制机床的动作。

（2）头架。头架固定在工作台上,头架的一端为电机,经过头架内的变速机构带动头架上的卡盘旋转,实现工件的圆周运动,转速较低。

（3）工作台。工作台由上下两部分组成,上工作台可以绕下工作台进行小角度转动,调整工件的锥度或保证工件的圆柱度要求,同时还可以装夹中心架等附具来固定工件。下工作台与床身连接,在工作台上有导轨,用以定位头架、上工作台、尾座等,使这些结构组成保持准确的位置。

（4）内圆磨具。内圆磨具是加工内孔的工具,在使用时将内圆磨具转下来,在电机的驱动下高速旋转,以较高的主速度磨削工件。

（5）砂轮架。砂轮架用来安装砂轮,其上独立的电动机通过带传动带动砂轮高速旋转。砂轮架可在床身后部的导轨上做横向移动。移动方式有自动间歇进给、手动进给、快速趋近工件和退出。砂轮架可绕垂直轴旋转某一角度,沿床身横向导轨移动,实现砂轮的径向进给,砂轮高速旋转以较高的切削速度为工件提供的进给速度。

（6）尾架。尾架在工作台的一端,其上有尾顶尖,以定位工件的另外一端,其内有弹簧,用来调节压紧工件并保持一定的夹紧力,同时在零件有热变形时弹簧变形可抵消工件的变形,避免工件弯曲。

（7）脚踏操纵板。脚踏操纵板主要用于控制磨床的某些辅助功能,以提高操作的便捷性和效率。脚踏操纵板可能具有的功能包括控制尾架顶尖的伸缩、砂轮架的快速进退等。这些功能的实现通常依赖于液压传动系统。

5.4.2 磨削加工

磨削加工是一种利用高速旋转的砂轮或其他磨具对工件表面进行精密加工的方法,通常在磨床上完成。它特别适用于零件的精加工,特别是可针对那些难以通过常规切削方法加工的高硬度材料,如硬钢、硬质合金以及陶瓷等。

磨削加工的应用范围广泛,其精加工能力尤为突出,精度可达到 IT7～IT5 级,表面粗糙度 Ra 可低至 $0.16～0.04\mu m$。这项技术不仅限于处理普通材料,更擅长加工高硬度且难以切削的材料,展现出极强的适应性。此外,磨削加工的工艺范畴也十分广泛,能够加工外圆、内孔、平面、螺纹、齿形等多种形状,既可用于精加工阶段,也具备在适当条件下进行粗加工的能力。

1）磨削加工范围

磨削的应用范围很广,对内外圆、平面、成型面和组合面均能进行磨削。如图 5-10 所示,磨削时,砂轮的旋转为主运动,工件的低速旋转和直线移动(或磨头的移动)为进给运动。

2）磨削加工的特点

与其他加工方法相比,磨床加工有如下工艺特点。

（1）磨削加工精度高。磨削加工因去除余量较少,通常能达到 IT7～IT5 级的高精度,并且表面粗糙度值极低。这是因为磨削过程中参与工作的磨粒数众多,每个磨粒所切除的切屑量微小,从而确保了极低的表面粗糙度值,通常 Ra 范围在 $1.6～0.25\mu m$。若采用精磨或超精磨等高级磨削技术,还能进一步降低表面粗糙度值,获得更加光滑的表面质量。

平面磨削

外圆磨削

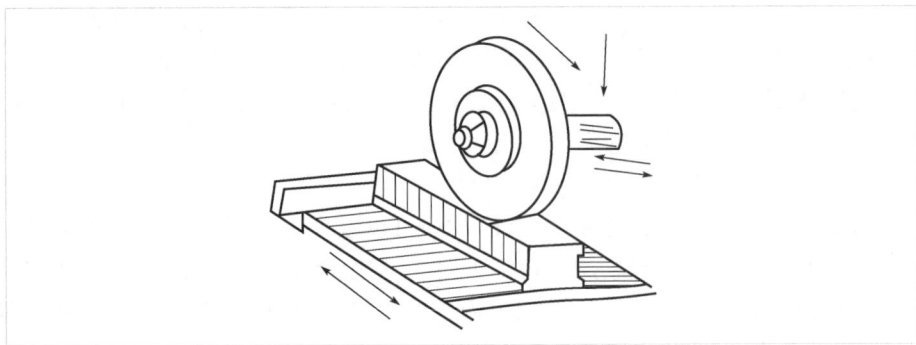

◎ 图 5-10 磨削加工图

（2）加工范围广。磨削加工具有极高的适应性，能够处理各种复杂表面，包括但不限于内外圆表面、圆锥面、平面、齿轮齿面、螺旋面以及各种成型面。此外，它在材料适应性方面也表现出色，尤其擅长加工那些使用普通刀具难以切削的高硬度、高强度材料，例如硬钢、硬质合金和高速钢等。值得注意的是，磨削加工不仅局限于精加工领域，同样也能在粗加工阶段发挥重要作用。

（3）砂轮具有一定的自锐性。磨粒因其硬而脆的特性，能够在磨削力的作用下自动破碎、脱落，从而不断更新其切削刃，确保刀具始终保持锋利状态。即使在高温条件下，磨粒也不会丧失其切削性能，保证了磨削加工的稳定性和高效性。

（4）磨削温度高。由于磨削速度极高，砂轮与工件之间会产生剧烈的摩擦，进而释放出大量的热量。然而，砂轮本身的导热性能较差，难以有效散热，导致磨削区域的温度急剧上升，可能超过 1000℃。这种高温环境容易使工件表面发生退火或烧伤现象。因此，在进行磨削加工时，必须加注充足的切削液，以有效降低磨削区域的温度，保护工件免受高温损害。

单元 5.5　铣床与铣削加工

5.5.1　概述

铣床是用铣刀对工件进行铣削加工的机床。铣床除能铣削平面、沟槽、轮齿、螺纹和花键轴外，还能加工比较复杂的成型面，效率较高，在金属切削加工中应用广泛。铣床种类很多，主要的有升降台铣床、龙门铣床、单柱铣床和单臂铣床、仪表铣床、工具铣床等。升降台铣床有万能式、卧式和立式几种，主要用于加工中小型零件，应用最广。龙门铣床包括龙门铣镗床、龙门铣刨床和双柱铣床，均用于加工大型零件。单柱铣床的水平铣头可沿立柱导轨移动，工作台做纵向进给。单臂铣床的立铣头可沿悬臂导轨水平移动，悬臂也可沿立柱导轨调整高度。单柱铣床和单臂铣床均用于加工大型零件。仪表铣床是一种小型的升降台铣床，用于加工仪器仪表和其他小型零件。工具铣床主要用于模具和工具制造,配有立铣头、万能角度工作台和插头等多种附件,还可进行钻削、镗削和插削等加工。除此之外,还有键槽铣床、凸轮铣床、曲轴铣床、轧辊轴颈铣床和方钢锭铣床等为加工相应的工件而制造的专用铣床。

铣削的加工范围很广,可以加工圆柱形平面、螺旋面、端平面、垂直面、键槽、特形面、T形槽、成型面、滚花、分齿零件(齿轮、链轮、棘轮和花键轴等)及切断等。

5.5.2　铣床的运动

铣床的主运动是铣刀的旋转运动,实现对工件的切削,在旋转时可以顺时针旋转,也可以逆时针旋转。在铣刀进行圆周铣时分为顺铣和逆铣。

进给运动为工作台带动工件实现纵向运动、横向运动和垂直运动,或者通过挂轮使工作台与主轴联动实现特殊曲面的加工。

5.5.3　典型铣床结构功能介绍

下面以常用的 X6132 型万能升降台铣床为例进行介绍。

1)X6132 型万能升降台铣床的型号

按照 GB/T 15375—2008 的规定,X6132 型号的含义如下:

```
X 6 1 32
        └─── 主参数代号(工作台宽度的1/10)
      └───── 机床型别代号(普通铣床型)
    └─────── 机床组别代号(普通铣床组)
  └───────── 机床类别代号(铣床类)
```

铣床类型

2)X6132 型万能升降台铣床的组成

X6132 型万能升降台铣床的外形如图 5-11 所示,其主要组成部分如下:

(1)床身。床身用来固定、支承其他部件。其顶面有水平导轨用于横梁移动,前部有垂直导轨用于升降台升降,内部装有主轴、变速机构、润滑油泵、电气设备,后部装有电动机,为主轴提供动力。

(2)电动机。电动机给主运动提供动力。

(3)变速机构。变速机构用来实现铣床的主运动的控制和转向控制,并包括润滑油泵和电气控制设备,是机床的核心部件。

(4)主轴。在主轴的右端有莫氏锥孔,用于安装刀杆并带动铣刀旋转。

(5)横梁。在横梁下端有燕尾导轨用于安装吊架,以便支承刀杆外伸端。

(6)刀杆。刀杆连接铣床主轴和切削刀具,将动力传给刀具。

(7)刀杆支架。在刀杆支架上有滑动轴承,以支持刀杆旋转和保证刀杆在运动时同心运动。

(8)纵向工作台。在工作台上有 T 形槽用于安装夹具和工件,并带动夹具和工件做纵向进给。前面有可以改变位置的挡块,可使纵向工作台实现自动停止进给。

（9）转台。转台可使纵向工作台在水平面内偏转±45°角度，也可以与机床的主传动配合转动来实现特殊表面的加工，如螺旋沟槽的加工。

（10）横向工作台。横向工作台用于带动纵向工作台一起做横向移动进给。

（11）升降台。升降台有进给电动机带动变速机构，用于带动纵、横向工作台快速移动，也可以调整纵向工作台面与铣刀的距离，实现垂直进给。

（12）底座。底座为支承铣床各个部分的基础，与地面接触牢固平稳，保证机床正常工作。

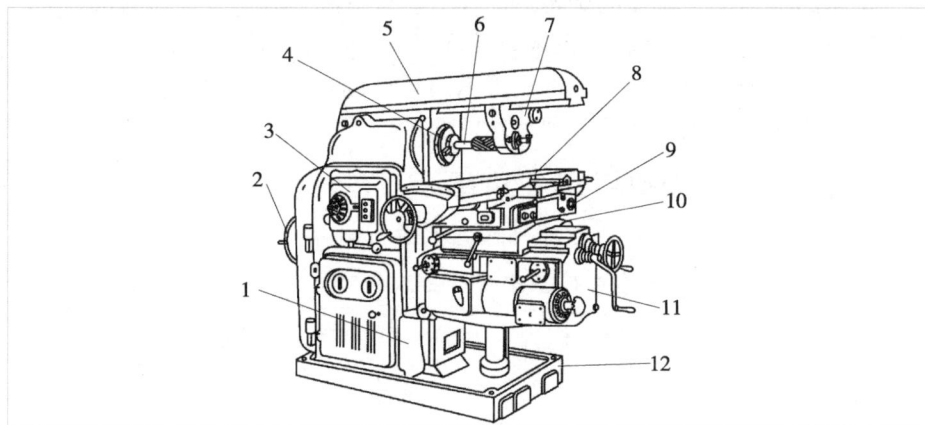

◎ 图 5-11　X6132 万能升降台铣床

1-床身；2-电动机；3-变速机构；4-主轴；5-横梁；6-刀杆；7-刀杆支架；8-纵向工作台；9-转台；10-横向工作台；11-升降台；12-底座

5.5.4　铣削加工

1）铣削概念及加工范围

铣削加工是一种高效的切削加工技术，它采用多刃回转体刀具在铣床上对工件表面进行精密加工。在加工过程中，工件通过螺栓、压板或专用夹具稳固地安装在工作台上，而铣刀则牢固地安装在主轴的前刀杆上或直接与主轴相连。其中，铣刀的旋转运动构成了即主运动，而工件相对于刀具的直线移动则实现了进给运动。

铣削加工的应用范围极为广泛，它能够处理包括水平面、垂直面、斜面、沟槽、复杂成型表面、螺纹以及齿形等多种表面形态。此外，该技术还具备切断材料、钻孔、铰孔以及镗孔等多种加工能力。因此，铣削加工不仅工艺范围广泛，而且特别适用于平面和沟槽的加工，是这些领域最常用的加工方法之一。

2）铣削的工艺特点及应用

与其他平面加工方法相比，铣削主要有以下工艺特点。

（1）生产效率高。铣刀作为多齿刀具，其特点在于同时参与切削的刀齿数量多且刀刃延展较长。这一设计使得铣削过程中几乎不存在空行程，加之

铣削加工工艺

切削速度的提升,显著提高了加工效率。相较于刨削,铣削因这些优势而展现出更高的生产效率。

(2)切削过程不平稳。铣刀的每个刀齿在切入和切出时,往往会引发冲击和振动,导致切削过程不够平稳。这种不稳定性在一定程度上制约了铣削加工质量的提升以及生产效率的进一步提高。

(3)铣刀的散热条件好。铣刀因其多齿设计,齿间存在不连续性,这有利于切削液的渗透,从而提供了良好的散热效果。同时,由于刀齿是间歇工作的,每个刀齿在切削后有短暂的休息时间,这进一步改善了散热条件,确保了切削过程中的有效冷却。

(4)可以对工件进行中等精度加工。粗铣的尺寸公差等级为 IT13 ~ IT11级,表面粗糙度 Ra 为 25 ~ 12.5μm;半精铣的尺寸公差等级为 IT11 ~ IT8 级,Ra 为 6.3 ~ 3.2μm;精铣的尺寸公差等级为 IT8 ~ IT6 级,Ra 为 3.2 ~ 1.6μm。

铣刀作为一种多刃刀具,其分类多样。根据安装方式的不同,可分为带孔铣刀和带柄铣刀两大类;而依据用途的差异,则可细分为平面铣刀、沟槽铣刀以及成型铣刀。这些不同类型的铣刀广泛应用于平面、台阶、沟槽以及各类复杂成型面的精密加工中。

铣削加工应用十分广泛,适用于各种平面、沟槽和成型面等的成批大量生产,图 5-12 为铣削加工的应用举例。

铣键槽

a)铣平面 　b)铣沟槽 　c)铣键槽 　d)铣T形槽 　e)铣燕尾槽

f)铣成型面 　g)滚花 　h)铣螺旋面 　i)铣曲面 　j)铣台阶面

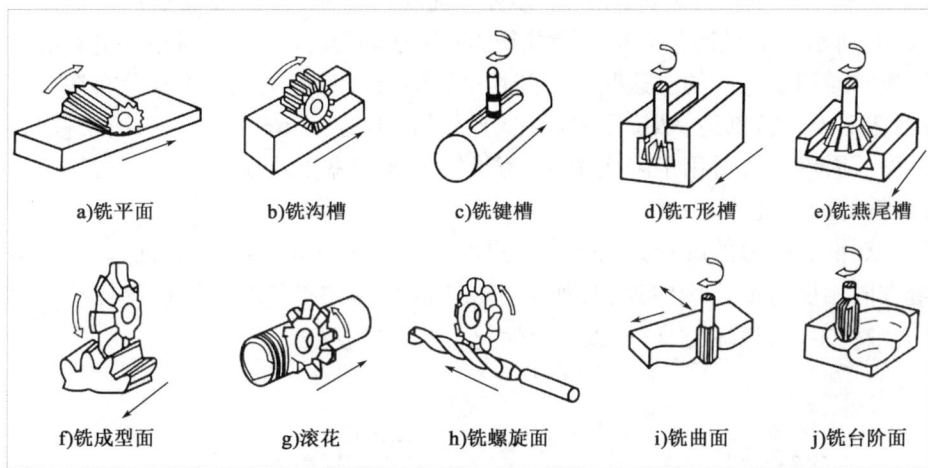

◎ 图 5-12 　铣削加工的应用举例

3)铣削方式

平面铣削是铣削加工中最基础且应用最广泛的工艺方法。在平面加工中,常用的铣刀包括圆柱铣刀和面铣刀。根据所选铣刀的不同,平面铣削可分为端铣和周铣两种方式。而在同一种铣削方式下,根据铣刀旋转方向与工件进给方向的相对关系,又可进一步细分为顺铣和逆铣。在实际生产中,根据具体条件和需求,选择最合适的铣削方式,不仅能确保加工质量,还能有效提升生产效率。

（1）端铣。端铣是利用分布在铣刀端面上的切削刃铣削平面的方法,铣床的主轴与进给方向垂直,如图5-13a)所示。在铣削大面积平面时,常用的工具是镶齿端铣刀,这种刀具适用于立式铣床(立铣)或卧式铣床(卧铣)。端铣刀在进行铣削时,切削厚度变化较小,且同时参与切削的刀齿数量多,加之其刀杆设计短而刚性好,使得切削过程相当平稳。此外,端铣刀的端面刃承担着主要的切削任务,而副切削刃则起到修光作用,这有助于降低表面粗糙度值,提升加工效率。

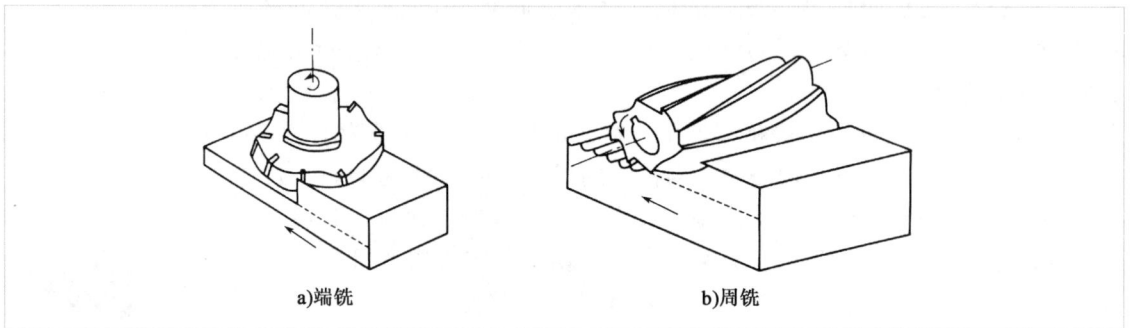

a)端铣   b)周铣

◉ 图5-13 端铣和周铣

在实际操作中,根据具体的加工需求和条件,灵活选择不同的铣削方式,可以提高加工质量和延长刀具使用寿命。

（2）周铣。周铣是利用分布在铣刀圆周上的切削刃铣削平面,铣刀的轴线平行于工件的加工表面,如图5-13b)所示。周铣通常采用的圆柱铣刀,多为高速钢材质整体制造,也有通过镶焊硬质合金刀片来增强切削性能的。这些铣刀的切削刃以直线或螺旋线的形式分布在圆周表面上,且不具备副切削刃。特别地,螺旋形刀齿在切削过程中能够逐渐切入和脱离工件,使得切削过程更为平稳。周铣主要适用于卧式铣床,用于铣削那些宽度小于铣刀长度的狭长平面,从而发挥了其独特的加工优势。

周铣又分逆铣和顺铣。铣刀的旋转方向与工件进给方向相同时的铣削叫顺铣;铣刀的旋转方向与工件进给方向相反时的铣削叫逆铣,如图5-14所示。顺铣时,因工作台丝杠和螺母间存在传动间隙,会啃伤工件,损坏刀具,所以一般情况下都采用逆铣。

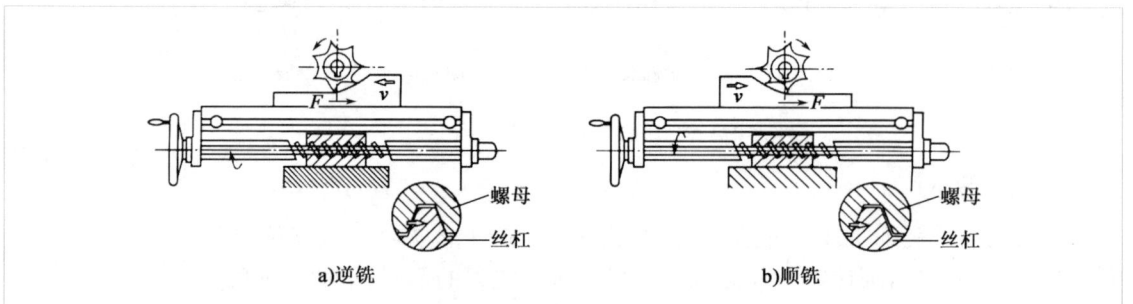

a)逆铣   b)顺铣

◉ 图5-14 逆铣和顺铣时的丝杠螺母间隙

在逆铣过程中,每个刀齿的切削厚度从零逐渐增加到最大值。由于刀齿刃口存在圆弧,刀齿在初次接触工件时会在已加工表面上滑行一段距离后才真正切入,这一过程会产生挤压和摩擦,从而在工件表面形成冷硬层。这种冷硬层与刀齿后刀面的剧烈摩擦会加速刀具的磨损,并影响已加工表面的质量。此外,当刀齿刚开始切入工件时,垂直铣削分力是向下的,但随着瞬时接触角的增大,当该角度超过某一特定值时,垂直铣削分力会转变为向上,这种力的方向变化容易引发机床的振动。

逆铣录像

顺铣时,每个刀齿的切削厚度从最大值逐渐减小至零,从而避免了逆铣时的一些缺点。在顺铣过程中,铣刀对工件施加的垂直分力将工件牢固地压向工作台及其导轨,这有助于减少因工作台与导轨间隙引起的振动。然而,值得注意的是,如果工作台进给丝杠与固定螺母之间存在间隙,这可能导致工作台窜动,进而造成工作台运动不平稳,容易引发啃刀、打刀甚至机床损坏等问题。因此,在丝杠轴向间隙未调整好或水平分力较大时,应严禁使用顺铣。

铣削运动

相比之下,逆铣时切削力的水平分力与进给方向相反,这使得间隙始终位于进给方向的前方,从而避免了工作台的窜动。因此,在实际生产中,逆铣常被采用。特别是在加工具有硬皮的铸件、锻件毛坯或硬度较高的工件时,逆铣更为适宜。但在精加工阶段,由于铣削力较小,为了提高加工面的质量和刀具的耐用度,并减少工作台的振动,顺铣往往成为更合适的选择。

顺铣录像

单元5.6 刨床与刨削加工

在刨床上用刨刀对工件进行切削加工的过程称为刨削加工。这种加工方法通过刀具和工件之间产生相对的直线往复运动来达到刨削工件表面的目的。

刨床可以分为牛头刨床、单臂刨床、龙门刨床、插床,它们用于不同的零件加工。

牛头刨床是刨削加工中最常用的机床,用于中小型零件的外表面加工,单臂刨床用于中型或重型零件的加工,龙门刨床用于大型零件的外表面的加工,插床用于中小型零件的内外表面的加工。

刨床类设备主要用于零件表面的加工,包括平面、垂直面,各种成型表面和各种槽的加工,其加工范围如图5-15所示。

5.6.1 刨床的运动分析

牛头刨床的主运动是刀具的直线往复运动。进给运动用两种方式实现:一是刀具实现手动进给,二是在主运动换向的过程中,工作台带动工件进行间歇移动实现进给。由于单程加工,所以加工的效率较低。

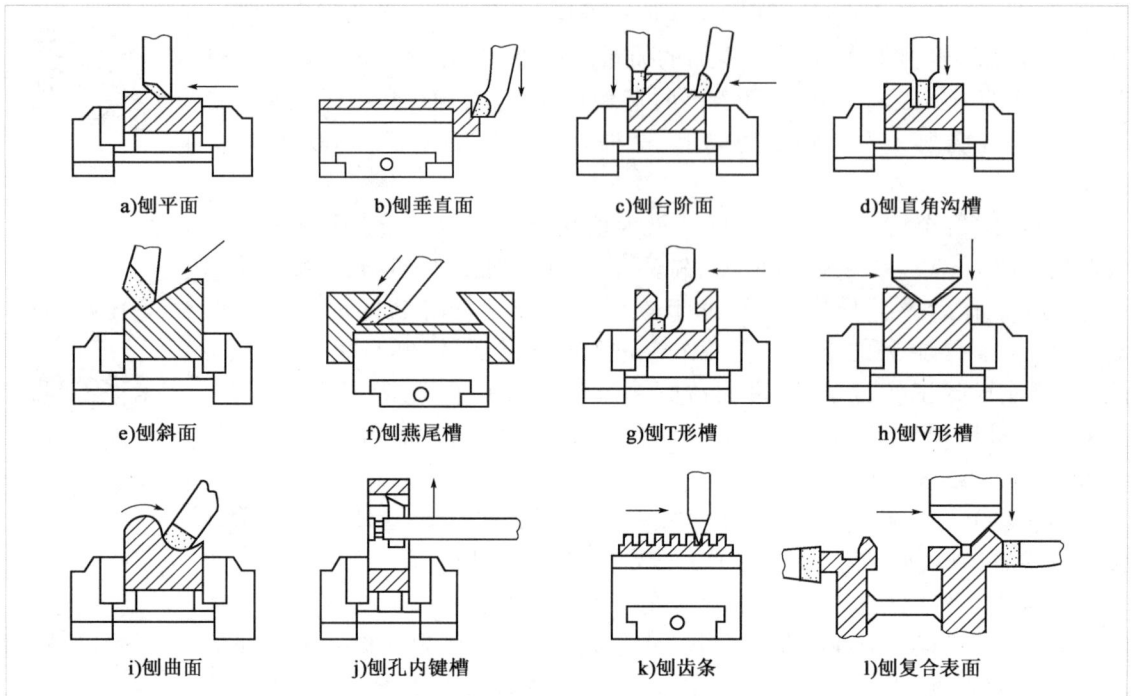

a)刨平面　　　　b)刨垂直面　　　　c)刨台阶面　　　　d)刨直角沟槽

e)刨斜面　　　　f)刨燕尾槽　　　　g)刨T形槽　　　　h)刨V形槽

i)刨曲面　　　　j)刨孔内键槽　　　　k)刨齿条　　　　l)刨复合表面

◎ 图 5-15　刨床的加工范围

5.6.2　典型刨床介绍

1）刨床的型号

B6065 型号的含义如下：

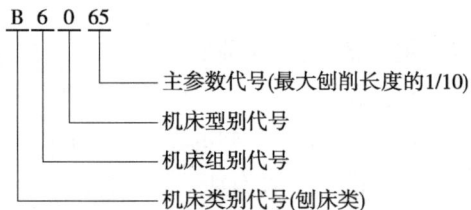

B　6　0　65

主参数代号(最大刨削长度的1/10)

机床型别代号

机床组别代号

机床类别代号(刨床类)

2）刨床的组成

B6065 型牛头刨床外形如图 5-16 所示，其主要组成部分如下。

（1）工作台。工作台用来安装工件或各类夹具。它不仅可随立柱进行上下调动，还可沿横梁做水平方向间歇移动或做间歇的进给运动，以实现在加工平面或台阶面的过程中工件的横向进给。

（2）刀架。刀架的功用是夹持刨刀。当摇动其上的手柄时，滑板便可沿转盘上的导轨带动刀具做上下移动，可以实现手动进给。也可以将转盘扳转一定角度，则可实现刀架斜向进给，以加工斜面。在滑板上还装有可偏转的刀座。抬刀板可以绕刀座的轴抬起，以减小回程时刀具与工件间的摩擦。

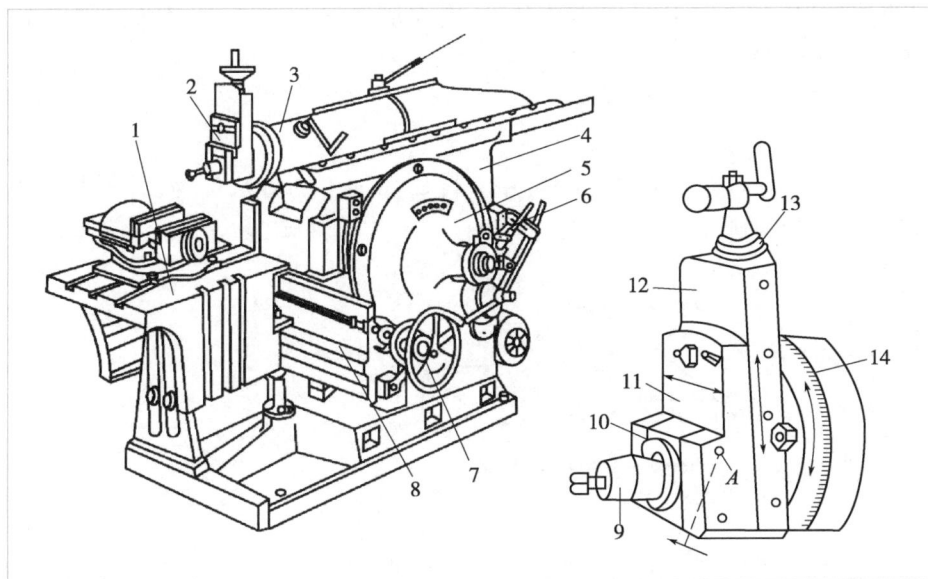

◎ 图 5-16　B6065 型牛头刨床

1-工作台;2-刀架;3-滑枕;4-床身;5-摆杆机构;6-变速机构;7-进给机构;8-横梁;9-刀夹;10-抬刀板;11-刀座;12-滑板;13-刻度盘;14-转盘

（3）滑枕。滑枕在液压或机械机构动力源的驱动下,带动刨刀沿导轨做直线往复运动,并可以通过摆杆机构调整滑枕往复运动的距离。

（4）床身。床身用于支承和安装连接其他各部件,其内部有传动机构;顶面有供滑枕做往复运动用的导轨;侧面有供工作台升降用的导轨。

（5）摆杆机构。摆杆机构的作用是将电动机经变速机构传来的旋转运动变为滑枕的往复直线运动。

（6）变速机构。变速机构用于实现不同工件和不同材料的切削,通过调整滑枕的往复的速度,以改变切削速度。

（7）进给机构。进给机构将电机的动力通过棘轮输送给工作台,以实现间歇进给,在切削的过程中,工作台不动,当刀具退回时,工作台带动工件移动。

（8）横梁。在横梁上有导轨,保证工作台在水平方向上运动的精度。

（9）刀夹。刀夹用于夹紧刀具。在刀具加工的过程中,刀夹与刀架固定实现工件的加工,在刀具退回时,刀夹抬起,避免在退回时与工件发生接触。

（10）抬刀板。抬刀板用于刀具退回时将刀具抬起,避免在刀具在回程时与进给的工件产生干涉而使刀具产生破坏。

（11）刀座。刀座用来实现固定刀夹和抬刀板等工件。

（12）滑板。滑板的作用是让刀夹在滑板上沿滑枕上的导轨有一定的移动和转动,也可以实现工作的进给。

（13）刻度盘。刻度盘用以控制刀具主体的转动角度。通过调整手柄的进给,以实现倾斜表面或一定角度面的加工。

（14）转盘。转盘用于保证刀具在一定范围内的转动,在加工要求精度不高的倾斜表面时使用,如工件的倒角等。

5.6.3 刨削加工

在刨床上用刨刀对工件做水平直线往复运动并进行切削加工的方法称为刨削加工,如图 5-17 所示,它是加工平面和沟槽的主要方法之一。

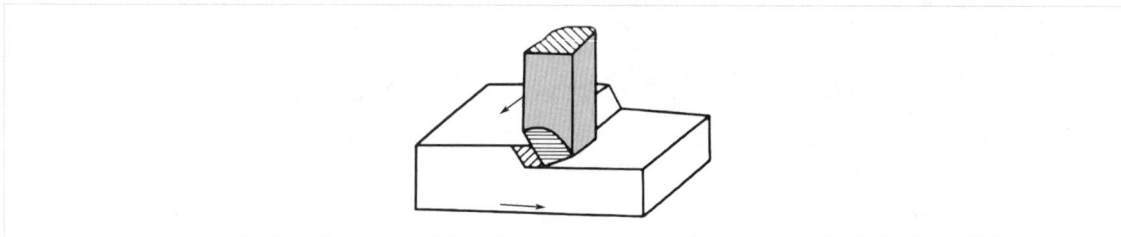

◉图 5-17　刨削加工

刨削工艺可在牛头刨床与龙门刨床上灵活实施。在牛头刨床上作业时,其核心运动机制为滑枕驱动刨刀进行直线往复运动,作为主运动;而工作台则负责带动工件进行横向间歇移动,构成进给运动,这一配置尤其适合加工尺寸适中、重量较轻的中小型工件。相比之下,龙门刨床的工作方式有所不同。在此设备上,工作台带动工件进行的直线往复运动成为了主运动;而刨刀则沿着横梁与立柱进行间歇移动,执行进给运动。龙门刨床的这一特性使其非常适合大型工件的平面加工,尤其是处理长而窄的平面(例如导轨面和沟槽)时,能够展现出极高的生产效率。此外,它还能在工作台上同时安装多个中小型工件进行并行加工,进一步提升生产效率。

另一方面,插削加工是在插床上利用插刀对工件进行垂直直线往复运动并完成切削的一种方法。这种加工方式可以视为立式刨削的一种应用,特别适合于单件及小批量生产中工件内表面的加工,如键槽、花键槽以及各类多边形孔。

与其他加工方法相比,刨削加工具有以下工艺特点:

（1）生产效率较低。刨削加工采用单刃切削方式,在切削过程中,由于惯性力的作用,刀具在切入和切出材料时会产生冲击,这限制了切削速度的提升,切削速度相对较低。此外,刨刀在返程过程中并不进行切削,这段时间被视为辅助时间,从而增加了整体加工周期,降低了生产效率。

（2）加工质量中等。刨削过程中的不连续性导致刀具在切入和切出材料时会产生冲击和振动,这些现象不仅影响加工的平稳性,还可能导致加工质量难以提高。

（3）成本低。刨削技术不仅广泛应用于平面的加工,通过适当的调整及增加特定附件,还能灵活应对齿轮、齿条、沟槽及成型面等多种复杂形状的加工,展现出卓越的通用性。刨床以其简洁的结构设计、亲民的价格以及便捷的调整与操作特性而著称;同时,刨刀的结构同样简洁,易于制造与刃磨,这些因素共同促成了刨削加工成本的相对较低。

综上所述,刨削技术常用于单件及小批量生产以及在修配工作中对平面、成型面及多种槽形(如 V 形槽、T 形槽、燕尾槽及直槽)进行加工。其中,燕尾槽多用于机器导轨的配合面,例如车床横溜板与小刀架之间的连接。值得注意的是,T 形槽也是机械制造中常见的槽形。

单元 5.7 镗床与镗削加工

镗床主要用于孔的加工和复杂零件上平面的加工或阶梯孔的加工,还可以加工孔内的槽或螺纹,实际应用于中、大型箱体类零件的平面和孔系的加工。

镗床按结构可分为卧式镗床、落地镗床、坐标镗床和金刚镗床等。卧式镗床加工范围较为广泛,可以进行钻孔、镗孔、扩孔、铰孔等孔的加工及加工端平面等,使用附件后,还可以车削圆柱表面、螺纹,在平旋盘上安装各种不同形式的铣刀可以进行平面或者平面上沟槽的铣削。

镗床的加工范围很广,主要以外形不规则的箱体零件上的表面和孔系的加工为主,还可以加工平面和孔内的沟槽,其应用范围如图 5-18 所示。

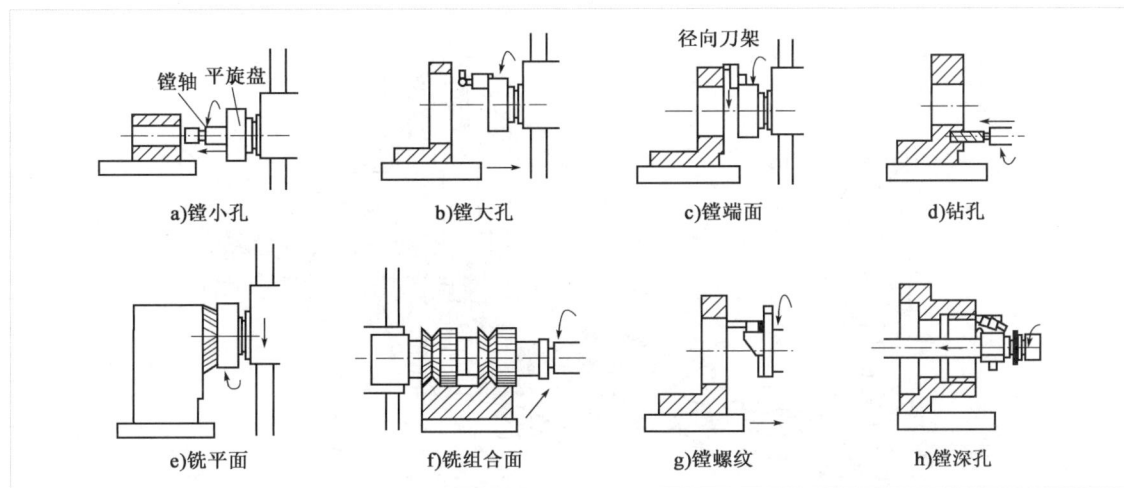

a)镗小孔　　b)镗大孔　　c)镗端面　　d)钻孔

e)铣平面　　f)铣组合面　　g)镗螺纹　　h)镗深孔

◎ 图 5-18　镗床的加工范围

5.7.1　镗床的运动分析

镗床在工作时的运动可以分解为以下几种类型:

(1)主运动。镗床的主运动为主轴的旋转与平旋盘的旋转运动。

(2)进给运动。镗床的进给运动包括主轴在主轴箱中的移动进给、平旋盘上刀具在旋转时同时进行的径向进给、主轴箱沿主轴箱和立柱的升降运动(即垂直进给)、工作台的横向和纵向进给(手动或机动)。

(3)辅助运动。镗床的辅助运动包括回转工作台的转动,主轴箱、工作台等进给运动上的快速调位移动,后立柱的纵向调位移动,尾座的垂直调位移动。

5.7.2　典型设备介绍

下面以广泛应用的卧式镗床 T618 为例,对卧式镗床的组成和各部分的功用进行简单的介绍。

1) 型号的含义

T618 型号的含义如下：

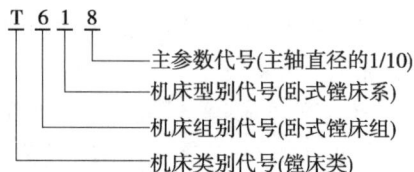

T 6 1 8
└─ 主参数代号(主轴直径的1/10)
└── 机床型别代号(卧式镗床系)
└─── 机床组别代号(卧式镗床组)
└──── 机床类别代号(镗床类)

2) 卧式镗床的主要结构及功能

T618 型卧式镗床主要由主轴箱、前立柱、镗轴、平旋盘、工作台、上滑座、下滑座、床身、后支承、后立柱等几部分组成,如图 5-19 所示。

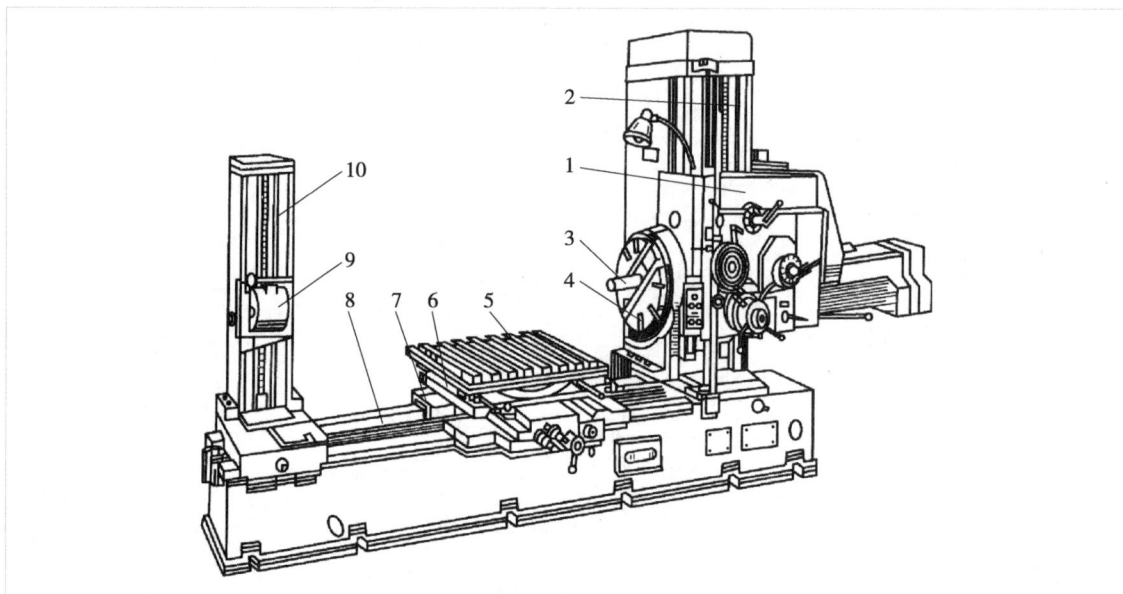

◉图 5-19　T618 型卧式镗床

1-主轴箱;2-前立柱;3-镗轴;4-平旋盘;5-工作台;6-上滑座;7-下滑座;8-床身;9-后支承;10-后立柱

（1）主轴箱。主轴箱中装有主轴部件、主运动和进给运动变速传动机构以及操纵机构,以实现主运动的控制和进给运动控制。

（2）前立柱。前立柱固定地安装在床身的右端,它的垂直导轨上装有可上下移动的主轴箱。

（3）镗轴。在镗轴上安装刀具,镗轴在加工过程中可以移动来完成加工。

（4）平旋盘。在加工过程中,刀具可以安装在平旋盘上移动,实现平面的加工。

（5）工作台。工作台由下溜板、上溜板和回转工作台 3 部分组成。下溜板可沿床身顶面的平导轨移动,上溜板可沿下溜板顶部的导轨做横向移动,回转工作台可以在上溜板的环形导轨上绕垂直轴线转位,能使零件在水平面内调整至一定角度位置,以便在一次安装中对互相平行或成一角度的孔与平面进行加工。

（6）上滑座。上滑座在工作台上，可以手动移动，也可以自动移动，带动工件实现进给。

（7）下滑座。下滑座在机床的导轨上，可实现手动和自动的运动，带动工件纵向进给。

（8）床身。床身是整个镗床的基体，起到支持和连接的作用，前端和前立柱连接，后端和后支座连接，中部有导轨以支持工作台的移动。

（9）后支承。在加工长孔时，为避免刀杆的变形，一般将刀杆的另外末端作为支承安装在后支座上滑动，来保证加工的质量。

（10）后立柱。后立柱可沿着床身导轨横向移动，调整位置，它上面的镗杆支架可与主轴箱同步垂直移动。如有需要，可将其从床身上卸下。

卧式镗床除了镗孔外，还可以铣平面及各种形状的沟槽，钻孔、扩孔和铰孔，车削端面和短外圆柱面，车槽和车螺纹等。零件可在一次安装中完成大量的加工工序，而且其加工精度比钻床和一般的车床、铣床高，因此特别适合加工大型、复杂的箱体类零件上精度要求较高的孔系及端面。

5.7.3　镗削加工

镗削加工是一种切削加工方法，其主要特征是镗刀的旋转运动作为主运动，而工件或镗刀自身的移动则构成进给运动。这种方法被视为孔加工的核心手段之一，特别是在箱体类零件的加工中占据着举足轻重的地位。执行镗削加工所需的设备主要包括镗床和铣镗床，而关键的工具则是镗刀。镗刀的结构多样，主要分为单刃镗刀和浮动镗刀两种结构形式，以适应不同的加工需求和精度要求。

卧式铣镗床的进给运动不仅可由工作台来实现，也可由镗轴和平旋盘来实现，以此进行多种类型表面的加工。在卧式镗铣床上镗孔，主要有两种方式：一种是刀具旋转，工件做进给运动；另一种是刀具旋转并做进给运动，如图 5-20 所示。

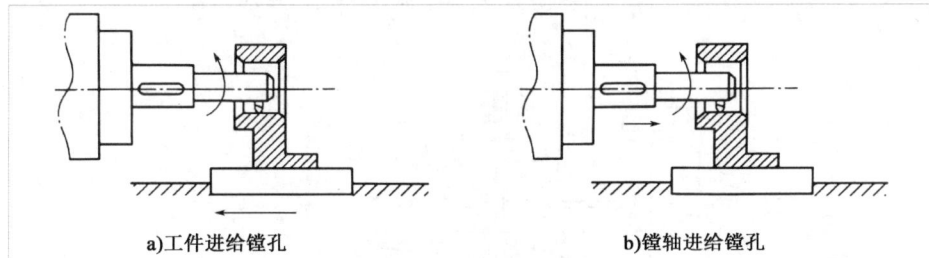

a)工件进给镗孔　　　　　　　b)镗轴进给镗孔

◎ 图 5-20　两种铣镗床镗孔方式

铣镗床

镗床的镗孔主要用于机座体、箱体、支架等大型零件上孔和孔系的加工，可保证孔系的尺寸精度、形状精度和位置精度，这是其他的孔加工方法所不能达到的。在普通铣镗床上镗孔与车孔基本相似，粗镗的尺寸公差等级为 IT12 ~ IT11 级，表面粗糙度 Ra 为 $25 ~ 12.5 \mu m$；半精镗的尺寸公差等级为 IT10 ~ IT9 级，Ra 为 $6.3 ~ 3.2 \mu m$；精镗的尺寸公差等级为 IT8 ~ IT7 级，Ra 为 $1.6 ~ 0.8 \mu m$。

镗床上除了可进行一般孔的加工外，使用相应的刀具还可加工平面、螺纹、切槽等。

单元 5.8 钻床与钻削加工

按用途和结构分类,钻床可以分为立式钻床、台式钻床、多孔钻床、摇臂钻床及其他专用钻床等。

在各类钻床中,摇臂钻床操作方便、灵活,适用范围广,具有典型性,是一般机械加工车间常见的机床。摇臂钻床广泛应用于单件和中小批生产中,加工体积和重量较大的工件的孔。摇臂钻床加工范围广,可用来钻削大型工件的各种螺钉孔、螺纹底孔和油孔等。摇臂钻床的主要变型有滑座式和万向式两种。滑座式摇臂钻床是将基型摇臂钻床的底座改成滑座而成,滑座可沿床身导轨移动,以扩大加工范围,适用于锅炉、桥梁、机车车辆和造船等行业。万向摇臂钻床的摇臂除可做垂直和回转运动外,还可做水平移动,主轴箱可在摇臂上做倾斜调整,以适应工件各部位的加工。

5.8.1 概述

1)典型摇臂钻床

Z3040 型号的含义如下:

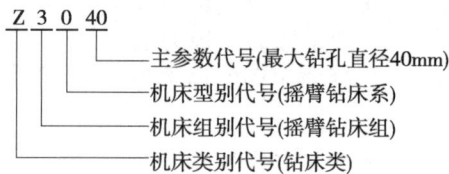

Z 3 0 40
└──── 主参数代号(最大钻孔直径40mm)
└────── 机床型别代号(摇臂钻床系)
└──────── 机床组别代号(摇臂钻床组)
└────────── 机床类别代号(钻床类)

2)摇臂钻床的主要结构及功能

图 5-21 为 Z3040 型摇臂钻床的结构示意图,摇臂钻床由以下几个部分组成:

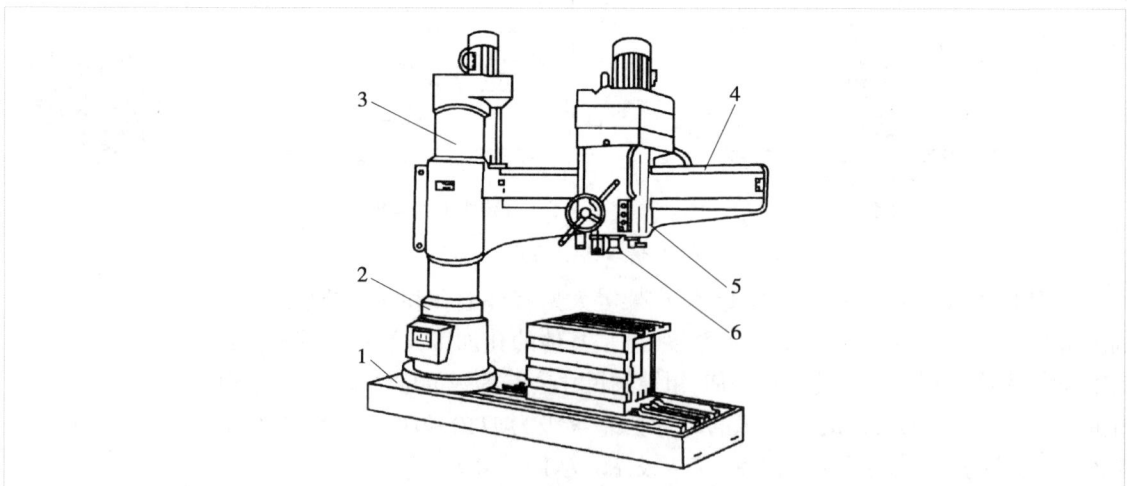

◎ 图 5-21　Z3040 型摇臂钻床结构图

1-底座;2-内立柱;3-外立柱;4-摇臂;5-主轴箱;6-主轴

（1）底座。底座是连接和支承摇臂钻床其他零件和部件的基础部件,在底座上有工作台,工作台上开有梯形槽,方便装夹工件和夹具等。

（2）内立柱。内立柱固定在底座的一端,在它的外面套有外立柱,外立柱可绕内立柱回转360°。摇臂的一端为套筒,它套装在外立柱做上下移动。

（3）外立柱。外立柱用于固定内立柱并保持内立柱与底座的垂直。

（4）摇臂。摇臂可沿立柱上下移动,以适应加工不同高度的工件。较小的工件可安装在工作台上,较大的工件可直接放在机床底座或地面上。

（5）主轴箱。主轴箱是一个复合部件,由主传动电动机、主轴和主轴传动机构、进给和变速机构、机床的操作机构等部分组成。主轴箱安装在摇臂的水平导轨上,可以通过手轮操作,使其在水平导轨上沿摇臂移动。

（6）主轴。在主轴上有莫氏锥孔以固定钻头等工具,主轴在变速箱内可以上下移动和自动移动实现进给,同时也可以随主轴箱绕立柱转动或者在摇臂上移动。

5.8.2　摇臂钻床的运动形式

进行加工前,由特殊的夹紧装置将主轴箱紧固在摇臂导轨上,而外立柱紧固在内立柱上,摇臂紧固在外立柱上,然后进行钻削加工。钻削加工时,钻头一边进行旋转切削,一边进行纵向进给,其运动形式如下:

（1）摇臂钻床的主运动为主轴的旋转运动。

（2）进给运动为主轴的纵向进给。

（3）辅助运动有摇臂沿外立柱垂直移动、主轴箱沿摇臂长度方向的移动、摇臂与外立柱一起绕内立柱的回转运动。

5.8.3　摇臂钻床的加工范围

摇臂钻床在工业生产中应用非常广泛,在摇臂钻床上可以进行钻孔、扩孔、铰孔、攻丝、划平面等加工,对零件形状没有要求,生产率较低,在借助夹具时,可以加工精度较高的孔并大大提高生产率。

5.8.4　钻削加工

用钻头或扩孔钻、铰刀、锪刀在工件上加工孔的方法统称钻削加工。

1）钻孔

钻孔是一种在实体材料上利用钻头形成孔洞的工艺。在钻床上执行钻孔作业时,主导的运动是刀具的旋转,它负责切除材料并形成孔洞;而刀具沿着轴向的移动则被视为进给运动,它确保了孔洞的深度。在这个过程中,工件保持固定不动,以便精确控制钻孔的位置和尺寸。钻孔用刀具为麻花钻(钻头),标准麻花钻结构如图5-22所示。

孔的加工

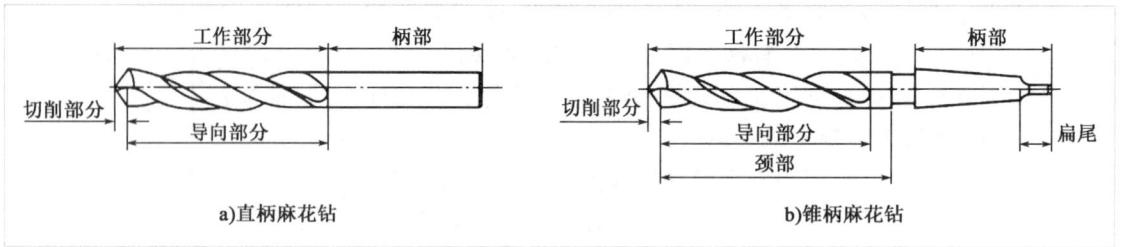

◎图 5-22　标准麻花钻结构

由于麻花钻的结构特点,钻孔存在如下工艺问题。

(1)钻头容易引偏。由于麻花钻的结构特性,其刚度与导向性相对较弱,加之横刃的存在会引入较大的进给力,进一步加剧了操作的难度。此外,麻花钻的两条主切削刃在手工刃磨时难以做到精确对称,这些因素共同作用,使得在钻孔过程中钻头容易发生"引偏"现象,即偏离预定的钻孔路径。

(2)加工质量较差。钻孔属于半封闭式切削过程,其散热条件受限,导致排屑变得困难,并且切削液难以有效进入切削区域。因此,钻孔过程中会产生大量的切削热,使得钻头遭受严重的磨损,进而影响了加工质量。钻孔属于孔的粗加工,尺寸公差等级为 IT13 ~ IT11 级,表面粗糙度 Ra 为 25 ~ 12.5μm。主要用于加工精度和表面质量要求不高的孔(如螺栓螺钉用过孔、内螺纹的底孔等),或精度和表面质量要求较高孔的预加工。

为解决钻孔时的工艺问题,生产中可以从两方面着手:

(1)采取工艺措施。钻头在刃磨时使两主切削刃对称;打样冲眼或预钻定心坑;大批量生产时采用钻模钻孔。

(2)改进钻头的结构。对麻花钻的改进,国内最著名的创新产品是群钻。群钻切削部分的结构改进体现在三个方面:一是在麻花钻的两个主切削刃上刃磨出两个对称的内圆弧刃使其在孔底切出凸起的圆环,起到稳定钻头、改善定心的作用;二是修磨横刃,使其为原长的 1/7 ~ 1/5,并增大横刃前角,减小横刃的不利影响;三是对于直径大于 15mm 的钻头,在刀刃的一边磨出分屑槽,使较宽的切屑分成窄条,便于排屑。这三方面改进使钻头的切削性能和使用寿命显著提高。

2)扩孔

扩孔是一种工艺方法,通过使用扩孔刀具来增大工件上已有的孔、铸造孔或锻造孔的直径。执行此操作时,可选用专门的扩孔钻,或者在某些情况下,使用直径较大的麻花钻。进行扩孔加工时,所采用的机床通常与钻孔作业所用的机床相同,图 5-23 为钻床上扩孔的示意图。扩孔钻也属于定径刀具,直径规格为 ϕ10 ~ 100mm,常用的是 ϕ15 ~ 50mm,直径小于 ϕ15mm 的一般不扩孔。

摇臂钻工作过程

扩孔

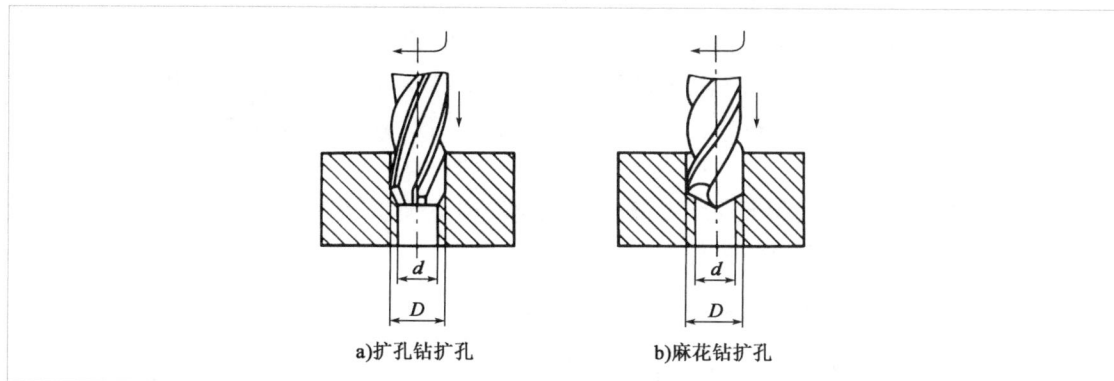

◎图5-23　在钻床上扩孔的方法

a)扩孔钻扩孔　　　　b)麻花钻扩孔

与麻花钻相比,专用扩孔钻的特点是:扩孔钻刀齿多(3～4 个),排屑槽浅而窄,钻芯粗壮,刚度大,导向性好;无横刃,进给力较小;加工余量($D-d$)小,一般为孔径的1/8;扩孔的加工质量比钻孔高,尺寸公差等级为 IT10～IT9 级,表面粗糙度 Ra 为 6.3～3.2μm,属于孔的半精加工。

3)铰孔

铰孔是用铰刀对工件上已有孔进行精加工的方法。铰刀如图5-24 所示,分为圆柱铰刀和锥度铰刀,有机用和手用之分。机用圆柱铰刀多为锥柄,直径规格为 $\phi10～100$mm;手用圆柱铰刀多为柱柄,直径规格为 $\phi10～40$mm。铰刀可加工圆柱孔和锥孔。

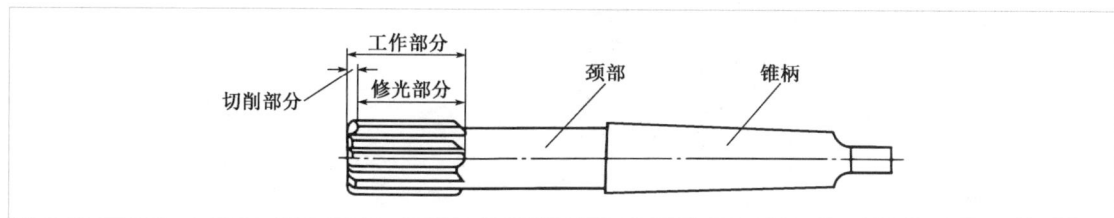

◎图5-24　铰刀

铰孔属于孔的精加工,加工余量一般为 0.05～0.25mm,可以分为粗铰和精铰。粗铰的尺寸公差等级为 IT8～IT7 级,表面粗糙度 Ra 为 1.6～0.8μm;精铰的尺寸公差等级为 IT7～IT6 级,表面粗糙度 Ra 为 0.8～0.4μm。铰孔也属于定径刀具加工,适于加工成批和大量生产中不能采用拉削加工的孔以及单件、小批量生产中要求加工精度高、直径不大且未淬火的孔($D<10～15$mm)。在实际生产中,钻孔→扩孔→铰孔和粗车孔→半精车孔→铰孔是最常用的孔加工工艺路线。

单元 5.9　齿轮加工机床

齿轮是传递运动和动力的重要零件,在各种机械、仪器、仪表中实现动力传递和控制转速,应用非常广泛;齿轮的质量直接影响机电产品的承载能力、使用寿命和工作精度等。常见的齿轮副有圆柱齿轮、圆锥齿轮及蜗杆蜗轮等。

在现代机电产品中,虽然电气控制和液压传动技术有很大的发展,但在高速重载条件下,因齿轮传动的结构紧凑、传动效率高、传动比准确,所以应用仍很广泛。随着科学技术的发展和机电产品精度的不断提高,对齿轮的传动精度和圆周速度等方面的要求越来越高。因此,齿轮齿形加工在机械制造业中仍占重要地位。

齿轮的齿形曲线有渐开线、摆线、圆弧等,其中最常用的是渐开线。本单元仅介绍渐开线齿轮齿形的加工方法。

5.9.1 圆柱齿轮齿形加工方法

在齿轮的齿坯上加工出渐开线齿形的方法很多,按齿廓的成型原理不同,圆柱齿轮齿形的切削加工可分为成型法和展成法两种。

1)成型法

成型法加工齿轮齿形的原理是利用与被加工齿轮齿槽法向截面形状相符的成型刀具,在齿坯上直接加工出刀具齿形。成型法加工齿轮的方法有铣齿、拉齿、插齿及磨齿等,其中最常用的方法是在普通铣床上用成型铣刀铣削齿形。当齿轮模数 $m < 8$ 时,一般在卧式铣床上用盘状铣刀铣削,如图 5-25a)所示;当齿轮模数 $m \geq 8$ 时,在立式铣床上用指状齿轮铣刀铣削,如图 5-25b)所示。

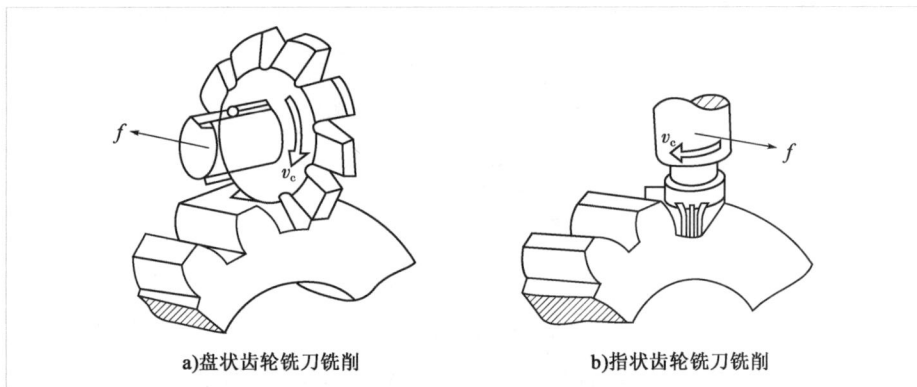

a)盘状齿轮铣刀铣削　　　　　　b)指状齿轮铣刀铣削

◎图 5-25　直齿圆柱齿轮的成型铣削

f-进给量;v_c-切削速度

在铣削时,将齿坯装夹在心轴上,心轴装在分度头顶尖和尾座顶尖间,模数铣刀做旋转主运动,工作台带着分度头、齿坯做纵向进给运动,实现齿槽的成型铣削加工。每铣完一个齿槽,工件退回,按齿轮的齿数进行分度,然后再加工下一个齿槽,直至铣完所有的齿槽。铣削斜齿圆柱齿轮应在万能铣床上进行,铣削时,工作台偏转一个齿轮的螺旋角 β,齿坯在随工作台进给的同时,由分度头带动做附加转动,形成螺旋线运动。

用成型法加工齿轮的齿廓形状由模数铣刀刀刃形状来保证,齿廓分布的均匀性则由分度头分度精度保证。标准渐开线齿轮的齿廓形状是由该齿轮的模数 m 和齿数 Z 决定的。因此,要加工出准确的齿形,就必须要求同一模数

仿形法加工直齿轮

分度头应用

不同齿数的齿轮都有一把相应的模数铣刀,这将导致刀具数量非常多,在生产中是极不经济的。实际生产中,将同一模数的铣刀一般只做出8把,分别铣削齿形相近的一定齿数范围的齿轮。模数铣刀刀号及其加工齿数范围见表5-4。

成型齿轮刀具

模数铣刀刀号及其加工齿数范围　　　　　　　　表5-4

刀号	1	2	3	4	5	6	7	8
加工齿数范围	12~13	14~16	17~20	21~25	26~34	35~54	55~134	135以上

每种刀号齿轮铣刀的刀齿形状均按加工齿数范围中最少齿数的齿形设计。所以在加工该范围内加工其他齿数齿轮时,会有一定的齿形误差产生。

成型法铣齿的优点在于可在一般铣床上进行,对于缺乏专用齿轮加工设备的工厂较为方便。模数铣刀比其他齿轮刀具结构简单,制造容易,因此生产成本低,但由于每铣一个齿槽均需进行切入、切出、退刀以及分度等动作,加工时间和辅助时间长,所以生产效率低。由于受刀具的齿形误差和分度误差的影响,加工的齿轮存在较大的齿形误差和分齿误差,故铣齿精度较低。加工精度为IT12~IT9级、齿面粗糙度 Ra 值为 $6.3~3.2\mu m$。

成型法铣齿一般用于单件小批量生产或机修工作中,可加工直齿、斜齿和人字齿圆柱齿轮,也可加工重型机械中精度要求不高的大型齿轮。

2)展成法

展成法加工齿轮齿形是利用一对齿轮啮合的原理来实现的,即把其中一个转化为具有切削能力的齿轮刀具,另一个转化为被切工件;通过专用齿轮加工机床,强制刀具和工件做严格的啮合运动(展成运动),在运动过程中,刀具切削刃的运动轨迹逐渐包络出工件的齿形。展成法加工齿轮,一种模数和压力角的刀具可以加工出相同模数和压力角而齿数不同的齿轮,其加工过程是连续的,具有较高的加工精度和生产效率,是齿轮齿形主要的加工方法。滚齿和插齿是展成法中最常见的两种加工方法。

用展成法加工齿轮,可以用同一把刀具加工同一模数而不同齿数的齿轮,其加工精度和生产率较高,因此,各种齿轮加工机床广泛应用这种方法。圆柱齿轮加工机床按加工精度和采用的刀具不同可分为圆柱齿轮切齿机和圆柱齿轮精加工机床两大类。切齿机床中,主要有滚齿机和插齿机。滚齿机与插齿机都属于展成法加工的机床。滚齿机适用于啮合的直齿轮、斜齿圆柱齿轮和蜗轮。插齿机适用于加工内外啮合齿轮,特别适用于加工多联齿轮、扇形齿轮和齿条等。两者的加工精度基本相同,但插齿的分齿精度略低于滚齿,而滚齿的齿形精度略低于插齿,滚齿的生产率一般高于插齿。滚齿机和插齿机在单件小批量及大批量生产中均被广泛使用。对加工圆锥齿轮的机床,一般按轮齿形状和加工方法分为直齿圆锥齿轮刨齿机、直齿圆锥齿轮铣齿机和圆弧齿锥齿轮铣齿机等。加工齿轮的机床较多,应用较为广泛的是滚齿机,其加工的原理和组成的结构具有较广泛的代表性。

5.9.2 滚齿机的组成

下面以 Y3150E 型滚齿机为例介绍滚齿机的组成。

Y3150E 型滚齿机是一种中型通用滚齿机,主要用于加工直齿和斜齿圆柱齿轮,也可以采用径向切入法加工蜗轮;可以加工的工件最大直径为 500mm,最大模数 8mm,其外形如图 5-26 所示。

齿轮滚刀

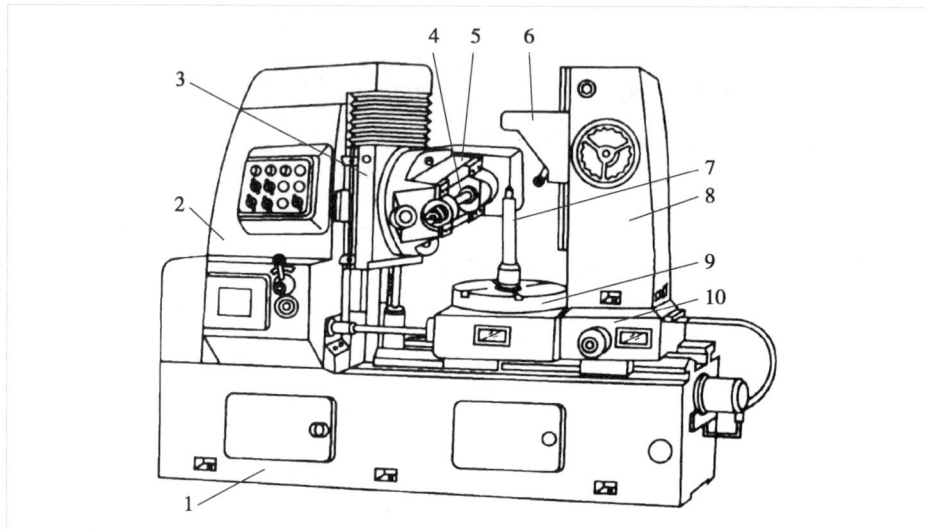

◎ 图 5-26　Y3150E 型滚齿机

1-床身;2-立柱;3-刀架溜板;4-刀杆;5-滚刀架;6-支架;7-心轴;8-后立柱;9-工作台;10-床鞍

机床由床身、立柱、刀架溜板、滚刀架、后立柱和工作台等主要部件组成。立柱固定在床身上。刀架溜板带动滚刀架可沿立柱导轨做垂直进给运动和快速移动,安装滚刀的刀杆装在滚刀架的主轴上,滚刀架连同滚刀一起可沿刀架溜板的圆形导轨在 240°角度范围内套装调整安装角度。工件安装在工作台的心轴上或直接安装在工作台上,随同工作台一起做旋转运动。工作台和后立柱装在同一溜板上,并沿床身的水平导轨做水平调整移动,以调整工件的径向位置或做手动径向进给运动。后立柱上的支架可通过轴套或顶尖支承工件心轴的上端,以增加心轴的刚度,从而增加滚切工作的平稳性。

在滚齿机上加工齿轮,为形成渐开线齿廓,需具有如下运动(以加工直齿圆柱齿轮为例):

(1)主体运动。主体运动即滚刀的旋转运动。根据合理的切削速度和滚刀直径,即可决定其转速大小。

(2)展成运动(也称分齿运动)。展成运动即工件相对于滚刀所做的啮合对滚运动。滚刀与工件间必须准确地保持一对啮合齿轮的传动比关系。

5.9.3 滚齿加工的工艺特点

（1）加工精度高。属于展成法的滚齿加工，不存在成型法铣齿的齿形曲线理论误差，所以分齿精度高，一般可加工 IT8 ~ IT7 级精度的齿轮。

（2）生产率高。滚齿加工属于连续切削，无辅助时间损失，生产率一般比铣齿、插齿高。

（3）一把滚刀可加工模数和压力角与滚刀相同而齿数不同的圆柱齿轮。

在齿轮齿形加工中，滚齿应用最广泛，它除可加工直齿、斜齿圆柱齿轮外，还可以加工蜗轮、花键轴等。但一般不能加工内齿轮、扇形齿轮和相距很近的双联齿轮。滚齿适用于单件小批量生产和大批大量生产。

5.9.4 插齿加工

1）插齿原理

插齿是利用插齿刀在插齿机上加工内、外齿轮或齿条等的齿面加工方法。插齿的加工过程，其原理是模拟一对直齿圆柱齿轮的啮合运动，如图 5-27 所示。插齿刀实际是一个齿轮，在齿轮上磨出切削刃，而齿轮齿坯则作为另一个齿轮。插齿时刀具沿工件轴线方向做高速的往复直线运动，形成切削加工的主运动，同时还与工件做无间隙的啮合运动，在工件上加工出全部轮齿齿廓。在加工过程中，刀具每往复一次仅切出工件齿槽的很小一部分，工件齿廓的齿面曲线是由插齿刀切削刃多次切削的包络线所组成的。

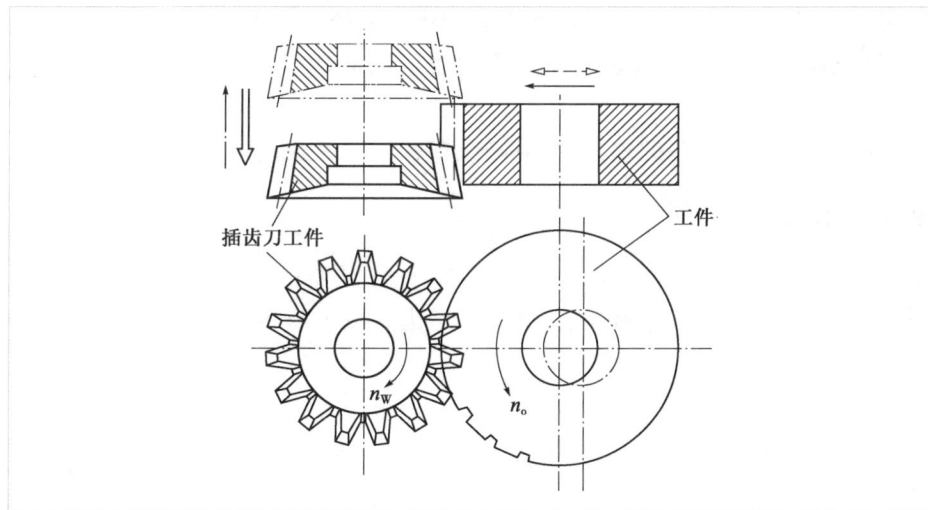

齿轮滚刀加工

齿轮插刀加工

插齿刀

◎ 图 5-27 插齿原理

插齿加工时，插齿机必须具备以下运动：

（1）主运动。插齿刀的往复上、下运动称为主运动，以每分钟的往复次数来表示，向下为切削行程，向上为返回行程。

（2）展成运动。插齿时，插齿刀和工件之间必须保持一对齿轮副的啮合运动关系，即插齿刀每转过一个齿（$1/Z_{刀}$ 转）时，工件也必须转过一个齿（$1/Z_{工}$ 转）。

（3）径向进给运动。为了逐渐切至工件的全齿深,插齿刀必须有径向进给运动。径向进给量是用插齿刀每次往复行程中工件或刀具径向移动的毫米数来表示。当工件达到全齿深时,机床便自动停止径向进给运动,工件和刀具必须对滚工件的一周,才能加工出全部轮齿。

（4）圆周进给运动。展成运动只确定插齿刀和工件的相对运动关系,而展成运动速度由圆周进给运动来确定。插齿刀每一往复行程在分度圆上所转过的弧长称为圆周进给量,其单位为 mm/往复行程。

（5）让刀运动。为了避免插齿刀在回程时擦伤已加工表面和减少刀具磨损,刀具和工件之间应让开一段距离,而在插齿刀重新开始向下运动时,应立即恢复到原位,以便刀具向下切削工件。这种让开和恢复原位的运动称为让刀运动。现在最新型的插齿机是通过刀具主轴座的摆动来实现让刀运动的,这可以减小让刀产生的振动。

2）插齿加工的工艺特点

（1）插齿加工精度较高。由于插齿刀的制造、刃磨和检验均较滚刀简便,易保证制造精度,故可保证插齿的齿形精度高;但插齿加工时,刀具上各刀齿顺次切制工件的各个齿槽,因而,插齿刀的齿距累积误差将直接传递给被加工齿轮,影响被切齿轮的运动精度。

（2）插齿齿向偏差比滚齿大。由于插齿机的主轴回转轴线与工作台回转轴线之间存在平行度误差,加之插齿刀往复运动频繁,主轴与套筒容易磨损,所以插齿的齿向偏差通常比滚齿大。

（3）齿面粗糙度值较小。由于插齿刀是沿轮齿全长连续地切下切屑,还由于形成齿形包络线的切线数目比滚齿时多,因此插齿加工的齿面粗糙度优于滚齿。

（4）插齿生产率比滚齿低。插齿刀的切削速度受往复运动惯性限制难以提高,此外空行程损失大,因此生产率低于滚齿加工。

插齿适用于加工模数小,齿宽较窄的内齿轮、双联或多联齿轮、齿条、扇形齿等。

5.9.5　齿形的其他加工方法

对于 6 级精度以上的齿轮,或者淬火后的硬齿面加工,往往需要在滚齿、插齿之后经热处理再进行精加工,常用的齿面精加工方法有剃齿、磨齿和珩齿。以下简述这 3 种加工方法原理及应用。

1）剃齿

剃齿是利用剃齿刀在专用剃齿机上对齿轮齿形进行精加工的一种方法,专门用来加工未经淬火（35HRC 以下）的圆柱齿轮。剃齿加工精度可达 IT7 ~ IT6 级,齿面的表面粗糙度值 Ra 可达 0.8 ~ 0.4μm。

剃齿在原理上属于展成法加工。剃齿刀的形状类似螺旋齿轮,齿形做得非常准确,在齿面上沿渐开线方向开有许多小沟槽以形成切削刃,如图 5-28a）所示。当剃齿刀与被加工齿轮啮合运转时,剃齿刀齿面上的众多切削刃将从工件齿面上剃下细丝状的切屑,使齿形精度提高和齿面粗糙度值降低。

剃齿加工时工件与刀具的运动形式如图 5-28b）所示。工件安装在心轴上,由剃齿刀带动旋转,由于剃齿刀刀齿是倾斜的(螺旋角为 β),为使它能与工件正确啮合,必须使其轴线相对于工件轴线倾斜一个 β 角。剃齿时,剃齿刀在啮合点 A 的圆周速度 v_A 可以分解为沿工件切向速度 v_{An} 和沿工件轴向速度 v_{At};v_{An} 使工件旋转,v_{At} 为齿面相对滑动速度,即剃齿速度。为了剃削工件的整个齿宽,工件应由工作台带动做往复直线运动。工作台每次往复行程终了时,剃齿刀沿工件径向做进给运动,使工件齿面每次被剃去一层 $0.007 \sim 0.03\text{mm}$ 的金属。在剃削过程中,剃齿刀时而正转(剃削轮齿的一个侧面),时而反转(剃削轮齿的另一个侧面)。

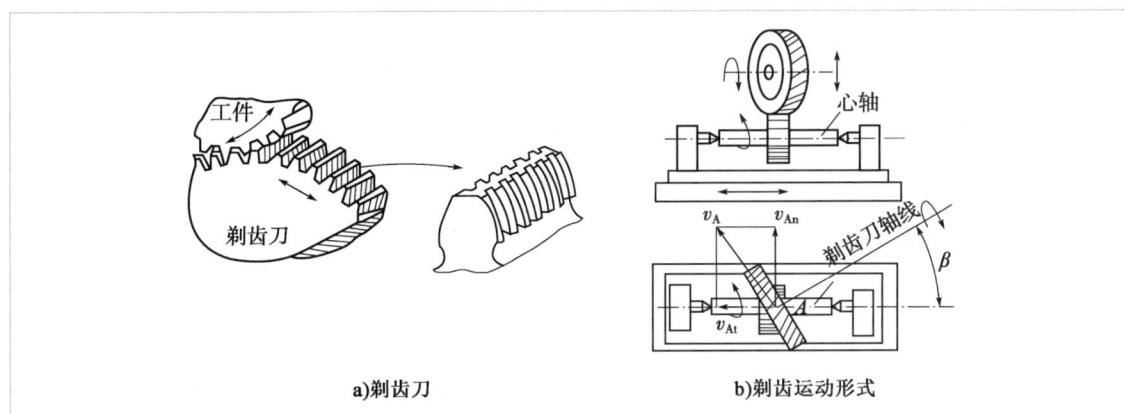

a)剃齿刀　　　　　　　　　　b)剃齿运动形式

◎ 图5-28　剃齿刀和剃齿原理

剃齿加工主要用于提高齿形精度和齿向精度,降低齿面粗糙度值。剃齿不能修正分齿误差。剃后齿轮精度可达 IT7 ~ IT6 级,表面粗糙度值 Ra 为 $0.8 \sim 0.2\mu\text{m}$。剃齿主要用于成批和大量生产中精加工齿面未淬硬的直齿和斜齿圆柱齿轮。

2)磨齿

磨齿是用砂轮在专用磨齿机上对已淬火齿轮进行精加工的一种方法。磨齿按加工原理可分为成型法和展成法两种。

(1)成型法磨齿。成型法磨齿和成型法铣齿的原理相同,砂轮截面形状修整成与被磨齿轮齿槽一致,磨齿时的工作状况与盘状铣刀铣齿工作状况相似,如图5-29所示。

磨齿时的分度运动是不连续的,在磨完一个齿之后必须进行分度,再磨下一个齿,轮齿是逐个加工出来的。成型法磨齿由于砂轮一次就能磨削出整个渐开线齿面,故生产率高,但受砂轮修整精度和机床分度精度的影响,其加工精度较低(IT6 ~ IT5 级),在生产中应用较少。

(2)展成法磨齿。展成法磨齿是指将砂轮的磨削部分修整成锥面,如图5-30a)所示,以构成假想齿条的齿面。磨削时,砂轮做高速旋转运动(主运动),同时沿工件轴向做往复直线运动,以磨出全齿宽。工件则严格按照一个齿轮沿固定齿条做纯滚动的方式,边转动、边移动,从齿根向齿顶方向先后磨出一个齿槽两侧面。之后砂轮退离工件,机床分度机构进行分度,使工件转过一个齿,磨削下一个齿槽的齿面,如此重复上述循环,直至磨完全部齿面。

锥面砂轮磨齿精度可达 IT6 ~ IT4 级,齿面粗糙度值 Ra 为 $0.4 \sim 0.2\mu\text{m}$。主要用于单件、小批生产中、加工精度要求很高的淬硬或非淬硬齿轮。

如果将两个碟形砂轮倾斜成一定角度,以构成假想齿条两个齿的两个外侧面,同时对齿轮轮齿的两个齿面进行磨削,如图 5-30b)所示,其原理同前述锥面砂轮磨齿相同。这种磨齿方法,加工精度高(最高可达 3 级),齿面粗糙度值 Ra 为 $0.4 \sim 0.2\mu m$。但所用设备结构复杂,成本高、生产率低,故应用不广。

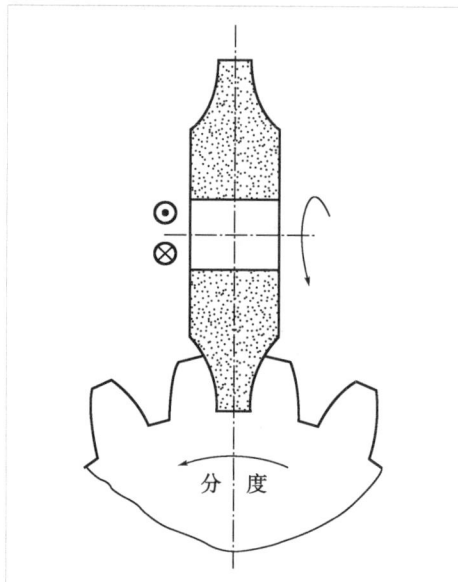

◎ 图 5-29 成型法磨齿

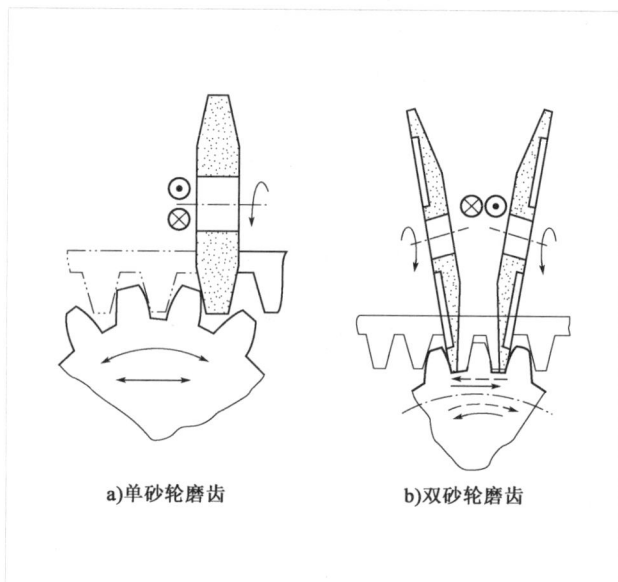

a)单砂轮磨齿   b)双砂轮磨齿

◎ 图 5-30 展成法磨齿

3)珩齿

当工件硬度超过 35HRC 时,使用珩齿代替剃齿。珩齿是在珩磨机上用珩磨轮对齿轮进行精整加工的一种方法,其原理和运动与剃齿相同。

珩磨轮是用金刚砂及环氧树脂等浇注或热压而成的具有较高齿形精度的斜齿轮,它的硬度极高,其外形结构与剃齿刀相似,只是齿面上无容屑槽,靠磨粒进行切削。

珩磨时,珩磨轮转速高(为 $1000 \sim 2000r/min$),可同时沿齿向和渐开线方向产生滑动进行连续切削,生产率高。珩磨过程具有磨、剃、抛光等综合作用。

珩齿对齿形精度改善不大,主要用于剃齿后需淬火齿轮的精加工,能去除氧化皮、毛刺,改善热处理后的轮齿表面粗糙度(Ra 值为 $0.4 \sim 0.2\mu m$)。珩齿也可用于非淬硬齿轮加工。

单元 5.10 组合机床

组合机床是在综合了通用机床和专用机床的应用特点的基础上发展起来的一种机床。组合机床是以系列化、标准化原则设计的通用部件为基础,配以为工件形状和加工工艺要求而设计的少量专用部件,对一种或若干种工件按预先确定的工序进行加工的机床。

组合机床在汽车、拖拉机、柴油机、电机、缝纫机和阀门等生产批量非常大的制造业的生产中应用较为广泛。许多普通机床采用工序分散的生产方式,加工过程中,需要对工件进行多次安装,加工尺寸通过试切等手动操作获得。虽然通用机床适用范围广,但其生产效率低,劳动强度大,自动化程度低,难以保证加工质量和满足成批生产的要求。专用机床能实现多刀切削,生产效率高。其机床结构简单,自动化程度较高,在大批量生产中广泛采用。但专用机床设计制造周期长,造价高,工作可靠性难以保证。并且专用机床是针对特定工件的一定工序设计的,专用机床加工时具有很严格的局限性,当产品更新或工件结构尺寸稍有变化,它就不能继续使用。因此,专用机床不能适应产品不断更新的市场竞争的要求。人们在实践中分析了各种机床的结构特点,将其解构为若干个具有一定功能的独立部件,对其中一些能在各种专用机床上跨机型通用的部件,按标准化、系列化和通用化原则进行设计,并预先组织批量生产。这样,根据不同工件的加工要求,选用合适的通用部件,再设计制造少量的为适应加工对象要求的专用部件,就可得所需的组合机床。

组合机床与一般机床相比,具有以下特点:

(1)设计组合机床只需选用通用零部件和设计少量专用零部件,缩短了设计与制造周期,经济效益好。

(2)组合机床选用的通用零部件一般由专门厂家成批生产,是经过了长期生产考验的,其结构稳定、工作可靠、易于保证质量,而且制造成本低、使用维修方便。

(3)当加工对象改变时,组合机床的通用零部件可以重复使用,有利于产品更新和提高设备利用率。

(4)组合机床易于连成组合机床自动生产线,以适应大规模生产的需要。

⚠ 模块小结

本模块系统地介绍了金属切削机床的基本类型、结构特点以及各类切削加工工艺。从车床、磨床到铣床、刨床、镗床、钻床,再到齿轮加工机床和组合机床,每一种机床都有其独特的用途和加工优势。通过学习,深入了解了这些机床的工作原理、操作方法和维护保养要点,为实际操作打下了坚实的理论基础。

在切削加工工艺方面,本模块详细阐述了车削、磨削、铣削、刨削、镗削、钻削及齿轮加工等工艺的基本原理、刀具选择、切削参数设定等关键内容。这些知识不仅提升了对金属切削加工过程的认识,也为制定合理的加工工艺方案提供了有力支持。

此外,模块还强调了机床故障分析与排除、工艺创新与优化等能力的重要性。通过实践案例和理论知识的结合,学会了如何对机床故障进行初步诊断并提出解决方案,同时也培养了创新意识和实践能力。

◎ 模块习题

1. 选择题

(1)下列哪种机床属于专门化机床? (　　)。

　　A.卧式车床　　　　B.凸轮轴车床　　　C.万能外圆磨床　　　D.摇臂钻床

(2)牛头刨床的主参数是(　　)。

　　A.最大刨削宽度　　　　　　　　　B.最大刨削长度

　　C.工作台工作面宽度　　　　　　　D.工作台工作面长度

(3)机床型号的首位字母"Y"表示该机床是(　　)。

　　A.水压机　　　　　　　　　　　　B.压力机

　　C.齿轮加工机床　　　　　　　　　D.螺纹加工机床

(4)按照工作精度来划分,钻床属于(　　)。

　　A.高精度机床　　　　　　　　　　B.精密机床

　　C.普通机床　　　　　　　　　　　D.组合机床

2. 简答题

(1)简述车床的工艺加工范围。

(2)简述车床的组成和各部分的作用。

(3)车削加工有何特点?

(4)铣削的主要工作内容有哪些?

(5)铣床靠哪些运动来实现切削?

(6)铣削加工有何特点?

(7)刨削加工有何特点?

(8)简述磨床的分类。

(9)简述磨削的工艺特点。

(10)齿轮常见的加工方法有哪些?

模块6
机床夹具设计

学习目标

知识目标

◎ 掌握机床夹具的定位原理、常用定位元件的选用、定位误差的分析，掌握常用的夹紧机构。

◎ 熟悉机床专用夹具的设计方法。

◎ 了解常见的车床夹具、铣床夹具、钻床夹具、镗床夹具等机床夹具。

技能目标

◎ 能够根据不同的加工需求和工件特性，合理选用或设计适合的机床夹具。

◎ 能够准确分析工件的定位基准和定位方式。

◎ 能够准确分析定位误差对加工精度的影响。

◎ 能够设计合理的夹紧方案。

素养目标

◎ 培养严谨认真的工作态度，对待夹具设计过程中的每一个环节都要精益求精，确保设计的准确性和可靠性。

◎ 应深刻认识到科技进步是推动国家发展的重要力量，强化科技兴国意识。

单元 6.1 机床夹具概述

在成批量机械加工中,工件的装夹是通过机床夹具实现的。机床夹具是工艺系统中的重要组成部分,在生产中应用十分广泛。

在机床上加工工件时,为了保证工件的加工精度要求,必须保证工件在机床上占有正确的位置,这一过程称为工件的定位。同时为保证在加工过程中该正确位置不发生变化,需要将工件夹紧压牢,这一过程称为工件的夹紧。从定位到夹紧的全过程称为工件的装夹。

机床夹具就是根据工件的加工精度要求,保证工件在机床上迅速地处于正确位置,并将其迅速地夹紧的工艺装备,简称夹具。

6.1.1 机床夹具的分类

机床夹具可按其不同的属性进行如下分类:

(1)机床夹具按使用的机床类型进行分类,一般可分为车床夹具、钻床夹具、铣床夹具、镗床夹具、齿轮机床夹具以及磨床夹具等。

(2)机床夹具按其专业化程度、使用特点和应用范围进行分类,通常可分为通用夹具、专用夹具、随行夹具、组合夹具和成组夹具等。

①通用夹具。通用夹具是指结构已经标准化、广泛应用于单件小批量生产的夹具,通常作为机床的附件与机床相配套,如车床的三爪自定心卡盘和四爪卡盘、铣床用的平口钳和分度头等。

②专用夹具。专用夹具是指按照工件的机械加工工艺规程,为某道工序专门设计与制造的夹具。它既不适用于此工件的其他工序,更不适用于其他工件。其优点是在产品相对稳定、批量较大的生产中可以获得较高的加工精度和生产效率,对工人的技术水平要求也相对较低。其缺点是夹具的设计制造周期长、费用较高。这类夹具专用性强、操作迅速方便,适用于大批量生产中。

③随行夹具。随行夹具是指在自动生产线或柔性制造系统中使用的夹具,在工件进入自动线加工之前,先将工件安装在随行夹具上,然后由运输装置输送到各机床进行加工,并在机床夹具或机床工作台上进行定位夹紧。

④组合夹具。组合夹具是由许多标准化的元件,根据搭积木原理,按零件加工工序需要拼装而成的,不用时可方便地拆卸、清洗后存放,待组装成新的夹具。因此,组合夹具具有结构灵活多变、夹具零部件能长期重复使用等优点,适用于多品种、单件小批生产或新产品试制等场合。

⑤可调或成组夹具。可调或成组夹具是指在成组加工中,工件按工艺或结构等特点分组,同一组零件在同一机床上共同使用的夹具。使用时只要调整更换夹具上的某些元件就可以加工同一组中的其他零件。成组夹具具有一定的柔性,适用于多品种、中小批生产。

(3)夹具按用途进行分类,可分为机床夹具、装配夹具、检验夹具等。

(4)机床夹具按夹具的动力来源进行分类,可分为手动夹具、液压夹具、气动夹具、气液夹具、电磁夹具、电动夹具等。

6.1.2 机床夹具的组成

为了了解机床夹具的各组成部分及夹具的工作过程,可通过如图 6-1 所示的加工拨叉工件的铣床夹具和如图 6-2 所示的加工拨叉工件的钻床夹具进行具体说明。

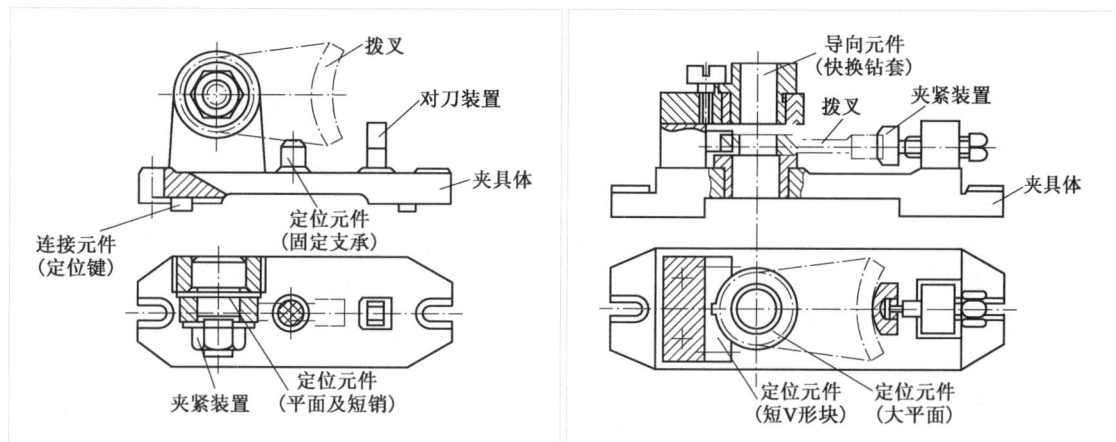

◎图 6-1 铣床夹具 ◎图 6-2 钻床夹具

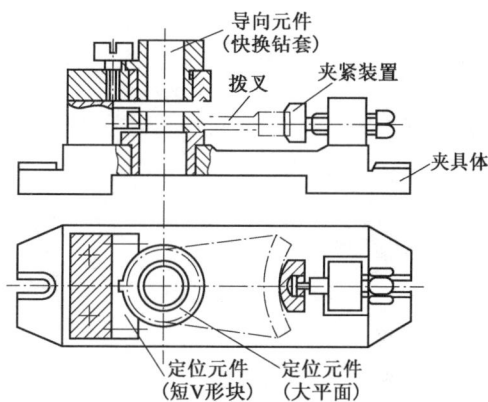

（1）定位元件。保证工件在机床上或夹具中处于正确的位置,起定位作用的元件称为定位元件。被加工工件的定位基准面与夹具中定位元件直接接触或相配合。

（2）夹紧装置。用来夹紧工件,使已经定好位置的工件在加工过程中不因外力(重力、惯性力以及切削力等)的作用而产生位移的装置称为夹紧装置。它通常是一种机构,包括夹紧元件、增力及传动装置以及动力装置等。

（3）连接元件。为保证夹具相对机床的正确位置,在夹具上设置有定位和固定用的连接元件称为连接元件,如铣床夹具的定位键等。

（4）对刀装置和导向元件。对刀装置和导向元件的作用是保证刀具加工时的正确位置,如对于铣刀、刨刀用的对刀元件,对于钻头、扩孔钻、镗刀等孔加工刀具用的钻套或镗套等元件。

（5）夹具体。夹具体是机床夹具的基础件,它将夹具的所有组成部分有机地组成一个整体,并保证它们之间的相对位置关系。

（6）其他装置。其他装置是指按照加工和使用要求,夹具上设有的起重吊环、排屑装置、分度机构等。在机床夹具的组成部分中,定位元件、夹紧装置和夹具体是必不可少的,其他装置或元件随使用要求选定。

单元 6.2 工件的定位

在机械加工过程中,工件、夹具、机床及刀具等工艺系统部件之间只有定位准确、合理安装及准确调整,才能加工出合格的工件。

6.2.1　工件定位的基本原理

1）工件的六点定位原理

任何工件在空间坐标系中都有 6 个自由度,如图 6-3 所示,工件沿着每一坐标轴线移动的可能性和绕着每一坐标轴线转动的可能性称为自由度,并以符号 $\vec{x}$、$\vec{y}$、$\vec{z}$ 分别表示沿 X、Y、Z 轴的移动自由度。

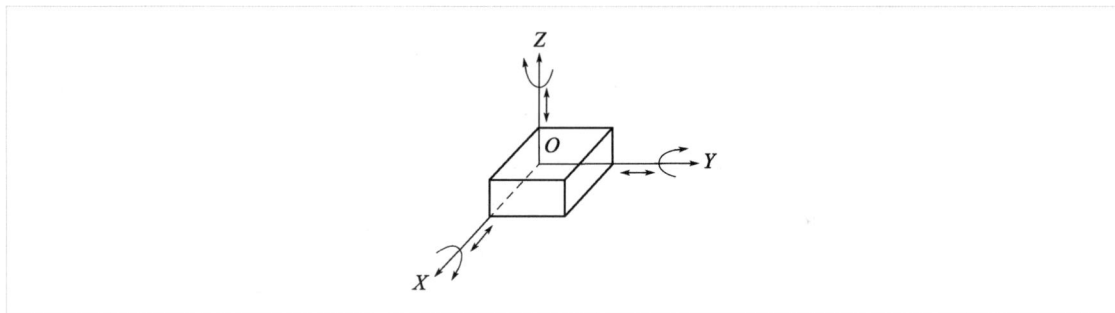

◎图 6-3　工件的 6 个自由度

分析工件定位时,使用一个定位支承点限制工件的一个自由度,工件的 6 个自由度可用 6 个支承点加以限制,定位元件的 6 个支承点与工件的定位基准面应保持相接触。如图 6-4 所示,在 XOY 坐标平面内,设置 3 个支承点 1、2、3,当工件的底面与该 3 点相接触时,则工件沿 Z 轴方向的移动自由度和绕 X 轴、Y 轴的转动自由度就被限制了;然后在 YOZ 坐标平面内合理设置两个支承点 4、5,当工件侧面与该两点相接触时,则工件沿 X 轴方向的移动自由度和绕 Z 轴方向转动的自由度就被限制;再在 XOZ 坐标平面内设置一个支承点 6,当工件的另一个侧面与该点相接触时,则工件沿 Y 轴方向的移动自由度也被限制。

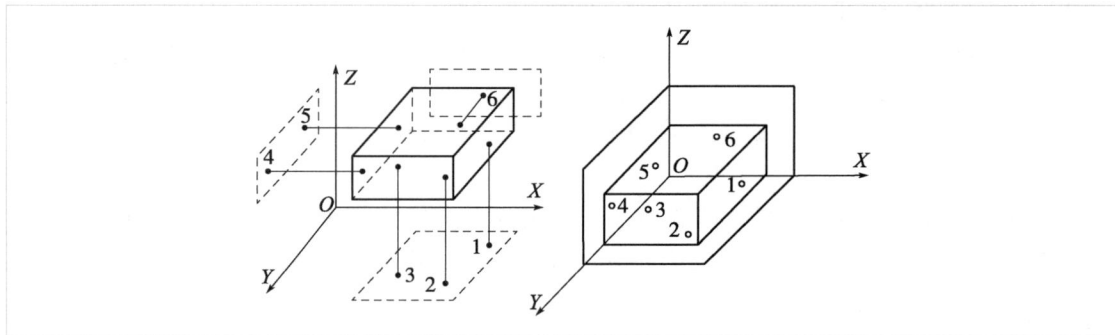

◎图 6-4　工件的六点定位

工件在空间的 6 个自由度可以用合理设置的 6 个支承点与其保持接触来限制,使工件在空间得到确定位置的方法,称为六点定位原理。

2）工件定位的几种情况

（1）完全定位。工件的 6 个自由度全部被限制的定位称为完全定位。当工件在 X、Y、Z 三个坐标轴方向上均有尺寸精度或位置精度要求时,一般采用这种定位方式。如图 6-1 所示拨叉零件的定位为完全定位。

（2）不完全定位。工件中允许有一个或几个自由度不被限制，但能满足加工精度要求的定位称为不完全定位。在实际生产中，工件被限制的自由度数一般不少于 3 个。如图 6-2 所示拨叉钻孔的定位为不完全定位。

（3）欠定位。按工序的加工要求，工件应该被限制的自由度在定位时未被限制的定位称为欠定位。这种定位方式无法保证工序所规定的加工精度要求，因此，在实际生产中欠定位是绝对不允许出现的。

（4）过定位。工件同一个（或同几个）自由度被重复限制的现象称为过定位（或重复定位、超定位）。过定位造成的后果是使工件产生定位不稳，工件或定位元件产生变形，从而降低加工精度，甚至使工件无法安装以致不能进行加工。消除过定位的有效措施一般有两种方法。

①改变定位元件的结构，以消除重复限制的自由度。

②提高工件定位基准面之间以及夹具定位元件工作表面之间的位置精度，以减小或消除过定位引起的误差，从而保证工件的加工精度。

6.2.2 常用定位元件及选用

工件上常用的定位基准主要有平面、外圆柱面、内圆柱表面、内锥面、外锥面及成型表面等。夹具中常用的定位元件主要有支承钉、支承板、定位销、定位套、V 形块等。

1）对定位元件的基本要求

定位元件的结构、形状和尺寸主要取决于工件定位基面的结构、形状和大小等因素。夹具的定位元件应符合以下基本要求：

（1）足够的精度，一般定位元件的尺寸公差及形位公差应当控制在被定位工件相应尺寸公差及形位公差的 $1/20 \sim 1/5$。

（2）较高的耐磨性。

（3）良好的工艺性，定位元件应力求简单、合理，便于加工、装配和更换。

（4）足够的强度和刚度，以免使用中变形和损坏。

常见的定位元件及其组合的定位分析见表 6-1。

定位元件及其组合的定位分析　　　　　　　　　表 6-1

工件的定位面	夹具的定位元件				
平面	支承钉	定位情况	1 个支承钉	2 个支承钉	3 个支承钉
		图示	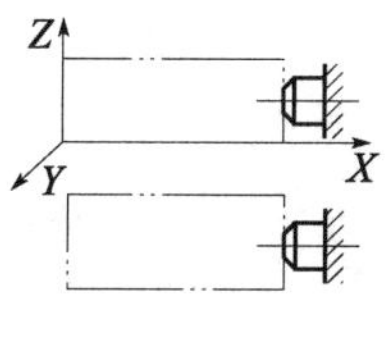	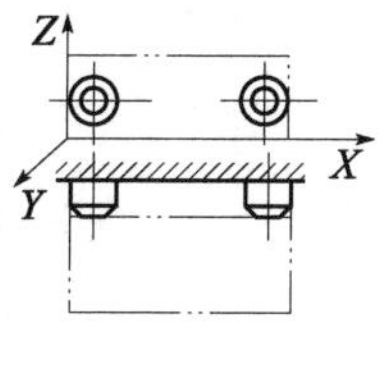	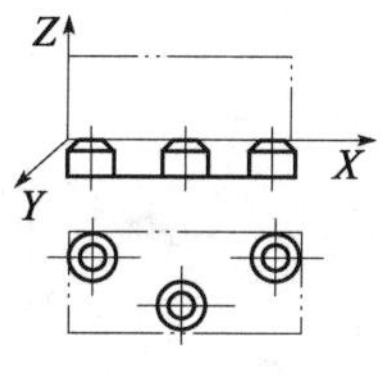
		限制的自由度	$\vec{X}$	$\vec{Y}, \widehat{z}$	$\vec{Z}, \widehat{x}, \widehat{y}$

续上表

工件的定位面		夹具的定位元件			
平面	支承板	定位情况	一块条形支承板	两块条形支承板	一块矩形支承板
		图示	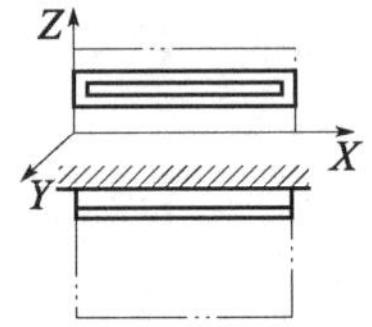	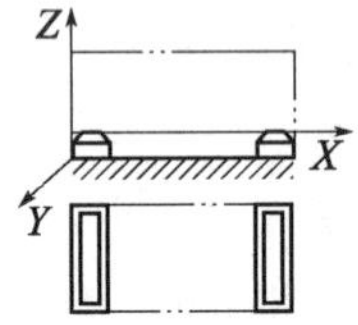	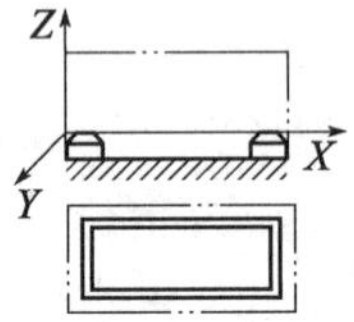
		限制的自由度	$\vec{Y},\widehat{z}$	$\vec{Z},\widehat{x},\widehat{y}$	$\vec{Z},\widehat{x},\widehat{y}$
圆孔	圆柱销	定位情况	短圆柱销	长圆柱销	两段短圆柱销
		图示	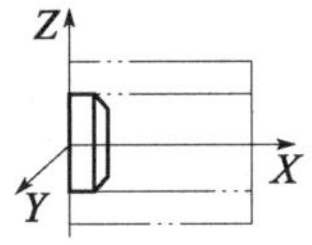	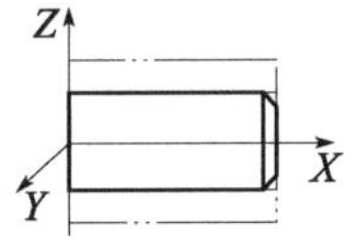	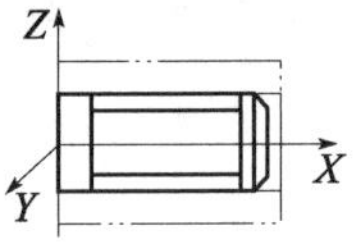
		限制的自由度	$\vec{Y},\vec{Z}$	$\vec{X},\vec{Z},\widehat{y},\widehat{z}$	$\vec{X},\vec{Z},\widehat{y},\widehat{z}$
	圆锥销	定位情况	菱形销	长销小平面组合	短销大平面组合
		图示	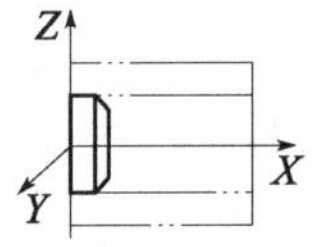	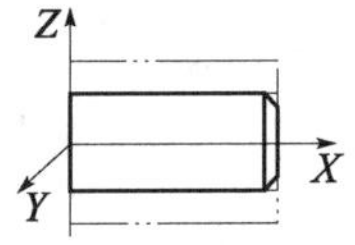	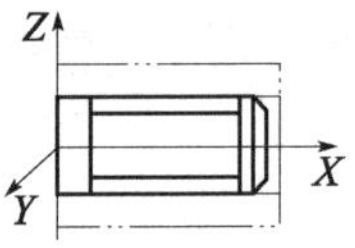
		限制的自由度	$\vec{Y},\vec{Z}$	$\vec{X},\vec{Z},\widehat{y},\widehat{z}$	$\vec{X},\vec{Z},\widehat{y},\widehat{z}$
	推销	定位情况	固定推销	浮动推销	固定推销与浮动推销组合
		图示	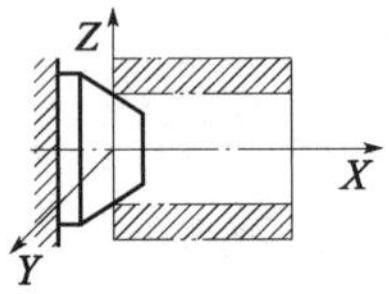	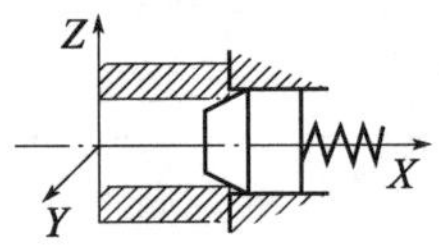	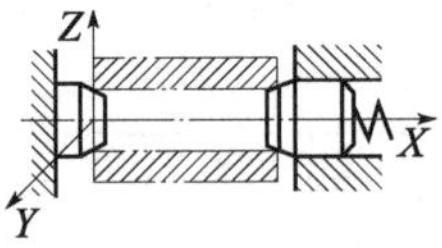
		限制的自由度	$\vec{X},\vec{Y},\vec{Z}$	$\vec{X},\vec{Z}$	$\vec{X},\vec{Y},\vec{Z},\widehat{y},\widehat{z}$
	心轴	定位情况	长圆柱心轴	短圆柱心轴	小锥度心轴
		图示	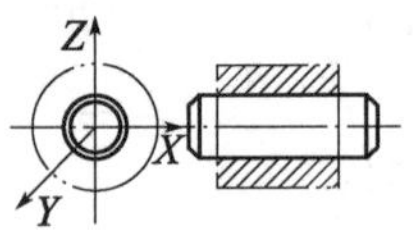	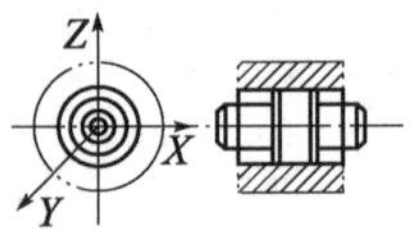	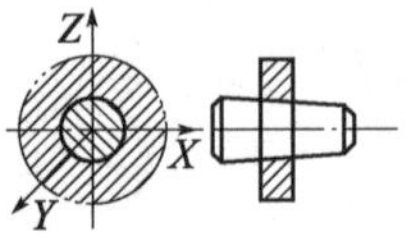
		限制的自由度	$\vec{X},\vec{Z},\widehat{x},\widehat{z}$	$\widehat{x},\widehat{y}$	$\vec{Y},\vec{Z}$

续上表

工件的定位面	夹具的定位元件			
圆锥孔	锥顶尖和锥度心轴	定位情况	固定顶尖	浮动顶尖	锥度心轴
		图示	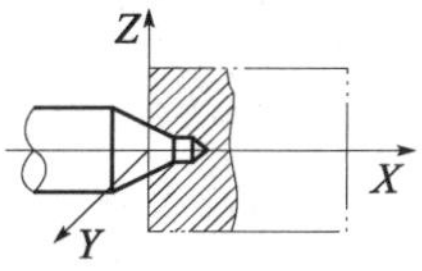	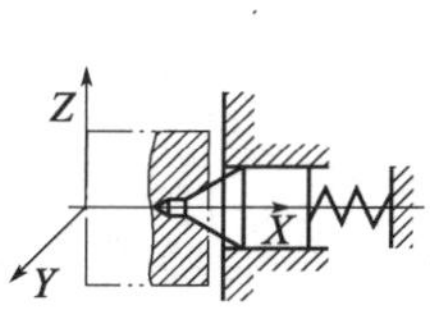	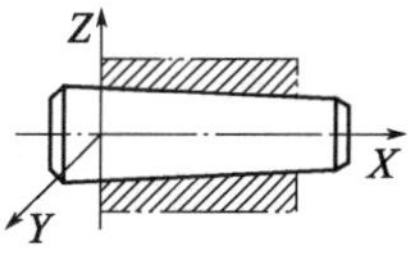
		限制的自由度	$\vec{X},\vec{Y},\vec{Z}$	$\vec{Y},\vec{Z}$	$\vec{X},\vec{Y},\vec{Z},\widehat{y},\widehat{z}$
外圆柱面	V形块	定位情况	一块短V形块	两块短V形块	一块长V形块
		图示	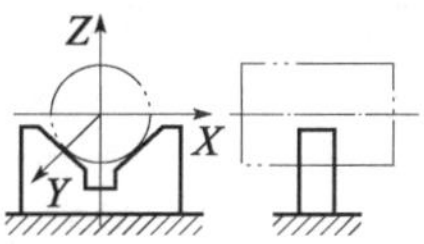	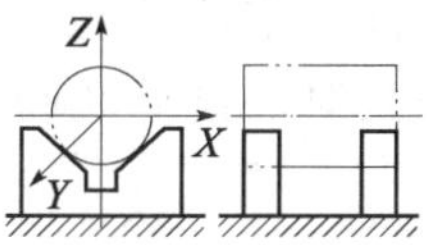	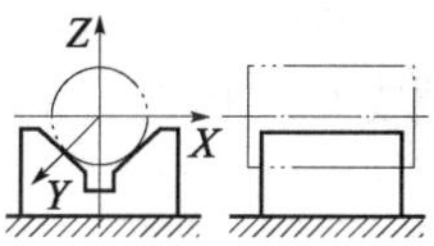
		限制的自由度	$\vec{X},\vec{Z}$	$\vec{X},\vec{Y},\widehat{x},\widehat{z}$	$\vec{X},\vec{Z},\widehat{x},\widehat{z}$
	定位套	定位情况	一个短定位套	两个短定位套	一个长定位套
		图示	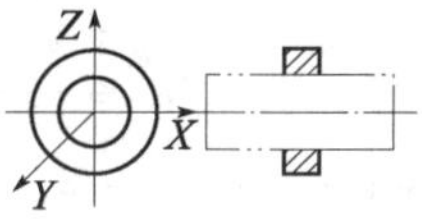	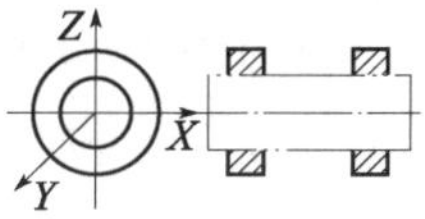	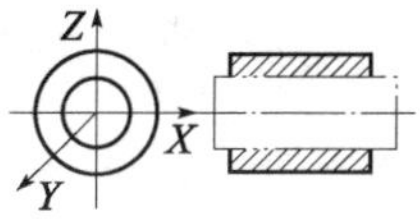
		限制的自由度	$\vec{X},\vec{Y},\vec{Z}$	$\vec{X},\vec{Z}$	$\vec{X},\vec{Y},\vec{Z},\widehat{y},\widehat{z}$

2) 工件以平面定位

以工件上的一个或几个平面作为定位基准面安装工件的定位方式,称为平面定位。例如,箱体、机座、床身、支架等许多工件在机械加工中,常以平面作为主要定位基准面。

(1) 主要支承。主要支承是指在工件定位时起主要支承作用的定位元件,有以下几种类型:

①固定支承。在夹具中定位支承点的位置固定不变的定位元件称为固定支承,根据工件上定位平面的不同,可选取如图 6-5 所示的支承钉。

图 6-5 为平面定位用的各种支承钉,当工件过平面定位时,可采用如图 6-5a) 所示平头支承钉;当工件为粗糙不平的毛坯面定位时,采用如图 6-5b) 所示球头支承钉;如图 6-5c) 所示的齿纹头支承钉用在工件侧面,以增大摩擦系数,防止工件滑动;需要经常更换的支承钉应加衬套,如图 6-5d) 所示。

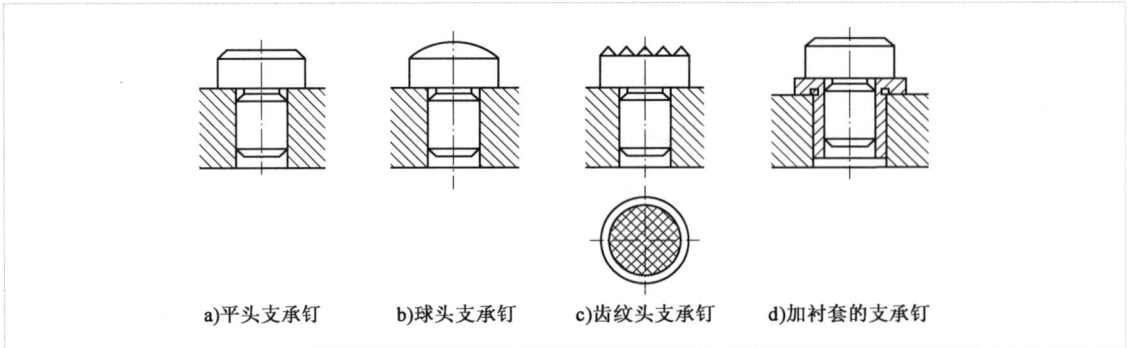

a)平头支承钉　　　b)球头支承钉　　　c)齿纹头支承钉　　　d)加衬套的支承钉

◎图6-5　支承钉的结构

支承钉、支承板均已标准化,其公差配合、材料、热处理等可查国家有关标准。

②可调支承。在夹具中定位支承点的位置可调节的定位元件称为可调支承。图6-6为常用的几种可调支承。可调支承的高度一旦调节合适后,应用锁紧螺母锁紧,以防止螺纹松动而使高度发生变化。当工件的定位基准面形状复杂,各批毛坯尺寸、形状有变化时,一般采用可调支承。可调支承一般只对一批毛坯调整一次。

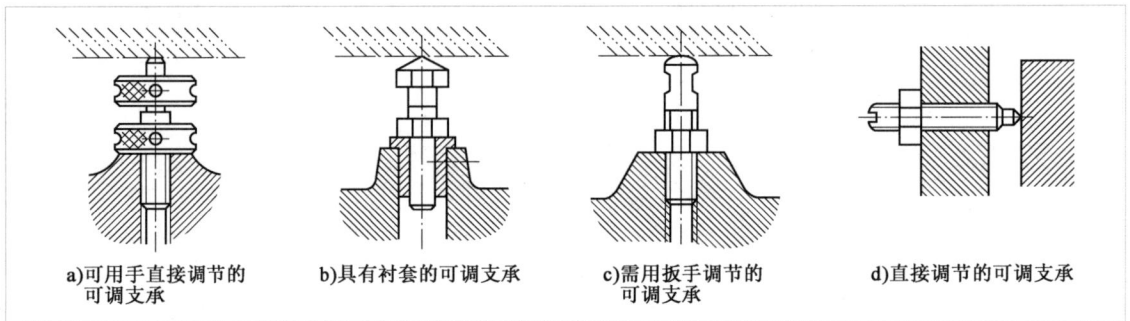

a)可用手直接调节的　　b)具有衬套的可调支承　　c)需用扳手调节的　　d)直接调节的可调支承
可调支承　　　　　　　　　　　　　　　　可调支承

◎图6-6　常用的几种可调支承

③自位支承。工件在定位过程中,随工件定位基准位置变化而与之适应的定位元件称为自位支承,又称为浮动支承。其工作特点是:浮动支承点的位置能随着工件定位基准位置的变化而自动调节,并与之相适应。自位支承只限制一个自由度,其效果相当于一个固定支承并可提高支承刚度。

如图6-7是常用的几种自位支承结构,图6-7a)、b)为用于未加工平面和阶梯平面的定位,图6-7c)为用于有基准角度误差的平面定位。

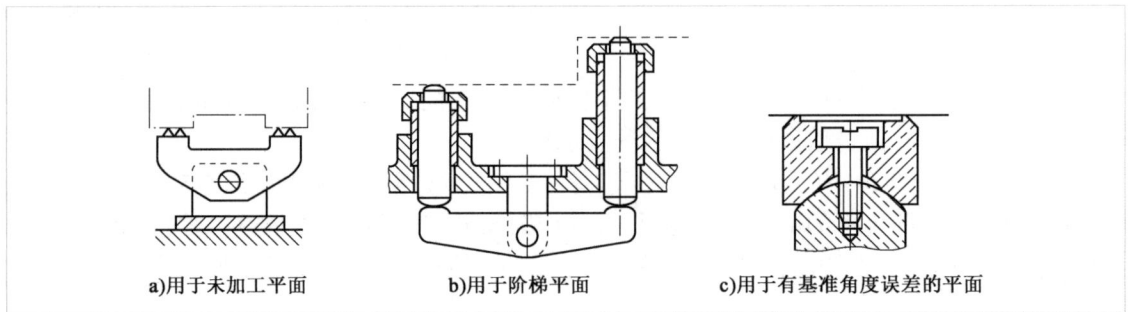

a)用于未加工平面　　　　b)用于阶梯平面　　　　c)用于有基准角度误差的平面

◎图6-7　自位支承结构形式

（2）辅助支承。工件在定位时只起提高支承刚性和稳定性，而不起定位作用的元件称为辅助支承。辅助支承一定要在工件装夹好以后再与工件接触，否则，有可能破坏工件的定位，因此辅助支承不能作为定位元件。

如图 6-8 所示，在加工轴承座底平面时，以顶部平面为定位基准面，此时工件右端有部分悬空，此部分刚性较差，加工时易产生变形和振动。在悬空一端增加辅助支承，可以提高工件的刚度和稳定性。

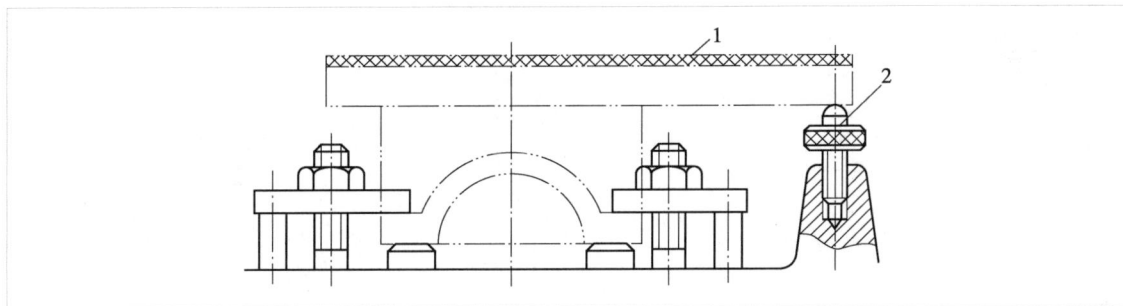

◎ 图 6-8　辅助支承的应用

1-加工面；2-辅助支承

辅助支承与可调支承结构有些相似，但有区别。首先，可调支承起定位作用，而辅助支承不起定位作用，不限制自由度；其次，可调支承是先调整，而后定位，最后夹紧工件；而辅助支承是先定位，而后夹紧工件，最后调整辅助支承；最后，可调支承是加工一批工件调整一次，所以其上有高度锁定机构（锁紧螺母），而辅助支承的高低位置必须每次都按工件已确定好的位置进行调节，其上有使用方便、快速和锁定高度的调整机构。

3）工件以圆孔定位

盘、套筒及轮类零件以内孔作为定位基准时，通常采用以圆孔定位的方式，基本特点是定位孔和定位元件之间处于配合状态，是生产中常见的定位方式，确保外圆加工面对内孔轴线的同轴度等精度要求。常见的定位元件有圆柱定位销、圆锥定位销和定位心轴。

（1）圆柱定位销。圆柱定位销分为固定式定位销和可换式定位销两类，其结构如图 6-9 所示，其中图 6-9a）、b）、c）为固定式定位销，结构简单、刚性好，但不易更换，图 6-9d）为可换式定位销。所有定位销的定位端部均做成 15°大倒角，方便工件装入。

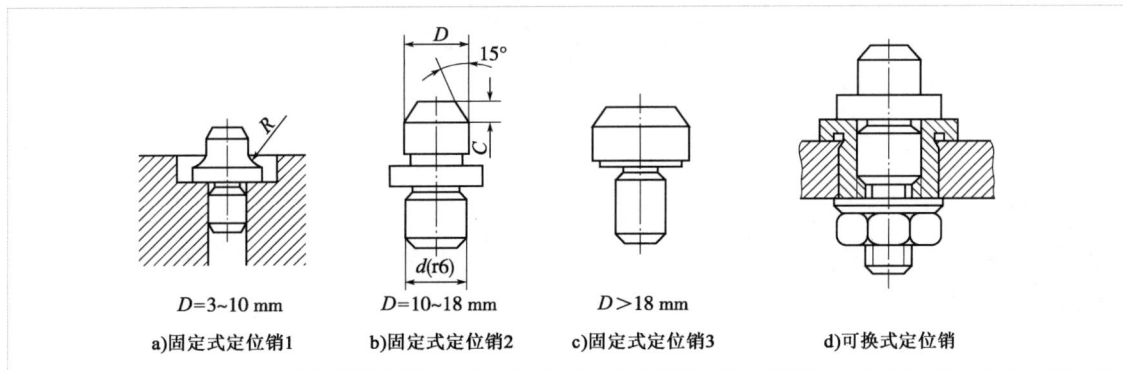

$D=3\sim10$ mm

a)固定式定位销1

$D=10\sim18$ mm

b)固定式定位销2

$D>18$ mm

c)固定式定位销3

d)可换式定位销

◎ 图 6-9　圆柱定位销结构形式　　　　　　　　　有

圆柱定位销与工件圆孔面的有效接触长度为 L,定位孔直径为 D,当 $L/D \geqslant$ 1 时,可认为是长圆柱定位销与圆孔配合,限制工件的 4 个自由度,当 $L/D < 1$ 时,可认为是短圆柱定位销与圆孔配合,限制工件的两个自由度。

(2)圆锥定位销。圆锥定位销常用于工件孔端的定位。其中,图 6-10 为工件以圆孔在圆锥定位销上定位,其中,如图 6-10a)、c)所示的情况用于精基准,如图 6-10b)所示的情况用于粗基准,它们均限制工件的 3 个方向移动的自由度。

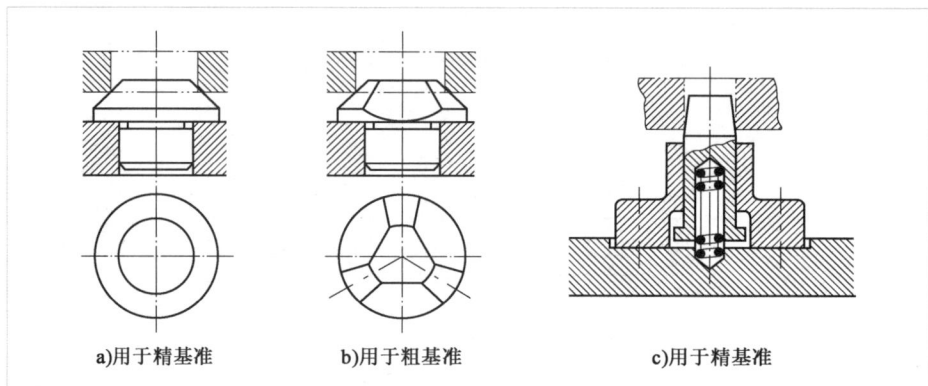

| a)用于精基准 | b)用于粗基准 | c)用于精基准 |

◎ 图 6-10 圆锥定位销结构形式

(3)定位心轴。定位心轴主要用在铣、车、齿轮、磨等机床上加工盘类和套筒类工件的定位,按结构与孔的配合性质分类,主要有间隙配合圆柱心轴、过盈配合圆柱心轴和圆锥心轴等刚性心轴。

①间隙配合圆柱心轴。间隙配合圆柱心轴的工作部分与工件定位孔间隙配合,如图 6-11a)所示,装卸工件方便,但定心精度低。

②过盈配合圆柱心轴。过盈配合圆柱心轴由导向部分、工作部分和传动部分组成,如图 6-11b)所示,是精度较高的定位装置,能够传递一定的力矩,常用于车床精车盘套类零件。

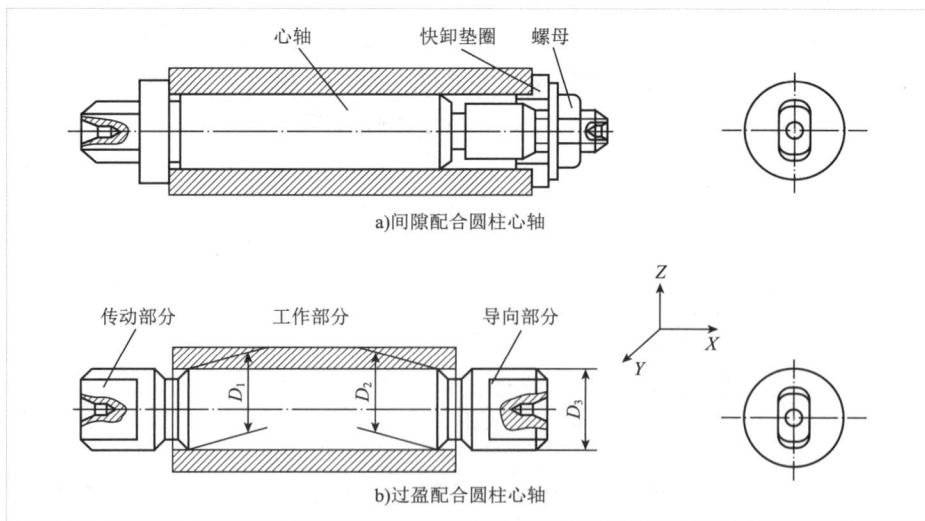

a)间隙配合圆柱心轴

b)过盈配合圆柱心轴

◎ 图 6-11 圆柱心轴结构形式

以上两种心轴一般由导向部分、定位部分及传动部分等组成。

③小锥度心轴。图6-12为常用锥度为1：1000～1：5000的小锥度心轴定位，由于是无间隙配合，因而定心精度较高，一般定心精度可达0.005～0.01mm，要求工件定位孔应有较高的精度，但其轴向定位误差较大，故不适用于轴向定距加工。

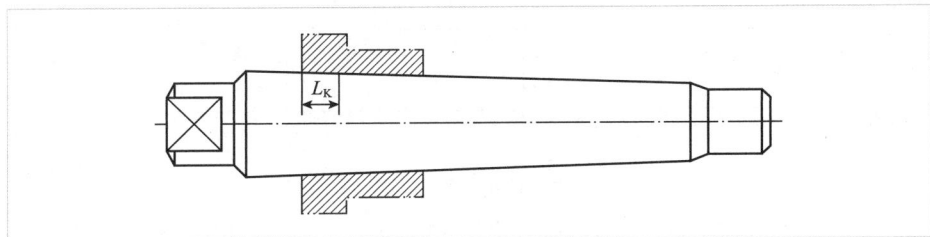

◎图6-12　小锥度心轴

4）工件以外圆柱面定位

工件以外圆柱表面定位主要有两种形式：一种是支承定位，常用V形块和支承板，另一种是定心定位，常用各种自定心卡盘、弹性夹头、定位套（包括半圆孔定位套和圆锥定位套）。工件以外圆柱面定位用来加工回转工件上的内孔、端面等，是常见的定位方式。

（1）V形块。V形块定位的优点是工件的轴线自动处于V形块的对称中心上，即对中性好，可用于非完整外圆柱表面、阶梯轴及曲轴的定位，并且装卸工件很方便。其结构简单，且能承受夹紧力，是最常见的定位方式。固定式的长V形块限制工件4个自由度，短V形块限制工件两个自由度，活动短V形块只限制工件一个自由度。

V形块两工作面间的夹角α一般有60°、90°、120°等。90°V形块结构和尺寸均已标准化，应用最广。

常用的V形块结构如图6-13所示，其中，图6-13a）中结构用于较短的精基准面定位，图6-13b）中结构适用于粗基准面或阶梯轴的定位，图6-13c）中结构适用于两段精基准面相距较远的场合，图6-13d）中结构适用于直径和长度较大的重型工件。

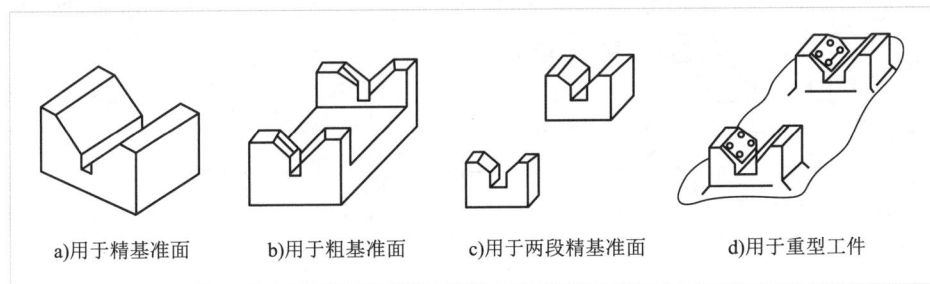

键铣削仿真加工

V形块

| a)用于精基准面 | b)用于粗基准面 | c)用于两段精基准面 | d)用于重型工件 |

◎图6-13　V形块的结构形式

（2）支承板。工件以外圆柱表面的侧母线定位时，常采用支承板，如图6-14所示，此时属支承定位。支承板与工件侧母线接触长时，限制两个自由度；接触短时限制一个自由度。

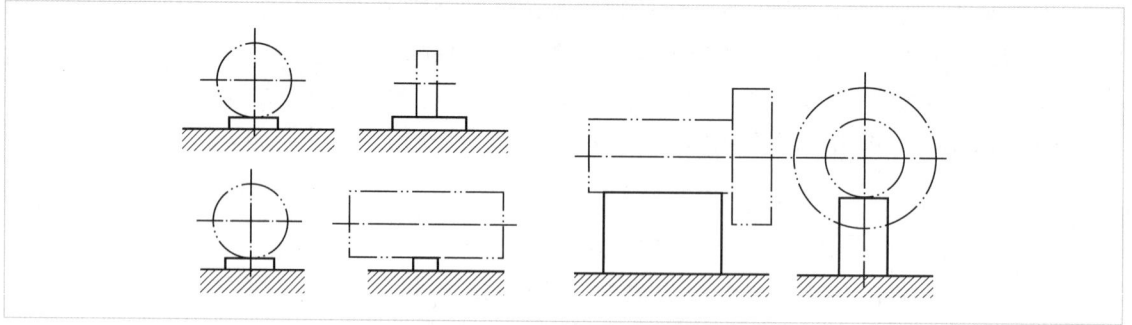

◎图6-14 支承板对工件外圆表面定位

（3）定位套。图6-15为各种定位套结构，其中，图6-15a）为短定位套，相当于短销定位，限制工件的两个自由度。为保证定位精度，定位套常与端面联合定位，可限制5个自由度。图6-15b）为定位套筒，相当于长定位销定位，限制工件的4个自由度。图6-15c）为锥面定位套，限制工件3个自由度。图6-15d）为便于装卸工件的半圆定位套（剖分套筒），主要用于大型轴类零件的精密轴径定位，下半孔起定位作用，上半孔起夹紧作用，长半圆套限制4个自由度，短半圆套限制两个自由度。

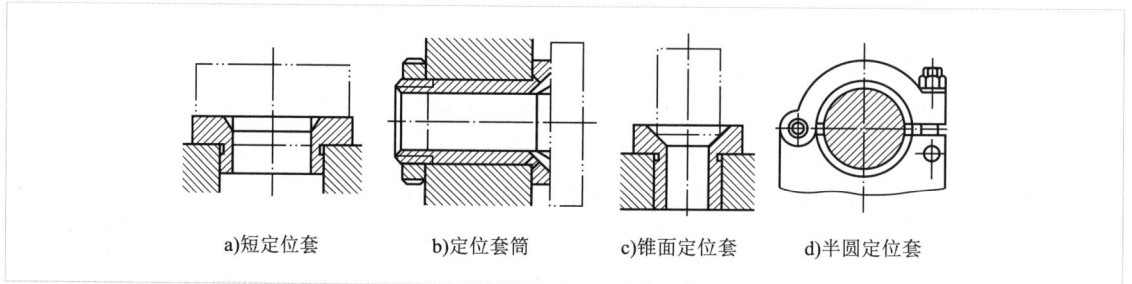

a)短定位套　　　　b)定位套筒　　　　c)锥面定位套　　　　d)半圆定位套

◎图6-15 常用定位套结构形式

（4）工件以锥孔定位。如图6-16所示，在加工轴类工件或某些精密定心工件时，常以工件的圆锥孔与锥度心轴或顶尖配合定位。图6-16a）为以锥度心轴定位，限制5个自由度；图6-16b）为以顶尖定位的情况，左端固定顶尖限制3个自由度。

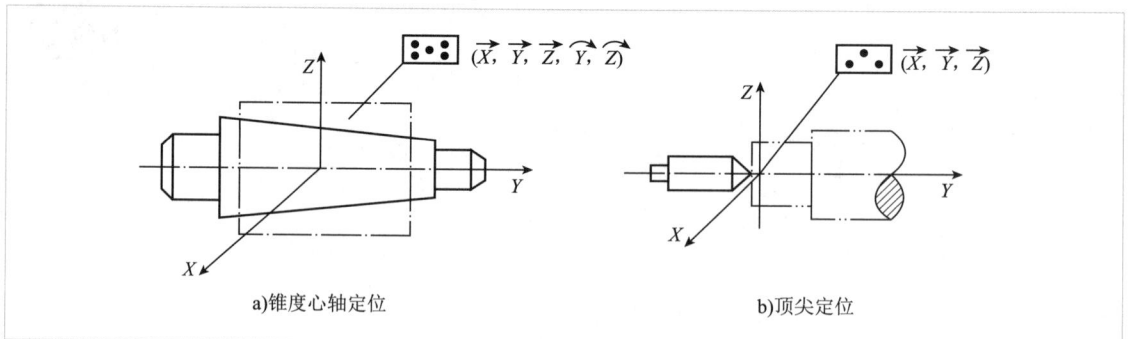

a)锥度心轴定位　　　　　　　　　　b)顶尖定位

◎图6-16 工件以锥孔定位

单元 6.3 定位误差的分析

为了对定位方案的定位精度有定性与定量的确切概念,需对定位误差进行分析和计算。

6.3.1 定位误差产生的原因

定位误差是指工件在夹具中定位时,由于定位不准确造成的某一工序的工序基准在工序尺寸方向上相对于其理想位置的最大位移量,以 Δ_d 表示。定位误差包括基准不重合误差与基准位移误差两部分。

1) 基准不重合误差 Δ_{bc}

基准不重合误差是指由于定位基准和工序基准(通常工序基准与设计基准重合)不重合引起的工序基准在工序尺寸方向上的最大位置变动量,其大小为两个基准之间尺寸的公差,以 Δ_{bc} 表示。

如图 6-17 所示,加工两孔 A 及 B,若在一次安装中用底面及侧面 C 定位,分别加工孔 A 及 B。由于孔 B 在 X 方向上的设计基准是孔 A 的中心线,而加工时的定位基准 C 与设计基 A 之间的尺寸,在加工尺寸方向上的变动量等于 0.2mm。则此加工工序中的定位基准不重合误差 Δ_{bc} 为 0.2mm。

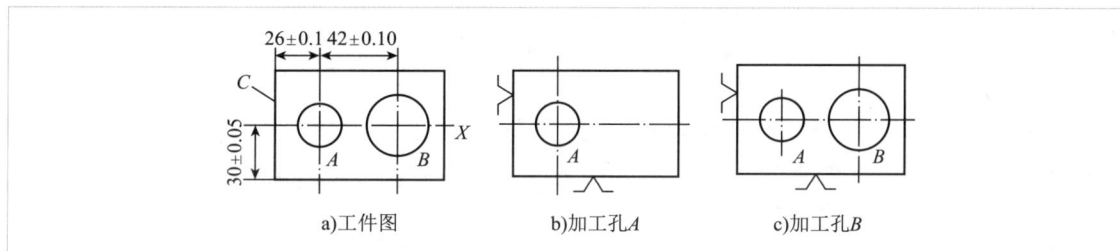

◎ 图 6-17 基准不重合误差的实例(尺寸单位:mm)

2) 基准位移误差 Δ_{jw}

基准位移误差是指工件在定位时,工件定位基准本身的最大位置变动量在工序尺寸方向上造成的误差,以 Δ_{jw} 表示。

基准位移误差是由工件定位表面和夹具上的定位元件的制造误差以及定位副配合间隙所引起的。

因此,在分析计算定位误差时,首先要查找出基准不重合误差,然后再查找出基准位移误差。则定位误差的计算公式为:

$$\Delta_d = \Delta_{bc} \pm \Delta_{jw} \tag{6-1}$$

6.3.2 定位误差的计算

1) 定位误差的确定

(1) 定位误差只产生在用调整法加工的条件下,按试切法加工时,则不存在定位误差。

（2）分析计算得出的定位误差值是指加工一批工件时可能产生的最大定位误差值，它是一个界限值，而不是指某一工件精度参数的定位误差具体数值。

（3）定位误差是由于工件定位不准确而产生的加工误差，其产生的原因为基准不重合和基准位置变动。但此两部分误差并不一定同时存在。

（4）定位误差的计算可按其定义，画出工件定位时的两种极端位置，再通过相应的几何关系直接求出，也可以根据式（6-1）计算得到。但要注意：定位误差 Δ_d 等于基准不重合误差 Δ_{bc} 与基准位移误差 Δ_{jw} 在加工尺寸方向上的矢量和，其含义如下：

当 $\Delta_{bc} \neq 0$，$\Delta_{jw} = 0$ 时，定位误差是由基准位移引起的，$\Delta_d = \Delta_{bc}$；当 $\Delta_{bc} = 0$，$\Delta_{jw} \neq 0$ 时，定位误差是由基准不重合引起的，$\Delta_d = \Delta_{jw}$；当 $\Delta_{bc} \neq 0$，$\Delta_{jw} \neq 0$ 时，又分为以下两种情况：

①如果工序基准不在定位基面上，则 $\Delta_d = \Delta_{bc} + \Delta_{jw}$。

②如果工序基准在定位基面上，则 $\Delta_d = \Delta_{bc} \pm \Delta_{jw}$。式中"＋""－"号的确定方法如下：首先先分析定位基面尺寸由大变小（或由小变大）时，定位基准的变动方向；其次当定位基面尺寸作同样变化时，设定位基准不动，分析工序基准的变动方向；最后若两者变动方向相同则取"＋"，若两者变动方向相反则取"－"。

2）常见定位方式的定位误差计算

（1）工件以平面定位时定位误差的计算。工件以平面定位时，作为精基准的平面，由于其平面度误差很小，所以由定位副制造不准确而引起的定位误差可以忽略不计，即 $\Delta_{jw} = 0$。所以工件以平面定位时，其定位误差主要由基准不重合所引起的，此时 $\Delta_d = \Delta_{bc}$。

（2）工件以圆孔定位时定位误差的计算。工件以圆孔定位时，基准位移误差与定位元件放置的方式、定位副的制造精度以及与它们之间的配合性质等因素有关，下面分几种情况进行讨论：

①工件定位孔与定位心轴（或定位销）过盈配合时（如小锥度心轴和可胀心轴定位），工件孔的轴心线始终与心轴的轴心线重合，这样就不存在定位副制造不准确的定位误差，即 $\Delta_{jw} = 0$，则 $\Delta_d = \Delta_{bc}$。故这种定位方式的定位精度较高。

②工件定位孔与定位心轴（或定位销）间隙配合，且工件单向靠紧定位时，例如定位心轴水平放置，工件在重力作用下单方向靠紧定位；又如定位心轴垂直放置，在夹紧力作用下单方向推移并夹紧工件，如图6-18所示。

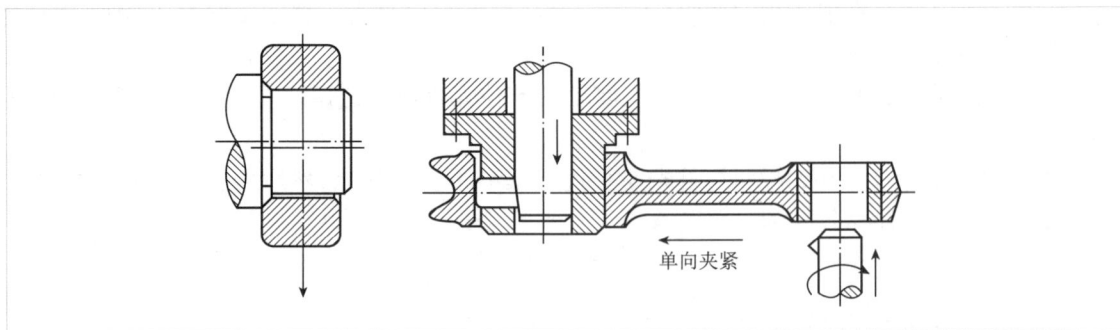

◉ 图6-18 工件单向夹紧时基准位移误差

在这种定位情况下,在如图 6-19a)所示的套类工件上加工键槽,分别分析 3 个工序尺寸 H_1、H_2、H_3 的定位误差如下:

对于工序尺寸 H_1,定位心轴尺寸最小、工件内孔尺寸最大,且工件内孔分别与定位心轴上、下母线接触,如图 6-19b)所示,其定位误差为:

$$\Delta_{d(H_1)} = O_1 O_2 = H_{1max} - H_{1min} = T_D + T_d + X_{min} = X_{max} \tag{6-2}$$

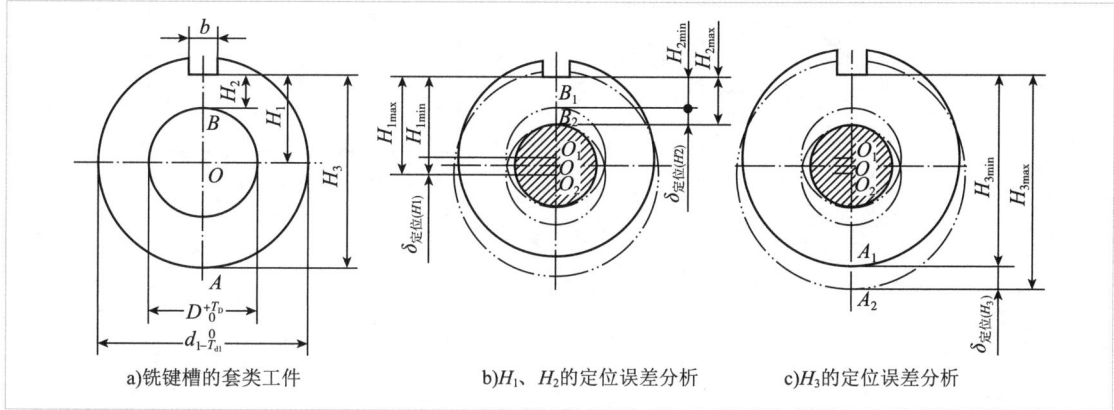

a)铣键槽的套类工件   b)H_1、H_2的定位误差分析   c)H_3的定位误差分析

◎图 6-19　套类工件铣键槽工序简图及定位误差分析图

对于工序尺寸 H_2、H_3,由于存在基准不重合误差,如图 6-20b)、c)所示,其定位误差分别为:

$$\Delta_{d(H_2)} = B_1 B_2 = H_{2max} - H_{2min} = O_1 O_2 + \frac{T_D}{2} = = T_D + T_d + X_{min} + \frac{T_D}{2} \tag{6-3}$$

$$\Delta_{d(H_3)} = A_1 A_2 = H_{3max} - H_{3min} = O_1 O_2 + \frac{T_{d1}}{2} = = T_D + T_d + X_{min} + \frac{T_{d1}}{2} \tag{6-4}$$

式中:T_D——定位孔的直径公差,mm;

　　　T_d——定位心轴的直径公差,mm;

　　　T_{d1}——工件外圆直径公差,mm;

　　　X_{min}——工件内孔与心轴配合的最小间隙,mm;

　　　X_{max}——工件内孔与心轴配合的最大间隙,mm。

(3)工件以外圆表面在 V 形块上定位时定位误差的计算。如图 6-20a)所示,在轴类零件上铣键槽,要求键槽与外圆中心线对称,并保证工序尺寸 H_1、H_2 或 H_3。当工件以外圆柱面在 V 形块上定位时,如图 6-20b)、c)、d)所示,其定位基准为工件外圆柱面的轴心线,定位基面为外圆柱面,若不考虑 V 形块本身的制造误差,则各工序尺寸的定位误差分析如下:

①如图 6-20b)所示,工序尺寸以 H_1 标注时,定位基准与工序基准重合,其定位误差 $\Delta_{d(H_1)}$ 为:

$$\Delta_{d(H_1)} = H_{1max} - H_{1min} = O_1 O_2 = \frac{T_d}{2\sin\frac{\alpha}{2}} \tag{6-5}$$

式中:T_d——工件定位基准的直径公差,mm;

　　　α——V 形块两斜面夹角,(°)。

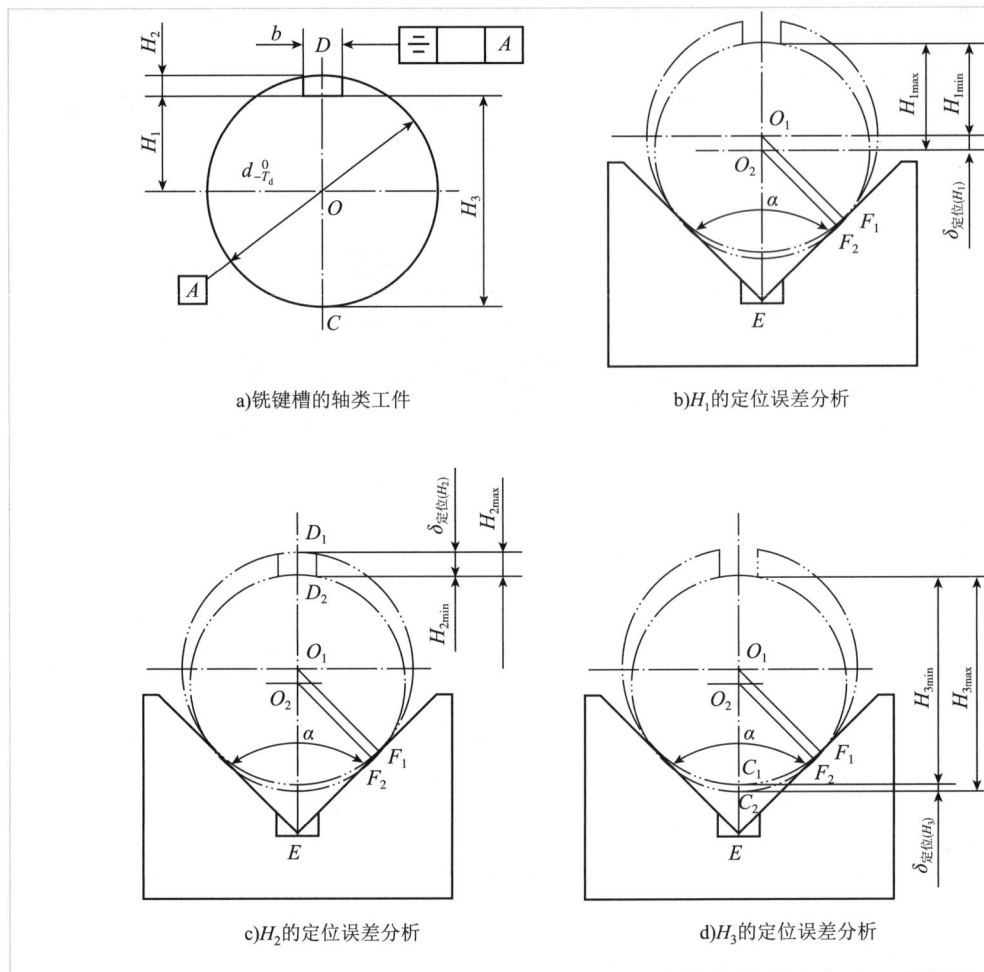

a)铣键槽的轴类工件

b)H_1的定位误差分析

c)H_2的定位误差分析

d)H_3的定位误差分析

◎图 6-20　轴类工件铣键槽工序简图及定位误差分析图

②如图 6-20c）所示，工序尺寸以 H_2 标注时，定位基准与工序基准不重合，其定位误差 $\Delta_{d(H_2)}$ 为：

$$\Delta_{d(H_2)} = H_{2\max} - H_{2\min} = D_1 D_2 = O_2 D_2 = (O_1 O_2 + O_1 D_1) = \left(\frac{T_d}{2\sin\dfrac{\alpha}{2}} + \frac{d}{2} \right) - \frac{d - T_d}{2}$$

即

$$\Delta_{d(H_2)} = \frac{T_d}{2\sin\dfrac{\alpha}{2}} + \frac{T_d}{2} = \frac{T_d}{2}\left(\frac{1}{\sin\dfrac{\alpha}{2}} + 1 \right) \tag{6-6}$$

③如图 6-20d）所示，工序尺寸以 H_3 标注时，定位基准与工序基准不重合，其定位误差 $\Delta_{d(H_3)}$ 为：

$$\Delta_{d(H_3)} = \frac{T_d}{2\sin\frac{\alpha}{2}} - \frac{T_d}{2} = \frac{T_d}{2}\left(\frac{1}{\sin\frac{\alpha}{2}} - 1\right) \qquad (6-7)$$

从上述 3 种不同工序基准的定位误差分析可知,工件以下母线为工序基准,其定位误差最小。

(4)工件以外圆在定位套中定位时定位误差的计算。工件以外圆在定位套中定位时,其基准位移误差的分析方法与工件以圆孔在心轴上定位时相同,只要将工件定位孔的公差换成定位轴的公差即可。

6.3.3　组合表面定位及其误差分析

前面所述的定位方法都是以定位元件的单一表面作为定位基准的,但在实际生产中,工件多以两个或两个以上的表面联合定位,称为复合定位,又称组合定位。下面以"一面两孔"定位为例,分析组合表面定位时的定位误差,此定位方式常用于箱体、盖板、杠杆等零件的加工。

1)工件以一面两孔定位

图 6-21 为箱体类工件用已加工的底面及底面上的两个工艺孔作为定位基准,称为一面两孔定位。定位元件为平面支承板、短圆柱销 1 及削边销(菱形销)2,其中平面支承板限制 3 个自由度,短圆柱销 1 限制两个自由度,削边销 2 限制一个自由度,实现完全定位。常用削边销的结构形状如图 6-22 所示,分别用于工件孔径 $D > 50\text{mm}$,$D < 3\text{mm}$,$3\text{mm} \leqslant D \leqslant 50\text{mm}$ 的定位。直径尺寸为 $3\text{mm} \leqslant D \leqslant 50\text{mm}$ 削边销做成菱形(图 6-23),其结构尺寸可按表 6-2 直接选取。削边销的应用可以解决一面两圆柱销定位时产生过定位的问题。

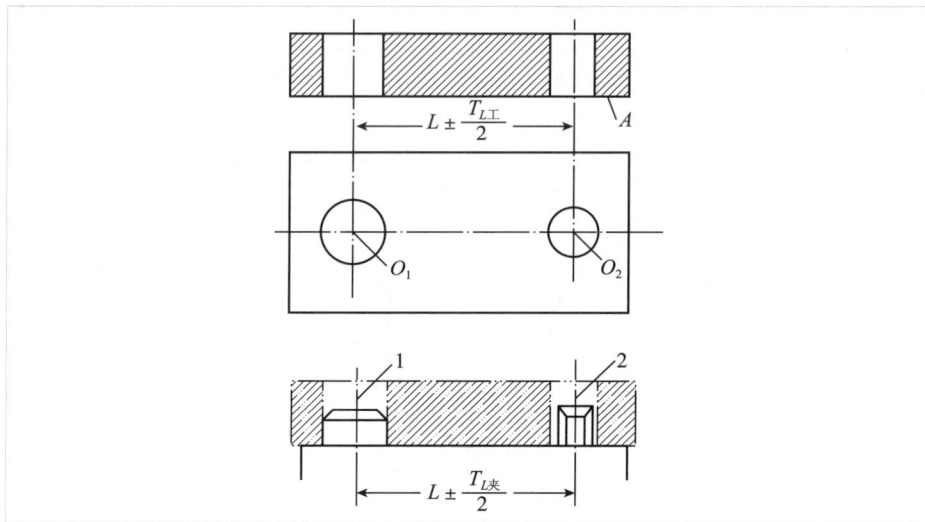

菱形销

一面两孔过定位

◎ 图 6-21　一面两孔定位分析

1-短圆柱销;2-削边销

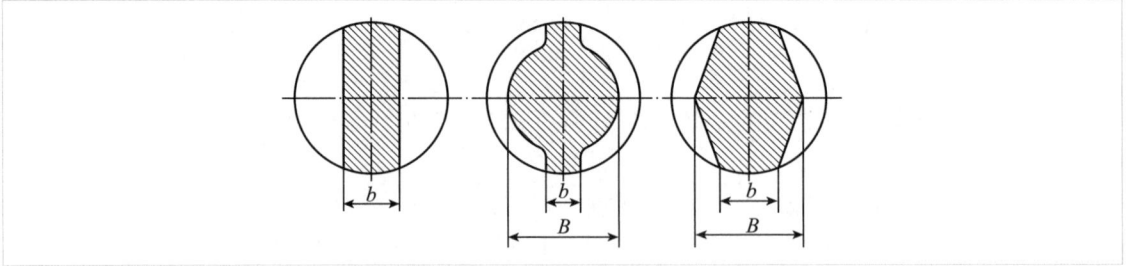

◎图 6-22　削边销的结构形状

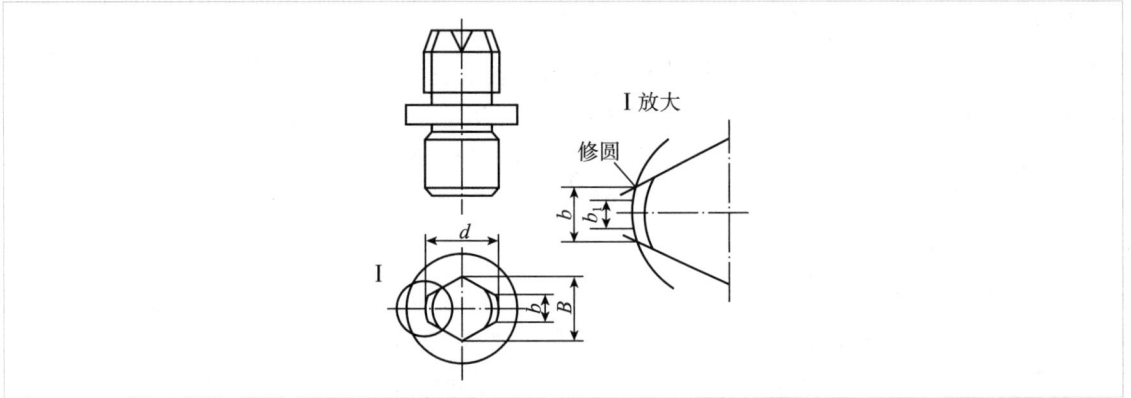

◎图 6-23　菱形定位销

标准菱形定位销的结构尺寸（mm）　　　　　　　　　　表 6-2

d	3~6	6~8	8~20	20~25	25~32	32~40	40~50
B	d—0.5	d—1	d—2	d—3	d—4	d—5	d—6
b_1	1	2	3	3	3	4	5
b	2	3	4	5	5	6	8

例如,对图 6-24 所示的一面二销定位进行设计分析,其设计按下述步骤进行:

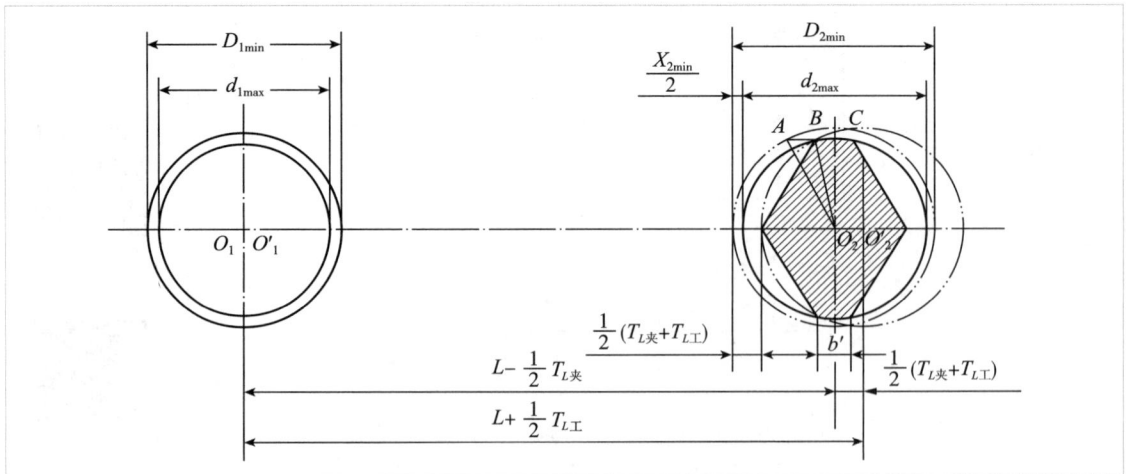

◎图 6-24　一面二销定位的设计分析

已知条件为工件上两定位孔直径 $D_{1\min}$，$D_{2\min}$，孔中心距及公差 $L\pm(1/2)T_{L工}$。

（1）确定夹具上两定位销中心距及公差为：

$$L\pm(1/2)T_{L夹} \tag{6-8}$$

其中，$T_{L夹}$ 的值为：

$$T_{L夹}=(1/5\sim1/3)T_{L工}$$

式中：$T_{L工}$——工件上两定位孔中心距公差，mm。

（2）确定圆柱销直径 $d_{1\max}$ 及其公差：$d_{1\max}=d_{1\min}$，配合选 H7/g6 或 H7/f6。

（3）确定菱形销直径 $d_{2\max}$，宽度 b 及其公差：查表 6-2 选定菱形销圆柱部分的宽度 b，按下式计算出菱形销与定位孔配合最小间隙 $\Delta_{2\min}$，再计算菱形销直径 $d_{2\max}$：

$$\Delta_{2\min(H_3)}=\frac{2b(T_{L夹}+T_{L工})}{D_{2\min}}$$

$$d_{2\max}=D_{2\min}-\Delta_{2\min} \tag{6-9}$$

式中：$\Delta_{2\min}$——定位孔 2 与定位销 2 的最小配合间隙，mm。

菱形销与定位孔的配合公差可按 H7/g6 选取。

2）工件以一面两孔组合定位时定位误差的计算

如图 6-21 所示，工件以一面两孔定位时，工件的第一定位基准底面没有基准位移误差，但第二、第三定位基准 O_1、O_2 由于与定位销配合间隙及两孔、两销中心距误差将引起基准位移误差，如图 6-25 所示。工件的定位误差表现为在平面内任何方向上的位移误差以及工件两定位孔中心的连线相对夹具两定位销中心的连心线的最大转角误差。当工件的 O_1、O_2 孔径最大，夹具的短圆柱销直径 d_1 及削边销直径 d_2 最小时，并且考虑工件两孔中心距误差，根据图中两种极端位置分析如下：

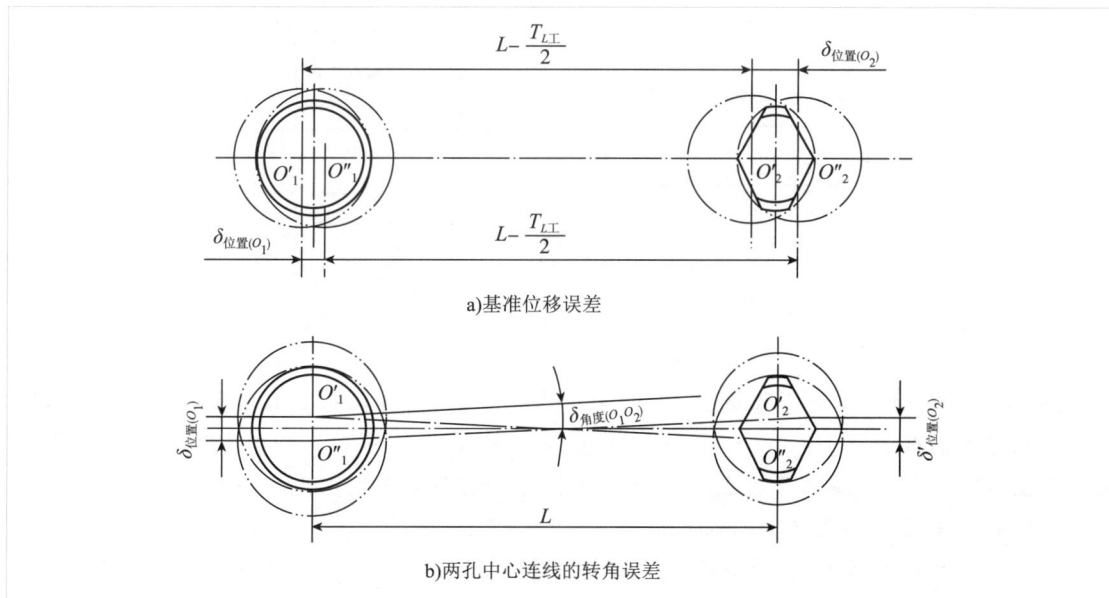

a)基准位移误差

b)两孔中心连线的转角误差

◎ 图 6-25　一面两孔定位时的基准位移误差与转角误差

（1）工件在 O_1 处任意方向的位移误差为：

$$\delta_{位置(O_1)} = O'_1 O''_1 = T_{D1} + T_{d1} + X_{1min} = X_{1max} \tag{6-10}$$

（2）工件在 O_2 处横向的位移误差为：

$$\delta_{位置(O_2)} = O'_2 O''_2 = O'_1 O''_1 + T_{L工} = T_{D1} + T_{d1} + X_{1min} + T_{L工} \tag{6-11}$$

工件在 O_2 处垂直方向的位移误差为：

$$\delta'_{位置(O_2)} = T_{D2} + T_{d2} + X_{2min} = X_{2max} \tag{6-12}$$

（3）两孔中心连线的转角误差为：

$$\delta_{位置(O_1O_2)} = \pm \arctan \frac{\delta_{位置(O_1)} + \delta_{位置(O_2)}}{2L} \tag{6-13}$$

式中：$\quad T_{D1}$、T_{D2}——工件内孔 O_1、孔 O_2 的直径公差；

$\qquad T_{d1}$、T_{d2}——夹具上短圆柱销 1、削边销 2 的直径公差；

$X_{1min}, X_{2min}, X_{1max}, X_{2max}$——分别为两销与两孔定位副的最小与最大配合间隙；

$\qquad T_{L工}$——工件两内孔的中心距公差；

$\qquad L$——工件的两孔、夹具上的两销中心距。

从上式中得到，若想减小转角误差，则夹具上的两销孔距离越大越好。

3）定位误差的计算例题

【例 6-1】 如图 6-26a) 所示的工件，设 $S = 4.0\,mm$，$\delta_S = 0.15\,mm$，$A = (18 \pm 0.10)\,mm$，若以如图 6-26b) 所示的定位方式进行加工，求保证工序尺寸 A 的定位误差，并分析定位误差是否满足要求？

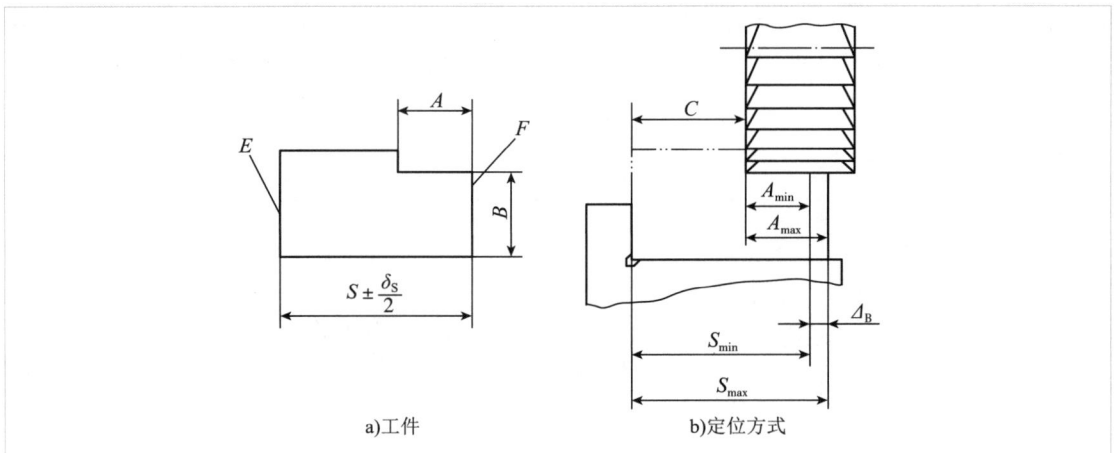

a)工件   b)定位方式

◎图 6-26 定位误差的分析

解： 由于尺寸 A 的工序基准为 F 面，而定位基准为 E 面，存在基准不重合误差 Δ_{bc}，其大小为定位尺寸 S 的公差 δ_S，即 $\Delta_{bc} = \delta_S = 0.15\,mm$。而以平面 E 定位加工尺寸 A 时，不会产生基准位移误差，即 $\Delta_{jw} = 0$。因此可得 $\Delta_d = \Delta_{bc} = \delta_S = 0.15\,mm$，而工序尺寸 A 的公差为 $0.2\,mm$，此时，$\Delta_d = 0.15\,mm > 0.2\,mm \times 1/3 = 0.067\,mm$。

由以上分析计算可知，此种方案定位误差太大，实际加工中容易出现废品，不能满足生产要求，应改变定位方式。

单元6.4 工件的夹紧

6.4.1 夹紧装置的组成及其设计原则

工件在夹具上定位以后,必须采用一些装置将工件夹紧压牢,使其在加工过程中不会因受切削力、惯性力、重力、离心力或振动等作用而产生位移。这种将工件夹紧压牢的装置称为夹紧装置。

1)夹紧装置的组成

夹紧装置是夹具的重要组成部分,如图6-27所示。夹紧装置一般由动力装置(动力源)、中间传动机构和夹紧元件3部分组成。

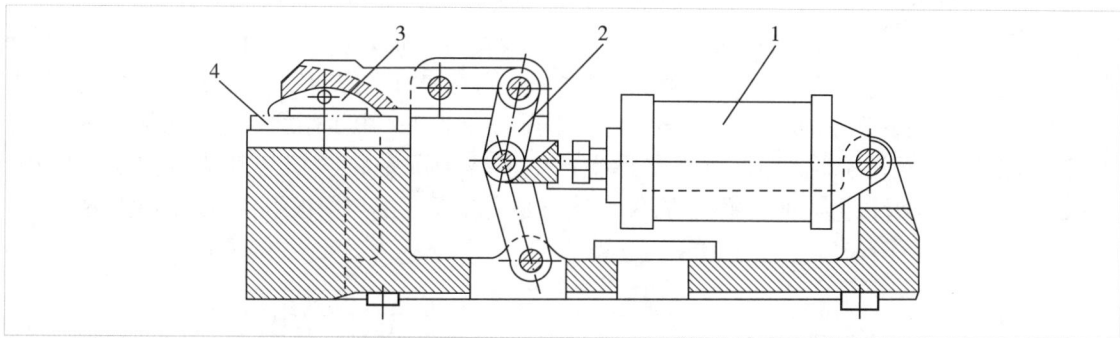

◎图6-27 夹紧装置的组成

1-摆动气缸;2-铰链机构;3-夹紧元件;4-工件

(1)动力装置。动力装置是指产生原始夹紧力的装置,通常是指机动夹紧时所用的气动、液动、电动等动力装置,如图6-27所示的摆动气缸1即动力装置。动力源来自人力的,则称为手动夹紧。

(2)中间传动机构。中间传动机构是指将动力装置产生的力传给夹紧元件的中间机构,如图6-27所示铰链机构2即中间传动机构,其作用如下:

①改变作用力的大小,为了把工件夹紧,有时往往需要较大的夹紧力,这时可利用中间传动机构如斜楔、螺旋、杠杆、铰链等机构将原始作用力增大,以满足夹紧工件的需要。

②改变力的作用方向,图6-27中摆动气缸1作用力的方向通过铰链杠杆机构后改变为垂直方向的夹紧力。

③使夹紧具有自锁性能,以保证夹紧的可靠性,对于手动夹紧装置尤其重要。

(3)夹紧元件。夹紧元件是指直接夹紧工件的元件,它是夹紧装置的最终执行元件,它与工件直接接触,把工件夹紧,如各种螺钉、压板等。

在一些简单的手动夹紧装置中,夹紧元件与中间传力机构常常很难区分,因此,常将二者统称夹紧机构。

2）夹紧装置的设计原则

夹紧装置的设计原则如下：

（1）工件被夹紧时，应保证定位准确，而不能破坏定位。

（2）夹紧力要适当，不能损伤工件表面，同时夹紧后工件与夹具的变形应在允许误差的范围内。

（3）夹紧机构结构简单，有良好的结构工艺性，制造及维修方便、操作快速和省力。大批量生产中应尽可能采用气动、液压夹紧装置，以减轻工人的劳动强度和提高生产效率。

（4）夹紧机构安全可靠，有足够的刚度和强度，手动夹紧机构应具有良好的自锁性，夹紧行程要足够。

6.4.2 常用的夹紧机构

1）斜楔夹紧机构

斜楔夹紧机构是利用斜面楔紧作用的原理直接或间接夹紧工件的机构。斜楔夹紧机构是夹紧机构中最基本的形式之一，螺旋夹紧机构、偏心夹紧机构等都是斜楔夹紧机构的变形。

图 6-28 为几种斜楔夹紧机构应用实例。在图 6-28a）中，需在工件上钻削相互垂直的 $\phi8mm$ 和 $\phi5mm$ 小孔。工件装入夹具后，用锤敲击斜楔大头，则楔块对工件产生夹紧力和对夹具体产生正压力，从而把工件夹紧。加工完毕后敲击小头即可松开工件。由于用斜楔直接夹紧工件，产生的夹紧力较小，且操作费时费力，故在实际生产中多数情况是将斜楔与其他机构联合使用。图 6-28b）是斜楔与滑柱组成的夹紧机构，图 6-28c）是由端面斜楔与压板组合而成的夹紧机构。

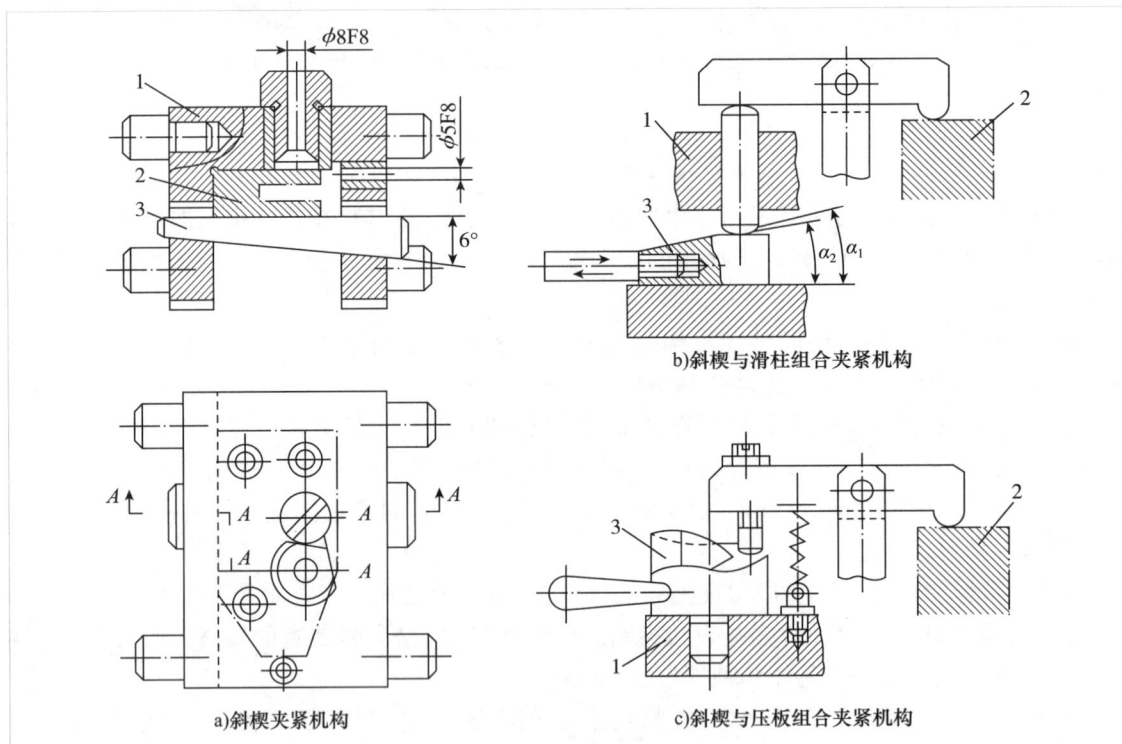

● 图 6-28　斜楔夹紧机构结构形式
1-夹具体；2-工件；3-斜楔

进行斜楔夹紧机构设计时,需要解决原始作用力与夹紧力的变换,保证自锁条件和合理选择斜楔升角等主要问题。

(1)斜楔夹紧机构的工作原理及夹紧力的计算。取图6-28a)中斜楔为受力平衡对象,斜楔夹紧时的受力情况如图6-29a)所示,斜楔在受原始作用力 F_Q 以后产生的夹紧力 F_j 可按力的平衡条件求出。斜楔与工件相接触的一面受到工件对它的反力(即夹紧力)F_j 和摩擦力 F_1 的作用,而斜楔与夹具体相接触的一面受到夹具体给它的反力 F_N 和摩擦力 F_2 的作用。在此 5 个力的作用下,斜楔处于平衡状态。

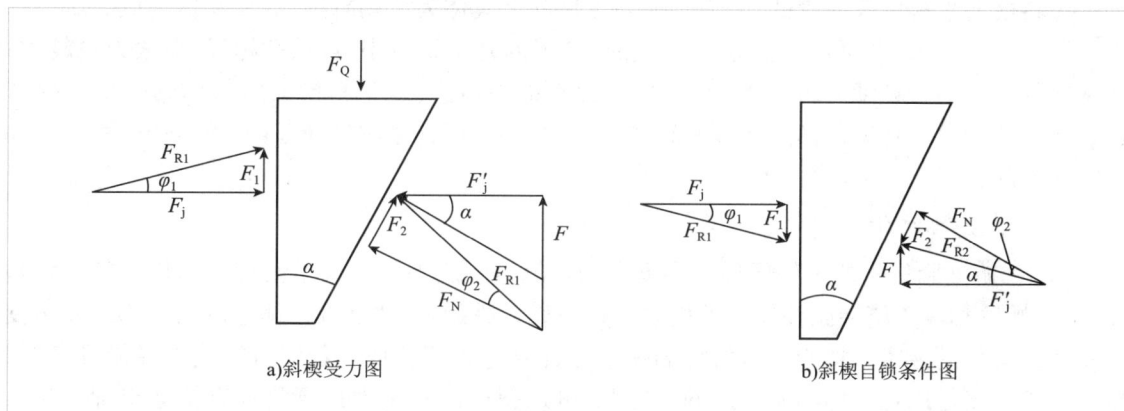

a)斜楔受力图   b)斜楔自锁条件图

◎图6-29 斜楔夹紧受力分析

将 F_j 和 F_1 合成为 F_{R1},摩擦角为 φ_1;将 F_N 和 F_2 合成为 F_{R2},摩擦角为 φ_2。再将 F_{R2} 分解为水平分力 F'_j 和垂直分力 F。

根据静力学平衡条件得: $F'_j = F_j \quad F_Q = F_1 + F$ (6-14)

因为 $F_1 = F_j \tan\varphi_1 \quad F = F'_j \tan(\varphi_2 + \alpha)$($\alpha$ 为斜楔楔角)

所以斜楔夹紧力的近似计算公式为:

$$F_j = \frac{F_Q}{\tan\varphi_1 + \tan(\varphi_2 + \alpha)} \tag{6-15}$$

通常取 $\varphi = \varphi_1 = \varphi_2 = 4° \sim 6°$,$\alpha = 6° \sim 10°$。由于 φ_1、φ_2、α 均很小,因此上式可简化为:

$$F_j = \frac{F_Q}{\tan(\alpha + 2\varphi)} \tag{6-16}$$

此简化公式计算夹紧力的误差不超过7%,一般能满足夹具的设计要求。

(2)斜楔的自锁条件。如图6-29b)所示为斜楔受力情况,斜楔在外力 F_Q 消失或撤除后,摩擦力的方向应与斜楔企图退出松开方向相反。F_N 和 F_2 可合并成合力 F_{R2},再把 F_{R2} 分解成水平分力 F'_j 和垂直分力 F。力 F 有使斜楔松开的趋势,欲使斜楔具有自锁性能,必须有 $F_1 > F$。因为 $F_1 = F_j \tan\varphi_1$,$F = F'_j \tan(\alpha - \varphi_2)$,$F_j = F'_j$,所以得:

$$\tan\varphi_1 > \tan(\alpha - \varphi_2)$$
$$\varphi_1 > \alpha - \varphi_2 \text{ 或 } \alpha < \varphi_1 + \varphi_2 \tag{6-17}$$

所以斜楔夹紧的自锁条件是:斜楔楔角 α 必须小于两处摩擦角之和 $(\varphi_1 + \varphi_2)$。一般钢铁材料、光滑平面的摩擦系数 $f = 0.1 \sim 0.15$,摩擦角 $\varphi \approx 6°$,因此,$\alpha < 12°$。为夹紧可靠,一般取 $\alpha = 6° \sim 8°$。因 $\tan 6° \approx 0.1$,故斜楔的斜度一般按 $1:10$ 设计。

(3)斜楔夹紧机构的特点。

①可改变原始作用力的方向,并有增力作用,楔角 α 越小,增力比越大。

②斜楔机构夹紧行程小,楔角 α 越小,行程越小,当要求具有较大的夹紧行程,且机构又要求自锁时,可采用双升角的斜楔夹紧结构。

③斜楔夹紧机构效率较低,因为斜楔与工件和夹具体为滑动摩擦,故夹紧效率低。

综上分析可知,当原始作用力 F_Q 一定时,斜楔的升角 α 越小,自锁性越好,夹紧力也越大,但夹紧行程变小。夹紧力增大多少,夹紧行程就缩小多少,这是斜楔夹紧机构的一个重要特性。斜楔的升角应合理选择。在选择斜楔升角时,必须综合考虑自锁条件、增力和行程缩小几个方面的问题。

2)螺旋夹紧机构

(1)螺旋夹紧机构的工作原理及夹紧力的计算。螺旋夹紧机构是斜楔夹紧机构的一种转化形式,螺纹相当于绕在圆柱体上的楔块。通过转动螺旋,使绕在圆柱体上的斜楔高度发生变化来实现工件的夹紧。螺旋夹紧机构的夹紧力计算与斜楔相似。若沿着螺旋中径展开,则螺旋相当于斜楔作用在工件与螺母之间。因此,可从斜楔的夹紧力计算公式直接导出螺旋夹紧力的计算公式为:

$$F_j = \frac{F_Q L}{\dfrac{d_0}{2}\tan(\alpha + \varphi_1) + r'\tan\varphi_2} \tag{6-18}$$

式中:F_j——沿螺旋轴线作用的夹紧力,N;

$\quad F_Q$——作用在扳手上的作用力,N;

$\quad L$——作用力的力臂,mm;

$\quad d_0$——螺纹中径,mm;

$\quad \varphi_1$——螺纹副的当量摩擦角,(°);

$\quad \varphi_2$——螺杆(或螺母)端部与工件(或压块)的当量摩擦角,(°);

$\quad r'$——螺杆(或螺母)端部与工件(或压块)的当量摩擦半径,mm。

(2)单个螺旋夹紧机构。图6-30a)为直接用螺钉或螺母夹紧工件的机构,易损伤工件表面,或带动工件旋转;图6-30b)为较完善的螺旋夹紧机构,夹紧螺柱5的头部装有摆动压块6,不会损坏工件表面并可消除偏转力矩。此两种结构都为单个螺旋夹紧机构。

摆动压块的结构如图6-31所示,A型的端面是光滑的,用于夹紧已加工的表面;B型端面有齿纹,用于夹紧毛坯粗糙的表面。

a)螺钉夹紧机构   b)有压块的螺旋夹紧机构

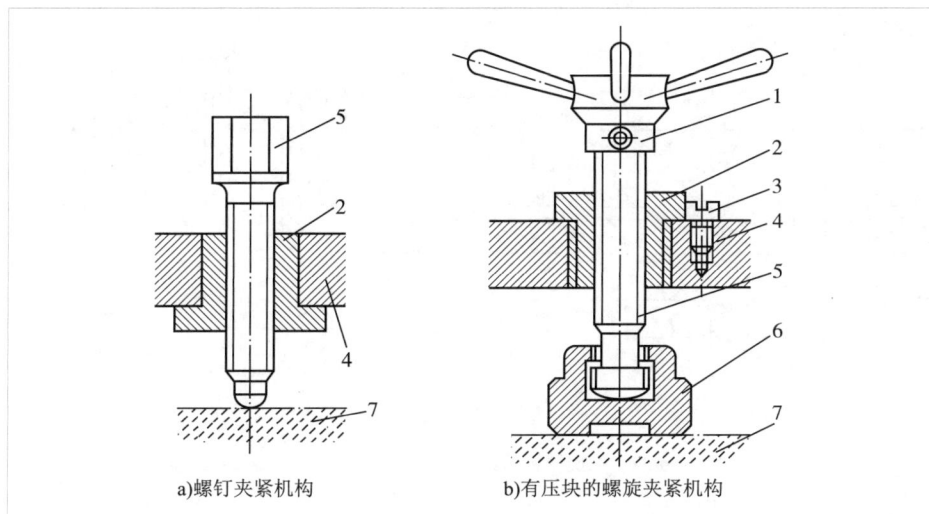

◎图6-30　单螺旋夹紧机构
1-夹紧手柄;2-螺纹衬套;3-防转螺钉;4-夹具体;5-夹紧螺柱;6-摆动压块;7-工件

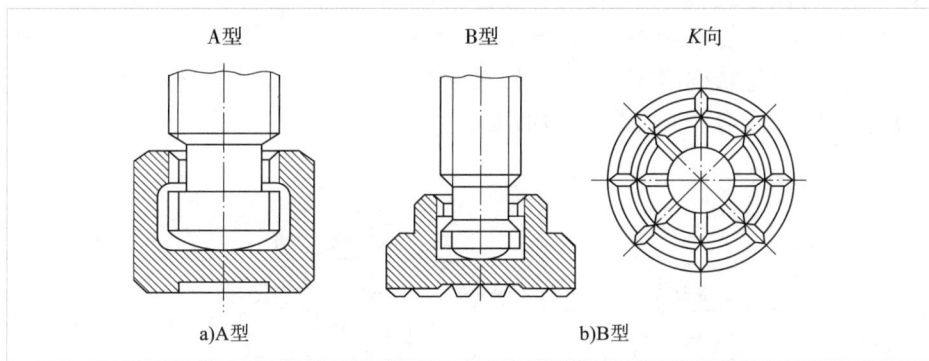

a)A型   b)B型

◎图6-31　摆动压块结构形式

（3）螺旋压板夹紧机构。在夹具中除采用螺杆（或螺母）直接夹紧工件外,还经常采用螺旋压板夹紧机构,它由单螺杆和杠杆组合而成。图6-32是螺旋压板夹紧机构的几种典型结构,图6-32a)、b)为移动式螺旋压板,压板上开有长圆孔,以便松开工件时压板可以后移,利于装卸工件。图6-32a)是减力的螺旋压板,它能够增大夹紧行程。图6-32b)改变了夹紧动力的作用方向,通过调整杠杆的力臂可以实现增力或增大夹紧行程的作用。图6-32c)为铰链螺旋压板夹紧机构,压板中部装有浮动压块,可以弥补由于压板倾斜而造成的与工件接触不良。图6-32d)为回转压板,压板可绕一端支点轴回转,便于装卸工件。

（4）螺旋夹紧机构的特点。

①结构简单,制造容易,夹紧行程不受限制,自锁性好,夹紧可靠。

②是增力机构,当选用标准手柄 $L=14d_0$ 时,螺纹升角取 $2°30'$,则增力比为 $i_p=75$。

③夹紧动作慢,辅助时间长,效率低,常用于手动夹紧机构。

单个螺旋夹紧机构1
单个螺旋夹紧机构2
浮动式螺旋压板夹紧机构

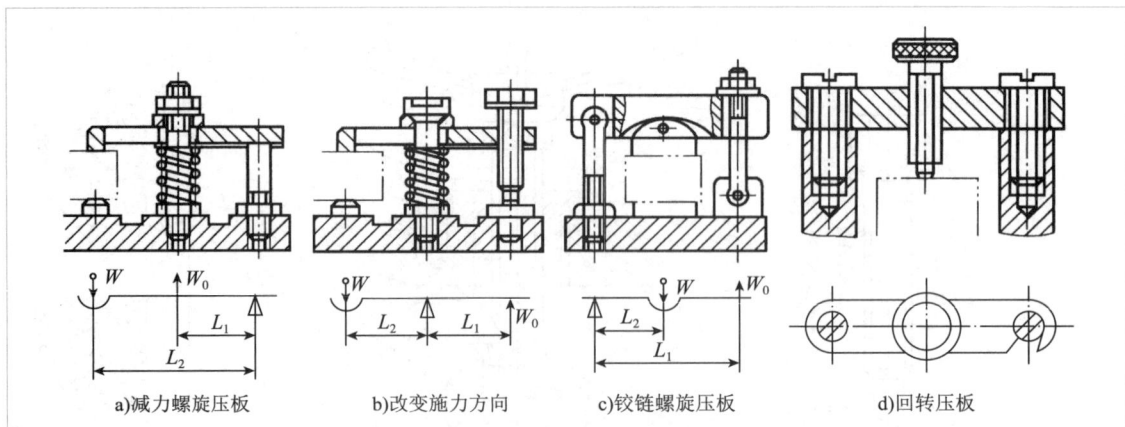

◎ 图 6-32　螺旋压板的典型结构

a)减力螺旋压板　　b)改变施力方向　　c)铰链螺旋压板　　d)回转压板

3）偏心夹紧机构

用偏心件直接夹紧或和其他元件组合而实现夹紧工件的机构,称为偏心夹紧机构。偏心夹紧也是斜楔夹紧的一种转化形式,常见的有偏心轮和偏心轴两种类型。图 6-33 所示为偏心夹紧机构的应用实例。图 6-33a）、b）用的是偏心轮,图 6-33c）用的是偏心轴,图 6-33d）用的是偏心叉。偏心夹紧机构的优点是结构简单、操作方便夹紧迅速,缺点是夹紧力和夹紧行程小,一般用于切削力不大、振动小、没有离心力影响的加工中。

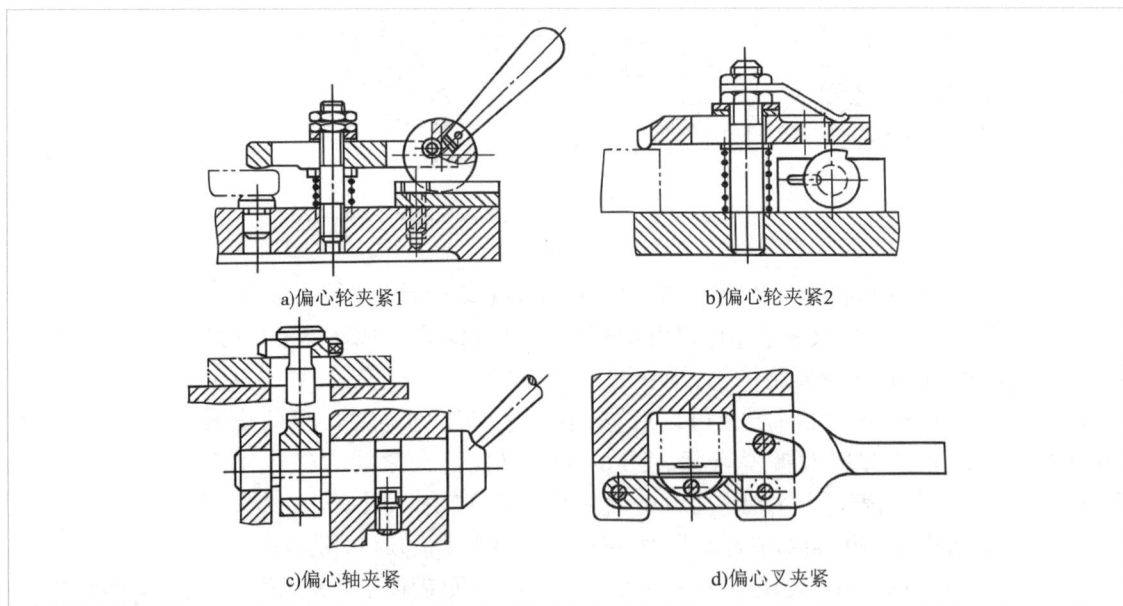

a)偏心轮夹紧1　　b)偏心轮夹紧2

c)偏心轴夹紧　　d)偏心叉夹紧

◎ 图 6-33　偏心夹紧机构的应用实例

4）定心夹紧机构

定心夹紧机构是一种同时实现对工件定心定位和夹紧的夹紧机构,其特点是与工件定位基准相接触的元件,既是定位元件也是夹紧元件。定心夹紧机构主要适用于几何形状对称,并以对称轴线、对称中心或对称平面为工序基准的定位夹紧。

（1）通过定心夹紧元件等速移动实现定心或对中夹紧的机构。定心夹紧机构常用斜楔、左右螺旋、双面偏心轮和齿轮齿条等作为传动件,带动工作元件作等速移动以实现定心夹紧作用。其典型结构如图6-34所示。

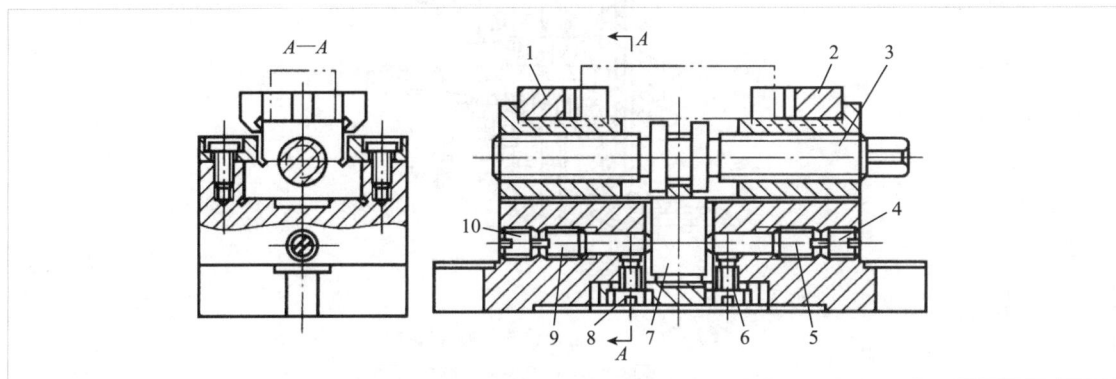

◎图6-34 螺旋定心对中夹紧机构

1、2-V形块;3-螺杆;4、10-紧固螺钉;5、9-螺钉;6、8-螺栓;7-叉形件

（2）通过定心夹紧元件的均匀弹性变形实现定心夹紧的机构。这类机构是利用弹性元件受力后的均匀弹性变形来实现对工件的定心夹紧的,其定心精度较高,如弹簧夹头、膜片卡盘、碟形簧片夹具等。

6.4.3 夹紧机构的动力源装置

在自动夹紧时,夹具上常用的动力装置有气动、液压、气-液联动、电动、电磁和真空等快速高效传动装置,这样可以大幅度减少装夹工件的辅助时间,提高生产率和减轻工人劳动强度。

1) 气动夹紧装置

气动夹紧应用最广,动力源是压缩空气,由压缩空气站供应,一般压缩空气站供应的压缩空气压力在0.7~0.9MPa,经管路损失后,其工作压力通常为0.4~0.6MPa,在设计计算时,通常以0.4MPa来计算夹紧力较为安全。

（1）气缸。气缸是气动夹紧的主要动力部件,常用的有活塞式气缸和薄膜式气缸两种形式。

①活塞式气缸。活塞式气缸按工作运动情况分为固定式、摆动式、差动式和回转式等,按气缸进气情况分为单作用式、双作用式。此类气缸已经标准化,可按有关国家标准选用。

②薄膜式气缸(又称气室)。图6-35为单向作用的薄膜式气缸结构。薄膜2代替了活塞的作用,将气室分为左、右两部分。与活塞式气缸相比,薄膜式气缸具有结构简单,维修方便、密封性好、寿命长等优点,缺点是工作行程短。

（2）气动夹紧的特点。

①压缩空气在管道中流动的压力损失小,便于集中供应和实现远距离操纵,使用操作方便。

②因空气有弹性,所以夹紧刚度不高,故在重切削或断续切削时,应设置自锁装置。

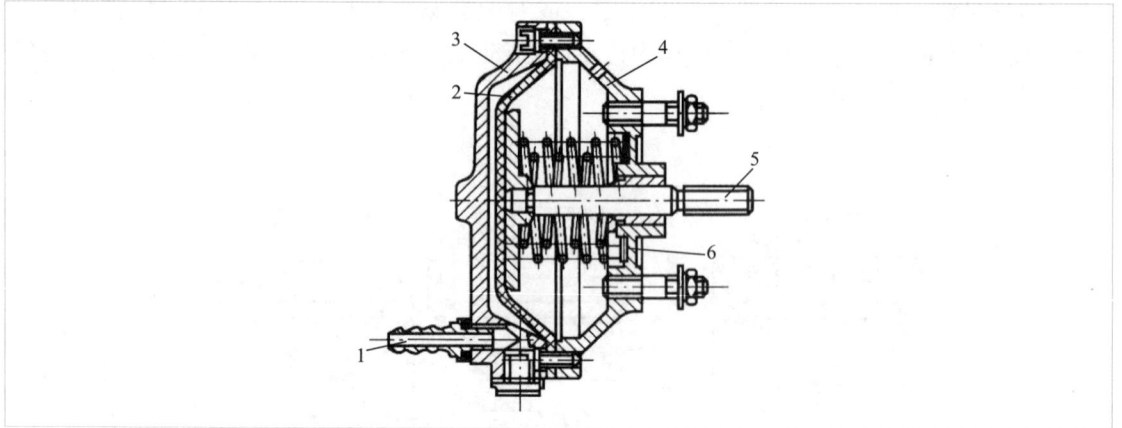

◎图 6-35　单向作用的薄膜式气缸
1-管接头；2-薄膜；3、4-气室壳体；5-推杆；6-弹簧

③动作快、效率高，没有污染。

④与液压相比压力低、噪声大、结构较大。

2）液压夹紧装置

液压夹紧装置是利用压力油作为夹紧动力。采用的油缸结构和工作原理与活塞式气缸类似，但与气动夹紧装置相比，液压夹紧装置有如下特点：

（1）工作压力高，传动力大，可采用直接夹紧方式，结构尺寸较小。

（2）油液不可压缩，夹紧刚性大，工作平稳性好、安全可靠，噪声小。

（3）缺点是采用液压夹紧装置需设置专门的液压系统，成本高。有关液压传动装置的设计请参考有关资料和标准。

3）气-液增压夹紧装置

气-液增压夹紧装置以压缩空气为动力源，通过压力油来传力和增力。它集合了气动和液压传动两者的优点，可获得很大的传动力而结构尺寸又较小。

图 6-36a）为气-液增压装置工作原理图，图 6-36b）为装置结构图。压力为 p_1 的压缩空气由 A 进入增压器气缸 1 的左腔，推动活塞右移，使油液压力增至 p_2，再进入直径为 d 的夹紧油缸推动夹紧机构。为补充液压油损耗，设有补充油箱 2。单向阀可防止油缸压油时油液向油箱倒流。

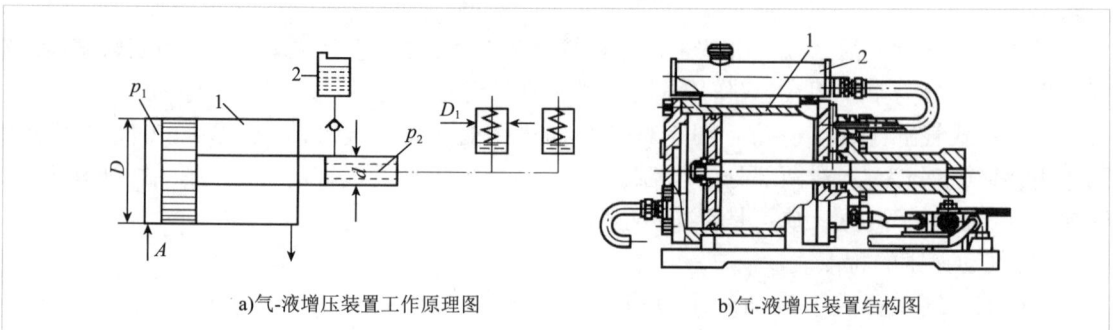

a)气-液增压装置工作原理图　　　　b)气-液增压装置结构图

◎图 6-36　气-液增压装置
1-气缸；2-补充油箱

单元 6.5 各类机床夹具

6.5.1 车床夹具

车床夹具的特点是装在机床的主轴上并带动工件进行回转运动,主要用于加工零件的内孔、外圆柱面、圆锥面、回转成型面、螺纹及端平面等。

1)车床夹具的类型

根据工件的结构特点、定位基准和夹具本身的结构特点,车床夹具可分为以下两类:

(1)用于加工回转体工件的车床夹具,即心轴式车床夹具,如以工件外圆定位的各类卡盘和夹头、以工件内孔定位各种心轴、以工件顶尖孔定位的各种顶尖和拨盘等。此类夹具大部分已经标准化,可以直接选用。

(2)用于加工非回转体工件的车床夹具,如各种弯板式(图6-37)、花盘式车床夹具。

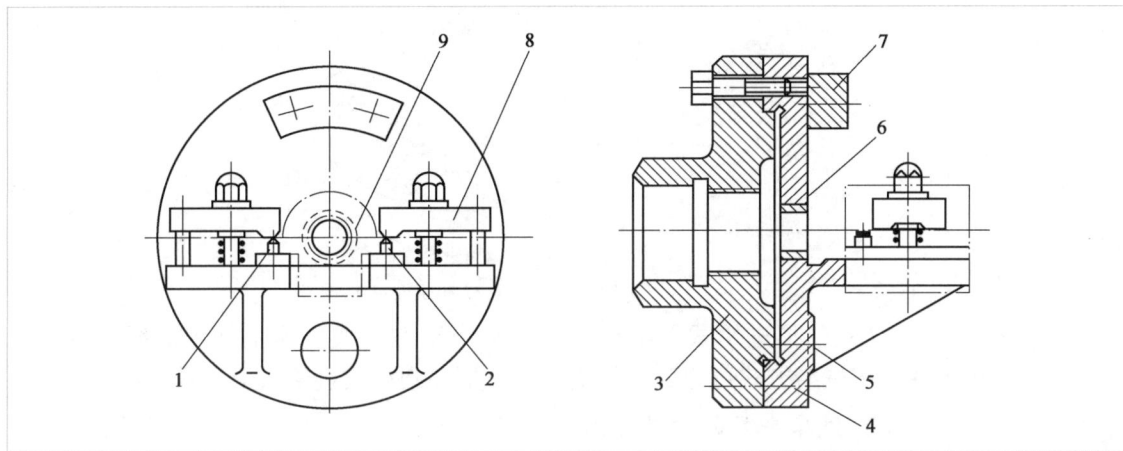

◎ 图6-37 弯板式车床夹具

1、2-定位销;3-过渡盘;4-夹具体;5-定程基面;6-导向套;7-平衡重;8-压板;9-工件

2)夹具与机床主轴的连接方式

车床夹具与车床主轴的连接方式取决于机床主轴轴端的结构、夹具的体积和精度要求。对于车床和内外圆磨床的夹具,一般是安装在机床的主轴上,常用莫氏锥柄、圆柱和端面、短圆锥和端面及过渡盘定位等方式,定位精度高、刚性好、安装迅速方便。

6.5.2 铣床夹具

铣床夹具主要用于加工平面、键槽、缺口以及成型面等。铣床夹具的重要特征是:一般应有确定刀具位置和夹具方向的对刀块和定位键,以保证夹具与刀具、机床间的正确位置。

1）铣床夹具的类型

因夹具与机床工作台一起做进给运动,其结构类型常取决于铣削的进给方式。按工件的进给方式,铣床夹具可分为 3 类,即直线进给式、圆周进给式和仿形进给式。

（1）直线进给式。直线进给式夹具安装在铣床工作台上,随工作台按直线进给方式运动。有单工件、多工件或单工位、多工位之分,用于中小批生产,如图 6-1 所示的加工拨叉的铣床夹具。

（2）圆周进给式。圆周进给式用于具有回转工作台的铣床上,工作台同时安装多台相同夹具,或多套粗、精两种夹具,工件呈连续圆周进给方式(图6-38),工件经切削区加工,在非切削区装卸,生产效率很高,用于大批量生产。

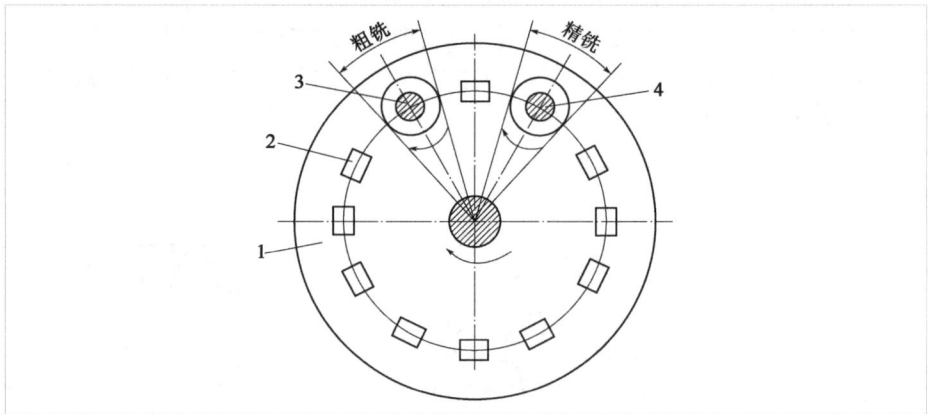

◎ 图 6-38 　 圆周进给式铣床夹具

1-回转台;2-夹具;3-粗铣刀;4-精铣刀

（3）仿形进给式。仿形进给式常用于在立式铣床上加工曲线轮廓的工件。按进给方式可分为直线式进给仿形和圆周式进给仿形夹具。

2）铣床夹具的设计原则

（1）总体结构原则。

①铣削加工的切削力较大,又是断续切削,加工中易引起振动,因此,铣床夹具的受力元件和夹具体要有足够的强度和刚度。

②铣床夹具的重心要尽量低,工件的加工表面尽可能靠近工作台表面。

③铣床夹具要有足够的夹紧力及较好的自锁性能。

④铣削夹具应有足够的排屑空间。清理切屑要安全方便,注意切屑的流向。

（2）铣床夹具的夹具体和定位键。铣床夹具的夹具体要承受较大的切削力和冲击力,因此,要有足够的强度、刚度和稳定性。通常在夹具体上适当地布置筋板,夹具体的安装面积足够大,尽可能做成四周接触的形式。

铣床夹具通常通过定位键分别与夹具体的键槽和铣床工作台 T 形槽的配合来确定夹具在机床上的正确位置。由于定位键与机床工作台 T 形槽之间是有间隙的,为了提高夹具的安装精度,在夹具安装时,应将定位键靠在 T 形槽的一个侧面上以消除间隙,这样可提高定位精度。

对于刨床、镗床,与铣床夹具一样,都是安装在机床的工作台上,也可用两个定位键定位,再用螺钉夹紧。其定位连接方法也与铣床夹具相同。

(3)铣床夹具的对刀装置。对刀元件是用来确定夹具(工件)相对于刀具的位置的装置。铣床夹具的对刀装置主要由对刀块和塞尺构成。塞尺有平塞尺和圆柱塞尺两种,塞尺用于检查刀具与对刀块之间的间隙,避免刀具与对刀块直接接触。图6-39为几种常用的铣床对刀装置,其中图6-39a)为高度对刀块,用于加工平面时对刀;图6-39b)为直角对刀块,用于加工键槽或台阶面时对刀;图6-39c)、d)为成型对刀块,用于加工成型表面时对刀。

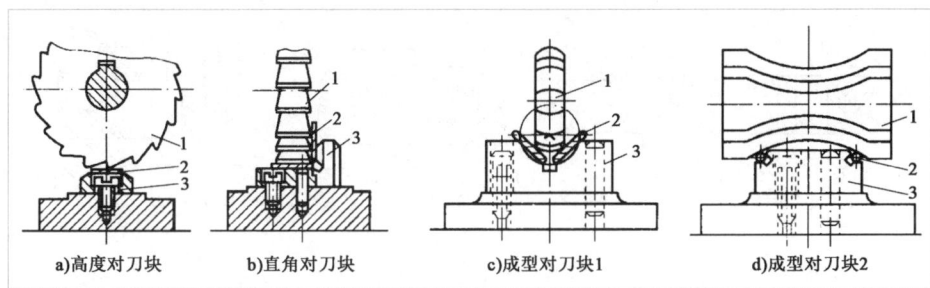

a)高度对刀块　　b)直角对刀块　　c)成型对刀块1　　d)成型对刀块2

◎ 图6-39　铣床对刀装置
1-铣刀;2-塞尺;3-对刀块

6.5.3　钻床夹具

钻床夹具一般都有钻头导向装置,即钻套来确定钻头的正确位置,以保证各孔加工时的孔距精度和位置精度。钻套安装在钻模板上。

1)钻床夹具(钻模)的结构形式

(1)固定式钻模。固定式钻模是指加工时夹具相对于工件的位置保持不变的钻模。这类钻模多用于立式钻床加工单孔,或摇臂钻床、组合钻加工平行孔系。

(2)盖板式钻模。盖板式钻模没有夹具体,钻套、定位和夹紧元件都固定在钻模板上。使用时将其盖在工件上,定位夹紧后即可加工。盖板式钻模的优点是结构简单,多用于加工大型工件上的孔系。

(3)回转式钻模。回转式钻模的结构特点是具有分度、回转装置,用于加工以轴线为中心分布的轴向或径向孔系,有些分度装置已标准化。

(4)滑柱式钻模。滑柱式钻模是一种具有升降模板的通用可调整钻模,其定位元件、夹紧元件和钻套可根据不同工件来更换,而钻模板、滑柱、夹具体、传动和锁紧等保持不变,适用于小型零件的不同类型生产。

2)钻套

钻套是刀具的引导元件,用于增加钻头的刚度,保证孔的位置加工精度。

(1)钻套的类型。钻套按其结构形式,可分为固定钻套、可换钻套、快换钻套和特殊钻套4类。

钻床夹具

滑柱式钻模

①固定钻套。固定钻套如图6-40a)所示,分带肩和不带肩两种,可直接压入(过盈配合)钻模板或夹具体的孔中。其优点是结构简单,钻孔位置精度高,缺点是磨损后不易更换。

②可换钻套。可换钻套如图6-40b)所示,以间隙配合安装在衬套中,而衬套则压入(过盈配合)钻模板或夹具体的孔中。可换钻套在磨损后可以更换,故多用于大批量生产。

③快换钻套。快换钻套如图6-40c)所示,具有快速更换的特点,更换时无须拆去螺钉,而只要将钻套逆时针方向转动一个角度,使螺钉头部对准钻套缺口,即可取下钻套。快换钻套多用在加工过程需要连续更换刀具的场合。

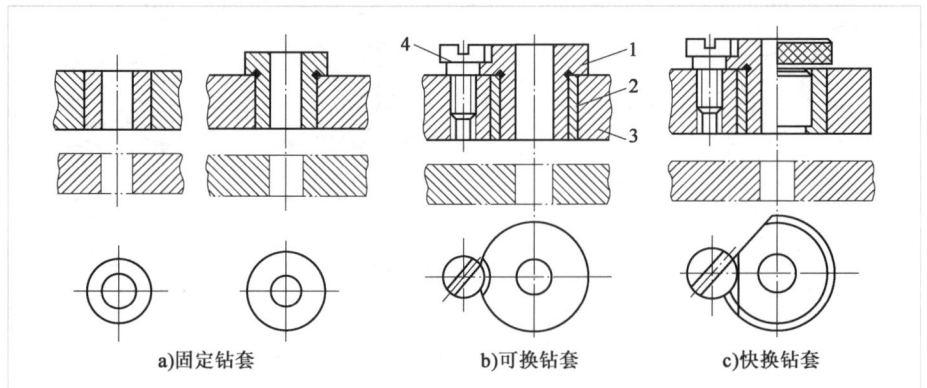

◎图6-40　标准化钻套
1-钻套;2-衬套;3-钻模板;4-螺钉

上述钻套已经标准化,使用时可查阅相关夹具手册选用。

④特殊钻套。由于孔的位置或工件的形状等特殊情况,需要专门设计的钻套。图6-41为几种特殊钻套的结构形式。

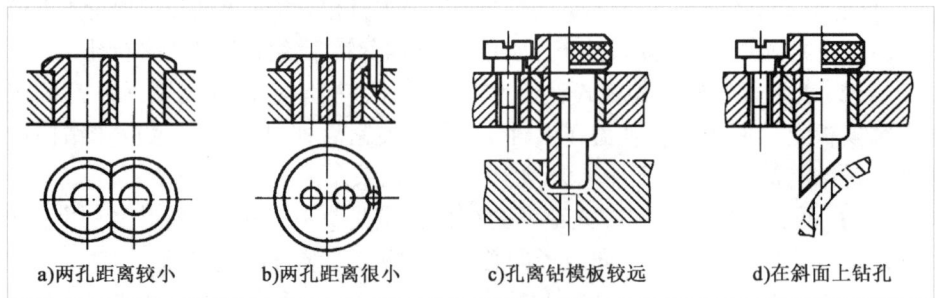

◎图6-41　特殊钻套结构形式
a)两孔距离较小　b)两孔距离很小　c)孔离钻模板较远　d)在斜面上钻孔

（2）钻套尺寸的确定如图6-42所示。

①钻套内径 D。钻套内径的基本尺寸根据所用刀具的外径来确定,对于钻头、扩孔钻、铰刀等标准的定尺寸刀具,按基轴制选用动配合 F7 或 F6。

②钻套高度 H。对于一般孔距精度,取 $H = (1.5 \sim 2.0)D$;对于要求较高的孔距精度,取 $H = (2.5 \sim 3.5)D$。

③钻套与工件的距离 h。钻套与工件之间应留有间隙,以便于排屑。加

钻径向孔仿真加工

钻轴向三孔
仿真加工

工铸铁时,取 $h = (0.3 \sim 0.7)D$;加工钢时,取 $h = (0.7 \sim 1.5)D$。

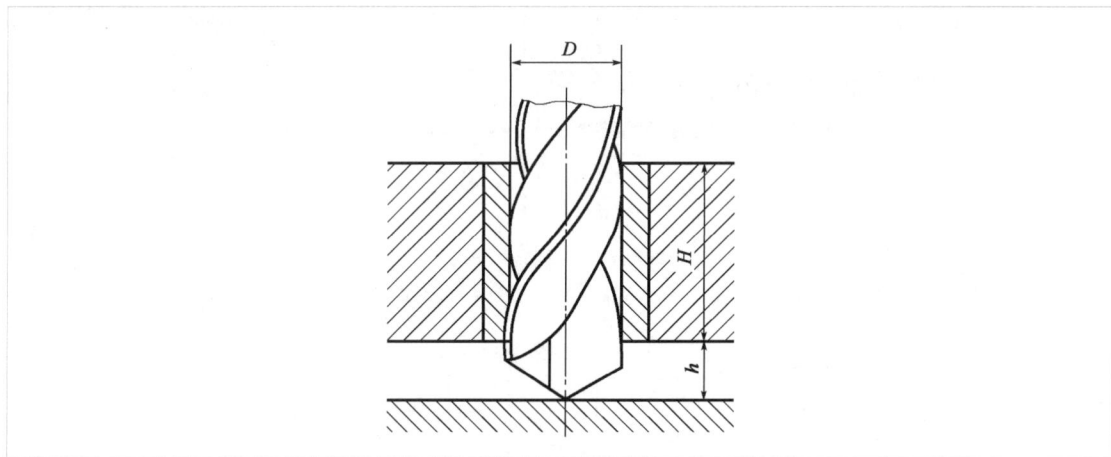

◎图6-42　钻套尺寸的确定

6.5.4　镗床夹具

具有刀具导向的镗床夹具,一般称为镗模,用镗模引导镗刀,对孔或孔系进行加工时,孔的尺寸精度或孔系的位置精度由镗套的尺寸精度或位置精度决定。镗套安装到镗模板上,主要用来加工箱体、支座类零件上的精密孔或孔系。

1)镗套类型

(1)固定式镗套。固定式镗套如图6-43所示,其结构与钻套相似,它固定在镗模的导向支架上,不能随镗杆一起转动,刀具或镗杆本身在镗套内,既有相对转动又有相对移动,适用于镗杆速度低于20m/min时的镗孔加工。

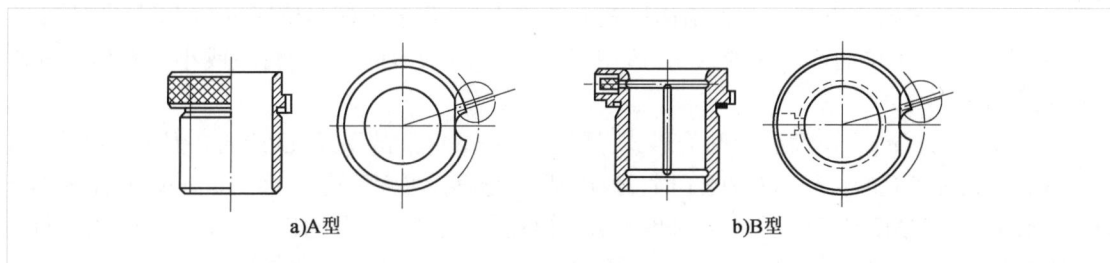

a)A型　　　　　　　　　b)B型

◎图6-43　固定式镗套

(2)回转式镗套。当镗杆的线速度大于20m/min或高速镗孔时,一般采用回转式镗套,如图6-44所示。这种镗套的特点是刀杆本身在镗套内只有相对移动而无相对转动,镗套与刀杆之间的磨损很小,避免了镗套与镗杆之间因摩擦发热而产生"卡死"的现象,但对回转部分的润滑要得到充分的保障。

当镗孔直径大于镗套内孔时,如果镗刀是在镗模外安装调整好,则镗刀通过镗套时,要考虑镗刀通过镗套的问题。图6-45是一种镗刀的导向机构,镗杆端部做成双螺旋面如图6-45a)所示,在回转式镗套上装有尖头定向键如图6-45b)所示。当镗杆通过镗套时,尖头定位键2沿螺旋面1自动进入镗杆的引刀槽中,以保证镗刀与镗套的引刀槽3对准。

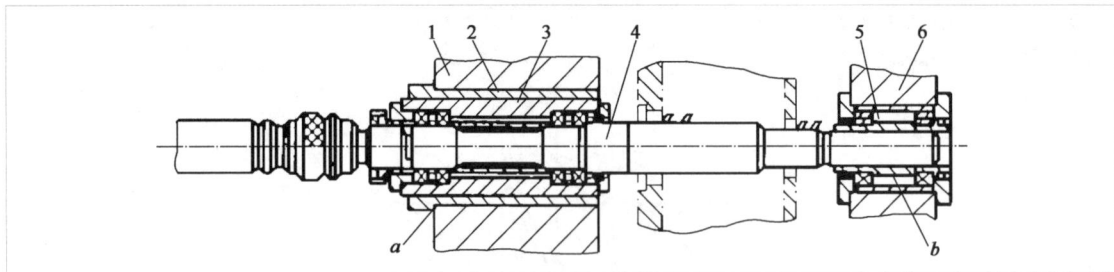

◎图 6-44　回转式镗套

1、6-导向支架;2、5-导套;3-导向滚动套;4-镗杆;a-内滚式镗套;b-外滚式镗套

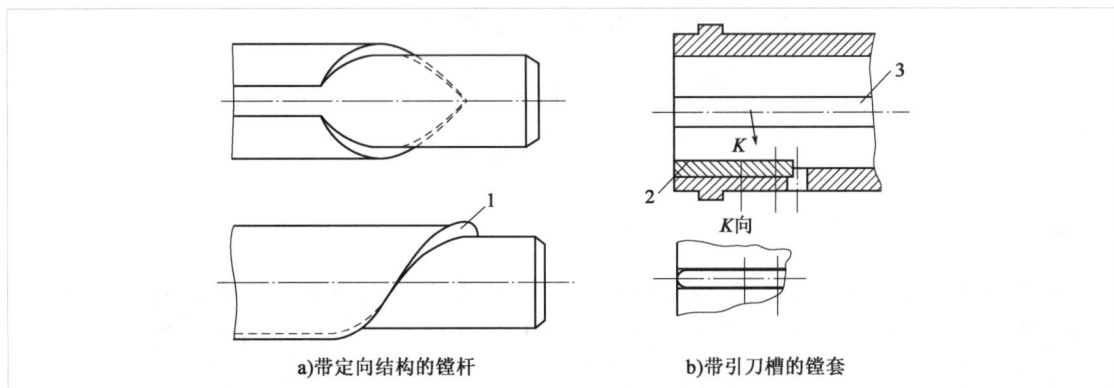

a)带定向结构的镗杆　　　　　　**b)带引刀槽的镗套**

◎图 6-45　镗杆的螺旋导向

1-螺旋面;2-尖头定位键;3-引刀槽

2)镗模导向支架的布置方式

根据镗套支架的布置形式,镗模可分为单面导向镗模支架和双面导向镗模支架两类。

(1)单面导向镗模支架。此种结构形式的镗模支架,要求镗杆与机床主轴为刚性连接。

①图 6-46a)为单面前导向的结构,适用于 $D > 60\text{mm}$,$L/D < 1$ 的通孔,或小型箱体上同轴线的几个通孔。

②图 6-46b)、c)为单面后导向的形式,适用于 $D < 60\text{mm}$ 的不通孔,或通孔但无法设置前导向的场合。被加工孔的长径比 $L/D < 1$ 时,镗杆引导部分直径可大于孔径,如图 6-46b)所示,此时镗杆刚性较好,加工精度易于保证,换刀时也不必更换镗套;当被加工孔的长径比 $L/D > 1$ 时,镗杆直径应制成同一尺寸,并应小于被加工孔的孔径,如图 6-46c)所示,使镗杆能够进入孔中进行加工。

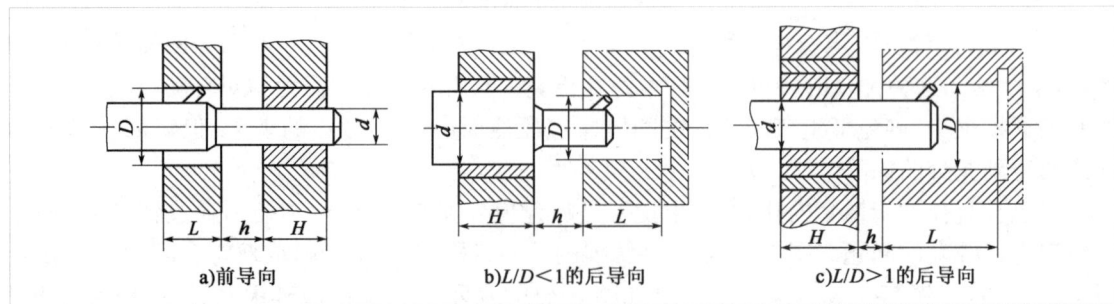

a)前导向　　　　　**b)$L/D < 1$ 的后导向**　　　　　**c)$L/D > 1$ 的后导向**

◎图 6-46　单面导向镗模支架

（2）双面导向镗模支架。双面导向镗模支架如图 6-47 所示，有两个镗模支架，分别分布在刀具的前后方，要求镗杆与机床主轴采用浮动连接。此时，镗孔的精度完全由镗套精度保证，常用于加工长径比 $L/D > 1.5$ 的长孔或同轴度要求较高的几个短孔、有较高同轴度或中心距要求的孔系。当 $L/D > 10$ 时，还应在中间加导向镗套或支架。

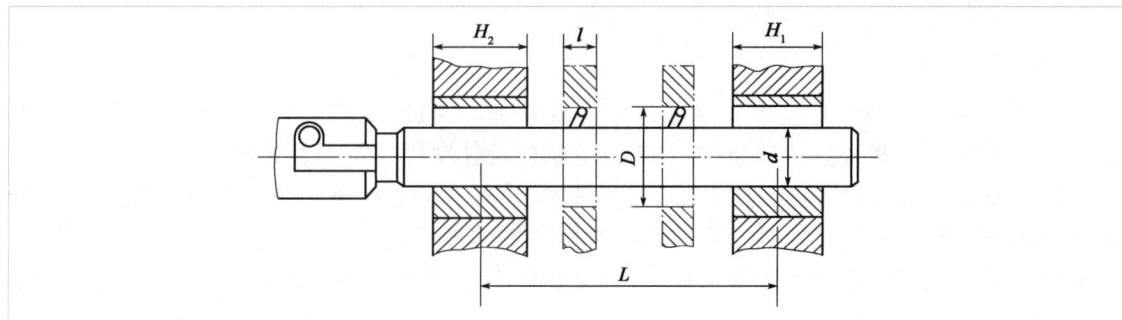

◎图 6-47　双面导向镗模支架

6.5.5　分度装置与夹具体

1）夹具的分度装置

（1）分度装置的作用。有些工件加工时，其加工表面形状、尺寸彼此相同，并按一定角度或一定距离分布，如钻铰一组等分孔或铣一组等分槽、多面体等，如图 6-48 所示。要使工件在一次装夹中完成这些相同表面的加工，夹具上必须设有分度装置。

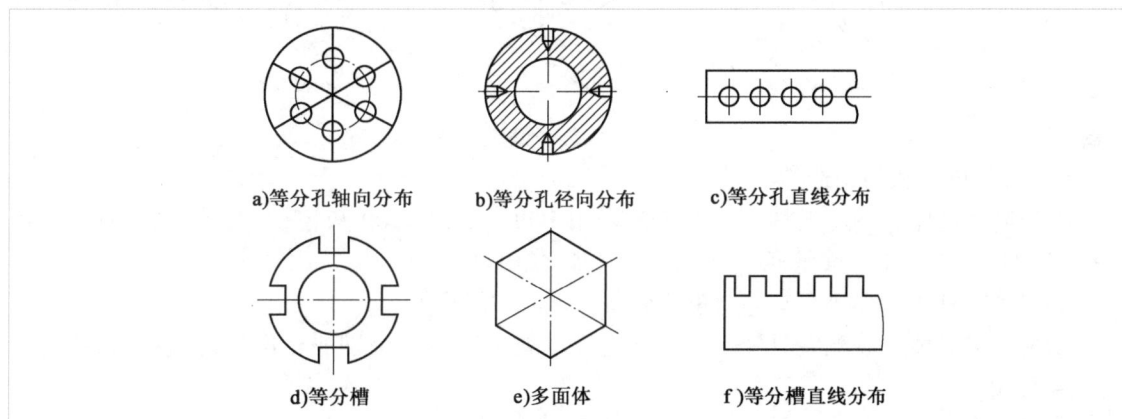

a)等分孔轴向分布　　b)等分孔径向分布　　c)等分孔直线分布

d)等分槽　　e)多面体　　f)等分槽直线分布

◎图 6-48　工件中常见的等分表面

（2）分度装置的组成。

①分度盘的固定部分。当夹具在机床上安装调整好后，分度盘的固定部分是固定不动的，常以夹具体作为分度盘的固定部分。

②分度盘的转动（或移动）部分。分度盘的转动（或移动）部分是分度装置的运动件，应保证工件在定位和夹紧状态下进行转位（或移动）。各摩擦副之间应保持良好的润滑。

③对定机构。对定机构的作用是保证其分度盘的转动（或移动）部分相对于固定部分获得正确的分度位置，并进行定位和完成插销及拔销的动作。

④锁紧机构。当分度完成后,锁紧机构将分度盘的转动(或移动)部分与固定部分之间进行锁紧,增加分度装置的刚度和稳定性,减小振动,同时起到保护对定机构的作用。

(3)分度装置的分类。按作用原理不同,分度装置可分为机械式分度装置、机电式分度装置和机光式分度装置等。在机械加工中应用最多的是机械式分度装置。另外,按分度盘和对定机构的相互位置可分为轴向分度装置和径向分度装置。

2)夹具体

(1)夹具体的结构形式。夹具体是机床夹具的基础元件,结构形式一般由机床的有关参数、夹具上其他元件和装置的分布情况、工件的结构及外廓尺寸等因素决定。

图6-49为夹具体的3种结构形式,分为开式、半开式和框架式。开式结构的制造工艺性较好,而框架式结构的刚性较强。在选择夹具体的结构形式时,一是要考虑与工件的形状、尺寸、加工要求以及所选用的机床相适应;二是夹具体毛坯要便于制造和切削加工;三是应便于工件的装卸。

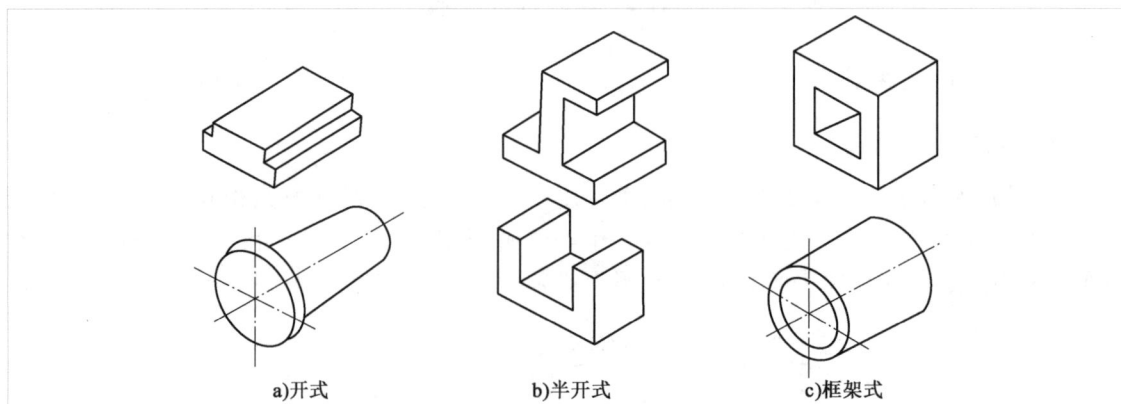

a)开式　　　　　　b)半开式　　　　　　c)框架式

◎图6-49　夹具体结构形式

(2)夹具体毛坯的制造方法。

①铸造夹具体。铸造夹具体的材料多采用 HT150 或 HT200 灰铸铁,要求强度很高时,可用铸钢(如 ZG35),要求重量轻时,可用铸铝(如 ZL104)。

②焊接夹具体。焊接夹具体一般由钢板、型材焊接而成。

③装配夹具体。装配夹具体是由标准毛坯件或标准件及个别非标准件通过螺钉、销钉连接组装而成。

④锻造夹具体。锻造夹具体适用于尺寸不大、形状简单,而强度、刚度要求较高的场合,锻造成型后应做退火处理。

⑤型材夹具体。型材夹具体是采用板料、棒料、管材等型材直接加工而成的。

(3)设计夹具体的基本要求。

①结构简单、紧凑,工艺性好,便于制造、装配。

②夹具体应有足够的强度和刚度,并有一定的精度,同时应减轻重量,缩小体积。

③便于排屑和清理切屑,同时应吊装方便,使用安全。

④安装稳定,底面与工作台接触良好。

单元 6.6　专用夹具的设计方法

6.6.1　夹具精度的设计原则

1）工件在夹具中加工时加工误差的组成

在机械加工中,采用夹具装夹工件时,造成加工误差的因素有以下 3 个部分:

(1)工件的安装误差 $\Delta_{安装}$。工件的安装误差包括工件在夹具中的定位误差 $\Delta_{定位}$ 和夹紧误差 $\Delta_{夹紧}$。

(2)夹具的对定误差 $\Delta_{对定}$。夹具的对定误差包括夹具相对刀具位置的对刀误差 $\Delta_{对刀}$ 和夹具相对机床切削成型运动的夹位误差 $\Delta_{夹位}$。

(3)加工过程误差 $\Delta_{过程}$。此项误差是由工艺系统的变形和机床运动精度等因素而引起的误差,包括工艺系统几何精度、机床的传动误差、受力变形、受热变形及磨损等因素造成的误差,以 $\Delta_{过程}$ 表示。

2）夹具精度的设计原则

为保证工件的加工精度,必须使上述 3 种误差之和小于或等于工件的相应公差 T,即工件在夹具中装夹加工时,夹具精度应满足以下加工误差不等式,即:

$$\Delta_{安装} + \Delta_{对定} + \Delta_{过程} \leq T \tag{6-19}$$

一般情况下按三项误差平均分配,各项误差均控制在工件相应公差的1/3 之内,即:

$$\Delta_{安装} \leq \frac{1}{3}T, \Delta_{对定} \leq \frac{1}{3}T \tag{6-20}$$

在多数情况下,夹紧误差很小,可忽略不计,故在对夹具定位方案进行分析时,夹具精度应满足以下加工误差不等式,即:

$$\Delta_{定位} \leq \frac{1}{3}T \tag{6-21}$$

以上各式是判定夹具设计是否满足工件加工要求的重要依据。

6.6.2　专用夹具设计的一般步骤

1）明确设计任务,研究有关资料,了解生产条件

(1)仔细分析零件图纸,明确其作用、技术要求及生产纲领。

(2)了解零件的工艺规程和本工序的加工要求,如使用的刀具、机床、余量、切削用量、定位基准、工步安排等。

(3)选择机床和有关刀具的资料。

(4)收集有关夹具的标准、典型结构、设计手册等资料。

2）拟定夹具结构方案,绘制夹具结构草图

(1)确定工件的定位方案,包括定位原理分析、定位方法选择、定位元件及定位装置选用。

（2）确定工件的夹紧方案和设计夹紧装置。

（3）确定夹具其他元件或装置的结构形式，如引导元件、对刀装置等。

（4）确定夹具的结构形式、夹具中各元件的布局以及夹具体与各元件间的配合和与机床的连接方案，应从加工精度和成本的角度，选择一个结构最合理、简单的方案。

（5）在构思夹具结构方案的同时应绘制夹具的结构草图，以检查方案的合理性和可行性，并为进一步绘制夹具总图做好准备。

3）绘制夹具总图

结构方案经讨论审查后，即可正式绘制夹具总图。总图应按国家制图标准绘制，图形比例应尽量取 1∶1，以便绘出的图样具有良好的直观性。总图上的主视图，应尽可能选取操作者实际工作时的位置。

绘制总图的步骤大致如下：先用双点画线绘制工件的轮廓外形，即把工件视为"假想透明体"，并画出定位基面、夹紧表面和被加工表面。被加工表面上的加工余量，可用网纹线或粗实线表示。而后按照工件的形状和位置依次画出定位、夹紧、导向、对刀装置等各元件的具体结构，最后画出夹具体，以使夹具成为一个整体，此时夹紧装置处于夹紧状态。

4）标注总图上各部分尺寸和技术要求

在夹具总图上应标注轮廓尺寸和必要的装配、检验尺寸及其公差，规定夹具中主要元件及装置之间的相互位置精度等。当加工的技术要求较高时，应进行工序精度分析。最后要对总图上所有零件编号，并填写零件明细表和标题栏。

5）绘制夹具零件图

应尽可能采用标准元件，在设计夹具中的非标准零件时，必须按国家有关制图标准绘制零件图和进行标注，便于加工制造。非标准零件的公差和技术要求应依据夹具总图的公差和技术要求，参照同类零件并考虑本单位的生产条件来决定。

6）编写夹具设计说明书

将夹具设计中的有关内容进行说明和计算，并整理成符合要求的文件，即设计说明书。

⚠ 模块小结

本模块深入探讨了机床夹具设计的核心内容与关键技能。通过学习，全面了解了机床夹具的分类、组成。在工件定位方面，掌握了定位的基本原理，熟悉了常用定位元件的特点及选用原则，并学会了如何分析定位误差，确保工件在加工过程中的准确性。

此外，还深入研究了工件的夹紧机构，了解了夹紧装置的组成、设计原则及常用夹紧机构的特点。在动力源装置的选择上，也获得了宝贵的知识。

针对不同类型的机床，学习了相应的夹具，包括车床、铣床、钻床和镗床夹具等，并学习了分度装置与夹具体的设计要点。

最后，掌握了专用夹具的设计方法，包括夹具精度的设计原则和专用夹具设计的一般步骤，为未来的实际设计与应用奠定了坚实的基础。

◎ 模块习题

1. 选择题

（1）用（ ）来限制六个自由度，称为（ ），根据加工要求，只需要少于（ ）的定位，称为（ ）定位。

A. 6 个支承点   B. 具有独立定位作用的 6 个支承点

C. 完全   D. 不完全

E. 欠定位

（2）只有在（ ）精度很高时，过定位才允许采用，且有利于增强工件的（ ）。

A. 设计基准面和定位元件   B. 定位基准面和定位元件

C. 夹紧机构   D. 刚度

E. 强度

（3）自位支承（浮动支承）的作用是增加与工件接触的支承点数目，但（ ）。

A. 不起定位作用

B. 一般来说只限制一个自由度

C. 不管如何浮动必定只能限制一个自由度

（4）在简单夹紧机构中，（ ）夹紧机构一般不考虑自锁，（ ）夹紧机构既可增力又可减力，（ ）夹紧机构实现工件定位作用的同时，并将工件夹紧，（ ）夹紧机构行程不受限制，（ ）夹紧机构夹紧行程与自锁性能有矛盾。（ ）夹紧机构动作迅速，操作简便。

A. 斜楔   B. 螺旋

C. 定心   D. 杠杆

E. 铰链   F. 偏心

2. 简答题

（1）什么叫装夹？简述定位与夹紧的区别。

（2）简述夹具的分类。

（3）夹具一般由哪些部分组成？

（4）什么是完全定位、不完全定位、欠定位和过定位？

（5）何谓定位误差？定位误差是由哪些因素引起的？

（6）对夹紧装置有哪些基本要求？

（7）钻床夹具中，钻模和钻套的结构形式有哪些？

（8）使用夹具加工工件时，产生加工误差的组成部分有哪些？

模块7

机械加工过程与工艺规程

学习目标

知识目标

◎ 了解机械加工过程与工艺规程相关概念。

◎ 熟悉机械加工工艺规程的概念、类型、制定的原则、依据和步骤。

◎ 熟悉零件图的研究和工艺分析及毛坯的选择。

◎ 掌握定位基准的选择、工序尺寸及其公差的确定。

◎ 掌握加工阶段的划分及加工顺序的安排。

◎ 熟悉机械加工生产率和技术经济分析。

技能目标

◎ 能够理解和运用工艺规程中的术语和符号，确保规程的准确性和可读性。

◎ 能够确定加工的关键环节和难点，为制定合理的加工工艺提供依据。

◎ 能对机械加工生产率进行技术经济分析，提出提高生产率的工艺措施。

素养目标

◎ 培养职业素养，包括高度的责任心和对质量的严格把控。

◎ 具备持续学习和自我提升的能力，以满足不断变化的机械加工行业需求。

单元 7.1 基本概念

制定机械加工工艺是机械制造企业工艺技术人员的一项主要工作内容。机械加工工艺规程的制定与生产实际有着密切的联系,它要求工艺规程制定者具有一定的生产实践知识和专业基础知识。

在实际生产中,由于零件的结构形状、几何精度、技术条件和生产数量等要求不同,一个零件往往要经过一定的加工过程才能将其由图样变成成品零件。因此,机械加工工艺人员必须从工厂现有的生产条件和零件的生产数量出发,根据零件的具体要求,在保证加工质量、提高生产效率和降低生产成本的前提下,对零件上的各加工表面选择适宜的加工方法,合理地安排加工顺序,科学地拟定加工工艺过程,才能获得合格的机械零件。

7.1.1 生产过程与工艺过程

机械产品的生产过程是指将原材料转变为成品的所有劳动过程。这里所指的成品可以是一台机器、一个部件,也可以是某种零件。对于机器制造而言,生产过程包括如下内容:

(1)原材料、半成品和成品的运输和保存。

(2)生产和技术准备工作,如产品的开发和设计、工艺及工艺装备的设计与制造、各种生产资料的准备以及生产组织等。

(3)毛坯制造和处理。

(4)零件的机械加工、热处理及其他表面处理。

(5)部件或产品的装配、检验、调试、油漆和包装等。

由以上可知,机械产品的生产过程是相当复杂的,它通过的整个路线称为工艺路线。

工艺过程是指改变生产对象的形状、尺寸、相对位置和性质等,使其成为半成品或成品的过程。它是生产过程的一部分。工艺过程可分为毛坯制造、机械加工、热处理和装配等工艺过程。

机械加工工艺过程是指用机械加工的方法直接改变毛坯的形状、尺寸和表面质量,使之成为零件或部件的生产过程,它包括机械加工工艺过程和机器装配工艺过程。本书所称的工艺过程均指机械加工工艺过程(简称工艺过程)。

在机械加工工艺过程中,针对零件的结构特点和技术要求,要采用不同的加工方法和装备,按照一定的顺序进行加工,才能完成由毛坯到零件的过程。组成机械加工工艺过程的基本单元是工序,工序又由安装、工位、工步和走刀等组成。

(1)工序。一个或一组工人,在一个工作地点对同一个或同时对几个工件进行加工所连续完成的那部分工艺过程,称为工序。由定义可知,判别是否为同一工序的主要依据是工作地点是否变动和加工是否连续。

生产规模不同,加工条件不同,其工艺过程及工序的划分也不同。图 7-1 为阶梯轴的零件图,表 7-1 为单件小批量的工序安排,表 7-2 为中大批量的工序安排。

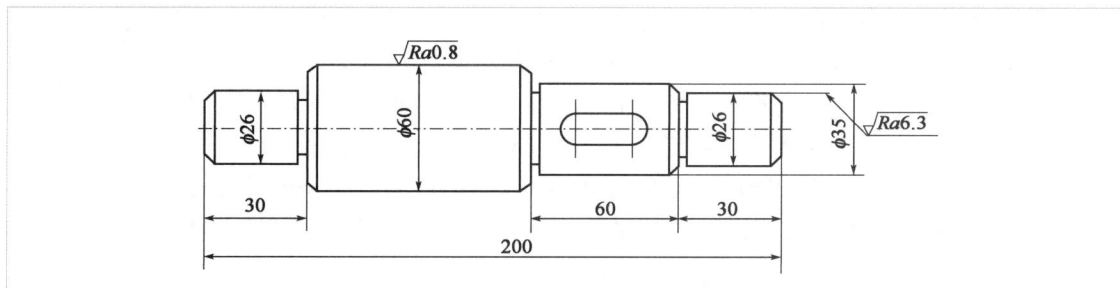

◎ 图 7-1　阶梯轴的零件图(尺寸单位:mm)

小批量生产加工工艺过程 表 7-1

工序号	工序内容	设备
1	车端面后打中心孔、调头车端面打中心孔	车床
2	车 φ60mm 至尺寸 60.3 及倒角和槽,车 φ26mm 至尺寸及倒角和槽,调头车 φ35mm,φ26mm 圆尺寸及倒角和槽	车床
3	铣键槽	铣床
4	磨 φ60mm 外圆	磨床
5	检查	

中大批量生产加工工艺过程 表 7-2

工序号	工序内容	设备
1	铣端面,打中心孔	中心孔铣床
2	车 φ60mm 至尺寸 60.3 及倒角和槽,车 φ26mm 至尺寸及倒角和槽	车床
3	调头车 φ35mm,φ26mm 圆尺寸及倒角和槽	车床
4	铣键槽	铣床
5	磨 φ60mm 外圆	磨床
6	检查	

工艺过程中包含一个车工工序、一个铣工工序及一个磨工工序。而成批量生产时,车削内容被分配到两台车床上进行,零件的加工工艺过程中包含两个车工工序、一个铣工工序和一个磨工工序,增加一个铣中心孔工序。

(2)安装。在加工前,应先使工件在机床上或夹具中占有正确的位置,这一过程称为定位。工件定位后,将其固定,使其在加工过程中保持定位位置不变的操作称为夹紧。将工件在机床或夹具中每定位、夹紧一次所完成的那一部分工序内容称为安装。一道工序中,工件可能被安装一次或多次。

(3)工位。为了完成一定的工序内容,一次安装工件后,工件与夹具或设备的可动部分一起相对刀具或设备的固定部分所占据的每一个位置称为工位。为了减小由于多次安装带来的误差和时间损失,加工中常采用回转工作台、回转夹具或移动夹具,使工件在一次安装中,先后处于几个不同的位置进行加工,称为多工位加工。如图 7-2 所示,利用回转工作台可在一次安装中依次完成装卸工件、钻孔、扩孔、铰孔 4 个工位加工。采用多工位加工方法,既可以减少安装次数、提高加工精度,又可以减轻工人的劳动强度及提高劳动生产率。

(4)工步。工序又可分成若干工步。加工表面不变、切削刀具不变、切削用量中的进给量和切削速度基本保持不变的情况下所连续完成的那部分工序内容,称为工步。以上 3 个不变因素中只要有一个因素改变,即成为新的工步,一道工序包括一个或几个工步。为提高生产率,常将几个待加工表面用几把刀具同时加工,这种由刀具合并起来的工步,称为复合工步,如图 7-3 所示。

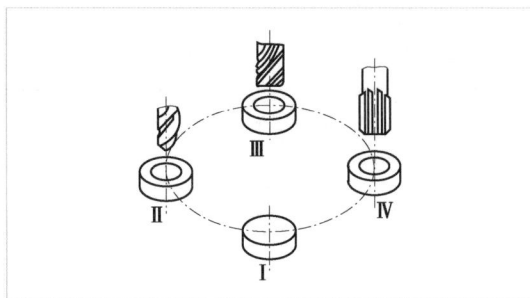

◎图 7-2　多工位加工

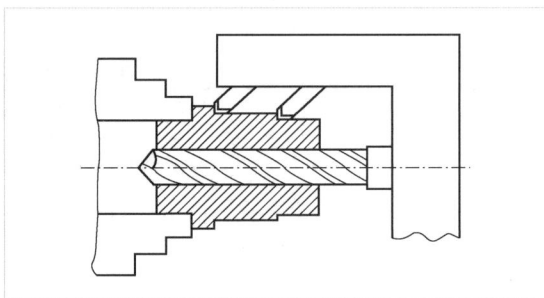

◎图 7-3　复合工步

(5)走刀。在一个工步中,若需切去的金属层很厚,则可分为几次切削,每一次切削称为一次走刀,一个工步可以包括一次或几次走刀。图 7-4 为阶梯轴同一工步的不同走刀的示意图,在加工 $\phi 80mm$ 直径时为一个工步走刀一次,在此之后加工 $\phi 60mm$ 时分走刀两次完成第二个工步。

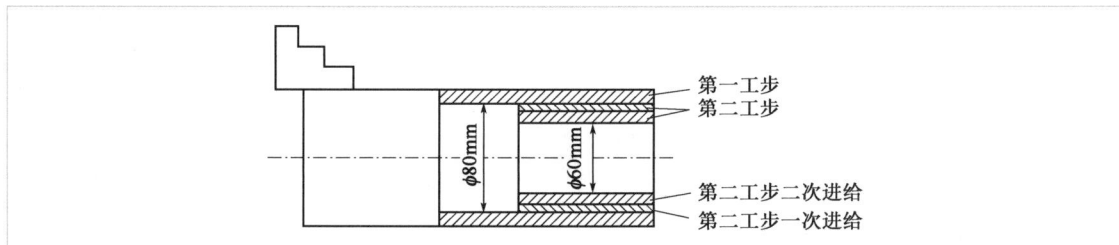

◎图 7-4　阶梯轴的走刀

7.1.2　生产纲领和生产类型

1)生产纲领

生产纲领是指企业在计划期内应当生产的产品产量和进度计划。计划期通常为 1 年,所以生产纲领也称为年产量。

对零件而言,产品的产量除了制造机器所需要的数量之外,还包括一定的备品和废品,因此,零件的生产纲领应按下式计算,即:

$$N = Qn(1 + \alpha\%)(1 + \beta\%) \tag{7-1}$$

式中:N——零件的年产量,件/年;

Q——产品的年产量,台/年;

n——每台产品中该零件的数量,件/台;

α%——该零件的备品率；

β%——该零件的废品率。

2）生产类型

生产类型是指企业生产专业化程度的分类。人们按照产品的生产纲领、投入生产的批量，可将生产分为单件生产、大量生产和批量生产 3 种类型。

（1）单件生产。单个地生产不同结构和尺寸的产品，很少重复甚至不重复，这种生产称为单件生产。例如，新产品试制、维修车间的配件制造和重型机械制造等都属此种生产类型。其特点是生产产品种类较多、同一产品的产量很小、工作地点的加工对象经常改变。

（2）大量生产。同一产品的生产数量很大，大多数工作地点经常按一定节奏重复进行某一零件的某一工序加工，这种生产称为大量生产。例如，自行车制造厂、一些链条厂和轴承厂等专业化生产即属此种生产类型。其特点是同一产品的产量大、工作地点较少改变、加工过程重复。

（3）批量生产。一年中分批轮流制造几种不同的产品，每种产品均有一定的数量，工作地点的加工对象周期性重复，这种生产称为批量生产（也称成批生产）。例如，一些通用机械厂、某些农业机械厂、陶瓷机械厂、造纸机械厂和烟草机械厂等的生产即属此种生产类型。其特点是产品的种类较少、有一定的生产数量、加工对象周期性改变及加工过程周期性重复。

同一产品（或零件）每批投入生产的数量称为批量。根据批量的大小又可分为大批量生产、中批量生产和小批量生产。小批量生产的工艺特征接近单件生产，大批量生产的工艺特征接近大量生产。

根据前面公式计算的零件生产纲领，参考表 7-3 即可确定生产类型。不同生产类型的制造工艺有不同特征，各种生产类型的工艺特点见表 7-4。

生产类型和生产纲领的关系 表 7-3

生产类型		生产纲领(件/年或台/年)		
		重型(30kg 以上)	中型(4～30kg)	轻型(4kg 以下)
单件生产		5 以下	10 以下	100 以下
批量生产	小批量生产	5～100	10～200	100～500
	中批量生产	100～300	200～500	500～5000
	大批量生产	300～1000	500～5000	5000～50000
大量生产		1000 以上	5000 以上	50000 以上

各种生产类型的工艺特点 表 7-4

工艺特点	单件生产	批量生产	大量生产
毛坯的制造方法	铸件用木模手工造型,锻件用自由锻	铸件用金属模造型,部分锻件用模锻	铸件广泛用金属模机器造型,锻件用模锻
零件互换性	无须互换,互配零件可成对制造,广泛用修配法装配	大部分零件有互换性,少数用修配法装配	全部零件有互换性,某些要求精度高的配合,采用分组装配

续上表

工艺特点	单件生产	批量生产	大量生产
机床设备及其布置	采用通用机床,按机床类别和规格采用"机群式"排列	部分采用通用机床,部分专用机床;按零件加工分"工段"排列	广泛采用生产率高的专用机床和自动机床,按流水线形式排列
夹具	很少用专用夹具,由划线和试切法达到设计要求	广泛采用专用夹具,部分用划线法进行加工	广泛用专用夹具,用调整法达到精度要求
刀具和量具	采用通用刀具和万能量具	较多采用专用刀具和专用量具	广泛采用高生产率的刀具和量具
对技术工人要求	需要技术熟练的工人	各工种需要一定熟练程度的技术工人	对机床调整工人技术要求高,对机床操作工人技术要求低
对工艺文件的要求	只有简单的工艺过程卡	有详细的工艺过程卡或工艺卡,零件的关键工序有详细的工序卡	有工艺过程卡、工艺卡和工序卡等详细的工艺文件

单元7.2 机械加工工艺规程概述

机械加工工艺规程是将产品或零部件的制造工艺过程和操作方法按一定格式固定下来的技术文件。它是在具体生产条件下,本着最合理、最经济的原则编制而成的规程性文件,经审批后用来指导生产。

机械加工工艺规程包括零件加工工艺流程、加工工序内容、切削用量、采用设备及工艺装备、工时定额等。

7.2.1 机械加工工艺规程的类型

1)工艺规程的类型

工艺规程有以下类型:

(1)专用工艺规程。专用工艺规程是指针对每一个产品和零件所设计的工艺规程。

(2)通用工艺规程。通用工艺规程包括以下几种类型。

①典型工艺规程。为一组结构相似的零部件所设计的通用工艺规程称为典型工艺规程。

②成组工艺规程。按成组技术原理将零件分类成组,针对每一组零件所设计的通用工艺规程称为成组工艺规程。

③标准工艺规程。已纳入国家标准或工厂标准的工艺规程称为标准工艺规程。

2）机械加工工艺规程和装配工艺规程

为了适应工业发展的需要，加强科学管理和便于交流，机械加工工艺规程包括如下卡片：

（1）机械加工工艺过程卡片，主要列出了零件加工所经过的整个工艺路线、工装设备和工时等内容，多作为生产管理使用。

（2）机械加工工序卡片，用来具体指导工人操作的一种详细工艺文件，卡片上要画出工序简图，注明该工序的加工表面及应达到的尺寸精度和粗糙度要求、工件的安装方式、切削用量、工装设备等内容。

（3）标准零件或典型零件工艺过程卡片。

（4）单轴自动车床调整卡片。

（5）多轴自动车床调整卡片。

（6）机械加工工序操作指导卡片。

（7）检验卡片。

属于装配工艺规程的有工艺过程卡片和工序卡片。

最常用的机械加工工序卡片的格式见表7-5。

机械加工工序卡片   表7-5

单位名称		产品名称及型号	零件名称	零件图号	工序名称	工序号	第　页
							共　页
			车间	工段	材料名称	材料牌号	力学性能
			同时加工件数	每料件数	技术等级	单件时间（min）	准备—终结时间（min）
			设备名称	设备编号	夹具名称	夹具编号	工作液
			更改内容				

工步号	工作内容	计算数据（mm）			走刀次数	切削用量				工时定额（min）					道具量具及辅助用具			
		直径或长度	进给长度	单边余量		背吃刀量（mm）	进给量（mm/r或mm/min）	切削速度(r/min或双行程数/min)	切削速度（m/min）	基本时间	辅助时间	工作地点	服务时间	工步号	名称	规格	编号	数量

编制		抄写		校对		审核		批准	

7.2.2 制定工艺规程的步骤

制定机械加工工艺规程的步骤大致如下:

(1)熟悉和分析制定工艺规程的主要依据,确定零件的生产纲领和生产类型。

(2)分析零件工作图和产品装配图,进行零件结构工艺性分析。

(3)确定毛坯,包括选择毛坯类型及其制造方法。

(4)选择定位基准或定位基面。

(5)拟定工艺路线。

(6)确定各工序需用的设备及工艺装备。

(7)确定工序余量、工序尺寸及其公差。

(8)确定各主要工序的技术要求及检验方法。

(9)确定各工序的切削用量和时间定额,并进行技术经济分析,选择最佳工艺方案。

(10)填写工艺文件。

单元 7.3 零件图的研究和工艺分析

制定零件的机械加工工艺规程前,必须认真研究零件图,对零件进行工艺分析。

7.3.1 零件图的研究

零件图是制定工艺规程最主要的原始资料。只有通过对零件图和装配图进行仔细分析,才能了解产品的性能、用途和工作条件,明确各零件的相互装配位置和作用,了解零件的主要技术要求,找出生产合格产品的关键技术问题。

零件图的研究包括以下 3 项内容:

1)检查零件图的完整性和正确性

主要检查零件图是否表达直观、清晰、准确、充分,尺寸、公差、技术要求是否合理、齐全。如有错误或遗漏,应提出修改意见。

2)分析零件材料选择是否恰当

零件材料的选择应立足于国内,尽量采用我国资源丰富的材料,尽量避免采用贵重金属。同时,所选材料必须具有良好的加工性。

3)分析零件的技术要求

零件的技术要求主要包括零件加工表面的尺寸精度、形状精度、位置精度、表面粗糙度、表面微观质量以及热处理等要求。分析零件的这些技术要求在保证使用性能的前提下是否经济合理,在本企业现有生产条件下是否能够实现。

7.3.2 零件的结构工艺性分析

零件的结构工艺性是指所设计的零件在不同类型的具体生产条件下,零件毛坯的制造、零件的加工和产品的装配所具备的可行性和经济性。零件结构工艺性涉及面很广,具有综合性,它由零件结构要素工艺性和零件整体结构工艺性两部分组成。

结构工艺性分析的过程一般来说按以下工作内容进行:

1)审查各项技术要求

根据零件形状、结构和产品的装配图,先检查零件图是否正确,表达是否直观、清楚,绘制是否符合国家标准,尺寸、公差以及技术要求的标注是否齐全、合理等,考虑工件在加工制造过程中的结构是否满足毛坯制造和加工制造时的结构要求,同时要了解该零件在产品或部件中的安装位置和零件的实际作用以及该产品的用途、性能及工作条件,确定零件的材料的可靠性和零件结构的安装工艺性等诸多问题。

2)审查零件结构的工艺性

零件结构的工艺性是指在满足使用条件的前提下,零件制造的可行性和经济性。在零件设计和制造时应注意这一问题,具体体现为技术要求合理、加工时间短、加工量尽可能小、提高生产率、满足加工设备要求及避免在加工过程中产生干涉或满足测量条件要求等多方面的要求,见表7-6。

结构工艺性示例　　　　　　　　　　　　　　　　　　表 7-6

考虑因素	结构工艺不同	原因说明
技术要求合理	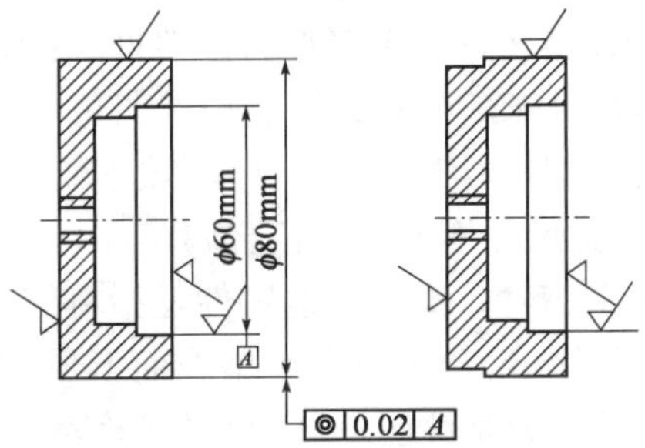	左图中所给的技术要求,外表面与内孔的同轴度不能在一次加工中实现,若改为右图,实现就较为容易
加工量小或少	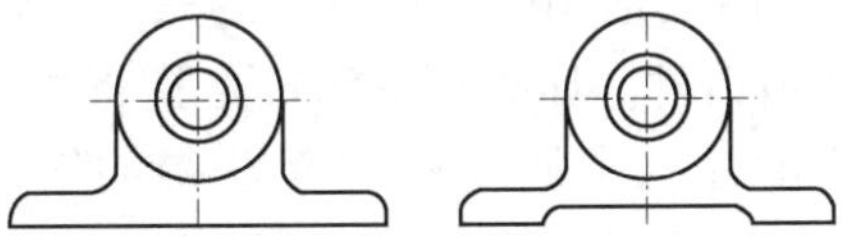	左图中加工面积较大,右图比较合理
加工时间短	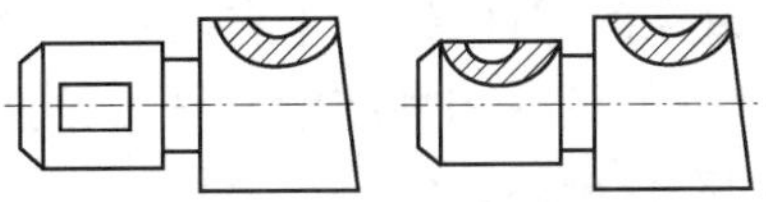	左图键槽不同向,刀具需要调整浪费时间,右图比较合理
满足设备加工要求	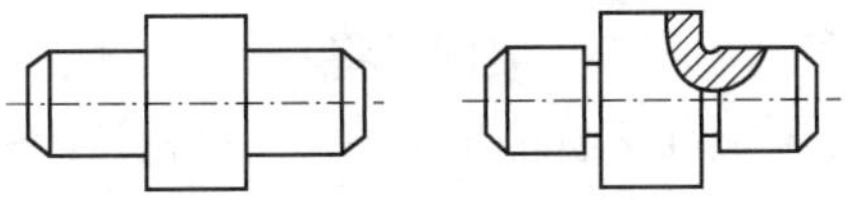	左图无退刀槽,加工工艺性不好,右图比较合理

单元 7.4　毛坯的选择

　　选择毛坯,主要是确定毛坯的种类、制造方法及制造精度。毛坯的形状、尺寸越接近成品,切削加工余量就越少,从而可以提高材料的利用率和生产效率,但这样往往会使毛坯制造困难,需要采用昂贵的毛坯制造设备而增加毛坯的制造成本。所以选择毛坯时应从机械加工和毛坯制造两方面出发,综合考虑以求最佳经济效益。

7.4.1　毛坯的种类

1) 铸件

　　铸件是适用于形状复杂的零件毛坯。根据铸造方法的不同,铸件又分为以下几种:

　　(1)砂型铸造铸件。砂型铸造铸件是应用最广泛的一种铸件,有木模手工造型和金属模机器造型之分。木模手工造型铸件精度低,加工表面需留较大的加工余量,生产效率低,适用于单件小批生产或大型零件的铸造。金属模机器造型生产效率高,铸件精度高,但设备费用高,铸件的重量也受限制,适用于大批量生产的中小型铸件。

铸造

　　(2)金属型铸造铸件。金属型铸造铸件是指将熔融的金属浇注到金属模具中,依靠金属自重充满金属铸型腔而获得的铸件。这种铸件比砂型铸造铸件精度高、表面质量和力学性能好,生产效率较高,但需专用的金属型腔模,适用于大批量生产且尺寸不大的有色金属铸件。

　　(3)离心铸造铸件。离心铸造铸件是指将熔融金属注入高速旋转的铸型内,在离心力的作用下,金属液充满型腔而形成的铸件。这种铸件晶粒细,金属组织致密,零件的力学性能好,外圆精度及表面质量高,但内孔精度差,且需要专门的离心浇注机,适用于批量较大的黑色金属和有色金属的回转体铸件。

　　(4)压力铸造铸件。压力铸造铸件是指将熔融的金属在一定的压力作用下,以较高的速度注入金属型腔内而获得的铸件。这种铸件精度高(可达 IT11 ～ IT13 级),表面粗糙度值 Ra(可达 $3.2 ～ 0.4 \mu m$),铸件力学性能好,可铸造各种结构较复杂的零件,铸件上各种孔眼、螺纹、文字及花纹图案均可铸出,但需要一套昂贵的设备和型腔模。压力铸造铸件适用于批量较大的形状复杂、尺寸较小的有色金属铸件。

自由锻

　　(5)精密铸造铸件。将石蜡通过型腔模压制成与工件一样的蜡制件,再在蜡制工件周围粘上特殊型砂,凝固后将其烘干焙烧,蜡被蒸化而放出,留下工件形状的模壳用来浇铸,这种工艺称为精密铸造。精密铸造铸件精度高,表面质量好。一般用来铸造形状复杂的铸钢件,可节省材料,降低成本,是一项先进的毛坯制造工艺。

2）锻件

锻件适用于强度要求高、形状比较简单的零件毛坯，其锻造方法有自由锻和模锻两种。

自由锻造锻件是在锻锤或压力机上用手工操作而成型的锻件。它的精度低，加工余量大，生产率也低，适用于单件小批生产及大型锻件。

模锻件是在锻锤或压力机上，通过专用锻模锻制成型的锻件。模锻件精度和表面粗糙度均比自由锻造锻件好，可以使毛坯形状更接近工件形状，加工余量小；同时，模锻件具有较高机械强度，模锻的生产效率也较高。模锻件需要专用的模具，且锻锤的吨位也要比自由锻造大。模锻件主要适用于批量较大的中小型零件。

3）焊接件

焊接件是根据需要将型材或钢板焊接而成的毛坯件，它制作方便、简单，但需要经过热处理才能进行机械加工。其优点是制造简便、加工周期短、毛坯重量轻；缺点是焊接件抗振动性差、机械加工前需经过时效处理以消除内应力；主要适用于单件小批生产中制造大型毛坯。

4）冲压件

冲压件是通过冲压设备对薄钢板进行冷冲压加工而得到的零件，它可以非常接近成品要求，冲压零件可以作为毛坯，有时还可直接成为成品。冲压件的尺寸精度高，适用于批量较大而零件厚度较小的中小型零件。

5）型材

型材主要通过热轧或冷拉而成。热轧型材精度低，价格较冷拉的便宜，用于一般零件的毛坯。冷拉型材尺寸小，精度高，易于实现自动送料，但价格贵，多用于批量较大且在自动机床上进行加工的情形。按其截面形状，型材可分为圆钢、方钢、六角钢、扁钢、角钢、槽钢以及其他特殊截面型材。

6）冷挤压件

冷挤压件是在压力机上通过挤压而成。冷挤压毛坯精度高、表面粗糙度值小、生产效率高，可不再进行机械加工，但要求材料塑性好（主要为有色金属和塑性好的钢材），适用于大批量生产中制造形状简单的小型零件。

7）粉末冶金件

粉末冶金件是以金属粉末为原料，在压力机上通过模具压制成型后经高温烧结而成。零件精度高、表面粗糙度值小、生产效率高，一般也可不再进行精加工，但金属粉末成本较高，只适用于大批量生产中压制形状较简单的小型零件。

7.4.2　确定毛坯时应考虑的因素

确定毛坯时应考虑以下因素：

（1）零件的材料及力学性能。零件的材料选定以后，毛坯的类型即可大体确定。例如，材料为铸铁的零件自然应选择铸造毛坯，而对于重要的钢质零件且力学性能要求高时，可选择锻造毛坯。

（2）零件的结构和尺寸。形状复杂的毛坯常采用铸件，但对于形状复杂的薄壁件，一般不能采用砂型铸造。对于一般用途的阶梯轴，若各段直径相差不大、力学性能要求不高时，可选择棒料做毛坯;若各段直径相差较大,则为了节省材料应选择锻件。

(3)生产类型。当零件的生产批量较大时,应采用精度和生产率都比较高的毛坯制造方法,这时毛坯制造增加的费用可由材料耗费减少的费用以及机械加工减少的费用来补偿。

(4)现有生产条件。选择毛坯类型时,要结合本企业的具体生产条件,如现场毛坯制造的实际水平和能力、外协的可能性等。

(5)充分考虑利用新技术、新工艺和新材料。为了节约材料和能源、减少机械加工余量、提高经济效益,只要有可能就应尽量采用精密铸造、精密锻造、冷挤压、粉末冶金和工程塑料等新工艺、新技术和新材料。

单元 7.5　定位基准的选择

7.5.1　基准的概念及其分类

基准是指确定零件上某些点、线、面位置时所依据的那些点、线、面,或者说是用来确定生产对象上几何要素间几何关系所依据的那些点、线、面。

按其作用的不同,基准可分为设计基准和工艺基准两大类。

1)设计基准

设计基准是指零件设计图上用来确定其他点、线、面位置关系所采用的基准,它是标注设计尺寸的起点。如图 7-5 所示的钻套零件,轴心线 $O—O$ 是各外圆和内孔的设计基准,端面 A 是端面 B、C 的设计基准。设计基准可以理解为在设计图样上尺寸的标注基准,端面 A 是端面 B、C 的设计基准,同时端面 B 是端面 A 的设计基准,端面 C 是端面 A 的设计基准,但 A 是两个尺寸的基准,所以选 A 为端面 B、C 的设计基准,在加工时易于基准重合。

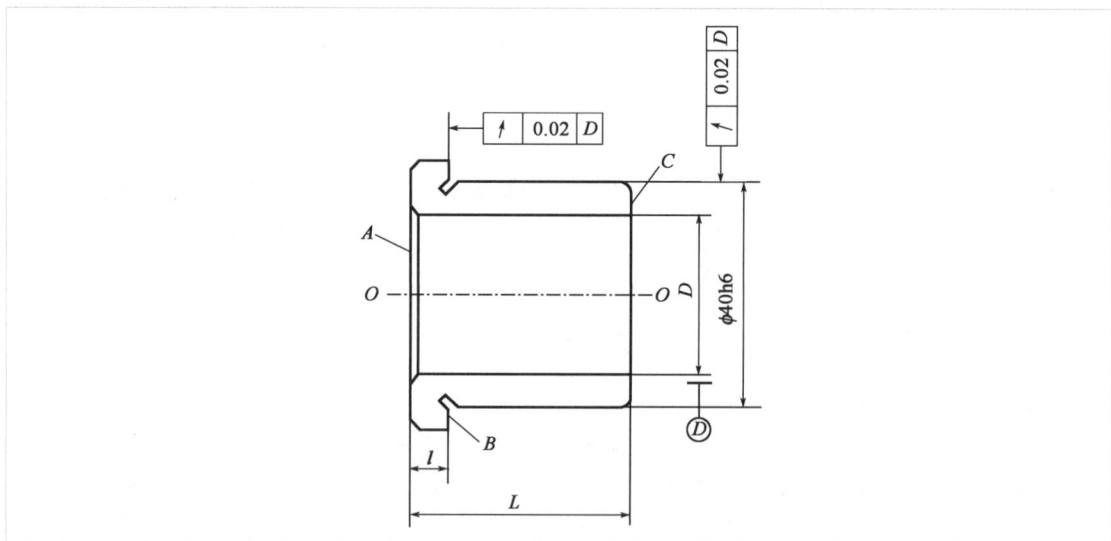

◎ 图 7-5　钻套

2）工艺基准

工艺基准是指在加工或装配过程中所使用的基准。工艺基准根据其使用场合的不同,可分为工序基准、定位基准、测量基准和装配基准4种。

（1）工序基准。在工序图上,用来确定本工序所加工表面加工后的尺寸、形状、位置的基准称为工序基准,即工序图上的基准。

（2）定位基准。在加工时用作定位的基准称为定位基准。它是工件上与夹具定位元件直接接触的点、线、面。如图7-5所示,磨削钻套的外圆 ϕ40h6 时,内孔 D 就是定位基准。

（3）测量基准。在测量零件已加工表面的尺寸和位置时所采用的基准称为测量基准。如图7-5所示的钻套,用心棒定位内孔来测量钻套 ϕ40h6 外圆的径向跳动及端面 B 的端面跳动时,内孔 D 即测量基准。

（4）装配基准。装配时用来确定零件或部件在产品中的相对位置所采用的基准称为装配基准,如图7-5所示的钻套,在安装时其外圆 ϕ40h6 及端面 B 即钻套的装配基准。值得注意的是,工艺基准是加工、测量和装配时所用的基准,因此必须是实在的,但作为设计基准的点、线、面,有时在零件上并不一定具体存在(如孔的中心线,两平面的对称面),而往往需通过具体的表面来体现,这些表面称为基面。如图7-5所示的钻套,其中心线并不存在,是通过内孔 D 来体现的。

7.5.2　精基准与粗基准的选择

选择定位基准时应符合以下两点要求:①各加工表面应有足够的加工余量,非加工表面的尺寸、位置应符合设计要求;②定位基面应有足够大的接触面积和分布面积,以保证能承受大的切削力,保证定位稳定可靠。

定位基准可分为粗基准和精基准。若选择未经加工的表面作为定位基准,称为粗基准。若选择已加工的表面作为定位基准,则称为精基准。粗基准考虑的重点是如何保证各加工表面有足够的余量,而精基准考虑的重点是如何减小误差。在选择定位基准时,通常是从保证加工精度要求出发的,因而分析定位基准选择的顺序应是从精基准到粗基准。

1）精基准的选择

选择精基准应考虑如何保证加工精度和装夹可靠方便,一般应遵循以下原则:

（1）基准重合原则。基准重合原则是指应尽可能选择设计基准作为定位基准,这样可以避免基准不重合引起的误差。如图7-6所示轴套上的 ϕ45mm 外圆对 ϕ25mm 孔的轴线有圆柱度要求,在加工时应以 ϕ25mm 孔的轴线为定位基准来加工 ϕ45mm 外圆,以保证形状精度要求,此时符合基准重合原则;如果以外圆为定位而加工内孔,虽在加工过程中很方便,但此种定位方式属于基准不重合。同理,在加工内螺纹的长度 12mm 和外圆 ϕ60mm 的宽度 20mm 时,应以右侧端面为定位基准才符合基准重合原则。

（2）基准统一原则。基准统一原则是指应尽可能采用同一定位基准来加工工件上的各表面。采用基准统一原则,可以简化工艺规程的制定、减少夹具数量、节约夹具设计和制造费用;同时由于减少了基准的转换,更有利于保证各表面间的相互位置精度。例如,轴类零件常用顶尖孔作为统一的定位基准来加工各外圆表面,这样可保证各外圆表面之间较高的同轴度,箱壳类零件常用一平面和两孔作为精基准,盘类零件常用一端面和一短孔作为统一的基准。

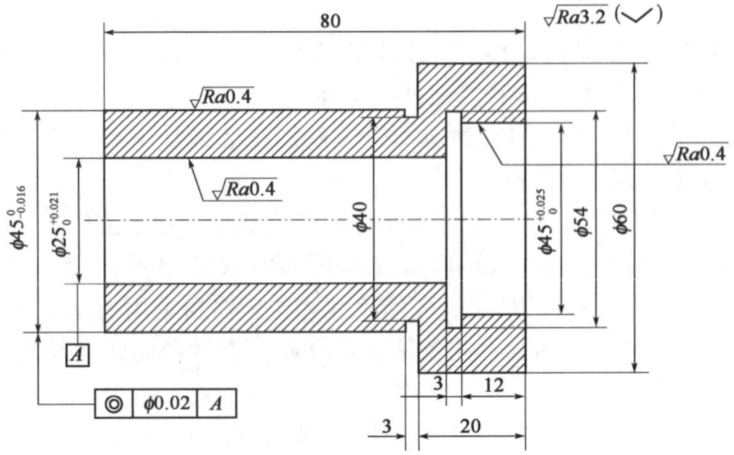

◎ 图 7-6 轴套(尺寸单位:mm)

(3)互为基准原则。互为基准原则是指加工工件上相互位置精度要求比较高的两个表面时,可利用这两个表面互相作为基准反复进行加工,以保证位置精度要求。例如,如图 7-7 所示铣床主轴,锥孔 3 对支承轴颈 1、2 的要求很高,在加工过程中,以 1、2 为精基准联合定位加工前端锥孔,然后以锥孔联合定位精加工两轴颈表面,再以加工精度较高的轴颈表面为定位,加工锥孔,基准的相互转换多次,以保证表面的精度和相互的位置精度,满足零件的使用性能。

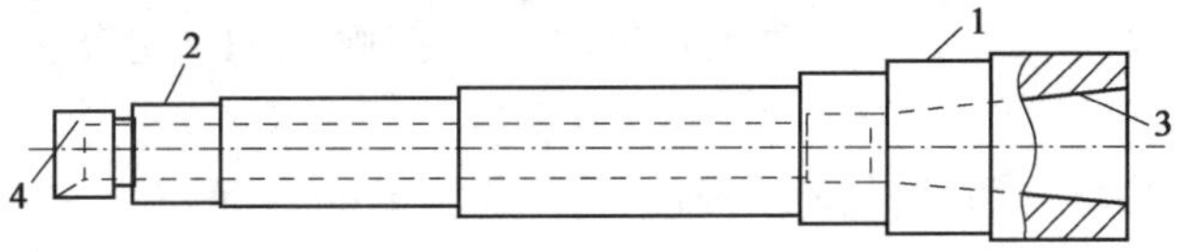

◎ 图 7-7 铣床主轴简图
1、2-支承轴颈;3-锥孔;4-主轴接合部

(4)自为基准原则。在精加工或光整加工中,要求加工余量小而均匀,则加工时就应选择加工表面本身作为基准,称为自为基准,而该表面与其他表面之间的位置精度则由先行工序保证。图 7-8 为机床导轨加工的示意图,在最后一道工序中,导轨磨削时采用的加工方法是以导轨自身为基准面通过调整床身底部,使刀具与导轨面的距离相同后,然后进给加工,以实现精加工去除表面余量很小的目的。

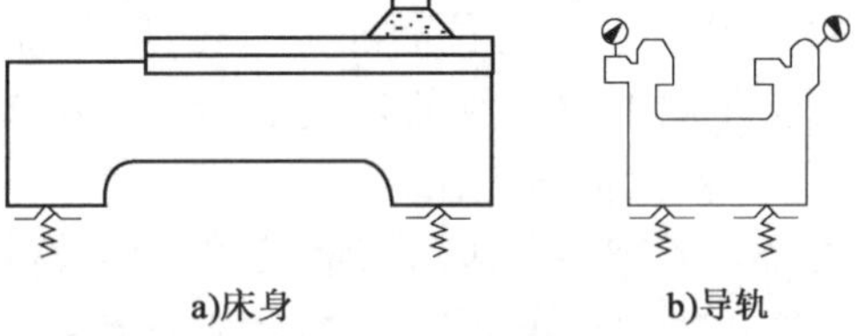

a)床身   b)导轨

◎ 图 7-8 床身导轨精磨

(5)准确可靠原则。准确可靠原则即所选基准应保证工件定位准确、安装可靠;夹具设计简单、操作方便。

2）粗基准的选择

（1）以不加工表面为粗基准。对一些零件,其外表面不加工,但工件在加工过程中往往需要旋转,如果内外表面不同心,旋转零件转动时会产生摆动,严重时会有动不平衡,因此为保证在沿回转中心转动时,必须以外表面定位来加工内表面。如图 7-9 所示,在外壳的加工过程中为保证不加工的外壳表面与加工好的内孔在旋转时同心旋转,应以不加工的壳体外表面作为粗基准来加工内表面和端面。

（2）加工余量最小的原则。如果零件的多个表面需要加工,应选多个表面中加工余量最小的作为粗基准。图 7-10 为阶梯轴毛坯的零件图,$\phi180mm$ 外圆要加工得到尺寸 $\phi100mm$,另一端为外径是 $\phi55mm$,加工后直径 $\phi50mm$,在毛坯制造时,轴线不重合度是 $3mm$。若以 $\phi180mm$ 外径为粗基准,加工 $\phi55mm$ 的外圆,摆动量为 $6mm$,而 $\phi55mm$ 加工余量为 $5mm$,加工余量小,加工到 $\phi50mm$ 的余量不足;以 $\phi55mm$ 的外圆为粗基准加工 $\phi180mm$ 到 $\phi100mm$,则余量足够,再以加工好的 $\phi100mm$ 外圆加工细轴端余量也足够。

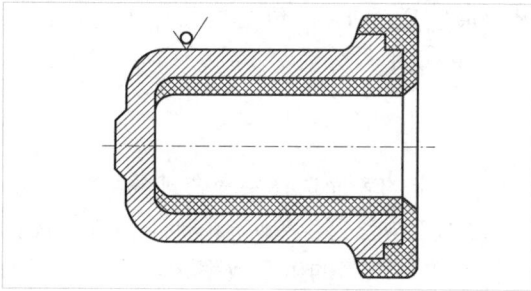

◎ 图 7-9　外壳加工

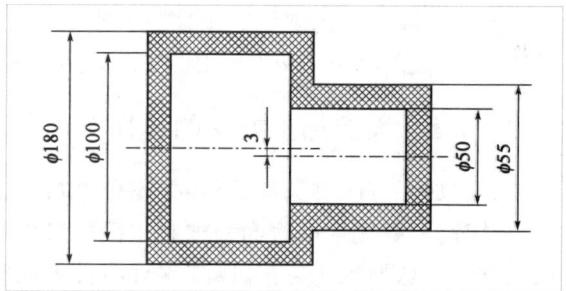

◎ 图 7-10　阶梯轴毛坯的零件图(尺寸单位:mm)

（3）重要表面余量均匀原则。在加工重要表面时,为保证重要表面的金相组织一致,耐磨性基本接近,应以重要表面为粗基准。图 7-11 为床身的加工图,在粗基准的选择时,以床身导轨表面为粗基准加工底面,以便于下一步以加工好的底面为定位加工导轨表面时,导轨表面在加工时去除的余量是均匀的,在使用时因导轨表面的金相组织接近,其磨损量也会很接近,这提高了设备的使用寿命。

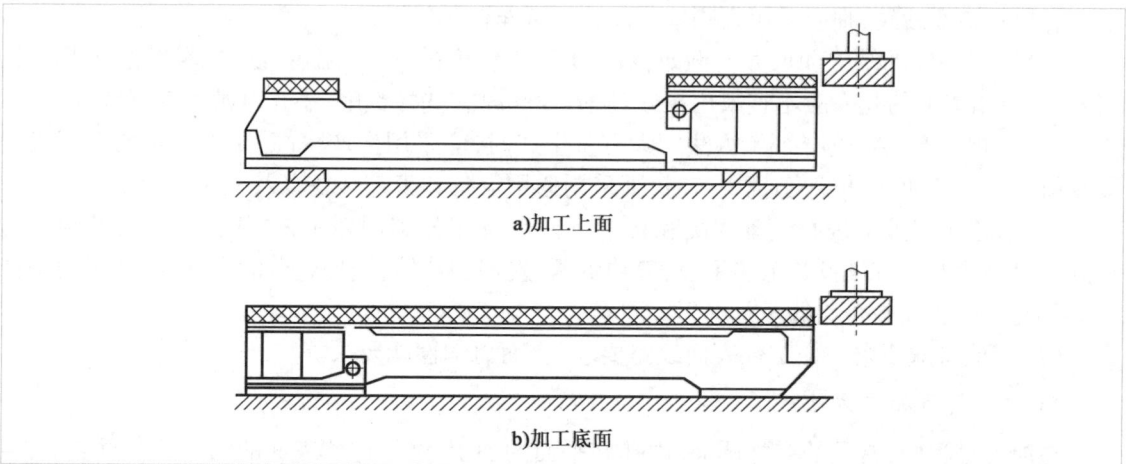

a)加工上面

b)加工底面

◎ 图 7-11　床身的加工图

（4）粗基准只能有效使用一次的原则。因为粗基准本身都是未经机械加工的毛坯表面，其精度和表面粗糙度都较差，如果重复使用粗基准，则不能保证在两次装夹时工件与机床、刀具的相对位置完全保持一致，因而使得两次装夹下加工出来的表面之间位置精度大大降低。

（5）粗基准平整光洁、定位可靠的原则。粗基准选择时，所选的表面应尽量平整、光洁、无飞边、毛刺等。

无论是粗基准还是精基准的选择，上述原则都不可能同时满足，有时甚至互相矛盾，因此选择基准时，必须具体情况具体分析，权衡利弊，以保证零件的主要设计要求。

单元 7.6　工艺路线的拟定

工艺路线是工艺规程的主体，是制定工艺规程中最实质的工作，包括表面加工方法的选择、加工阶段的划分及划分原因、加工顺序的安排、工序的集中与分散等工作。

7.6.1　表面加工方法的选择

表面加工方法的选择，就是为零件上每一个有质量要求的表面选择一套合理的加工方法。在选择时，一般先根据表面精度和粗糙度要求选择最终加工方法，然后确定精加工前期工序的加工方法。选择加工方法，既要保证零件表面的质量，又要争取高的生产效率。

1）加工方法选择时考虑的因素

选择加工方法时应考虑以下因素：

（1）根据每个加工表面的技术要求，确定加工方法和分几次加工。

（2）选择相应的能获得经济精度和经济粗糙度的加工方法。加工时，不盲目采用高加工精度和低表面粗糙度的加工方法，以免增加生产成本，浪费设备资源。

（3）考虑工件材料的性质。例如，淬火钢精加工应采用磨床加工，而有色金属的精加工为避免磨削时堵塞砂轮，则应采用金刚镗或高速精细车削等。

（4）考虑工件的结构和尺寸。例如，对于 IT7 级精度的孔，采用镗、铰、拉和磨削等都可达到要求，但箱体上的孔一般不宜采用拉或磨削，大孔时宜选择镗削，小孔时则宜选择铰孔。

（5）根据生产类型选择加工方法。大批量生产时，应采用生产率高、质量稳定的专用设备和专用工艺装备加工，单件小批生产时，则采用通用设备和工艺装备以及一般的加工方法。

（6）考虑本企业的现有设备情况和技术条件以及充分利用新工艺、新技术的可能性。应充分利用企业的现有设备和工艺手段，节约资源，发挥创造性，挖掘企业潜力，同时应重视新技术、新工艺，设法提高企业的工艺水平。

（7）其他特殊要求。如工件表面纹路要求、表面力学性能要求等。

2）常见表面加工方法

在加工过程中，常见的有外圆面、内孔和平面的加工方法，这些表面的加工组合见表7-7 ~ 表7-9。

外圆面加工方法 表 7-7

序号	加工方法	经济精度 (以公式等级表示)	经济表面粗糙度 $Ra(\mu m)$	适用范围
1	粗车	IT11 ~ IT13	12.5 ~ 50	适用于淬火钢以外的各种金属
2	粗车→半精车	IT8 ~ IT10	3.2 ~ 6.3	
3	粗车→半精车→精车	IT7 ~ IT8	0.8 ~ 1.6	
4	粗车→半精车→精车→滚压	IT7 ~ IT8	0.025 ~ 0.2	
5	粗车→半精车→磨削	IT7 ~ IT8	0.4 ~ 0.8	主要用于淬火钢,也可用于未淬火钢,但不宜加工有色金属
6	粗车→半精车→粗磨→精磨	IT6 ~ IT7	0.1 ~ 0.4	
7	粗车→半精车→粗磨→精磨→ 超精磨(或轮式超精磨)	IT5	0.012 ~ 0.1	
8	粗车→半精车→精车→ 精细车(金刚车)	IT16 ~ IT17	0.025 ~ 0.4	主要用于要求较高的有色金属加工
9	粗车→半精车→粗磨→ 精磨→超精磨(或镜面磨)	IT5 以上	0.006 ~ 0.025	极高精度的外圆加工
10	粗车→半精车→粗磨→精磨→研磨	IT5 以上	0.006 ~ 0.1	

孔的加工方法 表 7-8

序号	加工方法	经济精度 (以公差等级表示)	经济表面 粗糙度 $Ra(\mu m)$	适用范围
1	钻	IT11 ~ IT13	12.5	加工未淬火钢及铸铁的实心毛坯,也可用于加工有色金属。孔径小于 15 ~ 20mm
2	钻→铰	IT8 ~ IT10	1.6 ~ 6.3	
3	钻→粗铰→精铰	IT7 ~ IT8	0.8 ~ 1.6	

平面加工方法 表 7-9

序号	加工方法	经济精度 (以公差等级表示)	经济表面 粗糙度 $Ra(\mu m)$	适用范围
1	粗车	IT11 ~ IT13	12.5 ~ 50	端面
2	粗车→半精车	IT8 ~ IT10	3.2 ~ 6.3	
3	粗车→半精车→精车	IT7 ~ IT8	0.8 ~ 1.6	
4	粗车→半精车→磨削	IT6 ~ IT8	0.2 ~ 0.8	
5	粗刨(或粗铣)	IT11 ~ IT13	6.3 ~ 25	一般不淬硬平面(端铣表面粗糙度 Ra 值较小)
6	粗刨(或粗铣)→精刨(或精铣)	IT8 ~ IT10	1.6 ~ 6.3	
7	粗刨(或粗铣)→精刨 (或精铣)→刮研	IT6 ~ IT7	0.1 ~ 0.8	精度要求较高的不淬硬平面,批量较大时宜采用宽刃精刨方案
8	以宽刃精刨代替上述刮研	IT7	0.2 ~ 0.8	

续上表

序号	加工方法	经济精度 （以公差等级表示）	经济表面 粗糙度 $Ra(\mu m)$	适用范围
9	粗刨（或粗铣）→精刨 （或精铣）→磨削	IT7	0.2 ~ 0.8	精度较高的淬硬平面或 不淬硬平面
10	粗刨（或粗铣）→精刨（或精铣）→ 粗磨→精磨	IT6 ~ IT7	0.025 ~ 0.4	
11	粗铣→拉	IT7 ~ IT9	0.2 ~ 0.8	大量生产，较小的平面 （精度视拉刀精度而定）
12	粗铣→精铣→磨削→研磨	IT5 以上	0.006 ~ 0.1	高精度平面

7.6.2 加工阶段的划分及划分原因

1）加工阶段的划分

切削加工是加工过程的主要组成部分，通常根据加工要求将其分为以下 4 个加工阶段：

（1）粗加工阶段。大部分切削余量在粗加工阶段完成。由于这一阶段加工精度不高，通常不作为重要表面加工的终结工序，因此加工质量不是主要因素，而生产率则是重点考虑因素，应在尽量短的时间内完成大部分余量的切削。

（2）半精加工阶段。半精加工通常在热处理前进行，主要是为一些重要表面的精加工做准备以及进行一些次要表面的终结工序加工（如钻孔、攻丝、铣键槽等）。对于重要表面，应保留有一定的精加工余量，并保证一定的加工精度。

（3）精加工阶段。精加工阶段应全面达到图纸设计要求，主要完成零件的形状精度要求、位置精度要求和精度较高表面的尺寸要求。

（4）光整加工阶段。对于一些精度特别高（主要指尺寸精度和表面粗糙度）的加工表面，还需经过光整加工。该阶段以提高尺寸精度、降低表面粗糙度为主，而几何形状精度和位置精度应依靠前道工序保证。

2）划分加工阶段的主要原因

划分加工阶段主要有以下几点原因：

（1）保证加工质量及提高生产效率。粗加工阶段切削余量大，可采用较大的切削用量以提高生产率，但由此而产生的大切削力和切削热及所需的大夹紧力会使工件产生较大内应力和变形，不可能获得高的加工精度。而通过半精加工和精加工阶段，逐步减小切削用量、切削力和热，减小变形，以提高加工精度达到图纸要求。同时，各个加工阶段间的时间间隔能产生自然时效处理效果，有利于工件内应力的消除。

（2）合理使用机床设备。划分加工阶段后，可在不同阶段使用不同类型的机床，充分发挥各种设备的使用效率。例如，在粗加工阶段，可以采用高效率大功率的低精度机床设备，以提高生产率为主要目的；而在精加工阶段，则采用高精度机床以保证加工精度及确保精密机床的使用寿命。

（3）便于安排热处理工序。在各个加工阶段之间，根据上一阶段的加工特点及下一阶段的加工要求,安排合理的热处理工序。例如,在主轴粗加工后进行时效处理以消除内应力,在半精加工后进行淬火处理以达到表面物理机械性能的要求,在精加工后进行冰冷处理及低温回火以保证主轴的低温特性,最后再进行光整加工。

(4)及时发现毛坯缺陷,避免浪费工时。由于粗加工阶段切削余量大,能尽早暴露致命缺陷,可以及时报废,以避免后续工序的浪费。

(5)保护重要表面。将精加工放在最后,减少了重要表面加工完成后的运输路线,避免受到损伤。

上述加工阶段的划分原因并不绝对,对一些特殊工件或特定加工条件,也有不划分加工阶段的。例如,一些特大型工件若加工精度不高,则可一次装夹完成,以避免困难的多次安装和运输。

7.6.3 加工顺序的安排

复杂零件的机械加工要经过切削加工、热处理和辅助工序,在拟定工艺路线时必须将三者统筹考虑并合理安排顺序。

1)切削加工工序顺序的安排原则

切削工序安排的总原则是前期工序必须为后续工序创造条件,作好基准准备。具体原则如下:

(1)基准先行。零件加工一开始,总是先加工精基准,然后再用精基准定位加工其他表面。例如,箱体零件一般是以主要孔为粗基准加工平面,再以平面为精基准加工孔系,轴类零件一般是以外圆为粗基准加工中心孔,再以中心孔为精基准加工外圆、端面等其他表面。如果有几个精基准,则应该按照基准转换的顺序和逐步提高加工精度的原则来安排基面和主要表面的加工。

(2)先主后次。零件的主要表面一般都是加工精度或表面质量要求较高的表面,它们的加工质量对整个零件的质量影响很大,其加工工序往往也比较多,因此,应先安排主要表面的加工,再将其他表面的加工适当穿插进行。通常将装配基面、工作表面等视为主要表面,而将键槽、紧固用的光孔和螺孔等视为次要表面。

(3)先粗后精。一个零件通常由多个表面组成,各表面的加工一般都需分阶段进行。在安排加工顺序时,应先集中安排各表面的粗加工,中间根据需要依次安排半精加工,最后安排精加工和光整加工。对于精度要求较高的工件,为减小因粗加工引起的变形对精加工的影响,通常粗、精加工不连续进行,而应分阶段、间隔适当时间进行。

(4)先面后孔。对于箱体、支架和连杆等工件,应先加工平面再加工孔。因为平面的轮廓平整、面积大,先加工平面再以平面定位加工孔,既能保证加工时孔有稳定可靠的定位基准,又有利于保证孔与平面间的位置精度要求。

2)热处理的安排

热处理工序在工艺路线中的安排,主要取决于零件的材料和热处理的目的。根据热处理的目的,一般可分为以下几种类型:

(1)预备热处理。预备热处理的主要目的在于改善切削性能,消除内应力,常安排在机械加工前进行,常用的方法有退火、正火、调质。

(2)最终热处理。最终热处理是指根据零件设计要求安排的热处理,以达到指定的热处理效果,其目的是获得高强度和高硬度,常用方法有淬火、回火及一些特定的热处理方法如氮化、发蓝等。

(3)消除内应力热处理。消除内应力热处理的目的在于消除工件内应力,避免工件变形。通常安排在粗加工之后精加工之前,常用方法有人工时效、退火等。

3)辅助工序的安排

辅助工序包括工件的检验、去毛刺、清洗、去磁和防锈等。辅助工序也是机械加工的必要工序,安排不当或遗漏,会给后续工序和装配带来困难,影响产品质量甚至机器的使用性能。例如,未去毛刺的零件装配到产品中会影响装配精度或危及工人安全,机器运行一段时间后,毛刺变成碎屑混入润滑油中而影响机器的使用寿命;又如用磁力夹紧过的零件如果不安排去磁,则可能将微细切屑带入产品中,也必然会严重影响机器的使用寿命,甚至还可能造成不必要的事故。因此,必须十分重视辅助工序的安排。

检验是最主要的辅助工序,它对保证产品质量有重要作用。检验工序应安排在如下时间段:

(1)粗加工阶段结束后。

(2)转换车间的前后,特别是进入热处理工序的前后。

(3)重要工序之前或加工工时较长的工序前后。

(4)特种性能检验,如磁力探伤、密封性检验等之前。

(5)全部加工工序结束之后。

7.6.4　工序的集中与分散

拟定工艺路线时,在选定各表面加工工序和划分加工阶段之后,就可将同一阶段中各加工表面组合成若干工序。确定工序数目或工序内容的多少有不同的原则,它和设备类型的选择密切相关。

1)工序集中与工序分散的概念

工序集中就是将工件的加工集中在少数几道工序内完成,每道工序的加工内容较多。工序集中又可分为采用技术措施集中的机械集中(如采用多刀、多刃、多轴或数控机床加工等)和采用人为组织措施集中的组织集中(如普通车床的顺序加工)。

工序分散则是将工件的加工分散在较多的工序内完成,每道工序的加工内容很少,有时甚至每道工序只有一个工步。

2)工序集中的特点

工序集中有以下特点:

(1)便于一次安装完成多个表面加工。因为每道工序包含许多加工内容,需加工多个表面,若这些表面的定位基准符合统一基准原则,则可以通过一次装夹一起完成。

(2)可以减少机床、操作工人的数量,从而节省车间面积、简化生产计划和生产组织工作。

(3)采用高效专用设备及工艺装备,以提高生产率。

（4）投资较大，专用设备多，调整复杂，生产准备量较大，更换产品困难。

3）工序分散的特点

工序分散有以下特点：

（1）机床设备及工装结构简单、便于调整。由于每一道工序只需完成少量的加工内容，因此相应的设备较简单，更换产品所需的调整工作量较小。

（2）工人技术要求高。由于每一个工人需掌握该工序很多的加工内容及所需的技术，相对技术要求较高。

（3）可以根据零件的实际尺寸选择合适的切削用量。

4）工序集中与工序分散的选择

工序集中与工序分散各有利弊，应根据企业生产规模、产品生产类型、现有生产条件、零件结构特点与技术要求、各工序生产节拍进行综合分析及选定。

一般地，单件小批生产宜采用组织集中，以便简化生产组织工作。大批大量生产宜采用较复杂的机械集中。结构简单的产品宜采用工序分散的原则。批量生产宜尽可能采用高效机床，使工序适当集中。重型零件为减少装卸运输工作量工序应适当集中，而刚性较差且精度高的精密工件则工序应适当分散。随着科学技术的不断进步及先进制造技术的向前发展，工序的发展趋势是倾向于工序集中。

单元 7.7　工序内容的设计

7.7.1　设备及工艺装备的选择

1）设备的选择

确定了工序集中或工序分散的原则后，基本上也就确定了设备的类型。若采用工序集中，则宜选用高效自动加工设备；若采用工序分散，则加工设备可较简单。此外，选择设备时还应考虑以下因素：

（1）机床精度与工件精度相适应。

（2）机床规格与工件的外形尺寸相适应。

（3）机床与现有加工条件相适应，如设备负荷的平衡状况等。

如果没有现成设备供选用，经过方案的技术经济分析后，也可提出专用设备的设计任务或旧设备的改装计划。

2）工艺装备的选择

工艺装备的选择是否合理，将直接影响工件的加工精度、生产效率和经济效益。应根据生产类型、具体加工条件、工件结构特点和技术要求等因素，进行综合考虑以选择适宜的工艺装备。

（1）夹具的选择。单件、小批生产应首先采用各种通用夹具和机床附件，如卡盘、机床用平口虎钳、分度头等,对于大批和大量生产,为提高生产率应采用专用高效夹具,多品种、中小批量生产可采用可调夹具或成组夹具。

(2)刀具的选择。一般应优先采用标准刀具;若采用机械集中,则可采用各种高效的专用刀具、复合刀具和多刃刀具等。刀具的类型、规格和精度等级应符合加工要求。

(3)量具的选择。单件、小批生产应广泛采用通用量具,如游标卡尺、百分尺和千分表等;大批、大量生产应采用极限量块和高效的专用检验夹具和量仪等。量具的精度应与加工精度相适应。

7.7.2　加工余量的确定

1)影响加工余量的因素

影响加工余量的因素比较复杂,其主要因素包括上道工序产生的表面粗糙度 R_z 和表面缺陷层深度 H_a、上道工序的尺寸公差 T_a、上道工序所留空间位置误差 ρ_a 和本工序装夹误差 ε_b。

由于空间位置误差和装夹误差都有方向性,所以应采用矢量相加的方法。工序余量的组成可用下式来表示:

对于单边余量:

$$Z_b = T_a + R_z + H_a + |\rho_a + \varepsilon_b| \tag{7-2}$$

对于双边余量:

$$2Z_b = T_a + 2(R_z + H_a) + |\rho_a + \varepsilon_b| \tag{7-3}$$

2)加工余量的确定

加工余量的大小对工件的加工质量、生产率和生产成本均有较大影响。加工余量过大,不仅增加机械加工的劳动量、降低生产率,而且增加了材料、刀具和电力的消耗,提高了加工成本;加工余量过小,则既不能消除前道工序的各种表面缺陷和误差,又不能补偿本工序加工时工件的过程误差而造成废品。因此,应合理地确定加工余量。

确定加工余量的基本原则是在保证加工质量前提下其值越小越好。

实际工作中,确定加工余量的方法有以下 3 种:

(1)查表法。查表法是指根据有关手册提供的加工余量数据,并结合本厂生产实际情况加以修正后确定加工余量。这是一种工厂广泛采用的方法。

(2)经验估计法。经验估计法是指根据工艺人员本身积累的经验确定加工余量。一般为防止余量过小而产生废品,所估计的余量值总是偏大,常用于单件、小批量生产。

(3)分析计算法。分析计算法是指根据理论公式和一定的试验资料,对影响加工余量的各因素进行分析、计算来确定加工余量。这种方法较合理,但需要全面可靠的试验资料,计算也较复杂,一般只在材料十分贵重或少数大批、大量生产的情况下采用。

7.7.3　工序尺寸及其公差的确定

在结构设计、加工工艺或装配工艺过程中,经常会遇到相关尺寸、公差和技术要求的计算分析问题。在加工过程中,每次加工都有工序尺寸的改变,特别是在复杂工序的加工过程中,若尺寸计算不准确则很容易产生废品,这个问题需运用尺寸链原理加以解决。

1)工艺尺寸链

在零件加工或机器装配过程中,由相互联系的尺寸形成的封闭尺寸组称为尺寸链。

(1)根据使用场合,尺寸链可分为以下两类:

①工艺尺寸链。在零件加工过程中,由同一零件有关工序尺寸形成的尺寸链称为工艺尺寸链。

②装配尺寸链。在机器设计和装配过程中,由若干零件的有关设计尺寸形成的尺寸链称为装配尺寸链。

(2)根据各尺寸的几何特征或空间位置,尺寸链可分为以下 4 类:

①直线尺寸链。直线尺寸链是指由彼此平行的直线尺寸所组成,即只考虑一个方向的尺寸链。图 7-12 为直线尺寸链的示意图,在图纸中只给定 3 个尺寸 A_1、A_2、A_0,于是就构成了如图 7-12b)所示的尺寸链。在这个尺寸链中 A_3 被间接地确定,构成了一个封闭尺寸组,即直线尺寸链。

②角度尺寸链。角度尺寸链是指由角度尺寸构成的尺寸链。表示平行度、垂直度等位置关系的尺寸链也是角度尺寸链。

③平面尺寸链。平面尺寸链是指在同一平面内由角度尺寸和直线尺寸构成的尺寸链。

④空间尺寸链。空间尺寸链是指几个不同平面内的尺寸(角度尺寸及直线尺寸)组成的尺寸链。

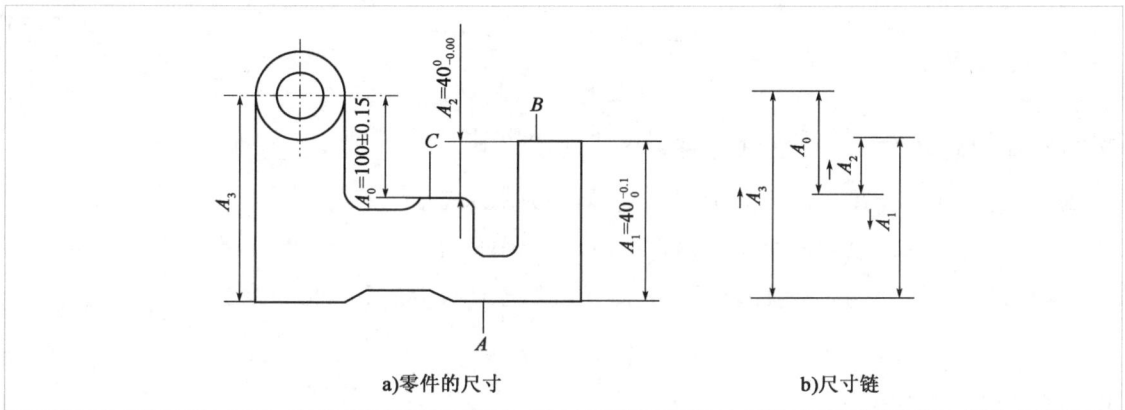

a)零件的尺寸　　　　　**b)尺寸链**

◎图 7-12　尺寸链示例(尺寸单位:mm)

2)尺寸链的计算方法

尺寸链的计算方法较多,本模块只介绍最常用的极值算法。这种算法是考虑最不利的情况,即把尺寸的极限情况考虑进去,尺寸链中的增环均处于最大尺寸而减环均处于最小尺寸,则封闭环呈现最大的值;相反在尺寸链中的增环均处于最小尺寸而减环均处于最大尺寸,则封闭环呈现最小的值。

(1)极值算法的基本尺寸计算公式为:

$$A_\Sigma = \sum_{j=1}^{m} \overrightarrow{A_j} - \sum_{k=m+1}^{n-1} \overleftarrow{A_k} \tag{7-4}$$

式中:A_Σ——封闭环的基本尺寸;

$\overrightarrow{A_j}$——增环的基本尺寸;

$\overleftarrow{A_k}$——减环的基本尺寸;

　n——尺寸链的总环数;

　m——增环数。

表达式的含义是封闭环的基本尺寸等于各增环基本尺寸之和减去各减环基本尺寸之和。

(2)极值算法的偏差计算公式如下:

封闭环上偏差:

$$ES(A_{\Sigma}) = \sum_{j=1}^{m} ES(\overrightarrow{A_j}) - \sum_{k=m+1}^{n-1} EI(\overleftarrow{A_k}) \tag{7-5}$$

封闭环下偏差:

$$EI(A_{\Sigma}) = \sum_{j=1}^{m} EI(\overrightarrow{A_j}) - \sum_{k=m+1}^{n-1} ES(\overleftarrow{A_k}) \tag{7-6}$$

式中:$ES(A_{\Sigma})$、$EI(A_{\Sigma})$——封闭环的上偏差、下偏差;

　　　$ES(\overrightarrow{A_j})$、$EI(\overrightarrow{A_j})$——增环的上偏差、下偏差;

　　　$EI(\overleftarrow{A_k})$——减环的上偏差、下偏差。

(3)各环极限尺寸的计算。封闭环的最大尺寸等于各增环的最大尺寸之和减去各减环的最小尺寸之和,封闭环的最小尺寸等于各增环的最小尺寸之和减去各减环的最大尺寸之和,即:

$$A_{\Sigma max} = \sum_{j=1}^{m} \overrightarrow{A}_{jmax} - \sum_{k=m+1}^{n-1} \overleftarrow{A}_{kmin} \tag{7-7}$$

$$A_{\Sigma min} = \sum_{j=1}^{m} \overrightarrow{A}_{jmin} - \sum_{k=m+1}^{n-1} \overleftarrow{A}_{kmax} \tag{7-8}$$

式中:$A_{\Sigma max}$、$A_{\Sigma min}$——封闭环的最大极限尺寸、最小极限尺寸;

　　　$\overrightarrow{A}_{jmax}$、$\overrightarrow{A}_{jmin}$——增环的最大极限尺寸、最小极限尺寸;

　　　$\overleftarrow{A}_{kmax}$、$\overleftarrow{A}_{kmin}$——减环的最大极限尺寸、最小极限尺寸。

(4)各环公差的计算。封闭环的公差等于各组成环公差之和,即:

$$T(A_{\Sigma}) = \sum_{i=1}^{n} T(A_i) \tag{7-9}$$

式中:$T(A_{\Sigma})$——封闭环的公差;

　　　$T(A_i)$——组成环的公差。

3)尺寸链的计算举例

(1)基准重合时工序尺寸及其公差的计算。对零件表面进行多次加工,当工序基准、定位基准或测量基准与设计基准重合时,工序尺寸及公差的计算比较容易。例如,轴、孔和某些平面的加工,计算时只需考虑各工序的加工余量和所能达到的精度。其计算顺序是由最后一道工序开始向前推算,计算步骤如下:

①确定毛坯总余量和工序余量。

②确定工序公差,最终工序尺寸公差等于设计尺寸公差,其余工序公差按经济精度确定。

③求工序基本尺寸,从零件图上的设计尺寸开始一直往前推算到毛坯尺寸,某工序基本尺寸等于后一道工序基本尺寸加上(或减去)后一道工序余量。

④标注工序尺寸公差,最后一道工序的公差按设计尺寸标注,其余工序尺寸公差按入体原则标注。

【例7-1】 加工一个 $\phi100Js6$、$Ra0.8$ 的孔,加工工序为粗镗→半精镗→精镗→浮动镗,根据手册和工厂实际选定各工序的加工余量和各个工序的经济精度。经过反向计算,从零件最后加工尺寸的加工余量反推到毛坯的制造加工余量,在确定各道工序的加工余量时可按照实际工作经验或查阅机械工艺师手册有关数据进行确定,将所计算结果填入表7-10中。

工序尺寸与公差计算(mm) 表7-10

工序名称	工序余量	工序经济精度	工序尺寸	工序尺寸及公差
浮动镗	0.1	Js6(±0.011)	100	$\phi100$
精镗	0.5	$H7_0^{+0.35}$	99.9	$\phi99.9_0^{+0.35}$
半精镗	2.4	$H10_0^{+0.14}$	99.4	$\phi99.4_0^{+0.14}$
粗镗	5	$H13_0^{+0.54}$	97	$\phi97_0^{+0.54}$
毛坯孔	8	$H13_{-1}^{+2}$	92	$\phi92_{-1}^{+2}$

(2)基准不重合时工序尺寸及其公差的计算。

【例7-2】 如图7-12a)所示,零件镗孔时需保证设计尺寸 $A_0 = (100 \pm 0.15)$ mm,镗孔前 A_1、A_2 已加工完成,求本道工序的工序尺寸。

分析如下:尺寸的形成过程中,A_1、A_2 已完成,最后一道工序是以底面定位加工孔,孔的要求由 A_0 尺寸给出,图纸的设计基准是 C 表面,工序基准为 A 表面,设计基准与工序基准不重合。

解:连接 A_0、A_1、A_2、A_3 形成一个封闭尺寸环,形成次序为 A_1、A_2、A_3、A_0,A_0 是经过 A_3 加工好之后自然形成的,所以 A_0 是封闭环。建立尺寸链如图7-12b)所示,其中 A_1 是减环、A_2、A_3 是增环。

根据公式(7-4)得:

$$A_0 = A_2 + A_3 - A_1$$

则

$$A_3 = A_0 + A_1 - A_2 = 100 + 240 - 40 = 300(\text{mm})$$

根据公式(7-5)得:

$$\mathrm{ES}(A_0) = \mathrm{ES}(A_2) + \mathrm{ES}(A_3) - \mathrm{EI}(A_1)$$

则上偏差为:

$$\mathrm{ES}(A_3) = \mathrm{ES}(A_0) + \mathrm{ES}(A_1) - \mathrm{EI}(A_2) = 0.15 + 0 - 0 = 0.15(\text{mm})$$

同理

$$\mathrm{EI}(A_3) = \mathrm{EI}(A_0) + \mathrm{ES}(A_1) - \mathrm{EI}(A_2) = -0.15 + 0.10 - (-0.06) = 0.01(\text{mm})$$

最后得镗孔尺寸为:$A_3 = 300_{+0.01}^{+0.15}$ mm

【例7-3】 如图7-13所示,加工零件的内孔和键槽,其加工次序为:①先加工孔至 $\phi49.8_{+0}^{+0.1}$ mm;②插键槽 A_1,尺寸为 (16 ± 0.013) mm;③磨内孔至 $\phi50_{+0}^{+0.05}$ mm,在磨内孔时保证尺寸 $\phi54.3_{+0}^{+0.3}$ mm。要求确定工序尺寸 A_3 及公差。

解:由图7-13a)可知,在加工键槽时先得到 A_1,在磨孔之后得到 $\phi50_{+0}^{+0.05}$ mm,此时间接得到的,这个尺寸在孔径之后得到,所以 $\phi54.3_{+0}^{+0.3}$ mm 是封闭环。以 $\phi54.3_{+0}^{+0.3}$ mm 为封闭环建立尺寸链,尺寸链如图 7-13b)所示,工序尺寸 A_1、A_3 是增环,A_2 是减环。由尺寸链的公式可得:

基本尺寸:$A_1 = A_\Sigma + A_2 - A_3 = 54.3 + 24 - 25 = 53.3 (\text{mm})$

上偏差:$ES(A_1) = ES(A_\Sigma) + EI(A_2) = EI(A_3) = 0.3 + 0 - 0.025 = 0.275 (\text{mm})$

下偏差:$ES(A_1) = EI(A_\Sigma) + ES(A_2) - EI(A_3) = -0 + 0.05 - 0 = 0.05 (\text{mm})$

则所求尺寸:$A_3 = 54.2^{+0.15}_{+0.05} \text{mm} = 54.25^{+0.10}_{+0} \text{mm}$

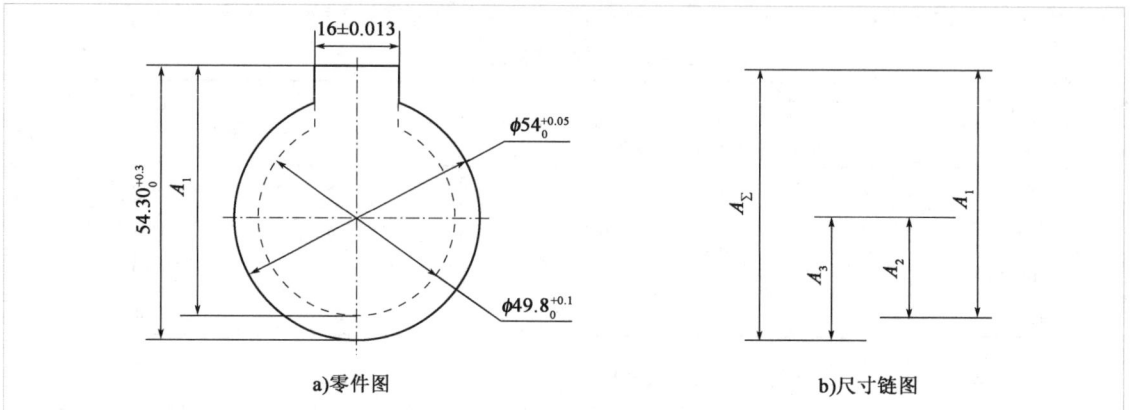

◎图 7-13　尺寸链图(尺寸单位:mm)

单元 7.8　机械加工生产率和技术经济分析

制定工艺规程的根本任务是在保证产品质量的前提下提高劳动生产率和降低成本,即做到高产、优质及低消耗。

7.8.1　时间定额

机械加工生产率指工人在单位时间内生产的合格产品的数量,或者制造单件产品所消耗的劳动时间。机械加工生产率是劳动生产率的指标,通常通过时间定额来衡量。

时间定额指在一定的生产条件下,规定每个工人完成单件合格产品或某项工作所必需的时间。

时间定额是安排生产计划、核算生产成本的重要依据,也是设计、扩建工厂或车间时计算设备和工人数量的依据。

完成某一工件某一道工序的时间定额称为工件单件时间或工件单件时间定额 T_p,它由下列部分组成:

(1)基本时间 T_b。基本时间是指直接改变生产对象的尺寸、形状、相对位置与表面质量或材料性质等工艺过程所消耗的时间。对机械加工而言,就是切除金属所耗费的时间(包括刀具切入、切出的时间)。时间定额中的基本时间可以根据切削用量和行程长度来计算。

(2)辅助时间 T_a。辅助时间是指为实现工艺过程所必须进行的各种辅助动作消耗的时间,它包括装卸工件,开、停机床,改变切削用量,试切和测量工件,进刀和退刀等所需的时间。基本时间与辅助时间之和称为操作时间 T_B,它是直接用于制造产品或零部件所消耗的时间。

（3）布置工作场地时间 T_{SW}。布置工作场地时间是指为使加工正常进行,工人管理工作场地和调整机床（如更换、调整刀具,润滑机床,清理切屑,收拾工具等）所需的时间,一般按操作时间的 2% ~7%（以百分率 α 表示）计算。

（4）生理和自然需要时间 T_r。生理和自然需要时间是指工人在工作班内为恢复体力和满足生理需要等消耗的时间。一般按操作时间的 2% ~4%（以百分率 β 表示）计算。

以上 4 部分时间的总和称为工件单件时间 T_p,即:

$$T_p = T_b + T_a + T_{SW} + T_r = T_B + T_{SW} + T_r = (1 + \alpha + \beta)T_B \tag{7-10}$$

（5）准备与终结时间 T_e。准备与终结时间简称准终时间,指工人在加工一批产品、零件进行准备和结束工作所消耗的时间。加工开始前,通常都要熟悉工艺文件,领取毛坯材料、工艺装备,调整机床,安装刀具和夹具,选定切削用量等;加工结束后,需送交产品,拆下、归还工艺装备等。准终时间对一批工件来说只消耗一次,零件批量越大,分摊到每个工件上的准终时间 T_e/n 就越小,其中 n 为批量。

因此,单件或成批生产的单件计算时间 T_c 应为:

$$T_c = T_p + T_e/n = T_b + T_a + T_{SW} + T_r + T_e/n \tag{7-11}$$

大批、大量生产中,由于 n 的数值很大,$T_e/n \approx 0$,即可忽略不计,所以大批、大量生产的单件计算时间 T_c 应为:

$$T_c = T_p = T_b + T_a + T_{SW} + T_r \tag{7-12}$$

7.8.2　提高机械加工生产率的工艺措施

劳动生产率是一个综合技术经济指标,它与产品设计、生产组织、生产管理和工艺设计都密切相关。本模块讨论提高机械加工生产率的问题,主要是从工艺技术的角度研究如何通过减少时间定额来达到提高生产率的目的。

1）缩短基本时间

（1）提高切削用量。增大切削速度、进给量和背吃刀量都可以缩短基本时间,这是机械加工中广泛采用的提高生产率的有效方法。

（2）缩短或重合切削行程长度。利用几把刀具或复合刀具对工件的同一表面或几个表面同时进行加工,或者利用宽刃刀具、成型刀具做横向进给同时加工多个表面,实现复合工步,都能减少每把刀的切削行程长度或使切削行程长度部分或全部重合,以减少基本时间。

（3）采用多件加工。多件加工可分顺序多件加工、平行多件加工和平行顺序多件加工 3 种形式。顺序多件加工是指工件按进给方向一个接一个地顺序装夹,减少了刀具的切入、切出时间,即减少了基本时间,这种形式的加工常见于滚齿、插齿、龙门刨、平面磨和铣削加工中。平行多件加工是指工件平行排列,一次进给可同时加工 n 个工件,加工所需基本时间和加工一个工件相同,所以分摊到每个工件的基本时间就减少到原来的 $1/n$,其中 n 为同时加工的工件数,这种方式常见于铣削和平面磨削中。平行顺序多件加工是上述两种形式的综合,常用于工件较小、批量较大的情况,如立轴平面磨削和立轴铣削加工。

2）缩短辅助时间

缩短辅助时间的方法通常是使辅助操作实现机械化和自动化，或使辅助时间与基本时间重合。具体有以下措施。

（1）采用先进高效的机床夹具。采用先进高效的机床夹具不仅可以保证加工质量，而且大大减少了装卸和找正工件的时间。

（2）采用多工位连续加工。采用多工位连续加工即在批量和大量生产中，采用回转工作台和转位夹具，在不影响切削加工的情况下装卸工件，使辅助时间与基本时间重合，该方法在铣削平面和磨削平面中得到广泛的应用，可显著地提高生产率。

（3）采用主动测量或数字显示自动测量装置。零件在加工中需多次停机测量，尤其是精密零件或重型零件更是如此，这样不仅降低了生产率，不易保证加工精度，还增加了工人的劳动强度。主动测量或自动测量装置能在加工中测量工件的实际尺寸，并能用测量的结果控制机床进行自动补偿调整。该方法在内、外圆磨床上的采用已取得显著的效果。

（4）采用两个相同夹具交替工作的方法。当一个夹具安装好工件进行加工时，另一个夹具同时进行工件装卸，这样也可使辅助时间与基本时间重合，该方法常用于批量生产中。

3）缩短布置工作场地时间

布置工作场地时间主要消耗在更换刀具和调整刀具的工作上。因此缩短布置工作场地时间主要是减少换刀次数、换刀时间和调整刀具的时间。

4）缩短准备与终结时间

缩短准备与终结时间的主要方法是扩大零件的批量和减少调整机床、刀具和夹具的时间。

⚠ 模块小结

本模块系统地研究了机械加工过程与工艺规程的核心内容。通过学习，深入理解了生产过程与工艺过程的紧密联系，掌握了生产纲领和生产类型对工艺规程制定的关键影响。熟悉了机械加工工艺规程的类型及其制定步骤，学会了如何根据零件图进行工艺分析，合理选择毛坯类型和定位基准。

在工艺路线的拟定方面，掌握了表面加工方法的选择、加工阶段的划分及划分原因、加工顺序的安排以及工序的集中与分散等关键要素。同时，也学会了如何进行工序内容的设计，包括设备及工艺装备的选择、加工余量的确定以及工序尺寸及其公差的计算。

此外，还了解了机械加工生产率的重要性，掌握了时间定额的计算方法，并探讨了提高机械加工生产率的工艺措施。

◎ 模块习题

1.制定工艺规程的原则有哪些？

2. 制定工艺规程时主要应解决哪些问题？

3. 在确定毛坯时应考虑哪些因素？

4. 定位基准中精基准的选择原则有哪些？

5. 定位基准中粗基准的选择原则有哪些？

6. 加工方法选择时应考虑哪些因素？

7. 简述热处理的种类和目的。

8. 应何时安排检验工序？

9. 工序集中的特点是什么？

10. 工序分散的特点是什么？

模块8

机械加工精度及质量

学习目标

知识目标

◎ 掌握机械加工精度的基本概念及获得加工精度的方法。
◎ 熟悉各种影响加工精度的工艺因素。
◎ 掌握机械加工表面质量的基本概念及表面质量对零件使用性能的影响。
◎ 熟悉切削加工和磨削加工对表面粗糙度的影响因素及表面强化工艺措施。

技能目标

◎ 能够根据机械加工精度和表面质量的要求，制定合理的加工工艺方案。
◎ 能够准确分析机械加工过程中精度损失的原因，并采取相应的措施进行控制和改进。
◎ 能够根据零件的加工精度和表面质量要求，制定合理的加工精度控制策略和质量控制计划。

素养目标

◎ 鼓励学生探索新技术、新方法在机械加工精度及质量控制中的应用，培养其创新意识和创新能力。
◎ 树立国家利益至上的观念，明白个人价值的实现应与国家需求相结合，鼓励学生为国家的科技进步和社会发展贡献自己的力量。

单元 8.1　认识机械加工精度

8.1.1　机械加工精度的含义

机械加工精度是指工件加工后的实际几何参数(尺寸、形状和表面间的相互位置)与理想工件的几何参数相符合的程度。符合程度越好,加工精度就越高。所谓理想工件,对于尺寸而言,是工件尺寸的公差带中心,对于表面形状而言,是绝对准确的直线、平面、圆柱面、圆锥面等,对表面相互位置而言,是绝对的平行、垂直、同轴等。

工件实际加工时,不可能做得与理想工件完全一致,总会有大小不同的偏差。工件加工后的实际几何参数(尺寸、形状和表面间的相互位置等)对理想几何参数的偏离程度,称为加工误差。加工误差的大小反映了加工精度的高低。在满足产品正常使用的前提下,允许工件存在一定的加工误差,只要这些加工误差不超过工件图上的设计要求和公差标准规定的范围,就认为是合格的工件,保证了加工精度,否则为不合格的零件。

研究加工精度的目的,是厘清各种因素对加工精度的影响规律,从而找出减小加工误差、提高加工精度的措施,保证各种加工误差控制在允许范围内。

机械加工精度包括尺寸精度、形状精度和位置精度3个方面。

(1)尺寸精度。机械加工后,工件表面本身或表面之间的实际尺寸与理想尺寸间的符合程度,它们之间的偏差值称为尺寸误差,如直径、长度、高度、宽度等。

(2)形状精度。机械加工后,工件各表面的实际形状与理想形状间的符合程度,它们之间的偏差值称为形状误差,如直线度、圆度、圆柱度、平面度等。

(3)位置精度。机械加工后,工件表面的实际位置和理想位置间的符合程度,它们之间的偏差值称为位置误差,如同轴度、对称度、平行度、垂直度等。

尺寸精度、形状精度和位置精度三者之间是有联系的。通常形状公差应限制在尺寸公差之内,而位置误差一般也应限制在尺寸公差之内。当尺寸精度要求高时,相应的位置精度、形状精度要求也高。但形状精度要求高时,相应的位置精度和尺寸精度有时不一定要求高,这需要根据零件的功能要求决定。

8.1.2　获得机械加工精度的方法

在机械加工中,根据生产条件和生产批量的不同,可采用以下一些方法获得加工精度。

1)获得尺寸精度的方法

(1)试切法。试切法就是在工件加工过程中不断对已加工表面的尺寸进行测量,并相应调整刀具相对工件加工表面的位置进行试切,直到尺寸精度达到要求的加工方法。图 8-1 是车削轴颈尺寸时的试切法。试切法是获得工件尺寸精度最早的方法,其生产率低,常用于单件小批生产,加工精度取决于操作人员的技术水平。

(2)调整法。按试切好的工件尺寸、标准件或对刀块等调整好刀具相对工件定位基准的位置,并在保持此准确位置不变的情况下,对一批工件进行加工的方法称为调整法。图 8-2 是用对刀块和塞尺(规)调整铣刀位置进行加工的方法。调整法加工精度比较稳定,生产率较高,是批量生产时采用的加工方法。

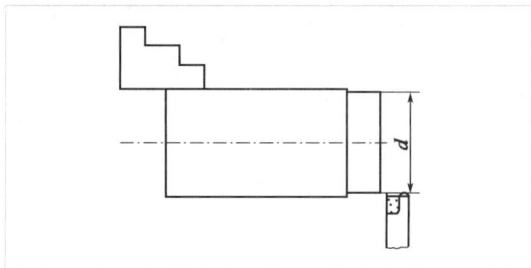

◎图 8-1 试切法
d-直径

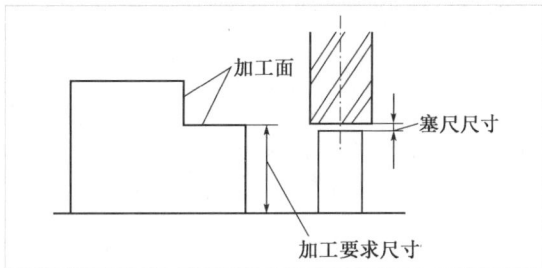

◎图 8-2 铣削时的调整法对刀

(3)定尺寸刀具法。在机械加工过程中,通过刀具的尺寸精度保证被加工工件的尺寸精度,这种方法称为定尺寸刀具法。用拉刀、钻头、铰刀加工孔均属于定尺寸刀具法。这种加工方法加工精度较稳定,生产效率高,操作简便,是常用的孔和槽的加工方法。

(4)自动控制法。在加工过程中,通过由尺寸测量装置、动力进给装置和控制机构等组成的自动控制系统,使加工过程中的尺寸测量、刀具的补偿调整和切削加工等一系列工作自动完成,在达到尺寸精度时自动停止加工的方法称为自动控制法,如数控机床的切削加工。这种方法加工精度稳定,生产效率高,是机械制造业的发展方向。

2)获得形状精度的方法

(1)刀尖轨迹法。通过刀尖的运动轨迹来获得形状精度的方法称为刀尖轨迹法。所获得的形状精度取决于刀具和工件间相对成型运动的精度,如铣削、车削、刨削等。

(2)成型法。利用成型刀具对工件进行加工获得形状精度的方法称为成型法。成型法加工的形状精度取决于成型刀具的形状精度和其他成型运动精度。

(3)仿形法。刀具按照仿形装置进给规律对工件进行加工的方法称为仿形法。仿形法所得到的形状精度取决于仿形装置的精度以及其他成型运动的精度,如仿形铣、仿形车等。

(4)展成法。利用刀具和工件作展成切削运动形成包络面,从而获得形状精度的方法称为展成法(或称包络法),如滚齿、插齿等。

3)获得位置精度的方法

工件各表面的位置精度主要由机床精度、夹具精度和刀具相对工件的安装精度保证。例如:在车床上车削工件端面时,其端面和轴线的垂直度决定于横溜板进给方向与主轴回转轴线的垂直度,在平面上钻孔,孔中心线对平面的垂直度则取决于钻床钻头进给方向与工作台或夹具定位面的垂直度。工件的安装方法有一次装夹法和多次装夹法。在多次装夹法中,可根据工件的不同装夹方式分为直接装夹法、找正装夹法和夹具装夹法。

8.1.3 影响机械加工精度的因素及分析

1)影响机械加工精度的原始误差

(1)工艺系统的原始误差及分类。在机械加工时,由机床、夹具、刀具和工件构成的系统称为工艺系统。造成零件加工后尺寸、形状或位置加工误差的工艺系统各环节中所存在的误差称为原始误差。为了保证和提高零件的加工精度,必须采取措施消除或减小原始误差对加工精度的影响,将加工误差控制在允许的变动范围内。影响原始误差的因素很多,大致可划分为 3 个部分:一是与工艺系统本身的初始状态有关的因素(加工前误差);二是与切削过程有关的因素(加工中误差);三是与加工后的状况有关的因素(加工后误差)。

工艺系统原始误差的分类如图 8-3 所示。

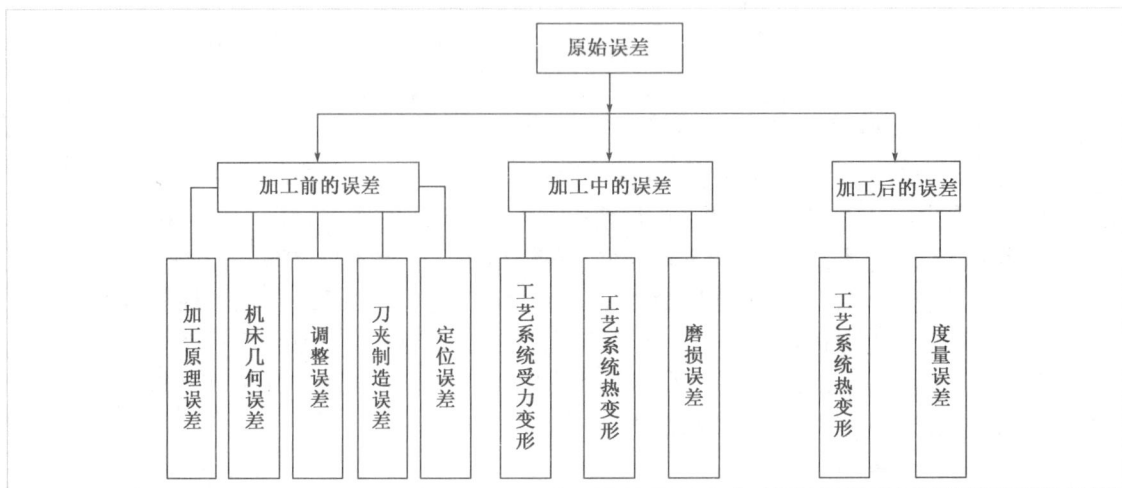

◎ 图 8-3　工艺系统原始误差的分类

(2)原始误差对加工误差的影响。机械加工过程中,由于各种原始误差的影响,刀具和工件间的正确相对位置被破坏,从而在工件上产生加工误差。不同的原始误差对加工精度的影响程度不同,当原始误差的方向与加工表面工序尺寸的方向一致时,对加工精度影响最大。为便于分析原始误差对加工精度的影响,将对加工精度影响最大的方向,一般为被加工表面的法向方向,称为误差的敏感方向。而将对加工精度影响最小的方向,一般为被加工表面的切向方向,称为误差的非敏感方向。

2)刀具的制造误差与磨损对加工精度的影响

刀具的制造误差和磨损是产生刀具误差的主要原因。

(1)刀具制造误差对加工精度的影响。刀具制造误差对加工精度的影响因刀具的种类、材料不同而异。

①定尺寸刀具(如钻头、铰刀、键槽铣刀等)的尺寸精度将直接影响工件的尺寸精度。

②成型刀具(如成型车刀、成型铣刀等)的形状精度将直接影响工件的形状精度。

③展成刀具(如齿轮滚刀、花键滚刀、插齿刀等)的刀刃形状必须是加工表面的共轭曲线,因此刀刃的形状误差将影响工件的形状精度。

④一般刀具(如车刀、铣刀、镗刀)的制造精度对加工精度没有直接影响。

(2)刀具磨损对加工精度的影响。

刀具在切削加工过程中都要产生磨损,从而引起工件的尺寸和形位误差。如在加工工件的较大表面时,刀具的径向磨损会严重影响工件的形状精度。

刀具的径向磨损是指刀刃在加工表面的法线方向,即误差的敏感方向上的磨损量,直接反映出刀具磨损对加工精度的影响。

由模块4中的单元4.4可知,刀具的磨损分为3个阶段,如图4-11所示。将该图中的横坐标改为切削路程,可得到刀具的磨损与切削路程的关系,如图8-4所示。可知,刀具的磨损第1阶段,磨损量与切削路程成非线性关系;第2阶段,磨损量与切削路程成线性关系;第3阶段,磨损量随着切削路程的增加而急剧增加,这时应停止切削,刃磨刀具。

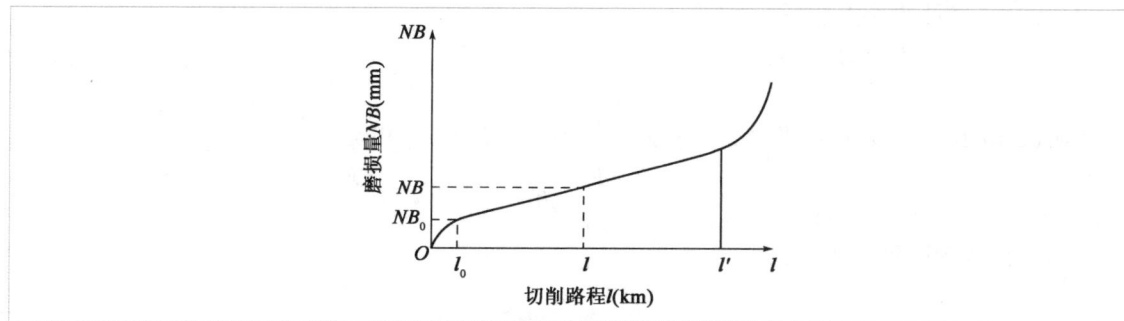

◉ 图8-4 刀具的磨损与切削路程的关系

为减小刀具制造误差和磨损对加工精度的影响,除合理规定尺寸刀具和成型刀具的制造公差外,还应根据工件的材料和加工要求,准确选择刀具材料、切削用量、冷却润滑,并准确刃磨,以减少刀具磨损。

3)工艺系统受力变形对加工精度的影响

(1)工艺系统刚度的概念。

机械加工工艺系统在传动力、切削力、重力、惯性力、夹紧力等的作用下,会产生相应的变形,从而破坏了刀具和工件之间的正确相对位置,产生加工误差,使工件的加工精度下降。如图8-5a)所示,车削细长轴时,工件在切削力的作用下会发生变形,加工的轴呈现中间粗两头细,产生了鼓形的圆柱度误差。如图8-5b)所示,在内圆磨床上进行切入式磨孔时,由于内圆磨头固定轴较细,磨削加工时因磨头固定轴受力变形,工件内孔呈圆锥形误差。

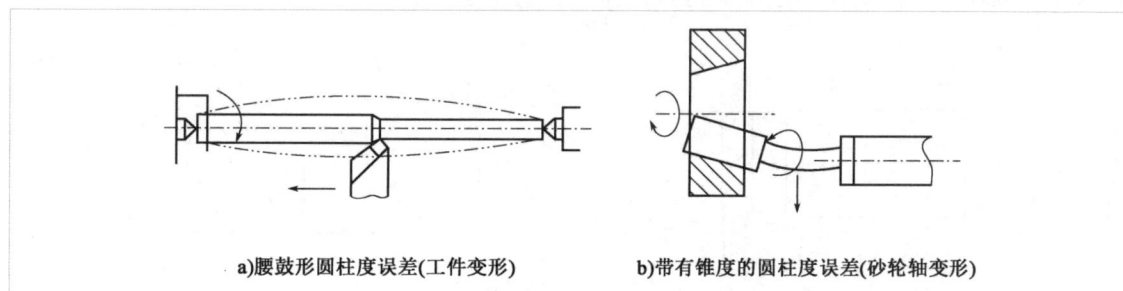

a)腰鼓形圆柱度误差(工件变形)　　　　**b)带有锥度的圆柱度误差(砂轮轴变形)**

◉ 图8-5 工艺系统受力变形引起的加工误差

作用于工件加工表面法向(即加工误差敏感方向)的切削分力 F_y 与工艺系统在该方向上的变形量 y 之间的比值,称为工艺系统刚度 k,即:

$$k = \frac{F_y}{y} \tag{8-1}$$

其中,变形量 y 是工件和刀具在 F_y 方向上产生的相对位移,不只是 F_y 作用的结果,而是工艺系统各方向受力同时作用下的综合结果。

工艺系统由机床的有关部件、夹具、刀具和工件组成,工艺系统在某一处的法向(加工误差敏感方向)总变形 y 是由工艺系统各个组成环节在同一处的法向变形位移的叠加,即:

$$y = y_{jc} + y_{jj} + y_d + y_g \qquad (8\text{-}2)$$

式中:y_{jc}——机床的受力变形;

y_{jj}——夹具的受力变形;

y_d——刀具的受力变形;

y_g——工件的受力变形。

而机床刚度 k_{jc}、夹具刚度 k_{jj}、刀具刚度 k_d 及工件刚度 k_g 可分别为:

$$k_{jc} = \frac{F_y}{y_{jc}} \quad k_{jj} = \frac{F_y}{y_{jj}} \quad k_d = \frac{F_y}{y_d} \quad k_g = \frac{F_y}{y_g}$$

则工艺系统刚度可表达为:

$$\frac{1}{k} = \frac{1}{k_{jc}} + \frac{1}{k_{jj}} + \frac{1}{k_d} + \frac{1}{k_g} \qquad (8\text{-}3)$$

由式(8-3)可知,当确定工艺系统的各组成部分的刚度后,即可求得整个工艺系统的刚度。

当工件、刀具的形状比较简单时,其刚度可以用材料力学中的有关公式进行计算。例如,装夹在卡盘中的棒料以及压紧在车床刀架上的车刀,可以按照悬臂梁公式计算刚度。

对于由若干个零件组成的机床部件、夹具及刀架,其刚度多采用实验的方法测定,而很难用纯粹的计算方法求出。

(2)影响工艺系统刚度的因素。

①连接表面接触变形的影响。零件表面总是存在着宏观和微观的形状误差,零件之间接合表面的实际接触面积只是理论接触面的一部分,并且真正处于接触状态的只是一些凸峰,如图 8-6 所示。在外力作用下,这些接触点将产生较大的接触应力,并产生接触变形,其中既有表面层的弹性变形,又有局部的塑性变形。实验表明,接触变形 y 与压强 p 之间的关系如图 8-7 所示,接触刚度将随载荷的增加而增大。这就是部件刚度曲线不呈直线,且连接表面的接触刚度远比同尺寸实体的刚度低得多的原因。

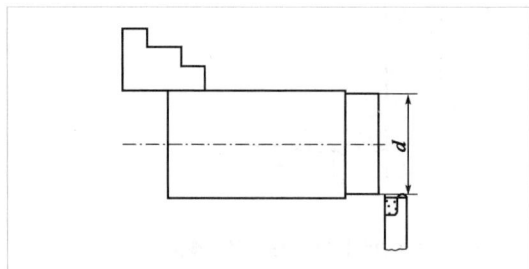

◎ 图 8-6 零件表面接触情况图

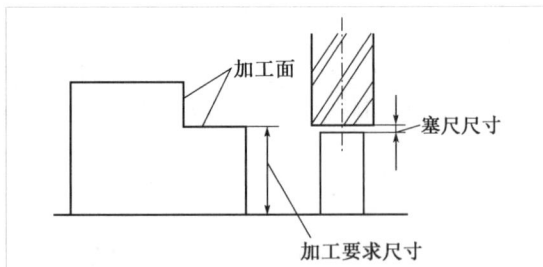

◎ 图 8-7 接触变形 y 与压强 p 之间的关系

②部件中薄弱零件的影响。当部件中存在某些刚度很低的元件时,受力后这些低刚度的元件会产生很大的变形,使整个部件的刚度降低,对部件刚度影响最大。如图 8-8 所示,由于机床床鞍部件中的楔铁结构细长,刚性差,又不易加工平直,因此装配后常常与导轨接触不良,在外力作用下很容易变形,并紧贴导轨,变得平直,使机床工作时产生很大位移,大大降低了机床部件的刚度。

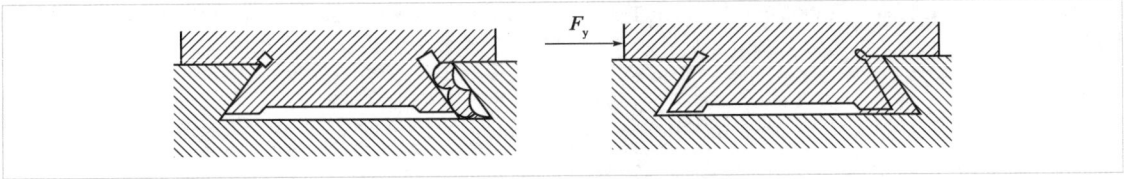

◎ 图 8-8 机床部件中刚度薄弱环节的影响

③工件的间隙和摩擦力的影响。工件接触面间的间隙对机床部件刚度的影响,主要表现在加工时载荷方向经常变化的铣床和镗床上。当载荷方向频繁正、反交替改变时,接触间隙引起的位移对机床部件刚度影响较大,会改变工件和刀具间的准确位置,从而使工件产生加工误差。如果载荷是单向的,那么在第一次加载消除间隙后,对加工精度的影响较小。

摩擦力对部件接触刚度的影响是:当载荷变动时影响较为显著。加载时,摩擦力阻止变形增加,而卸载荷时,摩擦力又阻止变形恢复。

(3)受力变形对加工精度的影响。

①切削力大小的变化对加工精度的影响。在车床上加工短轴时,工艺系统刚度变化不大,可近似地作为常数。这时,由于被加工表面的几何形状误差或材料的硬度不均匀引起切削力大小的变化,使工件受力变形不一致产生加工误差。

如图 8-9 所示,车削工件毛坯的圆度误差为 Δ_m 时,引起切削深度在 a_{p1} 和 a_{p2} 之间变化。同时切削力 F_p 随切削深度 a_p 的变化在最大值 F_{pmax} 和最小值 F_{pmin} 之间变化,工艺系统产生相应的变形由 y_1 变化到 y_2(刀尖相对工件在法线方向的位移变化),因此,形成了加工后工件的圆度误差 Δ_w。这种工件切削加工后所具有的与加工前相类似的误差的现象,称为"误差复映"现象。

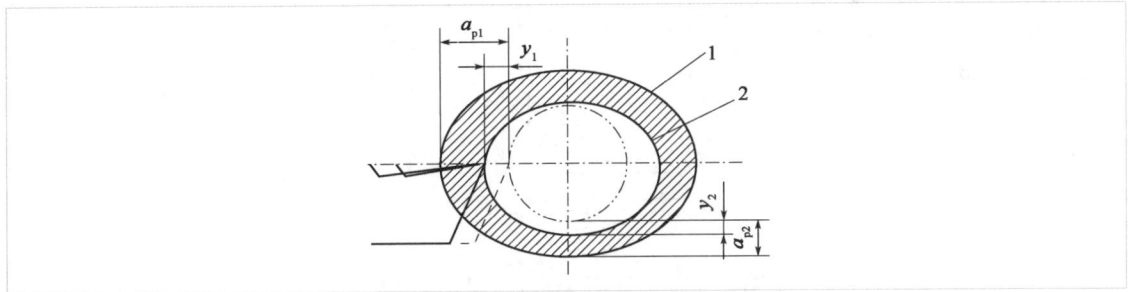

◎ 图 8-9 零件毛坯形状误差的复映
1-毛坯表面;2-工件表面

误差复映的大小可用刚度计算公式求得,假设毛坯圆度的最大误差为 $\Delta_m = a_{p1} - a_{p2}$,加工后工件的圆度误差为 $\Delta_w = y_1 - y_2$,则"误差复映系数" ε 为:

$$\varepsilon = \frac{\Delta_w}{\Delta_m} \tag{8-4}$$

误差复映系数 ε 表示了加工误差与毛坯误差之间的比例关系,即"误差复映"的规律,定量地反映了工件经加工后毛坯误差减小的程度。正常情况下,工艺系统刚度越大,误差复映系数 ε 值越小,加工后工件的圆度误差 Δ_w 越小。

当工件毛坯误差较大,一次走刀加工不能满足加工精度要求时,需进行多次走刀切削,逐

步消除由毛坯误差 Δ_m 复映到工件上的误差。经多次走刀切削加工后总的误差复映系数 ε 值为：

$$\varepsilon = \varepsilon_1 \cdot \varepsilon_2 \cdot \varepsilon_3 \cdot \cdots \cdot \varepsilon_n \tag{8-5}$$

由于工艺系统存在一定的强度和刚度，因此工件加工后的误差 Δ_w 总小于毛坯误差 Δ_m，即误差复映系数 ε 是小于1的值，经过几次走刀切削后，ε 值就减到很小，确保工件的加工误差降低到公差范围内，保证加工精度。

②切削力作用点位置的变化对加工精度的影响。工艺系统的刚度除了受到各组成部分的刚度影响外，还随受力点的位置变化而变化，现以车床两顶尖装夹加工光轴为例进行讨论，假设在切削过程中切削力的大小保持不变。

a. 在两顶尖间车削短而粗的光轴。此时工件和刀具的刚度相当大，即认为工件和刀具的变形可忽略不计，工艺系统的总变形完全取决于机床主轴箱（包括顶尖）、尾座和刀架的变形。设当车刀进给到如图8-10所示的 x 位置时，车床主轴箱受作用力 F_A，相应的变形 y_{tj}；尾座受力 F_B，相应的变形 y_{wz}；刀架受力 F_y，相应的变形 y_{dj}。这时工件轴心线 AB 位移到 $A'B'$，因而刀具切削点处工件轴线的位移 y_x 为：

$$y_x = y_{tj} + \Delta x = y_{tj} + \frac{(y_{wz} - c_{tj})x}{L} \tag{8-6}$$

式中：L——工件长度；

$\quad x$——车刀至主轴箱的距离。

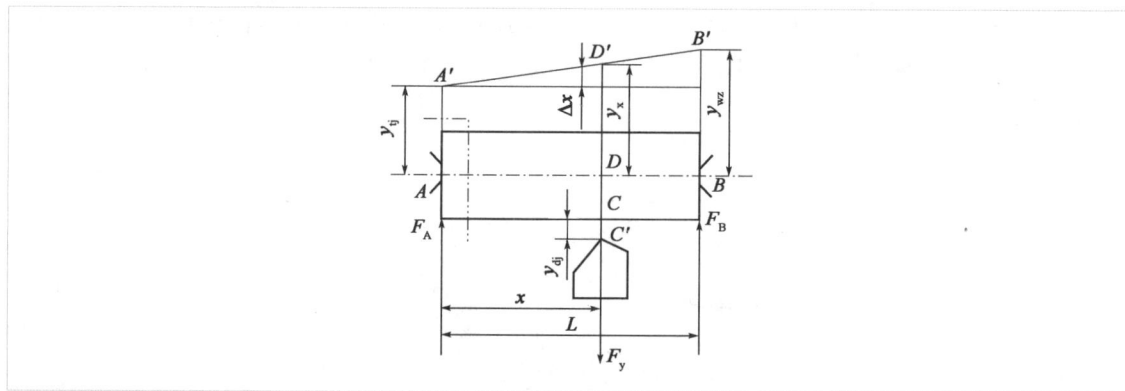

◎图 8-10　机床的变形对加工精度的影响

考虑到刀架的变形 y_{dj} 与 y_x 的方向相反，所以机床总的变形为：

$$y_{jc} = y_x + y_{dj} \tag{8-7}$$

由刚度定义可知：

$$y_{tj} = \frac{F_A}{k_{tj}} = \frac{F_y}{k_{tj}}\left(\frac{L-x}{L}\right) \quad y_{wz} = \frac{F_B}{k_{wz}} = \frac{F_y}{k_{wz}} \cdot \frac{x}{L} \quad y_{dj} = \frac{F_y}{k_{dj}} \tag{8-8}$$

式中：k_{tj}、k_{wz}、k_{dj}——主轴箱、尾座、刀架的刚度。

可得机床工艺系统的总变形为：

$$y_{jc} = F_y\left[\frac{1}{k_{tj}}\left(\frac{L-x}{L}\right)^2 + \frac{1}{k_{wz}}\left(\frac{x}{L}\right)^2 + \frac{1}{k_{dj}}\right] \tag{8-9}$$

由式(8-9)可知，随着切削力作用点位置的变化，工艺系统的变形量是变化的。这是由于机床系统的刚度随切削力作用点位置的变化而变化所致,工艺系统的总位移的最大值和最小值之差就是工件的圆柱度误差。

现举例说明机床工艺系统刚度对加工精度的影响。经试验测得某台车床各部件刚度为 $k_{tj} = 6 \times 10^4 \text{N/mm}$,$k_{wz} = 5 \times 10^4 \text{N/mm}$,$k_{dj} = 6 \times 10^4 \text{N/mm}$,车削一刚性较大的轴,工件长度 $L = 600\text{mm}$,测得切削力 $F_y = 300\text{N}$。则沿工件长度方向上机床工艺系统的受力变形情况见表8-1。

短轴工艺系统刚度随工件长度的变化情况 表8-1

x	O(主轴箱处)	$L/6$	$L/3$	$5L/11$	$L/2$(中点)	$2L/3$	$5L/6$	L(尾座处)
y_{jc}(mm)	0.0125	0.0111	0.0104	0.0102	0.0103	0.0107	0.0118	0.0135

由表中数据可知,变形大的地方,从工件上切去的金属层薄;变形小的地方,切去的金属层厚,而使加工出来的工件呈两端粗、中间细的马鞍形。切削加工后工件轴向最大直径误差(即圆柱度误差)为 $0.0135 - 0.0102 = 0.0033(\text{mm})$。

b. 在两顶尖间车削细而长的光轴。在两顶尖间车削细而长的光轴时,由于工件细长,刚度很小,机床主轴箱、尾座和刀架的刚度相对很大,即认为机床主轴箱、尾座和刀架的变形可忽略不计,工艺系统的总变形完全取决于工件的变形,工件位移量的最大值和最小值之差就是工件的圆柱度误差。当车刀以径向力 F_y 进给到如图8-11所示的 x 位置时,即可由材料力学公式获得工件在切削点的变形量为:

$$y_g = \frac{F_y(L-x)^2 x^2}{3EIL} \tag{8-10}$$

式中:E——工件材料的弹性模量,N/mm^2,对于钢材 $E = 2 \times 10^5 \text{N/mm}^2$;

I——棒料截面惯性矩,mm^4,$I = \pi d^4/64$。

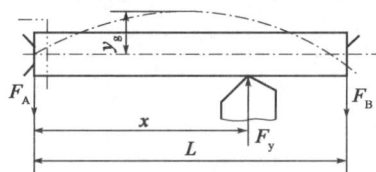

◎ 图8-11　车削细长轴时工件的变形情况

例如,假设切削力 $F_y = 300\text{N}$,工件直径尺寸为 $\phi30\text{mm}$,长度为 600mm,$E = 2 \times 10^5 \text{N/mm}^2$,则沿工件长度上的变形情况见表8-2。

长轴工艺系统刚度随工件长度的变化情况 表8-2

x	O(主轴箱处)	$L/6$	$L/3$	$L/2$(中点)	$2L/3$	$5L/6$	L(尾座处)
y_{jc}(mm)	0	0.052	0.132	0.17	0.132	0.052	0

由表中数据可知,工件轴向最大直径误差(圆柱度误差)为 $0.17 - 0 = 0.17(\text{mm})$。该圆柱度误差表现为腰鼓形圆柱度误差。

工艺系统刚度随受力点位置变化而异的例子很多,如立式车床,龙门刨床、龙门铣床等的横梁及刀架,其刚度均随刀架位置或滑枕伸出长度不同而异。

③重力、夹紧力和惯性力对加工精度的影响。

a. 重力对加工精度的影响。在工艺系统中,因零部件自重会产生变形,如镗床镗杆伸长下垂变形,龙门刨床、龙门铣床刀架横梁的变形等,都会产生加工误差。

b. 夹紧力对加工精度的影响。工件在装夹时,由于工件刚度较低,夹紧力作用点或作用方向不当,都会引起工件产生相应的变形,造成加工误差,如对薄板、薄壁套等工件的加工。

c. 惯性力对加工精度的影响。在机械高速切削时,如果工艺系统中有不平衡的高速旋转的构件存在,就会产生离心力。离心力在每一转中不断地变更方向。因此,离心力有时和法向切削分力同向,有时反向,从而破坏了工艺系统各成型运动部件的位置精度,产生了加工误差。

(4)提高工艺系统刚度的主要措施。

提高工艺系统刚度,可有效减小其受力变形,从而保证产品加工质量和提高生产率。在生产实际中,提高工艺系统刚度可采取以下措施:

①合理设计工艺装备的结构,减少连接表面的数目,同时加强各元件刚度的匹配。

②提高工艺系统中零件间配合质量以提高接触刚度,如机床导轨副的刮研、配研顶尖锥体同主轴和尾座套筒锥孔的配合面等。

③设置辅助支承以提高工艺系统刚度,如车削细长轴时采用跟刀架来提高工件的刚度。

④给工艺系统中有关部件预加载荷,可消除接合面间的间隙,增加实际接触面积,提高接触刚度。此措施常用于各类轴承、滚珠丝杠螺母副的调整。

⑤合理装夹工件,减小夹紧变形。

对薄板或薄壁套类工件,夹紧时要特别注意选择适当的夹紧方法,以减小夹紧变形。对于如图 8-12 所示的薄壁工件装夹加工情况,当未夹紧时,薄壁套的内外圆是正圆形,由于夹紧不当,夹紧后薄壁套形成三棱形,如图 8-12a)所示;经镗内孔后,成为圆形,如图 8-12b)所示;但当松开卡爪后,工件由于弹性恢复使已镗圆的内孔变成三棱形,如图 8-12c)所示。为减小加工误差,夹紧时可采用如图 8-12d)所示的开口夹具,或用如图 8-12e)所示的专用卡爪夹紧。

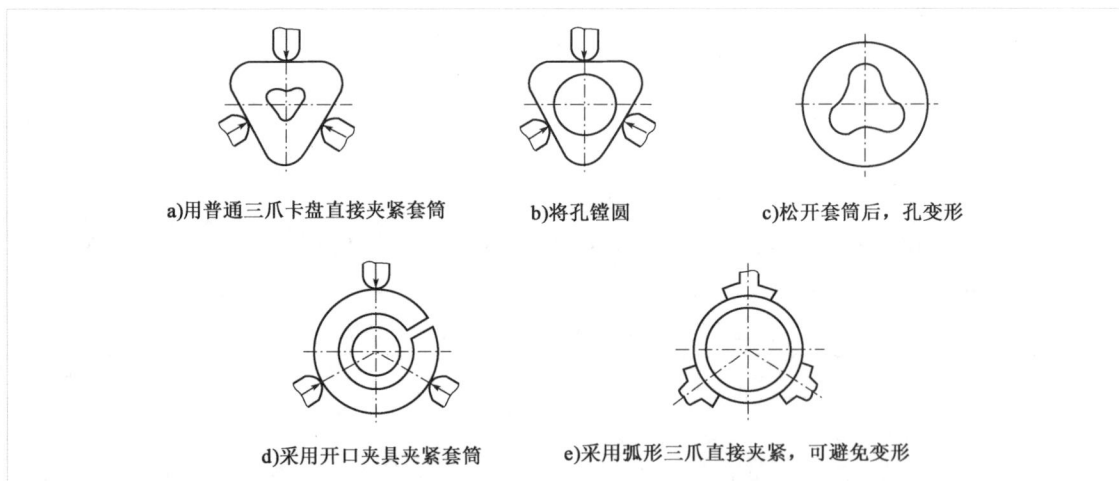

a)用普通三爪卡盘直接夹紧套筒　　b)将孔镗圆　　c)松开套筒后,孔变形

d)采用开口夹具夹紧套筒　　e)采用弧形三爪直接夹紧,可避免变形

◎图 8-12　薄壁套类工件夹紧变形及改善措施

对于如图 8-13 所示薄板类工件的装夹加工情况,当工作台磁力将工件吸向吸盘表面时,工件将产生如图 8-13b)所示的弹性变形;磨完后,由于弹性变形的恢复,工件上已磨削表面将产生如图 8-13c)所示的翘曲。为避免产生弹性变形,在工件和磁力吸盘间加垫橡皮垫(厚0.5mm)。工件夹紧时,橡皮垫被压缩,减小工件变形,便于将工件的变形部分磨去。这样经过

多次正、反面交替磨削即可获得平面度较高的平面,其过程如图 8-13d)、e)、f)所示。

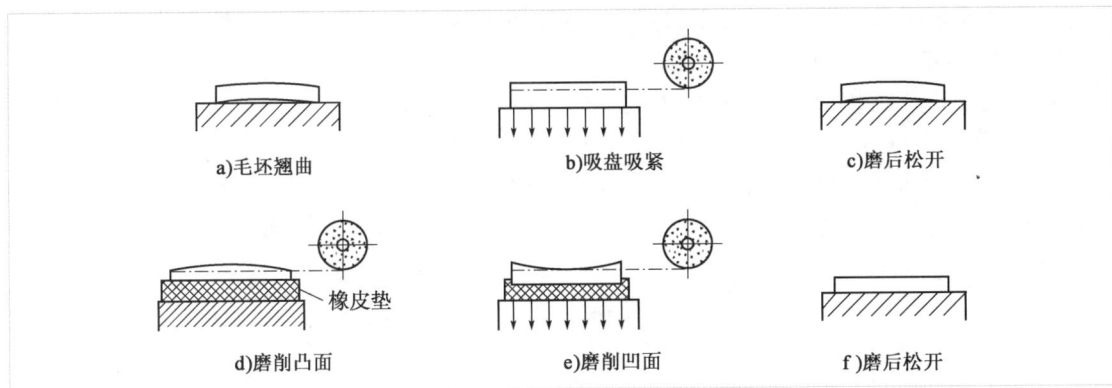

◎ 图 8-13　薄板类工件磨削加工的装夹方式

4)工艺系统的热变形对加工精度的影响

在机械加工中,工艺系统在各种热源作用下会产生相应的热变形。由于热源分布不均匀,并且工艺系统各环节的结构和材料的不同,使得工艺系统各部分所产生的热变形既复杂又不均匀,从而破坏工件与刀具间正确的相对位置和相对运动关系,产生加工误差。工艺系统热变形对精密加工的精度影响很大。

(1)工艺系统的热源及热平衡。

引起工艺系统热变形的热源有系统内部热源和外部热源。

系统内部热源主要指切削热和摩擦热。切削热是由于切削过程中,切削层金属的弹性、塑性变形及刀具与工件、切屑之间摩擦而产生的,这些热量由工件、刀具、夹具、机床、切屑、切削液及周围介质传出。摩擦热主要是由机床和液压系统中的运动部件产生的,如电动机、轴承、齿轮、蜗轮等传动副以及导轨副、液压泵、阀等运动部分,均会产生摩擦热。摩擦热是机床热变形的主要热源。

外部热源主要包括两类:环境温度(它与气温变化、通风、空气对流和周围环境等有关)变化和热辐射(如太阳、照明灯、取暖设备、人体等的辐射热)。这两类热源对大型和精密加工时的影响较大。

工艺系统受各种热源的影响,其温度会逐渐升高,同时它们也通过各种方式向周围散发热量,当单位时间内传入和传出的热量相等时,温度不再升高,则认为工艺系统达到热平衡状态。此时,其工艺系统各部分的热变形相对稳定,有利于保证工件的加工精度。

(2)机床热变形对加工精度的影响。

机床在加工过程中,在工艺系统内、外热源的影响下,各部分温度将发生变化。由于热源分布不均匀和机床结构的复杂性,机床各部件将发生不同程度的热变形,破坏了机床原有的几何精度,从而影响了机床的加工精度。

由于各类机床的结构和工作条件差别很大,所以引起机床热变形的热源及变形形式也各不相同。机床热变形中,主轴部件、床身、导轨以及三者相对位置等方面的热变形对加工精度的影响最大。

车床类机床的主要热源是主轴箱轴承的摩擦热和主轴箱油池的发热。这些热量使主轴箱和床身温度上升,从而造成机床主轴在垂直面内升高或倾斜。这种热变形对于刀具呈水平位置安装的卧式车床影响较小,但对于刀具垂直安装的自动车床和转塔车床来说,因倾斜方向为误差敏感方向,故对工件加工精度的影响较大。

大型机床如导轨磨床、外圆磨床、龙门铣床等的长床身部件的温差对机床的加工精度影响也是很显著的。一般由于温度分层变化,床身上表面比床身底面温度高,形成温差,因此床身将产生变形,上表面呈中凸状,如图8-14所示。这样床身导轨的直线度明显受到影响,破坏了机床原有的几何精度,影响了机床的加工精度。同时,机床的立柱和床鞍也因床身的热变形而产生相应的位置变化。

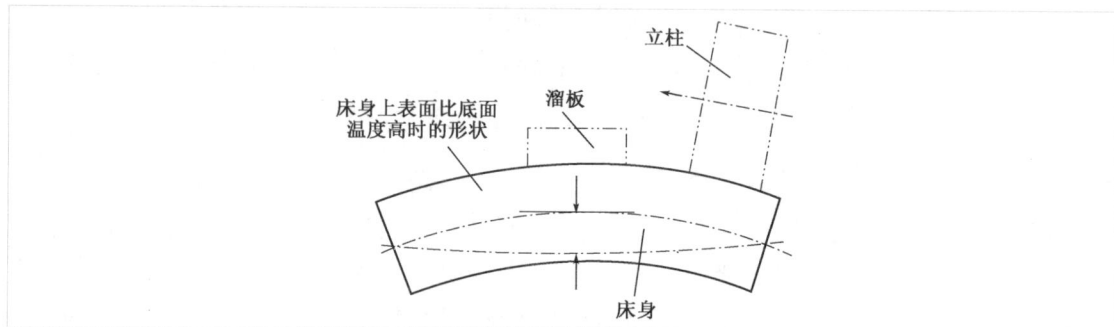

◎图8-14　床身纵向温差热效应的影响

(3)刀具的热变形对加工精度的影响。

刀具热变形主要是由切削热引起的。切削加工时虽然大部分切削热被切屑带走,传入刀具的热量并不多,但由于刀具体积小,热容量小,刀具切削部分的温度急剧升高,因此刀具的热变形对加工精度的影响不可忽略。

(4)工件热变形对加工精度的影响。

在切削加工中,工件的热变形主要是切削热引起的,有些大型和精密件还受环境温度的影响。在热膨胀下达到的加工尺寸,冷却收缩后会发生变化,甚至会超差。工件受切削热影响,各部分温度不同,且随时间变化,切削区附近温度最高。开始切削时,工件温度低,变形小,随着切削过程的进行,工件的温度逐渐升高,变形也就逐渐加大。用不同的切削方法加工不同结构、形状、尺寸、材料的工件,工件的热变形是不同的。

当细长轴在顶尖间车削时,热变形将使工件伸长。由于工件两端受顶尖约束,会使工件产生弯曲变形而在车削表面产生圆柱度误差。机床导轨面的磨削加工,由于是单面受热,工件的加工面与底面的温度差所引起的热变形影响导轨的直线度误差。

工件的粗加工对精加工的影响也必须注意,当粗、精加工间隔时间较短时,粗加工时的热变形将影响到精加工,工件冷却后,将产生加工误差。

(5)减小工艺系统热变形的措施。

①隔离热源和强制冷却。为减小机床的热变形,凡是可能从机床分离出去的热源如电动机、变速箱、液压系统、冷却系统均应移出,使之成为独立单元。对于不能分离的如主轴轴承、丝杠螺母副、导轨副等则应从结构、润滑等方面改善其摩擦特性,减少发热。

对发热量大的热源,还可采用强制式风冷、大流量水冷等散热措施。目前,大型数控机床、加工中心机床普遍采用冷冻机对润滑油、切削液进行强制冷却,以提高冷却效果。

②采用合理的结构设计减小热变形。

a. 采用对称结构。机床大件结构和布局对称设计。在主轴箱的内部结构中,注意传动元件(轴、轴承及传动齿轮等)尽量对称布置,这样可以均衡主轴箱壁的温升,从而减小箱体的不均匀变形。

b. 合理选择机床零部件的装配基准。

③均衡温度场减小热变形。采用热补偿的方法使机床的温度场比较均匀,从而使机床产生不影响加工精度的均匀热变形。图 8-15 表示在立式平面磨床上,采用热空气来加热温度较低的立柱后壁,以均衡立柱后壁温升,减小立柱弯曲变形;温度均衡后,工件的平面度误差可降到原来的 1/4 ~ 1/3。

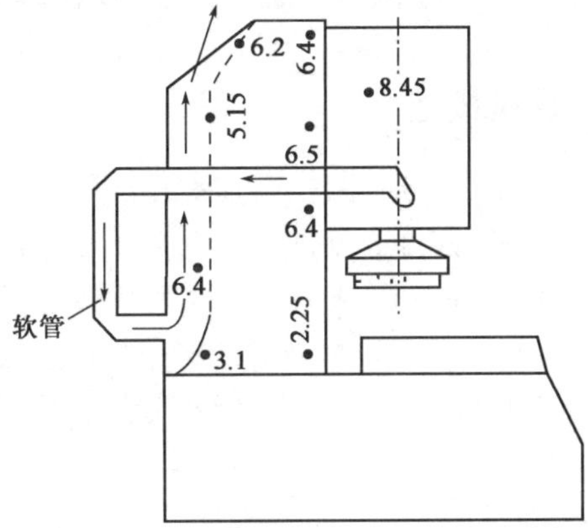

◎ 图 8-15 均衡机床温度场(单位:℃)

④保持机床的热平衡状态。对于大型、精密机床达到热平衡时间较长,可采取措施加速实现热平衡。如先让机床开车后空转一段时间,或人为给机床加热等,在达到热平衡后再进行切削加工,尽量避免中途停车,以免破坏热平衡。

⑤控制环境温度。精密机床应安装在恒温车间内,恒温精度一般控制在 ±1℃以内,精密级为 0.5℃,有些场合取值更小。恒温基数按季节调节,春、秋季取 20℃,夏季可取 23℃,冬季取 17℃。

5)测量误差对加工精度的影响

工件加工后是否满足了加工精度的要求,必须用测量结果来进行判定。为防止废品的产生,不仅在工艺系统的调整时要以测量结果为依据,而且在加工过程中还必须随时依靠测量手段避免工件超差。然而任何一种精密的量具、量仪和测量方法的准确度都是相对的,测量出来的数据只能是一个近似值。这样,测量结果有了误差,就会引起加工误差。产生测量误差主要有以下 3 个方面:

(1)测量环境条件的影响。在进行测量时,温度和振动是影响测量精度最主要的环境条件因素。温度引起测量误差的原因是测量时,量具和工件的热变形量不相等,而测量时如果有振动,就会使工件的位置变动和量具读数不准确。

(2)测量人员主观因素的影响。测量时,若测量力过大会引起较大的接触变形,若测量力过小,又不能保证量具与被测量表面良好的接触,而产生测量误差。所以,在测量一批工件或同一工件重复测量时,就会因测量力不一致出现测量误差。同时,人的分辨能力有限,会产生视觉误差等引起读数的误差而产生测量误差。

(3)量具、量仪和测量方法本身的误差。量具、量仪生产制造时不可能绝对准确,其制造误差将直接影响测量精度。同时所采用的测量方法和量具结构如不符合"阿贝原则"就会产生较大的测量误差,称为"阿贝误差"。所谓"阿贝原则"是指测量时工件上的被测量尺寸线应与量具上作为基准尺的测量线在同一直线上。

单元 8.2 认识机械加工表面质量

8.2.1 机械加工表面质量概述

机械加工的表面质量是指机械加工后零件表面层状态完整性的表征,它包括加工表面的几何形状特征和表面层物理力学性能两个方面。机械零件的破坏,一般总是从表面层开始的。产品的性能,尤其是它的可靠性和耐久性,在很大程度上取决于零件表面层的质量。研究机械加工表面质量的目的就是掌握机械加工中各种工艺因素对加工表面质量影响的规律,以便运用这些规律来控制加工过程,最终达到改善表面质量、提高产品使用性能的目的。

1)机械加工表面质量的含义

(1)机械加工表面的几何形状特征。机械加工表面的几何形状特征主要包括表面粗糙度、表面波度、表面形状误差、表面纹理方向和伤痕 5 个部分。

①表面粗糙度、表面波度和表面形状误差的含义。经过机械加工或用其他加工方法获得的零件表面,由于加工过程中机床的高频振动、工件的塑性变形及刀具在加工表面留下的切削痕迹等原因,零件的表面层状态不可能是绝对平整的,如图 8-16 所示。在零件加工表面存在几何形状误差,其中一种是由较小间距和微小峰谷形成的微观几何形状误差,即表面粗糙度。表面粗糙度值越小,零件表面越光滑。加工表面的几何形状误差除表面粗糙度外,还有表面波度和形状误差(宏观几何形状误差)。通常按相邻两波峰或两波谷的波距来划分,波距大于 10mm 的属于形状误差,波距小于 1mm 的属于表面粗糙度,波距介于 1 ~ 10mm 的属于表面波度。

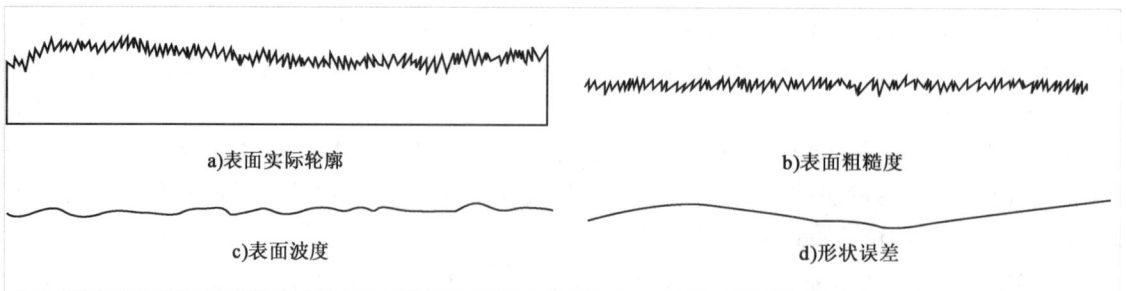

a)表面实际轮廓

b)表面粗糙度

c)表面波度

d)形状误差

◎ 图 8-16 零件加工表面的几何形状特征

②表面纹理方向。表面纹理方向是指表面刀纹的方向,它取决于表面形成过程中所采用的机械加工方法及其主运动和进给运动的关系。一般运动副或密封件对纹理方向有严格要求。图 8-17 为各种表面纹理方向及其标注符号。

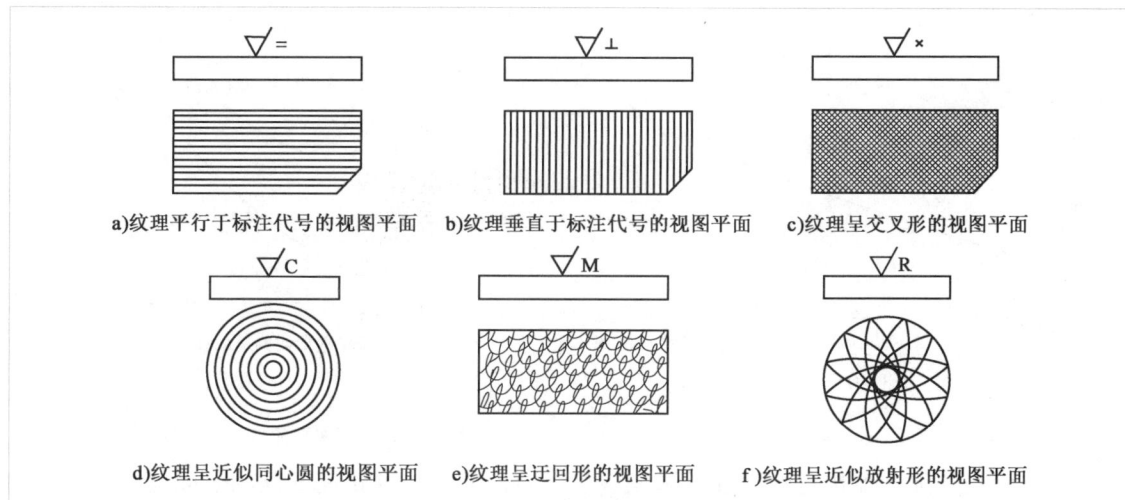

a)纹理平行于标注代号的视图平面　　b)纹理垂直于标注代号的视图平面　　c)纹理呈交叉形的视图平面

d)纹理呈近似同心圆的视图平面　　e)纹理呈迂回形的视图平面　　f)纹理呈近似放射形的视图平面

◎图 8-17　表面纹理方向及其标注符号

③伤痕。在加工表面的一些个别位置上出现的缺陷。它们大多是随机分布的,如气孔、砂眼、划痕和裂痕等。

(2)加工表面层的物理力学性能。机械加工过程中,因切削力因素和切削热因素的综合作用,工件加工表面层的物理力学性能将发生一定的变化,主要反映在以下几个方面:

①表面层的加工硬化。表面层的加工硬化也称为表面层的冷作硬化,指工件在加工过程中,表面层金属产生强烈的塑性变形,使工件表面层的强度和硬度有所提高,而塑性和韧性有所降低的现象。

②表面层的金相组织变化。在加工过程中由于切削热的作用引起工件表层温度升高,当温度超过金属材料的相变临界点时,就会产生金相组织的变化,可改变表面层的机械性能,如磨削时发生的磨削烧伤。

③表面层的残余应力。表面层的残余应力指工件在加工过程中,由于切削力和切削热的作用,工件表层与其基体材料的交界处产生相互平衡的弹性应力的现象,使表层金属产生残余应力。残余应力对零件使用性能的影响取决于它的方向、大小和分布状况。

2)机械加工表面质量对使用性能的影响

(1)表面质量对耐磨性的影响。

①表面粗糙度对耐磨性的影响。刚加工好的摩擦副的两个接触表面之间,最初阶段只在表面粗糙的峰部接触,实际接触面积远小于理论接触面积,在相互接触的峰部有非常大的单位应力,使实际接触面积处产生塑性变形、弹性变形和峰部之间的剪切破坏,引起严重磨损。

零件磨损一般可分为 3 个阶段,即起始磨损阶段、正常磨损阶段和快速磨损阶段,图 8-18 为零件表面的磨损曲线。

表面粗糙度对零件表面磨损的影响很大。一般来说表面粗糙度值越小,其耐磨性越好。

但表面粗糙度值太小,润滑油不易储存,接触面之间容易发生分子黏结,磨损反而增加。因此,接触面的粗糙度有一个最佳值,其值与零件的工作情况有关,工作载荷加大时,初期磨损量增大,表面粗糙度最佳值也加大。图 8-19 为表面粗糙度与起始磨损量的关系。

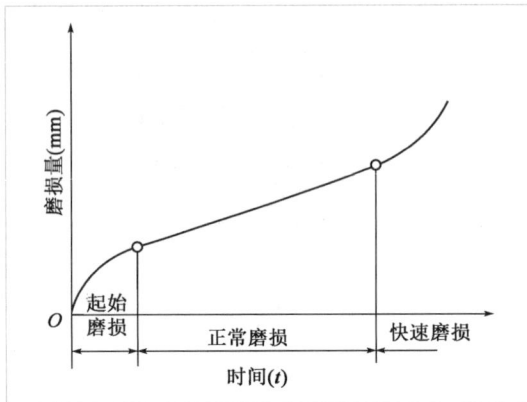

◎ 图 8-18　零件表面的磨损曲线

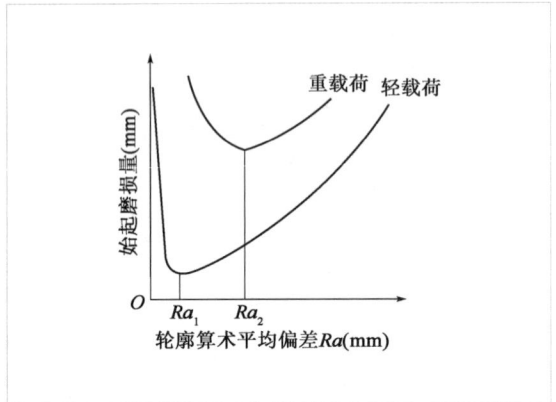

◎ 图 8-19　表面粗糙与起始磨损量的关系

②表面层的加工硬化对耐磨性的影响。加工表面的加工硬化使摩擦副表面层金属的显微硬度提高,塑性降低,一般可提高表面的耐磨性。但也不是加工硬化程度越高,耐磨性就越好,这是因为过分的加工硬化将引起金属组织过度疏松,甚至出现裂纹和表层金属剥落,使耐磨性下降。对于某种材料存在最佳的加工硬化硬度值,零件在该硬度值处的耐磨性最好。

③表面纹理方向对耐磨性的影响。加工表面纹理的形状和刀纹的方向影响两表面间的实际有效接触面积和润滑液的存留状况。一般情况下在运动副中,两相对运动零件的运动方向与表面纹理方向垂直时,耐磨性最差,而运动方向与表面纹理方向平行时,耐磨性最好,其余情况居于上述两者之间。在重载情况下,由于压强、分子亲和力及润滑液储存等因素的变化,耐磨性规律可能会有差异。

(2)表面质量对配合质量的影响。

①表面粗糙度对配合质量的影响。表面粗糙度值的大小将影响配合表面的配合质量。对于间隙配合,初期磨损的影响最为显著,粗糙度值越大会使磨损量越大,间隙增大,从而破坏了配合性质及配合稳定性。对于过盈配合,装配过程中一部分表面凸峰被挤平,实际过盈量减小,降低了配合件间的连接强度。对于过渡配合表面,具有上述两种配合的影响。

②残余应力对配合质量的影响。表面残余应力会引起零件变形,使零件形状和尺寸发生变化,因此对配合性质有一定的影响。

(3)表面质量对疲劳强度的影响。金属受交变载荷作用后产生的疲劳破坏往往发生在零件表面和表面冷硬层下面,因此零件的表面质量对疲劳强度影响很大。

①表面粗糙度对疲劳强度的影响。表面粗糙度对承受交变载荷零件的疲劳强度影响很大。在交变载荷作用下,表面粗糙度的凹凸部位容易引起应力集中,产生疲劳裂纹。表面粗糙度值越大,表面的纹痕越深,纹底半径越小,抗疲劳破坏的能力就越差。反之,表面粗糙度值越小,表面缺陷越少,抗疲劳破坏的能力越好。

②残余应力和加工硬化对疲劳强度的影响。残余应力对零件疲劳强度的影响很大。表面层残余拉应力将使疲劳裂纹扩大,加速疲劳破坏,而表面层残余压应力能够阻止疲劳裂纹的扩

展,延缓疲劳破坏的产生。

表面加工硬化一般伴有残余应力的产生,可以防止裂纹产生并阻止已有裂纹的扩展,对提高疲劳强度有利。

(4)表面质量对耐蚀性的影响。

①表面粗糙度对耐蚀性的影响。零件的耐蚀性在很大程度上取决于表面粗糙度。大气里所含气体和液体与金属表面接触时,会凝聚在金属表面使金属腐蚀。表面粗糙度值越大,则凹凸中聚集的腐蚀性物质就越多,零件的耐蚀性就越差。

②残余应力、加工硬化对耐蚀性的影响。表面层的残余拉应力会产生应力腐蚀开裂,降低零件的耐磨性,而残余压应力则能防止应力腐蚀开裂,有利于提高零件表面抵抗腐蚀的能力。

8.2.2　影响加工表面粗糙度的因素及分析

工件的表面粗糙度与精度有着密切联系,一定的精度对应一定的表面粗糙度。一般情况下,粗糙度 Ra 应不超过相应尺寸公差的 $1/8$,但对表面要求非常光滑的装饰品等工件,对粗糙度的要求高于对精度的要求。表面粗糙度对工件的耐磨性、配合精度、耐疲劳性、耐腐蚀性及密封性能等都有较大的影响。

用金属切削加工工件时,影响加工表面粗糙工艺因素主要有几何因素和物理因素,不同的加工方法,影响加工表面粗糙度的工艺因素各不相同。

1)切削加工影响粗糙度的因素及分析

(1)切削加工表面粗糙度的形成。

①与刀具几何角度有关的因素——几何原因。车削或刨削加工时,刀具相对工件做进给运动,在加工表面上遗留下来的切削层残留面积形状如图 8-20 所示。若只考虑几何的因素,则该残留面积的高度就是表面粗糙度。粗糙度值的大小受刀尖圆弧半径 r_ε、主偏角 κ_r、副偏角 κ_r' 和进给量 f 的影响。

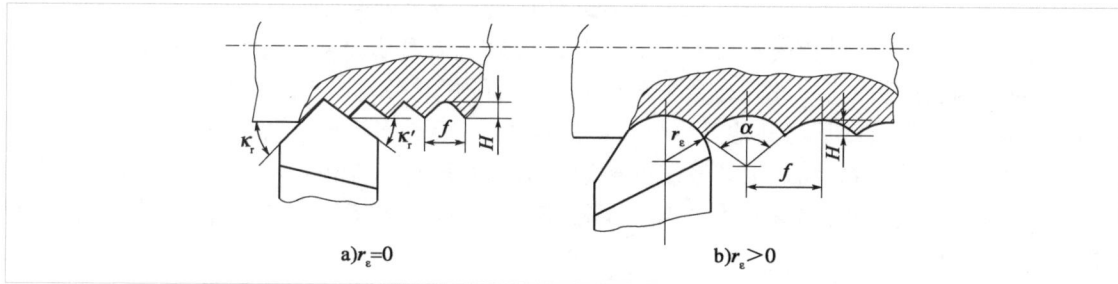

◉ 图 8-20　车削或刨削时残留面积形状

②与被加工材料性质和切削工艺有关的因素——物理原因。切削加工后表面的实际粗糙度与理论粗糙度有较大差别,这是由于在实际切削时,刀具和工件之间产生的切削力、切削热、摩擦力使表面层金属产生塑性变形,同时错误的切削用量会产生积屑瘤和鳞刺等现象,都会增大表面粗糙度值。另外,切削加工条件的变化、工艺系统的振动等因素对表面粗糙度也有影响。

(2)减小表面粗糙度的措施。

①选择适当的刀具几何参数。切削时,由于刀具具有一定的几何形状,同时刀具和工件间进行相对进给运动,所以会有一小部分金属未被切下来而残留在已加工表面上,称为残留面

积,其高度直接影响已加工表面的横向粗糙度,如图 8-21 所示。理论上的残留面积高度 R_z 可以根据刀具的主偏角 κ_r、副偏角 κ'_r、刀尖圆弧半径 r_ε 和进给量 f 按几何关系计算出来。

为降低表面粗糙度,可以通过减小刀具的主偏角 κ_r 和副偏角 κ'_r 以及增大刀尖圆弧半径 r_ε,以减小切削层残留面积,使表面粗糙度值减小;适当增大前角和后角,则刀具易于切入工件,金属塑性变形随之减小,同时切削力也明显减小,可有效地减轻工艺系统的振动,从而减小了加工表面的粗糙度值。

②合理选择切削用量。

a. 选择较高的切削速度 v_c。实验表明,切削速度越高,切屑和被加工表面的塑性变形就越小,粗糙度值也就越小。加工塑性材料时,切削速度处于 $20 \sim 50\text{m/min}$ 时,表面粗糙度值最大,因为此时易产生积屑瘤,加工表面质量严重恶化。采用高的切削速度常能防止积屑瘤和鳞刺的生产,可有效地减小表面粗糙度值。图 8-21 为加工不同材料时切削速度对表面粗糙度的影响。

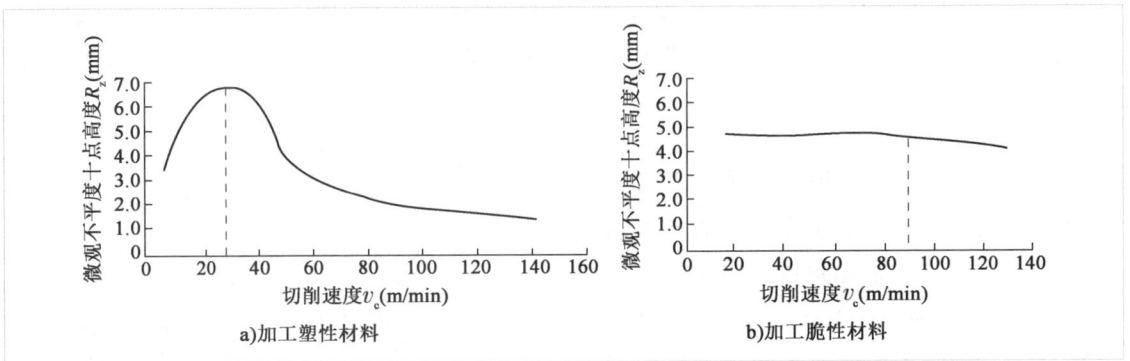

图 8-21 切削速度对表面粗糙度的影响

b. 适当减小进给量 f。进给量越大,加工表面残留面积就越大,而且塑性变形也随之增大,这样表面粗糙度值就会增大,因此,减小进给量会有效地减小表面粗糙度值。

③合理选择刀具材料和提高刃磨质量。刀具材料与刃磨质量对产生积屑瘤、鳞刺等影响较大,因而影响表面粗糙度。例如,金刚石车刀对切屑的摩擦系数较小,在切削时不会产生积屑瘤,在同样的切削条件下与其他刀具材料相比较,加工后表面粗糙度值较小。

④减小工艺系统的振动。工艺系统的振动可引起刀刃与工件相对位置发生周期性的微幅变化,形成振纹,使表面粗糙度恶化。因此,隔开振源、提高工艺系统刚度与抗振性可降低加工表面的粗糙度值。

⑤改善工件材料组织性能。工件材料组织性能对表面粗糙度的影响很大。一般来说,工件材料塑性越大,加工后表面粗糙度值越大。加工脆性材料,表面粗糙度值比较接近理论值。工件加工前采用合理的热处理工艺改善材料组织性能,可以有效地减小表面粗糙度值。

⑥提高工艺系统的冷却润滑效果,合理选择切削液,常能抑制积屑瘤、鳞刺的生成,减小塑性变形,有利于减小表面粗糙度值。

2)磨削加工影响粗糙度的因素及分析

与切削加工时表面粗糙度的形成过程一样,磨削加工表面粗糙度的形成也是由几何因素和物理因素决定的。但磨削过程比切削过程复杂得多。

从几何因素分析,磨削表面实际上是由砂轮上大量的磨粒刻出的无数极细的沟槽形成的,若单位面积上的刻痕越多,即通过单位面积上的磨粒数越多,刻痕的等高性越好,则磨削表面的粗糙度值越小。

磨削加工时因磨粒为负前角,磨削压强大,磨削区温度高,加工表面易产生较大的塑性变形和磨削烧伤。所以磨削表面的几何形状与单纯由几何因素产生的原始形状不同,在磨削力和磨削热的作用下,影响磨削表面塑性变形的因素,可能是影响表面粗糙度的决定因素。

(1)磨削用量对表面粗糙度的影响。

①砂轮线速度 v_s 对表面粗糙度的影响。如图 8-22a)所示,砂轮的速度越高,单位时间内通过被磨削表面的磨粒就越多,因而工件表面的粗糙度值就越小,同时砂轮速度越高,工件表面金属塑性变形传播的速度小于切削速度,工件材料来不及变形,使工件表面金属的塑性变形减小,磨削表面的粗糙度值也将减小。

②工件线速度 v_w 和纵向进给量 f 对表面粗糙度的影响。如图 8-22b)所示,工件速度越低,在砂轮上每一磨粒刃口的平均切削厚度小,塑性变形小,同时单位时间内通过被磨表面的磨粒数量增加,有利于降低表面粗糙度值,如图 8-22c)所示,纵向进给量小,则工件表面上每个部位被砂轮重复磨削的次数增加,被磨削表面的粗糙度值将减小。

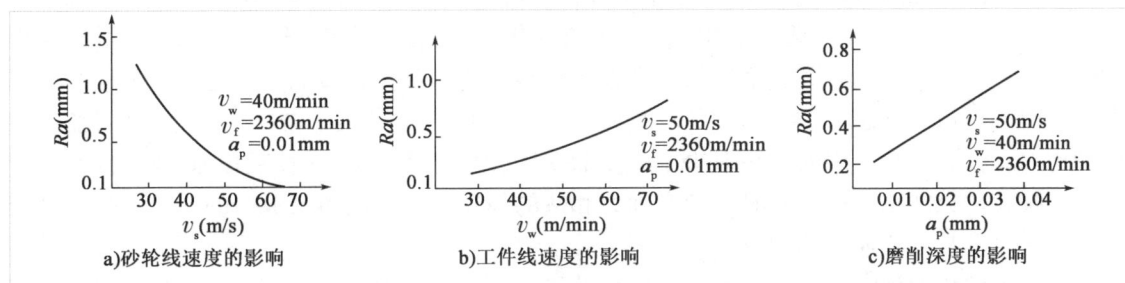

◎图 8-22　磨削用量对表面粗糙度的影响

③磨削深度 a_p 对表面粗糙度的影响。磨削深度小,工件塑性变形就小,工件表面粗糙度值也小,通常在磨削过程中开始采用较大的磨削深度以提高生产效率,再采用较小的磨削深度以减小粗糙度值。

(2)砂轮质量、切削液、工件材料等因素对粗糙度的影响。

①砂轮的组织要合适。砂轮的组织是指磨粒、结合剂和气孔的比例关系。紧密组织中的磨粒比例大,气孔比例小,在成型磨削和精密磨削时,能获得高精度和较小的表面粗糙度值。疏松组织的砂轮不易堵塞,适于磨削软金属、非金属软材料和热敏性材料,可获得较小的表面粗糙度值。一般情况下,选择中等组织的砂轮。

②砂轮硬度要合适。砂轮的硬度是指磨粒受磨削力后从砂轮上脱落的难易程度。砂轮太硬,磨粒磨损后不易脱落,使工件表面受到强烈的摩擦和挤压,增加了塑性变形,表面粗糙度值增大,同时还容易引起烧伤,砂轮太软,磨粒易脱落,磨削作用减弱,也会增大表面粗糙度值。

③砂轮的粒度要适度。砂轮的粒度越细,则砂轮单位面积上的磨粒数越多,磨削表面的刻痕越细,表面粗糙度值越小,但粒度过细,砂轮易堵塞,使表面粗糙度值增大,同时还易产生波纹和引起烧伤。

④砂轮的修整质量。砂轮的修整是用金刚石除去砂轮外层已钝化的磨粒,使磨粒切削刃

锋利,可降低磨削表面的表面粗糙度值。

⑤切削液的影响。砂轮磨削时温度高,磨削热的作用占主导地位。采用切削液可以降低磨削区温度,减少磨削烧伤,冲去脱落的砂粒和切屑,以免划伤工件,从而降低表面粗糙度度值。但必须选择适当的冷却方法和切削液。

⑥与工件材料有关的因素。材料的硬度、塑性、导热性等因素对磨削表面粗糙度有显著影响,如铝、铜合金等软材料易堵塞砂轮,比较难磨。塑性大、导热性差的耐热合金易使砂粒早期脱落,导致磨削表面粗糙度值增大。

除了从上述几个方面考虑采取措施外,还可采用其他加工方法,如采用研磨、珩磨、抛光等措施,以改善表面粗糙度情况。

8.2.3 影响加工表面物理力学性能的因素及分析

1)加工表面的加工硬化及分析

(1)加工硬化及其评定参数。

①加工硬化。机械加工时,工件加工表面层金属受到切削力的作用,产生塑性变形,使晶体产生剪切滑移,晶格被拉长、扭曲,甚至破碎而引起材料的强化,这时它的硬度和强度都有所提高,这种现象称为加工硬化(也称冷作硬化或强化)。表面层金属强化的结果,会增大金属变形的阻力,减小金属的塑性,金属的物理性质也会发生变化。金属加工硬化的结果使金属处于高能位的不稳定状态,只要一有可能,金属的不稳定状态就要向比较稳定的状态转化,这种现象称为弱化。弱化作用的大小取决于温度的高低、温度持续时间的长短和强化程度的大小。由于金属在机械加工过程中同时受到切削力和热的作用,因此,表面层最后的加工硬化程度取决于硬化速度与软化速度的比率。

②加工硬化的评定参数。评定加工硬化的指标有以下 3 项,即表层金属的显微硬度 H、硬化层深度 h 和硬化程度 N,其中硬化程度的计算式为:

$$N = \frac{H - H_0}{H_0}\%\tag{8-11}$$

式中:H_0——工件基体材料内部原来的硬度。

(2)影响表面层加工硬化的因素。

①切削力的影响。切削力越大,塑性变形越大,加工硬化越严重。因此,增大进给量、背吃刀量及减小刀具前角和后角,都会增大切削力,使加工硬化严重。

②切削温度的影响。切削温度越高,软化作用越大,使硬化程度降低。

③切削速度的影响。当切削速度很高时,刀具与工件接触时间很短,被切金属变形速度很快,会使已加工表面金属塑性变形不充分,因而产生的加工硬化也就相应较小。

(3)改善或减少表面层加工硬化的措施。

由以上分析,影响表面层加工硬化的因素主要是刀具的几何参数、切削用量和被加工材料的力学性能。因此,减少表面加工硬化的措施有以下几个方面:

①合理选择刀具的几何参数。尽量采用较大的前角和后角,并在刃磨时尽可能减小切削刃口圆角半径。

②采用合理的热处理工艺,适当提高被加工材料的硬度。

③合理选择切削用量。采用较高的切削速度、较小的进给量和较小的背吃刀量。

④使用刀具时,应合理限制其后刀面的磨损程度。

⑤合理使用切削液。

表 8-3 列出了用各种机械加工方法(采用一般切削用量)加工钢件时,加工表面硬化层深度和硬化程度的部分数据。

用各种机械加工方法加工钢件时表面层加工硬化情况　　　　表 8-3

加工方法	硬化层深度 $h(\mu m)$		硬化程度 $N(\%)$	
	平均值	最大值	平均值	最大值
车削	30～50	200	20～50	100
精细车削	20～60	—	40～80	120
端铣	40～100	200	40～60	100
圆周铣	40～80	110	20～40	80
钻孔、扩孔	180～200	250	60～70	—
拉孔	20～75	—	50～100	—
滚齿、插齿	120～150	—	60～100	—
外圆磨低碳钢	30～60	—	60～100	150
外圆磨未淬硬中碳钢	30～60	—	40～60	100
外圆磨淬火钢	20～40	—	25～30	—
平面磨	16～35	—	50	—
研磨	3～7	—	12～17	—

2)加工表面的金相组织变化及分析

(1)金相组织变化与磨削烧伤。

机械加工过程中,在工件的加工区及其附近的区域,温度会急剧升高,当温度超过工件材料金相组织变化的临界点时,就会发生金相组织变化。对于一般切削加工方法不会严重到如此程度。而对于磨削加工来说,切削加工速度特别快,金属切削功率大,单位面积上产生的切削热比一般切削方法要大几十倍,使工件表面具有很高的温度,易使工件表面层的金相组织发生变化,从而使表面层的硬度和强度下降,使工件表层呈现氧化膜颜色,这种现象称为磨削烧伤。

磨削加工是一种典型的容易产生加工表面金相组织变化的加工方法,磨削烧伤将严重地影响零件的使用性能。磨淬火钢时,在工件表面层形成的瞬时高温将使表面金属产生以下 3 种金相组织变化。

①回火烧伤。磨削区的温度未超过淬火钢的相变温度(一般中碳钢为 720℃),但超过马氏体的转变温度(一般中碳钢为 300℃),这时工件表层的马氏体将转变为硬度较低的回火屈氏体或索氏体,这种现象称为回火烧伤。

②淬火烧伤。磨削区的温度超过淬火钢的相变温度,如果这时有充分的切削液,则表面层将急冷形成二次淬火马氏体,硬度比回火马氏体高,但很薄,只有几微米厚。其下为硬度较低的回火索氏体和屈氏体,导致表面层总的硬度降低,这种现象称为淬火烧伤。

③退火烧伤。磨削区的温度超过淬火钢的相变温度,如果这时无切削液,工件表层将产生退火组织,则金属表面硬度急剧下降,这种现象称为退火烧伤。

（2）影响磨削烧伤的因素及改善措施。

影响磨削烧伤的因素有磨削用量、工件材料、砂轮性能及冷却条件等。

产生磨削烧伤的根本原因是磨削区的温度过高,因此减少磨削热的产生和加速磨削热的传出是减少或避免磨削烧伤的途径,具体措施如下:

①合理选择磨削用量。减小磨削深度可以降低工件表面温度,有利于减轻或避免烧伤,但会影响生产率。增大工件纵向进给量和工件速度,会使加工表面与砂轮的接触时间相对减小,散热条件得到改善,因而能减轻烧伤。但会导致表面粗糙度值增大。为了减轻烧伤、保持高的生产率,同时减小表面粗糙度值,应选择较高的工件速度、较小的磨削深度和砂轮转速。

②合理选择砂轮并及时修整。砂轮硬度太高,自锐性不好,磨削温度就高。砂轮粒度越小,磨屑越容易堵塞砂轮,工件也越容易出现烧伤。因此用大粒度且较软的砂轮较好。砂轮磨钝后,大多数磨粒只在加工表面挤压和摩擦而不起切削作用,使磨削温度增高,所以应及时修整砂轮。

③改进冷却方法,提高冷却效果。磨削时切削液若能直接进入磨削区,对磨削区进行充分冷却,能有效地提高冷却效果,避免磨削烧伤。但目前常用的冷却方法效果较差,这是由于砂轮的线速度很高,实际上没有多少切削液能进入磨削区。内冷却法是一种比较有效的冷却方法,如图 8-23 所示,切削液进入砂轮中心腔,在离心力作用下,切削液由砂轮孔隙甩出,可直接进入磨削区,发挥有效的冷却作用。目前,内冷却装置还没有得到广泛的应用。

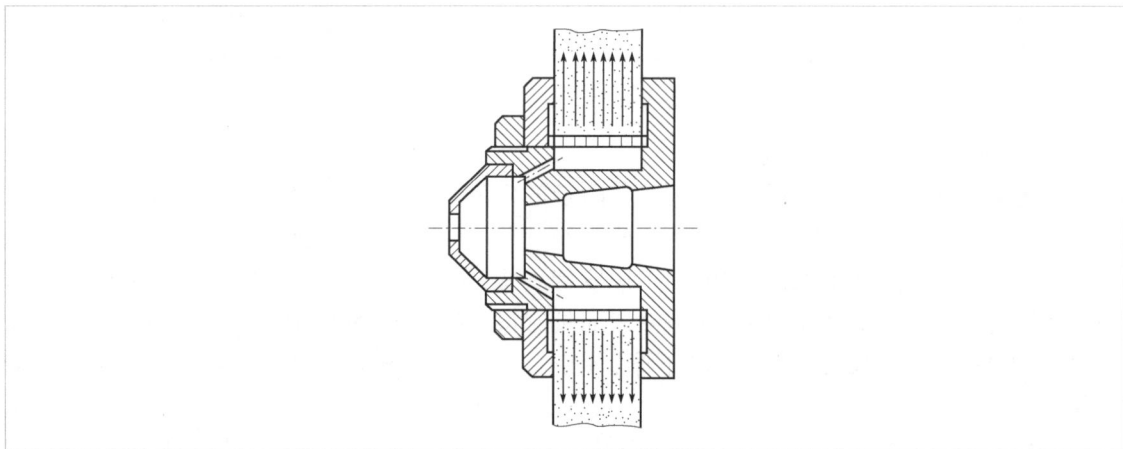

◎图 8-23　内冷却装置

3）加工表面的残余应力及分析

（1）产生表面层残余应力的原因。在切削与磨削过程中,加工表面层相对基体材料发生形变、体积变化或金相组织变化时,在加工后表面层中将残留有应力,应力大小随深度而变化,其最外层的应力和表面层与基体材料的交界处的应力大小相等,矢量方向相反,并相互平衡。引起残余应力的原因有以下 3 个方面:

①冷态塑性变形引起的残余应力。在切削作用下,已加工表面层金属会产生强烈的塑性伸长变形,此时基体金属层受到影响而处于弹性伸长变形状态。切削力除去后,基体金属趋向

恢复,但受到已产生塑性伸长变形层金属的限制,恢复不到原状,因而在表面层产生了残余压应力,而在里层金属产生了残余拉应力。

②热态塑性变形引起的残余应力。工件加工表面在切削热作用下产生热膨胀,此时表层金属温度高于基体温度,因此表层产生热压应力。当表层温度超过材料的弹性变形允许的范围时,就会产生热塑性变形(在压应力作用下材料相对缩短)。当切削过程结束后,表面温度下降,由于表层已产生热塑性缩短变形,并受到基体的限制,故而在表面层产生残余拉应力。

③金相组织变化引起的残余应力。切削时产生的高温会引起表面金属金相组织的变化。不同的金相组织有不同的密度,如马氏体密度 $\rho_{马} \approx 7.75 g/cm^3$、奥氏体密度 $\rho_{奥} \approx 7.96 g/cm^3$、珠光体密度 $\rho_{珠} \approx 7.78 g/cm^3$,也就会具有不同的比容,而表层金属这种比容的变化必然会受到与之相连的基体组织的阻碍,因此表面就会产生残余应力。

综上所述,表面层残余应力的产生归根结底是由于切削力和切削热作用的结果。在一定的加工条件下,其中某一种作用占主导地位。如切削加工中,当切削热不高时,表面层中以切削力引起的冷态塑性变形为主,此时,表面层中将产生残余压应力。而磨削时,一般因磨削温度较高,表面层中以切削热引起的热态塑性变形为主,表面层中常产生残余拉应力,这也是磨削裂纹产生的原因。

(2)工作表面最终工序加工方法的选择。最终加工工序在工件表面留下的残余应力将直接影响机器零件的使用性能、可靠性及使用寿命。一般情况下,工件表面残余应力的数值及性质主要取决于工件最终工序的加工方法。因此,零件主要工作表面最终工序加工方法的选择至关重要;选择零件主要工作表面最终工序加工方法,须考虑该零件主要工作表面的具体工作条件和可能的破坏形式。在交变载荷作用下,机器零件表面上的局部微观裂纹,会因拉应力的作用使原生裂纹扩大,最后导致零件断裂。从提高零件抵抗疲劳破坏的角度考虑,该表面最终工序应选择能在该表面产生残余压应力的加工方法。表8-4 为各种加工方法在工件表面上残留的应力情况,可供选择最终工序加工方法参考。

各种加工方法在工件表面上的残余应力情况 表8-4

加工方法	残余应力符号	残余应力值 σ(MPa)	残余应力层深度 h(mm)
车削	一般情况下,表面受拉,里层受压;$v_c = 500 m/min$ 时,表面受压,里层受拉	200 ~ 800,刀具磨损后达 1000	一般情况下,0.05 ~ 0.10;当用大负前角($\gamma = -30°$)车刀,v_c 很大时,h 可达 0.65
磨削	一般情况下,表面受压,里层受拉	200 ~ 1000	0.05 ~ 0.30
铣削	同车削	600 ~ 1500	—
碳钢淬硬	表面受压,里层受拉	400 ~ 750	—
钢珠滚压钢件	表面受压,里层受拉	700 ~ 800	—
喷丸强化钢件	表面受压,里层受拉	1000 ~ 1200	—
渗碳淬火	表面受压,里层受拉	1000 ~ 1100	—
镀铬	表面受压,里层受拉	400	—
镀铜	表面受压,里层受拉	200	—

4)加工表面强化工艺措施

表面质量尤其是表面层的物理力学性能,对零件的使用性能和寿命影响很大,如果最终工序不能保证零件表面获得预期的表面质量要求,则可在工艺过程中增设表面强化工序,以改善表面性能。加工表面强化工艺措施是指通过冷压加工方法使表面层金属发生冷态塑性变形,以降低表面粗糙度值,提高表面硬度,并在表面层产生残余压应力。这种方法表面强化效果明显、工艺简单、成本低廉。目前常用的有以下4种方法:

(1)滚压加工。滚压是利用经过淬硬和精细研磨过的滚轮或滚珠,在常温状态下对金属表面进行挤压,将表层的凸起部分向下压,凹下部分往上挤,这样逐渐将前工序留下的波峰压平,从而修正工件表面的微观几何形状的方法,如图8-24所示。此外,滚压还能使工件表面的金属组织细化,形成压缩残余应力。

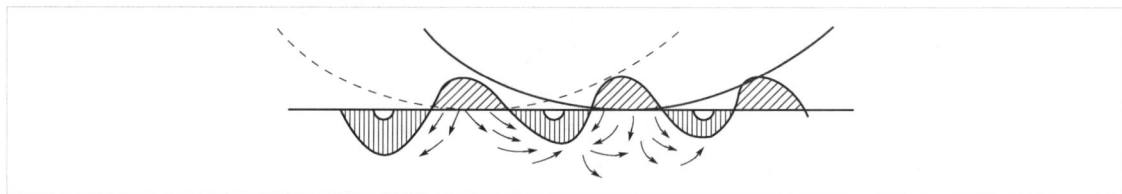

◎图8-24 滚压加工原理示意图

(2)挤压加工。挤压加工是将经过研磨的、具有一定形状的超硬材料(金刚石或立方氮化硼)作为挤压头,安装在专用的弹性刀架上,在常温状态下对金属表面进行挤压的方法。挤压后的金属表面粗糙度值下降,硬度提高,表面形成压缩残余应力,从而提高了表面的抗疲劳强度。

(3)喷丸强化。利用压缩空气或离心力将大量的珠丸(直径为0.2~4mm)以高速打击被加工零件表面,使表面产生冷硬层和残余压应力,喷丸可以显著提高零件的疲劳强度和使用寿命。珠丸可以是铸铁或砂石,钢丸更好。喷丸所用设备是压缩空气喷丸装置或机械离心式喷丸装置,这些装置使珠丸能以35~50m/s的速度喷出。

喷丸加工主要用于强化形状复杂的零件,如齿轮、连杆、曲轴等。零件经喷丸强化后,可提高硬化层深度,降低表面粗糙度 Ra 值,使用寿命可提高几倍到几十倍。

(4)液体磨料强化。液体磨料强化是利用液体和磨料的混合物强化工件表面的方法。如图8-25所示,液体和磨料在400~800kPa下,经过喷嘴高速喷出,射向工件表面,借磨粒的冲击作用,磨平工件表面的表面粗糙度并碾压金属表面。由于磨粒的冲击和微量切削作用,工件表面产生几十微米的塑性变形层。加工后的工件表面层具有残余压应力,提高了工件的耐磨性、抗蚀性和疲劳强度。

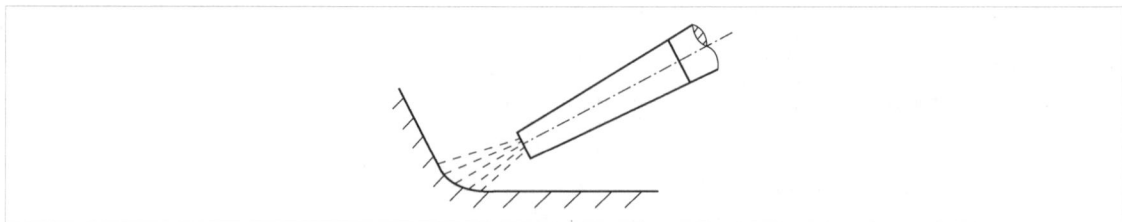

◎图8-25 液体磨料强化示意图

液体磨料强化工艺最宜于加工复杂型面,如锻模、汽轮机叶片、螺旋桨、仪表零件和切削刀具等。

⚠ 模块小结

本模块聚焦于机械加工精度及质量的核心内容,系统解析影响机械加工产品最终品质的关键因素。机械加工精度是衡量零件加工质量的首要标准,它直接关系到产品的装配性能、使用功能以及耐用程度。在探讨中,应认识到原始误差、刀具的磨损状况以及工艺系统的热变形等都是影响加工精度的主要因素。这些因素间的相互作用,使得机械加工精度成为一项复杂而精细的技术挑战。

同时,机械加工表面质量也不容忽视。它不仅关乎产品的外观美感,更对产品的耐磨性、耐腐蚀性以及疲劳强度等物理力学性能有着深远影响。表面粗糙度、残余应力、冷作硬化等指标是衡量表面质量的关键参数,而切削参数的选择、刀具材料与形状的匹配、工件材料的特性等,都是影响这些指标的重要因素。

通过本模块的学习,不仅要掌握机械加工精度及质量的基本概念和分析方法,更重要的是要加深了对机械加工过程复杂性的理解。这对于提升专业技能、优化加工工艺、提高产品质量具有重要意义。未来,在机械加工领域,持续学习和探索新技术、新方法将是不断提升个人能力和企业竞争力的关键。

◎ 模块习题

1. 选择题

(1)误差的敏感方向是指产生加工误差的工艺系统原始误差处于加工表面的(　　　)。

　　A. 法线方向　　　　　B. 切线方向　　　　　C. 轴线方向

(2)主轴具有纯角度摆动时,车削外圆得到的是(　　　)形状,产生(　　　)误差,镗出的孔得到的是(　　　)形状,产生(　　　)误差。

　　A. 椭圆　　　　　　　B. 圆锥　　　　　　　C. 棱圆　　　　　　　D. 腰鼓形

　　E. 圆度　　　　　　　F. 圆柱度　　　　　　G. 直线度

(3)车床主轴的纯轴向窜动对(　　　)加工有影响。

　　A. 车削内外圆　　　　B. 车削端平面　　　　C. 车削螺纹

(4)试指出下列刀具中,(　　　)刀具的制造误差会直接影响加工精度。

　　A. 齿轮滚刀　　　　　B. 外圆车刀　　　　　C. 端面铣刀　　　　　D. 铰刀

　　E. 成型铣刀　　　　　F. 键槽铣刀　　　　　G. 内圆磨头

(5)工艺系统的热变形只有在系统热平衡后才能稳定,可采取适当的工艺措施予以消减,其中系统热平衡的含义是(　　　)。

　　A. 机床热平衡后　　　　　　　　　　　　B. 机床与刀具热平衡后

　　C. 机床、刀具与工件都热平衡后

2. 简答题

(1)什么是加工精度和加工误差？加工精度包括哪几个方面？

(2)影响机械加工精度的原始误差有哪些？

(3)主轴回转运动误差分为哪3种基本形式？对加工精度的影响如何？

(4)机床导轨误差怎样影响加工精度？

(5)保证和提高加工精度的主要途径有哪些？

(6)按误差统计性质不同,加工误差分为哪几种？统计分析方法有哪些？

(7)机械加工表面质量主要包括哪些内容？它们对工件的使用性能有哪些影响？

(8)切削加工塑性材料时,为什么高速切削会得到较小的表面粗糙度值？

(9)什么叫回火烧伤？什么叫淬火烧伤？什么叫退火烧伤？

(10)试述产生表面残余应力的原因。

(11)为什么要注意选择零件加工最终工序的加工方法？

(12)表面强化工艺的目的是什么？常用的表面强化工艺方法有哪些？

3. 计算题

已知某工艺系统误差复映系数为 0.25,工件在本工序前有椭圆度 0.45mm。若本工序形状精度规定为公差 0.01mm,问至少进给几次才能使形状精度合格？

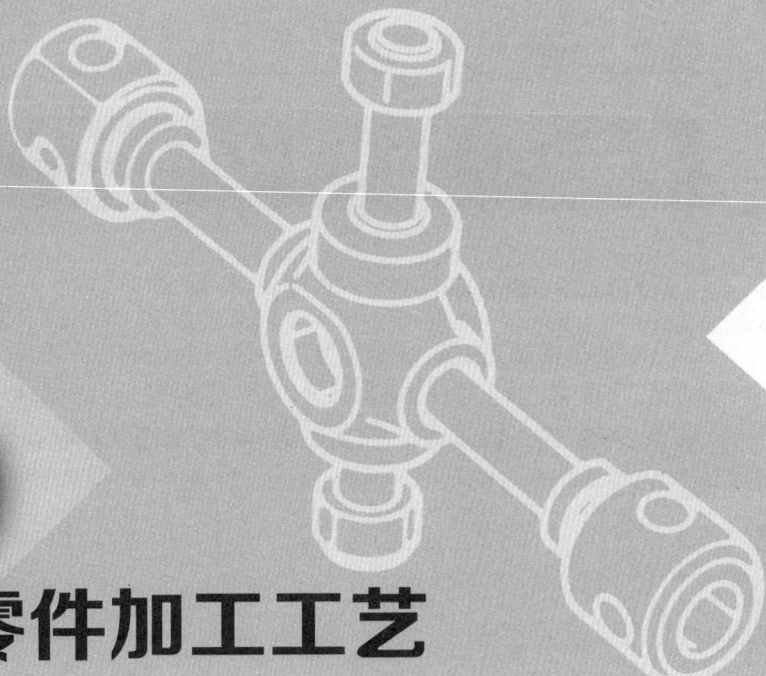

模块9

典型零件加工工艺

学习目标

知识目标

◎掌握轴类零件的加工工艺。

◎掌握箱体类零件的加工工艺。

◎掌握圆柱齿轮零件的加工工艺。

技能目标

◎能够准确识别出各零件的加工部位、尺寸精度、形位公差以及表面粗糙度等关键要素。

◎能够根据典型零件的加工要求，结合机床设备、刀具、夹具等资源条件，制定合理的加工工艺方案。

◎能够独立完成典型零件的加工任务，并达到规定的加工精度和表面质量要求。

◎能够运用合适的测量工具和方法，对加工件的尺寸精度、形位公差、表面粗糙度等进行准确测量和评估。

◎能够根据零件的具体要求，制定合理的加工工艺方案，并具备在实际加工过程中进行灵活调整和优化的能力。

素养目标

◎增强学生对绿色低碳发展的认识与责任感，将绿色发展理念深植于心，推动行业向更加环保、可持续发展的方向转型。

单元 9.1　轴类零件的加工

9.1.1　轴类零件的分类及技术要求

轴是机械加工中常见的典型零件之一,其作用一般为支承齿轮、带轮、凸轮以及连杆等传动件,并传递力矩。按结构形式不同可分为光轴、阶梯轴、空心轴和异形轴(包括半轴、花键轴、十字轴、偏心轴、曲轴和凸轮轴等)4 类,如图 9-1 所示。

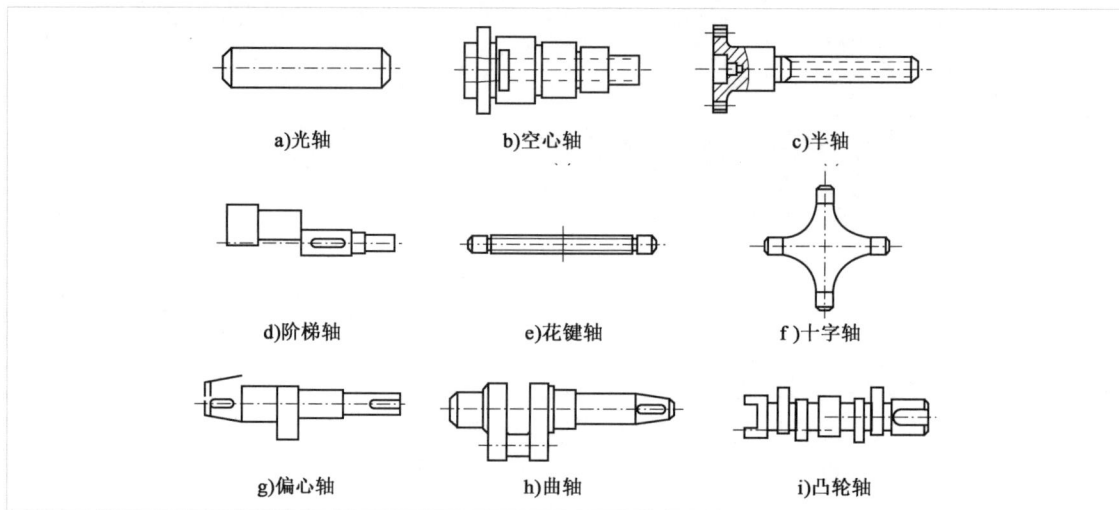

a)光轴　　b)空心轴　　c)半轴

d)阶梯轴　　e)花键轴　　f)十字轴

g)偏心轴　　h)曲轴　　i)凸轮轴

◎ 图 9-1　轴的种类

(1)尺寸精度。轴类零件的主要表面常为两类,即支承轴颈和配合轴颈。支承轴颈指与轴承内圈配合的外圆轴颈,用于确定轴的位置并支承轴,尺寸精度要求较高,通常为 IT5 ~ IT7级,配合轴颈指与各类传动件配合的轴颈,其精度稍低,常为 IT6 ~ IT9 级。

(2)几何形状精度。几何形状精度主要指轴颈表面、外圆锥面、锥孔等重要表面的圆度、圆柱度,其误差一般限制在尺寸公差范围内。对于精密轴,需在零件图上另行规定其几何形状精度。

(3)相互位置精度。相互位置精度包括内外表面、重要轴面的同轴度、圆的径向跳动、重要端面对轴心线的垂直度、端面间的平行度等。

(4)表面粗糙度。轴的加工表面都有粗糙度的要求,一般根据加工的可能性和经济性来确定,支承轴颈常为 $0.2 \sim 1.6\,\mu m$,传动件配合轴颈 $0.4 \sim 3.2\,\mu m$。

(5)其他要求。其他要求包括热处理、倒角、倒棱及外观修饰等要求。

9.1.2　轴类零件的材料、毛坯及热处理

1)轴类零件的材料及毛坯

(1)轴类零件材料。轴类零件材料常用 45 钢,也可选用球墨铸铁,精度较高的轴可选用

40Cr、轴承钢 GCr15、弹簧钢 65Mn，对高速、重载的轴，选用 20CrMnTi、20Mn2B、20Cr 等低碳合金钢或 38CrMoAl 氮化钢等。

（2）轴类毛坯。轴类毛坯常用圆棒料和锻件，大型轴或结构复杂的轴采用铸件。毛坯加热锻造后可使金属内部纤维组织沿表面均匀分布，从而获得较高的抗拉、抗弯及抗扭强度。

2）轴类零件的热处理

锻造毛坯在加工前均需安排正火或退火处理，以达到钢材内部晶粒细化、消除锻造应力、降低材料硬度及改善切削加工性能的目的。调质一般安排在粗车之后、半精车之前，以获得良好的物理力学性能。表面淬火一般安排在精加工之前，这样可以纠正因淬火引起的局部变形。对于精度要求较高的轴，在局部淬火或粗磨之后还需进行低温时效处理。

9.1.3　轴类零件的装夹方式

轴类零件的装夹方式主要有以下 3 种：

（1）采用两中心孔定位装夹。采用两中心孔定位装夹一般以重要的外圆面作为粗基准定位，加工出中心孔，再以轴两端的中心孔为定位精基准。应尽可能做到基准统一、基准重合、互为基准，并实现一次安装加工多个表面。中心孔是工件加工统一的定位基准和检验基准，它自身质量非常重要，准备工作也相对复杂，其一般步骤为：先以支承轴颈定位，车（钻）中心锥孔，再以中心孔定位，精车外圆，以外圆定位，粗磨锥孔，以中心孔定位，精磨外圆，最后以支承轴颈外圆定位，精磨（刮研或研磨）锥孔，使锥孔的各项精度达到要求。

（2）用外圆表面定位装夹。对于空心轴或短小轴等不可能用中心孔定位的情况，可用轴的外圆面进行定位、夹紧并传递力矩，一般可采用三爪卡盘、四爪卡盘等通用夹具，或各种高精度的自动定心专用夹具，如液性塑料薄壁定心夹具、膜片卡盘等。

（3）用各种堵头或拉杆心轴定位装夹。加工空心轴的外圆表面时，常用带中心孔的各种堵头或拉杆心轴来安装工件。小锥孔时常用堵头，大锥孔时常用带锥堵的拉杆心轴，如图 9-2 所示。

轴类零件仿真加工

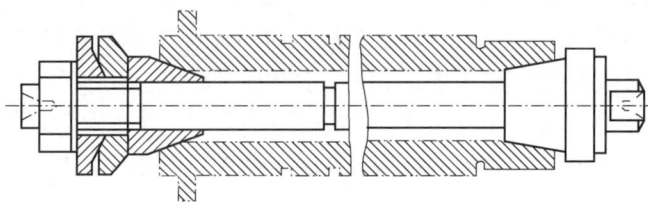

◎图 9-2　带锥堵的拉杆心轴

9.1.4　轴类零件工艺过程示例（CA6140 车床主轴的工艺过程）

轴类零件的加工工艺因其用途、结构形状、技术要求、产量大小的不同而有所差异,但其许多基本工艺规程具有一定的共性。现以车床主轴为例对轴类零件的加工工艺进行分析,车床主轴零件简图如图 9-3 所示。

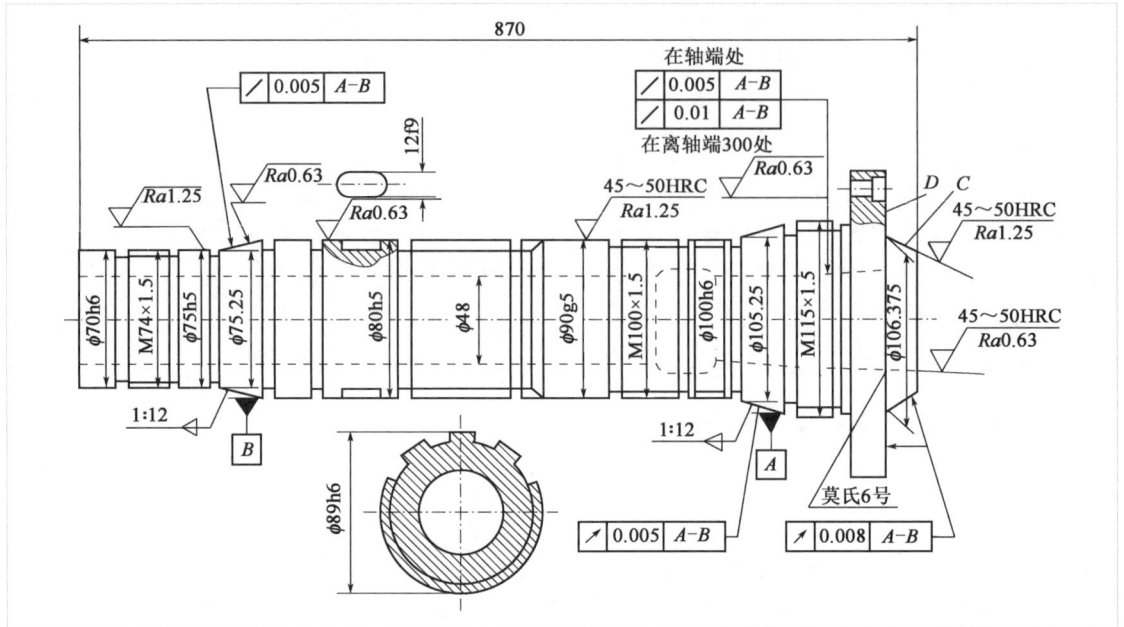

◎图 9-3　车床主轴零件简图(尺寸单位:mm)

1)主轴的技术分析

由零件简图可知,该主轴呈阶梯状,其上有安装轴承与传动件的圆柱、圆锥面,安装滑动齿轮的花键,安装卡盘及顶尖的内外圆锥面,连接紧固螺母的螺旋面,通过棒料的深孔等。普通精度等级,材料为 45 钢,生产类型为大批生产。

(1)主轴毛坯选择。车床主轴是大批量生产,同时主轴质量直接影响机床的工作精度和使用寿命,从主轴零件的力学性能考虑应使用 45 钢锻造毛坯,而主轴是直径差较大的阶梯轴,为节省材料和切削加工工作量,故采用模锻毛坯。

(2)主轴各主要部分的作用及技术要求。

①支承轴颈。主轴两个支承轴颈 A、B 径向跳动公差为 0.005mm;支承轴颈 1:12 锥面的接触率≥70%;表面粗糙度 Ra 为 0.63μm,支承轴颈尺寸精度为 IT5 级。由于主轴支承轴颈用来安装支承轴承,是主轴部件的装配基准面,其制造精度会直接影响主轴部件的回转精度。

②配合轴颈。与传动件连接的配合轴颈表面,共有 φ80h5、φ89f6、φ90g5 三段。前两段轴颈与传动件齿轮分别采用键连接与花键连接,φ90g5 轴颈上的齿轮为滑动齿轮,因此该轴颈表面需淬火处理。配合轴颈的尺寸精度为 IT6 ~ IT7 级,表面粗糙度 Ra 值不大于 0.63μm。

③端部锥孔。主轴端部内锥孔(莫氏 6 号)是主轴的主要工作表面之一。锥孔表面需淬火以达到耐磨性硬度要求 45 ~50HRC,锥孔对支承轴颈 A、B 的径向圆跳动公差在轴端处为0.005mm,离轴端面 300mm 处为 0.01mm,表面粗糙度 Ra 值不大于 0.63μm。锥孔用于安装顶尖或工具锥柄,其轴心线必须与两个支承轴颈的轴心线严格同轴,否则会使工件(或工具)产生同轴度误差。

④端部短锥和端面。轴端部短锥 C 和端面 D 对主轴二个支承轴颈 A、B 的径向圆跳动公

差为 0.008mm,表面粗糙度 Ra 为 1.25μm,表面也需淬火,是安装卡盘的定位面。为保证卡盘的定心精度,该圆锥面必须与支承轴颈同轴,而端面必须与主轴的回转中心垂直。

⑤螺纹。主轴上螺旋面的误差是造成压紧螺母端面跳动的原因之一,在加工主轴螺纹过程中,应控制螺纹表面轴心线与支承轴颈轴心线的同轴度,一般规定不超过 $\phi0.025mm$。

从以上分析可以看出,主轴的主要加工表面是两个支承轴颈、锥孔、前端短锥面及其端面以及装齿轮的各个轴颈等。保证支承轴颈本身的尺寸精度、几何形状精度、两个支承轴颈之间的同轴度、支承轴颈与其他表面的相互位置精度和表面粗糙度,是主轴加工的关键所在。

2)主轴加工定位基准选择

为保证各主要表面的相互位置精度,主轴加工选择定位基准应遵循基准重合、基准统一和互为基准等原则,在一次装夹中尽可能加工出较多的表面。由于主轴外圆表面的设计基准是主轴轴心线,根据基准重合的原则考虑选择主轴两端的顶尖孔作为精基准面,所以主轴在粗车之前采用外圆表面和中心"一夹一顶",先加工顶尖孔,确定主要定位基准为两端中心孔。

按互为基准的原则选择基准面,可保证支承轴颈与主轴内锥面的同轴度要求。例如,车小端 1:20 锥孔(配 1:20 锥堵用)和大端莫氏 6 号内锥孔时,以与前支承轴颈相邻而它们又是同一基准加工出来的外圆柱面为定位基准面。通孔加工后,加工外圆表面时使用带中心孔的锥堵定位。在粗磨莫氏 6 号内锥孔时,又以两圆柱面为定位基准面。粗、精磨两个支承轴颈的1:12 锥面时,再次用锥堵顶尖孔定位。最后精磨莫氏 6 号锥孔时,直接以精磨后的前支承轴颈和另一圆柱面定位。定位基准每转换一次,都会使主轴的加工精度提高一步。

3)主要加工表面加工工序

主轴加工工艺过程可按如下加工顺序:粗加工阶段(包括铣端面、加工顶尖孔、粗车外圆等),半精加工阶段(包括半精车外圆、钻通孔、车锥面、锥孔、钻大头端面各孔、精车外圆等),精加工阶段(包括精铣键槽、粗磨和精磨外圆、锥面、锥孔等)。

(1)表面的加工工序选择。

①主要表面加工。主要表面加工按如下顺序:主轴外圆表面粗加工(以顶尖孔定位)→外圆表面半精加工(以顶尖孔定位)→钻通孔(以半精加工过的外圆表面定位)→锥孔粗加工(以半精加工过的外圆表面定位,加工后配锥堵)→外圆表面精加工(以锥堵顶尖孔定位)→锥孔精加工(以精加工外圆面定位)。

②非主要表面加工。对主轴来说非主要表面指螺孔、花键、键槽、螺纹等。为提高产品生产率,应在确定主要表面加工顺序后,合理地插入非主要表面的加工工序。主要表面加工一旦出了废品,非主要表面就不需要加工了,所以非主要表面加工工序应尽量安排在后面工序进行,这样可以避免浪费工时;但非主要表面加工不能放在主要表面精加工后,以防在加工非主要表面过程中损伤已精加工过的主要表面。对凡是需要在淬硬表面上加工的螺孔、键槽等,都应安排在淬火前加工;非淬硬表面上螺孔、键槽等一般在外圆精车之后、精磨之前进行加工。因主轴螺纹与主轴支承轴颈之间有同轴度要求,所以螺纹加工安排在以非淬火→回火为最终热处理工序之后的精加工阶段进行,这样半精加工后残余应力引起的变形和热处理后的变形,不会影响螺纹的加工精度。

(2)热处理安排。主轴热处理安排一般为:毛坯锻造→正火→粗车→调质(预备热处理)→半精车→精车→淬火、回火(最终热处理)→粗磨→精磨。

4) CA6140 车床主轴加工工艺过程

生产类型为大批生产,材料牌号 45 号钢,毛坯种类为模锻件。CA6140 车床主轴加工工艺过程见表 9-1。

大批生产 CA6140 车床主轴工艺过程 表 9-1

序号	工序名称	工序内容	定位基准	设备
1	备料	—	—	—
2	锻造	模锻	—	立式精锻机
3	热处理	正火	—	—
4	锯头	—	—	—
5	打中心孔	铣两端面,保持总长 870mm,两端钻中心孔	毛坯外圆	中心孔机床
6	粗车外圆	—	顶尖孔	卧式车床
7	热处理	调质 220～240HBS	—	—
8	车大端各部	车大端凸缘外圆至 ϕ195mm、短锥外圆至 ϕ108$_0^{+0.15}$mm、端面及台阶	顶尖孔	卧式车床 C620B
9	车小端各部	仿形车小端各部外圆,加工后各外圆留直径余量 1.2～1.5mm	顶尖孔	仿形车床 CE7120
10	钻深孔	钻 ϕ48mm 通孔	两端支承轴颈	深孔钻床
11	车小端锥孔	车小端锥孔(配 1:20 锥堵,涂色法检查接触率≥50%)	两端支承轴颈	卧式车床 C620B
12	车大端锥孔	车大端锥孔(配莫氏 6 号锥堵,涂色法检查接触率≥30%)、外短锥及端面	两端支承轴颈	卧式车床 C620B
13	钻孔	钻大头端面各孔	大端内锥孔	摇臂钻床 Z55
14	热处理	局部高频淬火(ϕ90g5、短锥及莫氏 6 号锥孔)40～50HRC	—	高频淬火设备
15	精车外圆	精车各外圆,留直径余量 0.4mm,切槽、倒角	锥堵顶尖孔	数控车床 SK6163
16	粗磨外圆	粗磨 ϕ75h5、ϕ90h5、ϕ105h5 外圆	锥堵顶尖孔	万能外圆磨床
17	粗磨大端锥孔	粗磨大端内锥孔(重配莫氏 6 号锥堵,涂色法检查接触率≥40%)	前支承轴颈及 ϕ75h5 外圆	内圆磨床 M2120
18	铣花键	铣 ϕ89f6 花键	锥堵顶尖孔	花键铣床 YB6016
19	铣键槽	铣 12f9 键槽	ϕ80h5 及 M115mm 外圆	立式铣床 X52
20	车	车大端面内侧面、外圆 ϕ190mm,3 处螺纹(与螺母配车)	锥堵顶尖孔	卧式车床 CA6140
21	粗磨外圆	粗磨各外圆及 ϕ80/ϕ89、ϕ190/M100×1.5 两台阶端面,达图样要求	锥堵顶尖孔	万能外圆磨床 M1432A
22	粗磨外锥面	粗磨两处 1:12 外锥面	锥堵顶尖孔	专用组合磨床
23	精磨外锥面	精磨两处 1:12 外锥面、大端凸缘外侧面及短锥面,达图样要求	锥堵顶尖孔	专用组合磨床

续上表

序号	工序名称	工序内容	定位基准	设备
24	精磨大端锥孔	精磨大端莫氏6号内锥孔(卸堵)涂色法检查接触率≥70%、达图样要求	前支承轴颈及φ75h5外圆	专用主轴锥孔磨床
25	钳工	端面孔去锐边倒角,去毛刺	—	—
26	检验	按图样要求全部检验	前支承轴颈及φ75h5外圆	专用检具

9.1.5　轴类零件的检验

(1)加工中的检验。利用作为辅助装置而安装在机床上的自动测量装置,可在加工中对零件进行检验。这种检验方式能在不影响加工的情况下,根据测量结果主动地控制机床的工作过程,如改变进给量,自动补偿刀具磨损,自动退刀、停车等,使之适应加工条件的变化,防止产生废品。加工中的检验(又称为主动检验)属于在线检测,即在设备运行、生产不停顿的情况下,根据信号处理的基本原理,掌握设备运行状况,并对生产过程进行预测预报及必要调整。

(2)加工后的检验。加工后的检验通常采用专用检验夹具进行检验。在单件小批生产中,尺寸精度一般用外径千分尺检验,大批大量生产时,常采用光滑极限量规检验,长度大而精度高的工件可用比较仪检验。表面粗糙度可用粗糙度样板进行检验,要求较高时则用光学显微镜或轮廓仪检验。圆度误差可用千分尺测量(测出工件同一截面内直径的最大差值并取其值的一半),也可用千分表借助V形铁来测量,若条件允许可用圆度仪检验。圆柱度误差通常用千分尺测量同一轴向剖面内最大与最小值之差的方法来确定。主轴相互位置精度检验一般以轴两端顶尖孔或工艺锥堵上的顶尖孔为定位基准,在两支承轴颈上方分别用千分表测量。

加工轴类、盘套零件

单元 9.2　箱体类零件的加工

9.2.1　箱体类零件概述

1) 箱体类零件的功用与结构特点

箱体是机器的基础零件,它将机器中有关部件的轴、套、齿轮等相关零件连接成一个整体,并使之保持正确的相互位置,以传递转矩或改变转速来完成规定的运动,故箱体的加工质量直接影响机器的性能、精度和寿命。

箱体类零件的结构复杂,壁薄且不均匀,加工部位多,加工难度大。统计资料表明,一般中型机床制造厂花在箱体类零件的机械加工工时占整个产品加工工时的15%~20%。

各种箱体由于应用不同,其尺寸大小和结构形式也有很大的差异,一般按箱体上主要轴承孔是否剖分将箱体分为整体式箱体和剖分式箱体。图9-4为几种箱体类零件的结构简图,其中图9-4a)、c)、d)为整体式箱体,图9-4b)为剖分式箱体。

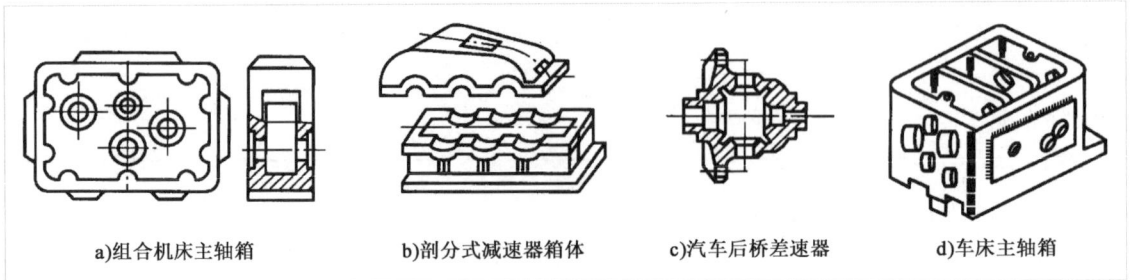

a)组合机床主轴箱　　　　　b)剖分式减速器箱体　　　　c)汽车后桥差速器　　　　d)车床主轴箱

◎图9-4　几种箱体零件的结构简图

2) 箱体类零件的主要技术要求

箱体类零件中,机床主轴箱的精度要求较高,以其为例归纳为以下5项精度要求:

(1)孔径精度。孔径的尺寸误差和几何形状误差会造成轴承与孔的配合不良。孔径过大,配合过松,使主轴回转轴线不稳定,并降低支承刚度,易产生振动和噪声;孔径太小,会使配合偏紧,轴承将因外环变形而不能正常运转并缩短寿命。装轴承的孔不圆,也会使轴承外环变形而引起主轴径向圆跳动。

从以上分析可知,机床主轴箱对孔的精度要求较高,主轴孔的尺寸公差等级为IT6级,其余孔为IT8~IT7级。孔的几何形状精度未作规定,一般控制在尺寸公差的1/2范围内即可。

(2)孔与孔的位置精度。同一轴线上各孔的同轴度误差和孔端面对轴线的垂直度误差,会使轴和轴承装配到箱体内时出现歪斜,从而造成主轴径向圆跳动和轴向窜动,进而加剧轴承磨损。孔系之间的平行度误差,会影响齿轮的啮合质量。一般孔距允差为 ±0.025 ~ ±0.060mm,而同一中心线上的支承孔的同轴度约为最小孔尺寸公差之半。

(3)孔和平面的位置精度。主要孔对主轴箱安装基面的平行度,决定了主轴与床身导轨的相互位置关系。这项精度是在总装时通过刮研来达到的,为了减少刮研工作量,一般规定在垂直和水平两个方向上,只允许主轴前端向上和向前偏。

(4)主要平面的精度。装配基面的平面度影响主轴箱与床身连接时的接触刚度,加工过程中作为定位基面则会影响主要孔的加工精度,因此规定了底面和导向面必须平直。为了保证箱盖的密封性及防止工作时润滑油泄出,还规定了顶面的平面度要求,当大批量生产将其顶面用作定位基面时平面度要求会更高。

(5)表面粗糙度。一般主轴孔的表面粗糙度为 $Ra0.4\mu m$,其他各纵向孔的表面粗糙度为 $Ra1.6\mu m$,孔的内端面的表面粗糙度为 $Ra3.2\mu m$,装配基准面和定位基准面的表面粗糙度为 $Ra2.5 \sim 0.63\mu m$,其他平面的表面粗糙度为 $Ra10 \sim 2.5\mu m$。

3) 箱体类零件的材料及毛坯

箱体类零件的材料常选用各种牌号的灰铸铁,这是因为灰铸铁具有较好的耐磨性、铸造性和可切削性,并且吸振性好、成本低廉。某些负荷较大的箱体则采用铸钢件,也有某些简易箱体为缩短毛坯制造周期而采用钢板焊接结构。

9.2.2 箱体类零件的结构工艺性分析

箱体机械加工的结构工艺性是否合理,对能否实现优质、高产、低成本具有重要意义。

(1)基本孔。箱体的基本孔可分为通孔、阶梯孔、盲孔、交叉孔等几类。通孔工艺性最好,通孔内又以孔长 L 与孔径 D 之比 $L/D \leqslant 1 \sim 1.5$ 的短圆柱孔工艺性为最好,深孔($L/D > 5$ 的孔)在深度精度要求较高、表面粗糙度值较小时加工会很困难。阶梯孔的工艺性也与孔径比有关。孔径相差越小则工艺性越好,孔径相差越大且其中最小的孔径又很小时,工艺性就越差。相贯通的交叉孔的工艺性也较差。盲孔的工艺性最差,这是因为在精镗或精铰盲孔时要用手动送进或采用特殊工具送进,此外盲孔内端面的加工也特别困难,故应尽量避免。

(2)同轴孔。对于同一轴线上孔径大小向一个方向递减(如 CA6140 的主轴孔)的情况,在镗孔时镗杆从一端伸入逐个加工或同时加工同轴线上的几个孔,以保证获得较高的同轴度和生产率。单件小批生产时一般采用这种分布形式。

同轴线上孔的直径大小从两边向中间递减(如 C620-1,CA6140 主轴箱轴孔等)时,可使刀杆从两边进入,这样不仅缩短了镗杆长度、提高了镗杆的刚性,而且为双面同时加工创造了条件。所以大批量生产的箱体常采用此种孔径分布形式。

同轴线上孔直径的分布形式,应尽量避免中间隔壁上的孔径大于外壁的孔径,因为加工这种孔时,要将刀杆伸进箱体后装刀、对刀,结构工艺性较差。

(3)装配基面。为便于加工、装配和检验,箱体的装配基面尺寸应尽量大,形状也应尽量简单。

(4)凸台。箱体外壁上的凸台应尽可能在一个平面上,以便可在一次走刀中加工出来,而无须调整刀具的位置,使加工简单方便。

(5)紧固孔和螺孔。箱体上的紧固孔和螺孔的尺寸规格应尽量一致,以减少刀具数量和换刀次数。此外,为保证箱体有足够的动刚度与抗振性,应酌情合理使用肋板、肋条,加大圆角半径,收小箱口,加厚主轴前轴承口厚度。

9.2.3 箱体类零件加工工艺过程及工艺分析

在拟定箱体类零件机械加工工艺规程时,有一些基本原则应该遵循。

(1)先面后孔。先加工平面,后加工孔是箱体加工的一般规律。平面面积大,用其定位稳定可靠。支承孔大多分布在箱体外壁平面上,先加工外壁平面可切去铸件表面的凹凸不平及夹砂等缺陷,这样可减少钻头引偏、防止刀具崩刃等,对孔的加工有利。

(2)粗精分开、先粗后精。箱体的结构形状复杂。主要平面及孔系加工精度高,一般应将粗、精加工工序分阶段进行,先进行粗加工而后进行精加工。

(3)基准的选择。一般都用箱体上面的重要孔和另一个相距较远的孔作粗基准,以保证孔加工时余量均匀。精基准选择一般采用基准统一的方案,常以箱体零件的装配基准或专门加工的一面两孔为定位基准,使整个加工工艺过程基准统一、夹具结构类似、基准不重合误差降至最小甚至为零(当基准重合时)。

(4)工序集中、先主后次。箱体零件上相互位置要求较高的孔系和平面,一般尽量集中在同一工序中加工,以保证其相互位置要求和减少装夹次数。而紧固螺纹孔、油孔等次要工序的安排,一般应放在平面和支承孔等主要加工表面精加工之后。

9.2.4 箱体类零件加工实例

以卧式车床主轴箱箱体为例分析箱体类零件的加工工艺。

1）零件分析

卧式车床主轴箱箱体的结构示意如图 9-5 所示。其生产类型为中小批量生产；材料为 HT200；毛坯为铸件。加工余量为：底面 8mm，顶面 9mm，侧面和端面 7mm，铸孔 7mm。

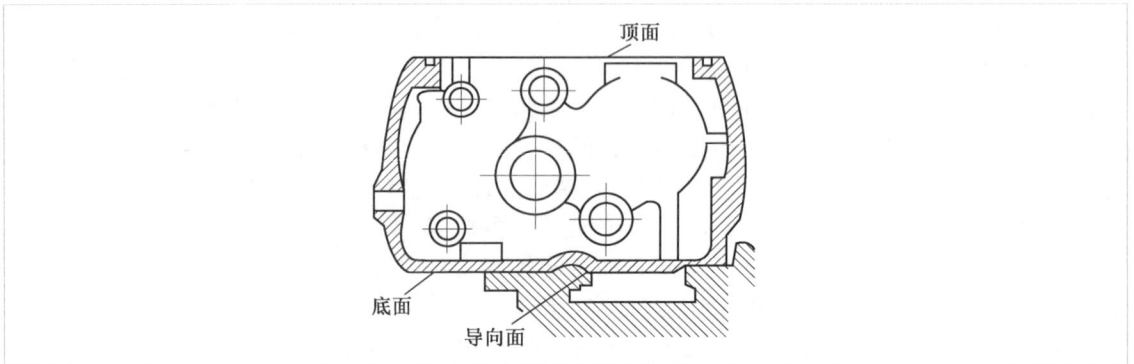

◎ 图 9-5　卧式车床主轴箱箱体

（1）主要表面及其精度要求。箱体底面及导向面是装配基准面，其平面度公差为 0.04 ~ 0.06mm，表面粗糙度 Ra 值为 1.6μm，主轴轴承孔径精度为 IT6 级，表面粗糙度 Ra 值为 0.8μm，主轴轴承孔轴线与基准面距离的尺寸公差为 0.05 ~ 0.10mm。

其他轴承孔径精度为 IT6 ~ IT7 级，表面粗糙度 Ra 值为 1.6μm。所有轴承孔的圆度和圆柱度公差不超过各孔孔径公差的一半。

（2）位置精度要求。各轴承孔轴线与端面的垂直度公差为 0.06 ~ 0.10mm，同轴轴承孔轴线的同轴度公差为最小孔径公差的 1/2，各相关轴承孔轴线间的平行度公差为 0.06 ~ 0.10mm，侧面对底面的垂直度公差为 0.04 ~ 0.06mm，顶面对底面的平行度公差为 0.10mm。

其他平面有侧面和顶面，侧面对底面的垂直度公差为 0.04 ~ 0.06mm，顶面对底面的平行度公差为 0.1mm。

主轴轴承孔的孔径精度为 IT6 级，表面粗糙度 Ra 值为 0.8μm，其余轴承孔的精度为 IT6 ~ IT7 级，表面粗糙度值 Ra 为 1.6μm。

各轴承孔的圆度和圆柱度公差不超过孔径公差的 1/2。

主轴轴承孔轴线与基准面距离的尺寸公差为 0.05 ~ 0.10mm，各轴承孔轴线与端面的垂直度公差为 0.06 ~ 0.10mm。

同轴孔的同轴度公差为最小孔径公差的 1/2，各相关轴线间的平行度公差为 0.06 ~ 0.10mm。

2）单件、小批量卧式车床主轴箱箱体加工工艺过程

单件、小批量卧式车床主轴箱箱体加工工艺过程见表 9-2。

单件、小批量卧式车床主轴箱箱体加工工艺过程　　　　　　　　　　　　　表 9-2

序号	工序名称	工序内容	定位基准	设备
1	铸造	铸造毛坯,清砂	—	—
2	热处理	人工时效	—	—
3	涂底漆	—	—	—

续上表

序号	工序名称	工序内容	定位基准	设备
4	钳工划线	—		
5	刨	粗刨顶面,留精刨余量 2~2.5mm	按划线找正	龙门刨床
6	刨	粗刨侧面和两端面,留余量 2mm	底面及导向(V形)面	龙门刨床
7	镗	粗加工纵向各孔,主轴轴承孔留余量 2~2.5mm,其余各孔留余量 1.5~2mm	底面及导向面	卧式镗床
8	热处理	人工时效	—	—
9	刨	精刨顶面至尺寸	底面及导向面	龙门刨床
10	刨	精刨底面和导向面,留刮研量 0.1mm	顶面及侧面	龙门刨床
11	钳	刮研底面和导向面至尺寸		
12	刨	精刨侧面和两端面至尺寸	底面及导向面	龙门刨床
13	镗	半精加工各纵向孔,主轴轴承孔留余量 0.15~0.2mm,其余各孔留余量 0.1~2mm	底面及导向面	卧式镗床
14	镗	精加工各纵向孔,主轴轴承孔留余量 0.15~0.08mm,其余各孔至尺寸		
15	镗	精细镗主轴轴承孔至尺寸		
16	钳	加工螺纹底孔、紧固孔及油孔,攻螺纹,去毛刺	—	钻床
17	检验	按图样要求检查	—	—

3)大批量生产卧式车床主轴箱加工工艺过程

车床主轴箱简图如图 9-6 所示。车床主轴箱大批量生产时的工艺过程见表 9-3。

车床主轴箱大批量生产时的工艺过程　　　　表 9-3

序号	工序内容	定位基准	设备
1	铸造	—	—
2	人工时效处理	—	—
3	涂漆	—	—
4	划线:考虑主轴孔有加工余量,划 C、A 及 E、D 面加工线	—	划线平台
5	粗、精加工顶面 A	按线找正	立式铣床
6	钻、扩、铰 2×φ8H7 工艺孔以及 6×M10 先钻至 φ7.8mm	面 A 与外形	摇臂钻床
7	粗、精加工 B、C 面及侧面 D	面 A 及两工艺孔	端面铣床
8	粗、精加工两端面 E、F	面 A 及两工艺孔	端面铣床
9	磨顶面 A	B、C 面	转盘磨床
10	粗、半精加工各纵向孔	面 A 及两工艺孔	卧式镗床
11	精加工各纵向孔	面 A 及两工艺孔	卧式镗床
12	粗、精加工横向主轴孔	面 A 及两工艺孔	卧式镗床
13	加工螺孔及各次要孔	面 A 及两工艺孔	摇臂钻床

续上表

序号	工序内容	定位基准	设备
14	磨 B、C 面及前面 D	面 A 及两工艺孔	组合磨床
15	将 2×φ8H7 及 4×φ7.8mm 均扩钻至 φ8.5mm,攻 6×M10	—	摇臂钻床
16	清洗去毛刺、检验	—	—

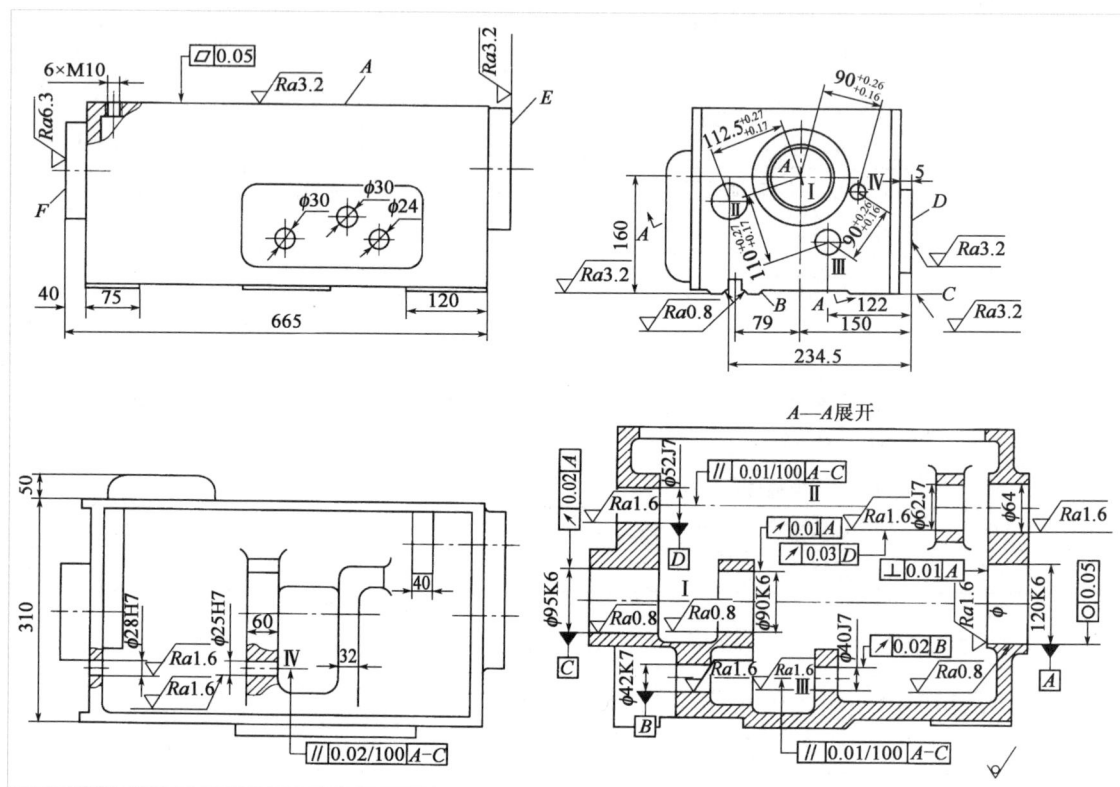

◎ 图 9-6　车床主轴箱简图(尺寸单位:mm)

单元 9.3　圆柱齿轮加工

9.3.1　圆柱齿轮加工概述

齿轮在各种机器和仪器中应用非常普遍,用来按规定的传动比传递运动和动力,是机械工业的标志性零件之一。

1)圆柱齿轮的结构形式和分类

尽管齿轮在机器中由于功用不同而设计成不同的形状和尺寸,但一般仍可以把它们划分为齿圈和轮体两个部分。

如图 9-7 所示,常见的圆柱齿轮有以下几类:盘类齿轮,如图 9-7a)所示;套类齿轮,如

图 9-7b) 所示；内齿轮，如图 9-7c) 所示；轴类齿轮，如图 9-7d) 所示；扇形齿轮，如图 9-7e) 所示；齿条，如图 9-7f) 所示。其中盘类齿轮应用最广。

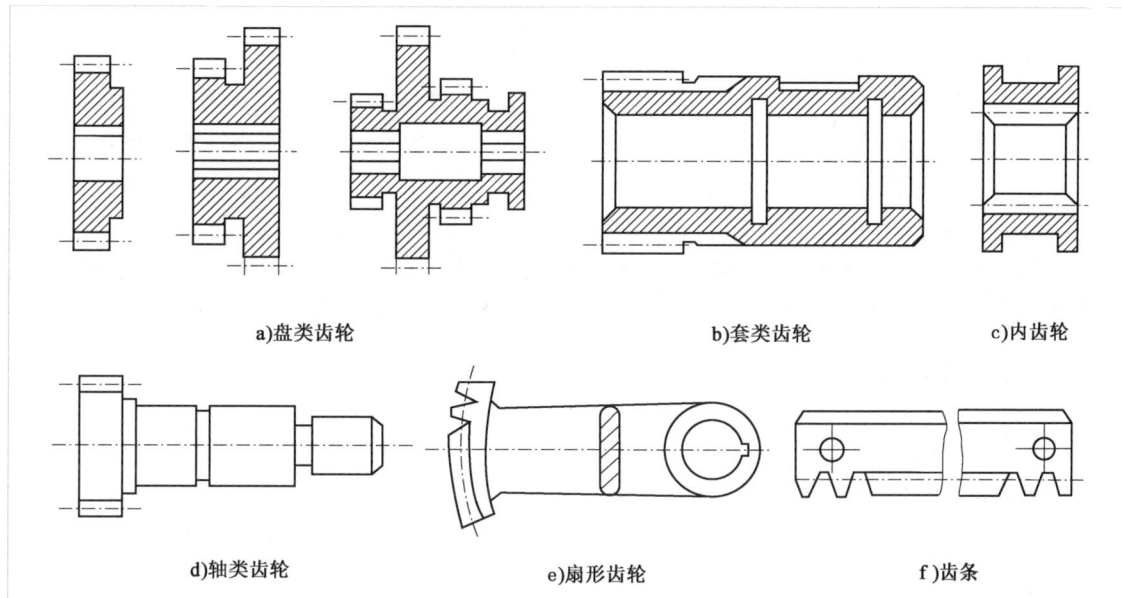

a) 盘类齿轮　　　　　　　　　　　　b) 套类齿轮　　　　　c) 内齿轮

d) 轴类齿轮　　　　　　e) 扇形齿轮　　　　　　f) 齿条

◎ 图 9-7　圆柱齿轮的结构形式

一个圆柱齿轮可以有一个或多个齿圈。普通的单齿圈齿轮工艺性好，而双联或三联齿轮的小齿圈往往会受到台肩的影响，限制了某些加工方法的使用，一般只能采用插齿。如果齿轮精度要求高，需要剃齿或磨齿时，通常将多齿圈齿轮做成单齿圈齿轮的组合结构。

2) 圆柱齿轮的精度要求

齿轮自身精度会影响其使用性能和寿命，通常对齿轮的制造提出以下精度要求：

(1) 运动精度。确保齿轮准确地传递运动和传动比恒定，要求最大转角误差不超过相应的规定值。

(2) 工作平稳性。要求传动平稳，振动、冲击、噪声小。

(3) 齿面接触精度。为保证传动中载荷分布均匀，啮合齿轮的齿面接触要求均匀，以避免局部载荷过大、应力集中等原因造成齿面过早磨损或齿根折断。

(4) 齿侧间隙。要求传动齿轮的非工作面间留有间隙，以补偿温升、弹性形变、加工装配的误差并利于润滑油的储存和油膜的形成。

3) 齿轮材料、毛坯和热处理

(1) 材料选择。根据使用要求和工作条件选取合适的材料。普通齿轮选用中碳钢和中碳合金钢，如 40、45、50、40MnB、40Cr、45Cr、42SiMn、35SiMn2MoV 等；要求高的齿轮可选取 20Mn2B、18CrMnTi、30CrMnTi、20Cr 等低碳合金钢；对于低速轻载的开式传动可选取 ZG40、ZG45 等铸钢材料或灰口铸铁，非传力齿轮可选取尼龙、夹布胶木或塑料等。

(2) 齿轮毛坯。毛坯的选择取决于齿轮的材料、形状、尺寸、使用条件和生产批量等因素，常用的毛坯种类如下：

①铸铁件,用于受力小、无冲击、低速的齿轮。

②棒料,用于尺寸小、结构简单、受力不大的齿轮。

③锻坯,用于高速重载齿轮。

④铸钢坯,用于结构复杂、尺寸较大且不宜锻造的齿轮。

(3)齿轮热处理。在齿轮加工工艺过程中,热处理工序的位置安排十分重要,它直接影响齿轮的力学性能及切削加工的难易程度。一般在齿轮加工中有以下两种热处理工序:

①毛坯的热处理。为了消除锻造和粗加工造成的残余应力、改善齿轮材料内部的金相组织和切削加工性能,在齿轮毛坯加工前后通常安排正火或调质等热处理。

②齿面的热处理。为了提高齿面硬度、增加齿轮的承载能力和耐磨性而进行的齿面高频淬火、渗碳淬火、氮碳共渗和渗氮等热处理工序,一般安排在滚齿、插齿、剃齿之后及珩齿、磨齿之前。

9.3.2　圆柱齿轮齿面(形)加工方法

1)齿轮齿面(形)加工方法的分类

按齿面形成的原理不同,齿面加工可以分为两类方法。

(1)成型法。成型法是指用与被切齿轮齿槽形状相符的成型刀具切出齿面的方法,如铣齿、拉齿和成型磨齿等。

(2)展成法。展成法是指齿轮刀具与工件按齿轮副的啮合关系做展成运动而切出齿面的方法,工件的齿面由刀具的切削刃包络而成,如滚齿、插齿、剃齿、磨齿和珩齿等。

2)圆柱齿轮齿面(形)加工方法选择

齿轮齿面的精度要求大多较高且加工工艺复杂,选择加工方案时应综合考虑齿轮的结构、尺寸、材料、精度等级、热处理要求、生产批量及工厂加工条件等。常用的齿面加工方案见表9-4。

齿面加工方案　　　　　　　　　　　　　　　　　　表9-4

齿面加工方案	齿轮精度等级	齿面粗糙度 $Ra(\mu m)$	适用范围
铣齿	9级以下	6.3～3.2	单件修配生产中,加工低精度的外圆柱齿轮、齿条、锥齿轮、蜗轮
拉齿	7级	1.6～0.4	大批量生产7级内齿轮,外齿轮拉刀制造复杂,故少用
滚齿	8～7级	3.2～1.6	各级批量生产中,加工中等质量外圆柱齿轮及蜗轮
插齿			
滚(或插)齿→淬火→珩齿		1.6	各种批量生产中,加工中等质量的内、外圆柱齿轮、多联齿轮及小型齿条
滚齿→剃齿	7～6级	0.8～0.4	主要用于大批量生产
滚齿→剃齿→淬火→珩齿		0.4～0.2	
滚(插)齿→淬火→磨齿	6～3级	0.4～0.2	用于高精度齿轮的齿面加工,生产率低,成本高
滚(插)齿→磨齿	6～3级		

9.3.3 圆柱齿轮加工工艺过程示例

圆柱齿轮的加工工艺过程一般应包括以下内容：齿轮毛坯加工、齿面加工、热处理工艺及齿面的精加工。

1）圆柱齿轮一般工艺过程

在编制齿轮加工工艺过程中，常因齿轮结构、精度等级、生产批量以及生产环境的不同，而采用各种不同的方案，表9-5中列出了齿轮机械加工的一般工艺过程。

直齿圆柱齿轮加工工艺过程　　　　　　　　表9-5

工序号	工序名称	工序内容	定位基准
1	锻造	毛坯锻造	—
2	热处理	正火	—
3	粗车	粗车外形、各处留加工余量	外圆和端面
4	精车	精车各处，除内孔留磨削余量外，其余车至尺寸	外圆和端面
5	滚齿	滚切齿面，留磨齿余	内孔和端面 A
6	倒角	倒角至尺寸（倒角机）	内孔和端面 A
7	钳工	去毛刺	—
8	热处理	齿面硬度达要求	—
9	插键槽	至尺寸	内孔和端面 A
10	磨平面 A	靠磨齿轮端面 A	内孔
11	磨平面 B	平面磨削齿轮另一端面 B	端面 A
12	磨内孔	磨内孔至尺寸	内孔和端面 A
13	磨齿	齿面磨削	内孔和端面 A
14	检验	终结检验	—

编制齿轮加工工艺过程大致可划分为如下几个阶段：

（1）齿轮毛坯的形成：锻件、棒料或铸件。

（2）粗加工：切除较多的余量。

（3）半精加工：车、滚、插齿面。

（4）热处理：调质、渗碳淬火、齿面高频淬火等。

（5）精加工：精修基准、精加工齿面（磨、剃、珩、研齿和抛光等）。

2）齿轮加工工艺过程分析

（1）定位基准的选择。齿轮的结构形状不同，齿轮定位基准的选择也有所差异。带轴齿轮主要采用顶尖定位，孔径大的盘毂类齿轮则采用锥堵。顶尖定位的精度高，且能做到基准统一。带孔齿轮在加工齿面时常采用以下两种定位、夹紧方式。

①以内孔和端面定位。以内孔和端面定位是指以工件内孔和端面联合定位，确定齿轮中心和轴向位置，并采用面向定位端面的夹紧方式。这种方式可使定位基准、设计基准、装配基准和测量基准重合，定位精度高，适于批量生产，但对夹具的制造精度要求较高。

②以外圆和端面定位。工件和夹具心轴的配合间隙较大，用千分表校正外圆以决定中心的位置，并以端面定位，从另一端面施以夹紧。这种方式因每个工件都要校正，故生产效率低，

同时对齿轮坯的内、外圆同轴度要求较高,适于单件、小批量生产,但对夹具精度要求不高。

(2)齿轮毛坯的加工。齿轮毛坯的加工在整个齿轮加工工艺过程中占有重要的地位,原因是之后的齿面加工和检测所用基准都需要在此阶段加工出来,因此从提高生产率、保证齿轮加工质量出发必须重视齿轮毛坯的加工。

(3)齿端的加工。齿轮的齿端加工有倒圆、倒尖、倒棱和去毛刺等方式,如图9-8所示。倒圆、倒尖后的齿轮在换挡时容易进入啮合状态,减少撞击现象。倒棱可除去齿端尖边和毛刺。图9-9是用指状铣刀对齿端进行倒圆的加工示意图。倒圆时,铣刀高速旋转并沿圆弧做摆动,加工完一个齿后,工件退离铣刀,经分度再次快速向铣刀靠近以加工下一个齿的齿端。齿端加工必须在齿轮淬火之前进行,通常是在滚(插)齿之后、剃齿之前安排齿端加工。

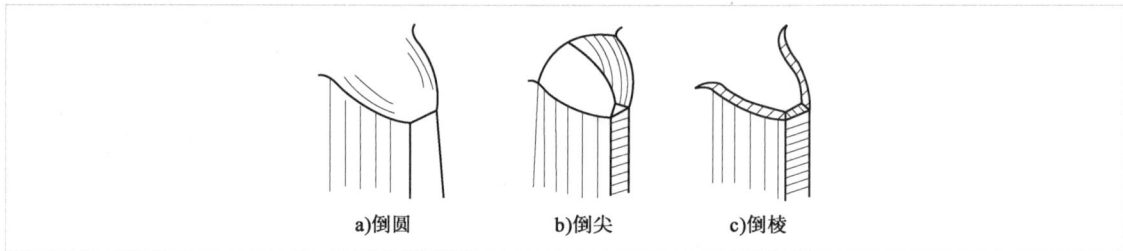

a)倒圆　　b)倒尖　　c)倒棱

◎ 图9-8　齿端加工

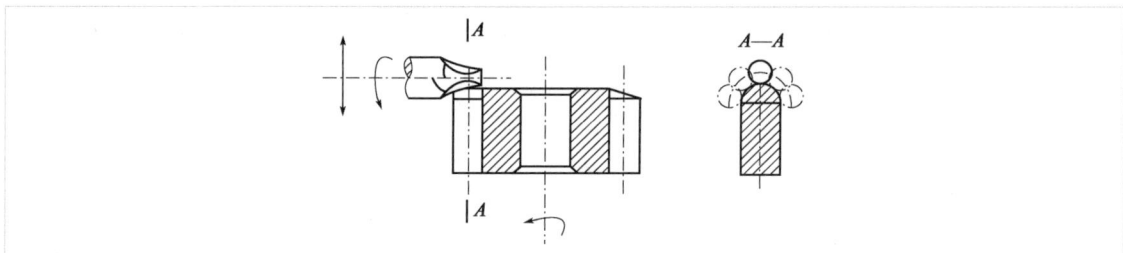

◎ 图9-9　齿端倒圆

⚠ 模块小结

本模块系统地学习了轴类、箱体类、圆柱齿轮等典型机械零件的加工工艺与质量控制方法。通过学习,深入理解了这些零件的结构特点、技术要求及加工工艺原理,掌握了材料选择、热处理工艺、装夹方式、切削参数确定等关键工艺环节。在机械加工精度与质量控制方面,熟悉了影响加工精度的各种因素,掌握了提高加工精度的有效措施,并了解了机械加工表面质量的评估方法和影响因素。通过实际案例的学习,掌握了典型机械零件的质量检验方法和标准,能够进行准确的尺寸精度、形状精度、位置精度及表面质量的检验。此外,本模块还培养了工艺设计与创新能力,能够运用所学知识和技能,独立进行机械加工工艺方案的设计和优化,解决实际加工过程中遇到的技术问题。

◎ 模块习题

1. 轴类零件的技术要求一般有哪些?

2. 一般情况下轴类零件何时需要进行热处理?

3. 主轴的主要加工表面有哪些,什么是主轴加工的关键所在?

4. 简述主轴加工的工艺过程。

5. 机床主轴箱都有哪些精度要求?

6. 简述箱体基本孔的分类及其工艺性。

7. 拟定箱体类零件机械加工工艺规程时应遵循哪些基本原则?

模块10
装配工艺基础

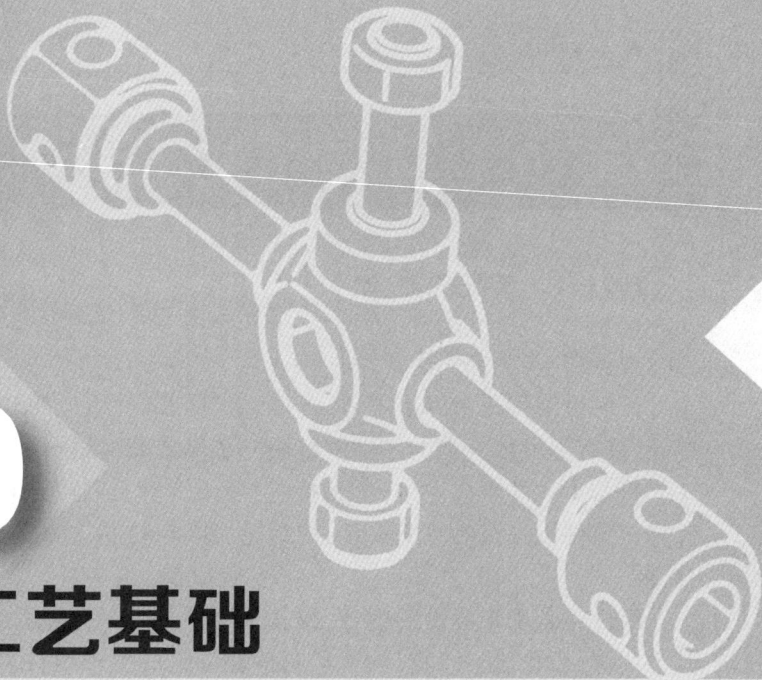

学习目标

知识目标

◎掌握装配的概念及装配精度的相关内容。

◎熟悉装配方法的选择。

◎掌握保证装配精度的工艺方法。

◎熟悉装配尺寸链内容和装配工艺规程的制定。

技能目标

◎能够识别和分析不同类型的装配任务，并根据具体装配要求，灵活应用装配工艺原则，制定合理的装配方案。

◎能够针对具体的装配精度要求，选择合适的工艺方法，并理解其原理和实施步骤。

◎能够运用尺寸链原理，分析装配过程中可能出现的误差累积问题。

◎能够根据具体的装配任务和要求，制定详细的装配工艺规程。

◎能够运用尺寸链原理进行装配误差的分析与计算，确保装配尺寸的准确性和稳定性。

素养目标

◎培养良好的团队协作精神，能够与团队成员有效沟通，共同解决装配过程中的问题。

单元 10.1 装配工艺概述

10.1.1 装配的概念

1) 零件、合件、组件和部件

任何机器都是由许多零件、合件、组件和部件组成的。零件是构成机器和参加装配的基本单元,具有不可再分性。零件由整块的金属或其他材料制造加工而成。

将若干零件永久连接(如铆接、过盈配合等)或连接后再加工就成为合件(也称套件)。合件是比零件大一级的装配单元,如蜗轮齿圈与轮芯、连杆与其小孔衬套等都是由零件连接成的合件。

组件是若干个零件的组合,或若干零件与若干合件的组合。例如,机床主轴箱中的主轴与其上的键、齿轮、垫片、套、轴承和调整螺母组成主轴组件,发动机的活塞、活塞环、连杆组成活塞连杆组件。

部件由若干组件、套件和零件组合而构成,是机器中能完成完整功能的一个组成部分,如车床的主轴箱。

2) 装配

所谓装配就是按规定的技术要求,将零件、合件、组件和部件进行配合和连接,使之成为半成品或成品,并对其进行调试和检测的工艺过程。其中,把零件、组件装配成部件的过程称为部装,把零件、组件和部件装配成产品的过程称为总装。装配是零件、合件、组件和部件间获得一定相互位置关系的过程,装配过程如图 10-1 所示。

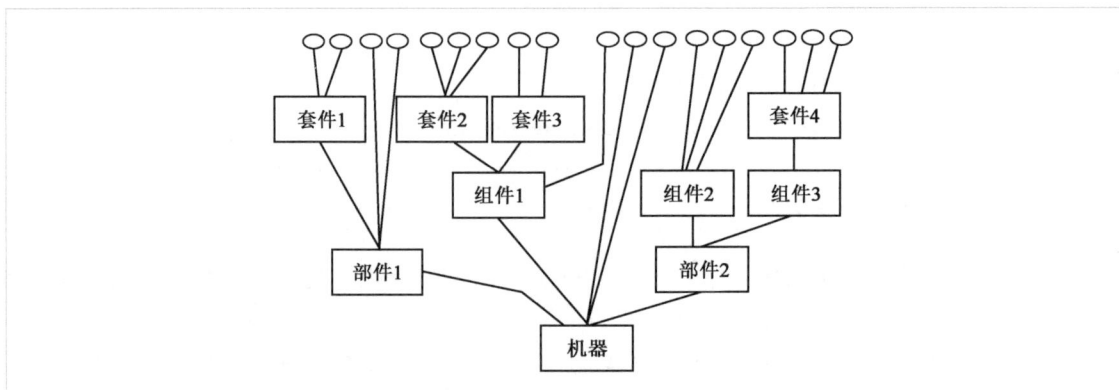

◎图 10-1　装配过程示意图

装配是机器生产的最后环节,研究装配工艺过程和装配精度、制定科学的装配工艺规程并采取合理的装配方法,对于保证产品质量、提高生产效率、减轻装配工人的劳动强度和降低产品成本,都具有十分重要的意义。若装配不当,即使所有零件都合格也不一定能装配出合格的、高质量的机械产品;反之,若零件制造精度并不高,但在装配中采用了适当的工艺方法,如进行选配、修配、调整等,也能使产品达到规定的技术要求。

10.1.2 装配工作

装配并不只是将零件进行简单连接的过程,而是一个根据组装、部装和总装技术要求,通过校正、调整、平衡、配作以及反复检验以保证产品质量的复杂过程。常见装配工作的基本内容如下:

(1)清洗。清洗的目的是去除零件表面或部件中的油污及机械杂质。零、部件的清洗对保证产品的装配质量和延长产品的使用寿命有着重要意义,尤其对轴承、密封件、精密偶件及有特殊清洗要求的工件显得更为重要。清洗的方法有擦洗、浸洗、喷洗和超声波清洗等。清洗液一般可采用煤油、汽油、碱液及各种化学清洗液等,清洗过的零件应具有一定的防锈能力。

(2)连接。将两个或两个以上的零件结合在一起的工作称为连接。连接分为可拆卸连接和不可拆卸连接两种方式。可拆卸连接的特点是相互连接的零件可多次拆装而不损坏任何零件,常见的可拆卸连接有螺纹连接、键连接和销连接等。不可拆卸连接则必须至少破坏连接零件之一方可拆开,常见的不可拆卸连接有过盈配合连接、焊接、铆接等,其中过盈配合连接常用于轴与孔的连接;连接方法一般采用压入法,对重要或精密机械常用热胀法或冷缩法。

(3)校正、调整与配作。在单件小批生产条件下,某些装配精度要求需要进行校正、调整或配作等工作后方能满足。校正就是在装配过程中通过找正、找平及相应的调整工作来确定相关零件的相互位置关系;调整就是调节相关零件的相互位置,包括在配合校正中所做的对零部件间位置精度的调节以及为保证零部件间运动精度而对各运动副间隙的调节;配作是指在装配过程中的配钻、配铰、配刮、配磨等一些附加的钳工和机加工工作。校正、调整、配作虽有利于保证装配精度,却会影响生产效率,且不利于流水装配作业。

(4)平衡。对于转速高、运转平稳性要求高的机器,为防止在使用过程中因旋转件质量不平衡而产生大的离心力及引起振动,装配时应对相关旋转零件进行平衡,必要时还应对整机进行平衡。平衡的方法有加重法、减重法和调节法。

(5)验收试验。产品装配好后应根据其质量验收标准进行全面的验收试验,各项验收指标合格后才可包装、出厂。

10.1.3 机器装配的精度

1)装配精度的内容

装配精度是产品设计时根据使用性能要求而规定的装配时必须保证的质量指标。机器的装配精度包括以下几个方面:

(1)尺寸精度。尺寸精度是指装配后零部件间应保证的距离和间隙,包括间隙、过盈等配合要求。

(2)位置精度。位置精度是指装配后零部件间应保证的平行度、垂直度同轴度及各种跳动等。

(3)运动精度。运动精度是指装配后有相对运动的零部件间在运动方向和运动准确性上应保证的要求,主要表现为运动方向的直线度、平行度和垂直度以及描述相对运动速度的精度即传动精度。

(4)接触精度。接触精度是指两配合表面、接触表面和连接表面间达到规定的接触面积和接触点分布的要求。

不难看出,各装配精度之间有着密切的关系。位置精度是运动精度的基础,同时对保证尺寸精度、接触精度也会产生较大的影响,反过来尺寸精度、接触精度又是位置精度和运动精度的保证。

2)装配精度与零件精度的关系

(1)零件精度是保证装配精度要求的基础。零件的加工精度特别是关键零件的加工精度,是机器装配实现高精度的基本要求,机器的装配精度与零件精度密切相关。如图 10-2 所示,在车床精度标准中第 4 项是尾座移动对溜板移动的平行度要求,该项精度主要取决于床身导轨 A 和 B 的平行度,而确保 A、B 导轨面的加工精度就为装配的高精度奠定了基础。但是在单件小批量生产中,高精度机械加工很难实现,即使实现也是不经济的,为此需要通过装配配作床身导轨 A 和 B 来达到装配精度,即导轨加工精度得到相对的提高,保证了尾座移动对溜板移动的平行度装配精度要求。

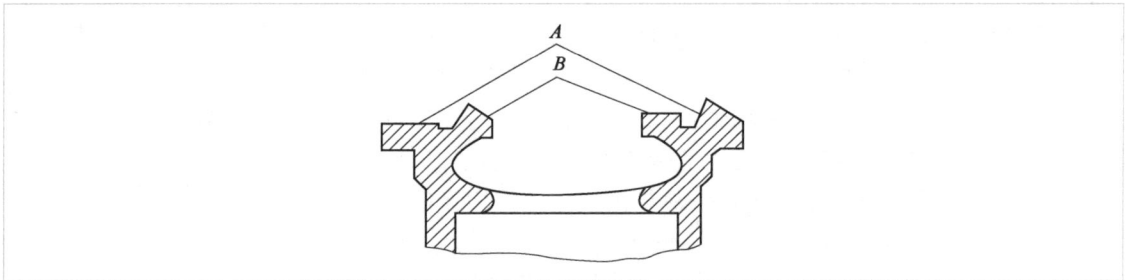

◎图 10-2　床身导轨简图
A-溜板移动导轨;B-尾座移动导轨

(2)零件精度不完全决定装配精度。装配精度的保证还取决于装配方法,或者说装配精度需要由零件的加工精度和合理的装配来共同实现。在零件的累积误差不超出装配精度要求时,装配过程只是简单的连接过程;但当装配精度要求很高时,如果完全靠相关零件的制造精度来直接保证,则零件的加工精度要求将会很高,给加工带来较大困难,这时需采用合理的装配工艺措施(选择、修配、调整等)以保证装配精度。如图 10-3 所示,对于普通车床床头主轴箱 1 和尾座 2 两顶尖的等高度要求,如果仅依靠提高车床床头主轴箱 1、尾座 2 导轨面的加工精度来保证装配精度,在机械加工上很难实现或很不经济。在实际加工中采用修配底板 3 的工艺措施来保证装配精度,这样就解决了主轴箱 1、尾座 2、底板 3 和床身 4 等零、部件加工精度与经济合理之间的矛盾。

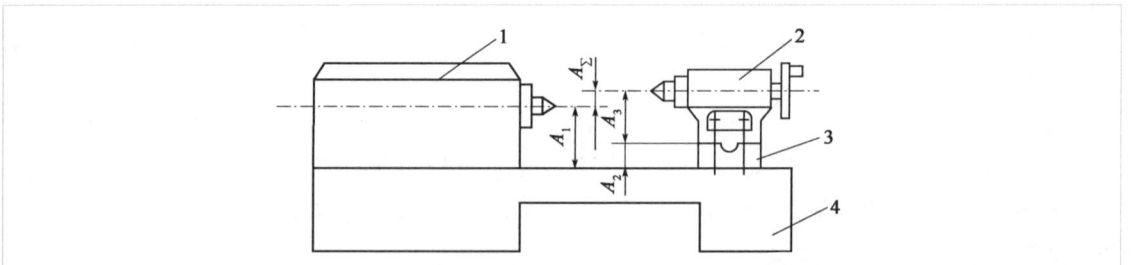

◎图 10-3　床头箱主轴中心线与尾座套筒中心线等高示意图
A_1-减环;A_2、A_3-增环;A_Σ-封闭环;1-主轴箱;2-尾座;3-底板;4-床身

综上可知,零件的加工精度是保证装配精度的基础,但产品的装配精度并不完全依赖于零件的加工精度,它还可以通过合理的产品结构设计和正确的装配方法来达到。

3)影响装配精度的因素

(1)零件的加工精度。零件的加工精度是保证装配精度的基础,对于装配精度的高低、装配工作量的多少有很大的影响。

(2)零件之间的配合要求和接触质量。零件之间的配合要求指配合面之间的间隙量或过盈量,它决定配合性质。零件之间的接触质量指配合面或连接表面间的接触面积大小和接触位置要求,它主要影响接触刚度即接触变形,也会影响配合性质。

(3)零件的变形。零件在机械加工和装配过程中,由于外力、温升、内应力等所引起的变形,对装配精度的影响很大。

(4)旋转零件的不平衡。高速旋转零件是否平衡,对于能否保证装配精度、机器工作平稳性、减少振动、降低噪声,提高工作质量和延长机器寿命等都具有十分重要的意义。

(5)工人的装配技术。装配工作是一项技术性很强的工作,合格的零件不一定能装配出合格的产品。装配中的修配、调整等工作主要靠工人的技术水平和工作经验来保证,甚至与工人的思想情绪、工作态度、责任感等主观因素直接相关。

10.1.4 装配的类型

生产纲领不同,装配的生产类型也不同。对于不同的生产类型,其装配组织形式、装配方法和工艺装备等都会有较大的区别。例如,大批大量生产多采用流水装配线,还可采用自动装配机或自动装配线,笨重产品批量不大时多采用固定流水装配,批量较大时采用流水装配,多品种平行投产时采用多品种可变节奏流水装配,单件小批生产多采用固定装配或固定式流水装配进行总装,对有一定批量的部件也可采用流水装配。各种生产类型装配工作的特点见表 10-1。

各种生产类型装配工作的特点　　　　　　　　　　　　表 10-1

生产类型	大批大量生产	成批生产	单件小批生产
基本特性	产品固定,生产活动长期重复,生产周期一般较短	产品在系列化范围内变动,分批交替投产或多品种同时投产,生产活动在一定时期内重复	产品经常变换,不定期重复生产,生产周期一般较长
组织形式	多采用流水装配线,有连续移动、间歇移动及可变节奏等移动方式,还可采用自动装配机或自动装配线	笨重、批量不大的产品多采用固定流水装配,批量较大时采用流水装配,多品种平行投产时采用多品种可变节奏流水装配	多采用固定装配或固定式流水装配进行总装,同时对批量较大的部件可用流水装配
装配工艺方法	按互换法装配,允许有少量简单的调整,精密偶件成对供应或分组供应装配,无任何修配工作	主要采用互换法,但灵活运用其他保证装配精度的装配工艺方法,如调整法、修配法及合并法,以节约加工费用	以修配法及调整法为主,互换件比例较少
工艺过程	工艺过程划分很细,力求达到高度的均衡性	工艺过程的划分须适合于批量的大小,尽量使生产均衡	一般不订详细工艺文件,工序可适当调度,工艺也可灵活掌握

续上表

生产类型	大批大量生产	成批生产	单件小批生产
工艺装备	专业化程度高,宜采用专用高效工艺装备,易于实现机械化、自动化	通用设备较多,但也采用一定数量的专用工、夹、量具,以保证装配质量和提高工效	一般为通用设备及通用工、夹、量具
手工操作要求	手工操作比重小,熟练程度容易提高,便于培养新工人	手工操作比重较大,技术水平要求较高	手工操作比重大,要求工人有高的技术水平和多方面工艺知识
应用实例	汽车、拖拉机、内燃机、滚动轴承、手表、缝纫机、电气开关	机床、机车车辆、中小型锅炉、矿山采掘机械	重型机床、重型机器、汽轮机、大型内燃机、大型锅炉

总之,一个产品(或部件)采用何种装配方法来保证装配精度,应根据产品的装配精度要求、部件(或产品)的结构特点、零部件数量、生产批量及现场生产条件等因素进行综合考虑确定,以确保选择一种最佳的装配方案。

单元 10.2 保证装配精度的工艺方法

机械产品的精度要求最终要靠装配工艺来保证。人们根据不同的机械、不同的生产类型条件,将装配工艺方法归纳为互换装配法、选配装配法、修配装配法和调整装配法4类。

10.2.1 互换装配法

互换装配法(简称互换法)即零件具有互换性,被装配的每一个零件无须进行任何挑选、修配和调整就能达到规定的装配精度要求。用互换法装配,就是用控制零件的加工误差来保证产品的装配精度。互换装配法可分为完全互换法和部分互换法两种。

1)完全互换法

在全部产品中,机器在装配时各零件无须挑选、修配或调整,装配后就能保证装配精度的装配方法称为完全互换法。

选择完全互换装配法时,要求各相关零件公差之和小于或等于装配允许公差,即装配后各相关零件的累积误差变化范围不会超出装配允许公差范围。公式表示为:

$$T_1 + T_2 + \cdots + T_i \leqslant T_\Sigma \tag{10-1}$$

式中:T_1、$T_2 \cdots T_i$——各相关零件的制造公差;

T_Σ——装配允许公差。

完全互换装配法具有装配质量稳定可靠(装配质量靠零件加工精度来保证)、装配过程简单、装配效率高、易于实现自动装配、便于组织流水作业及产品维修方便等优点,因此只要制造公差能满足机械加工的经济精度要求时,均应优先采用完全互换法。

2)部分互换法

部分互换法又称不完全互换法,它是指将各相关零件的制造公差适当放大,使加工容易而经济,又能保证绝大多数产品达到装配精度要求的装配方法。当装配精度较高而零件加工困难或不经济时,可在大批量生产中考虑采用部分互换法。

部分互换法要求各相关零件公差值平方和的算术平方根必须小于或等于装配允许公差。用公式表示为:

$$\sqrt{T_1^2 + T_2^2 + \cdots + T_i^2} \leqslant T_\Sigma \qquad (10\text{-}2)$$

式中:T_1、$T_2 \cdots T_i$——各相关零件的制造公差;

$\qquad T_\Sigma$——装配允许公差。

部分互换法相对于完全互换法来说,优点是当装配公差 T_Σ 一定时,各相关零件的制造公差 T_i 增大了许多,因此零件的加工也就较容易,可降低各组成环的加工成本,缺点是装配后可能会有少量的产品达不到装配精度要求,这一问题一般可通过更换组成环中的几个零件的方法解决。

10.2.2 选配装配法

选配装配法(简称选配法),指当装配精度要求极高时,将零件制造公差放大到经济可行的程度再选择合适的零件进行装配,以保证装配精度的一种装配方法。按其选配方式不同,分为直接选配法、分组选配法和复合选配法。

1) 直接选配法

工人直接从待装配零件中选择合适的零件进行装配称为直接选配法。这种装配方法较简单,装配精度要求相对不高,但装配质量与装配工时不稳定(取决于工人的技术水平)。现实中小批量生产常采用此方法,如发动机生产中的活塞与活塞环的装配。大批大量生产由于节拍要求较严一般不宜采用此方法。

2) 分组装配法

对于制造公差要求很严的互配零件,将其制造公差按整数倍放大到经济精度进行加工,再按其实际测量尺寸将零件分组,对应组内零件实行互换装配以达到装配精度的选配装配法称为分组装配法。这种分组装配法在内燃机、滚动轴承等装配中应用较多。

图10-4a)为活塞与活塞销的连接情况。如果配合采用基轴制的原则,活塞外径尺寸 $d = \phi 28_{-0.0025}^{0}$ mm,相应的孔的直径 $D = \phi 28_{-0.0025}^{-0.005}$ mm。根据装配技术要求,活塞销孔与活塞销在冷状态装配时应有 $0.0025 \sim 0.0075$ mm 的过盈量,与此相应的配合公差仅为 0.005 mm。若活塞与活塞销采用完全互换法装配,按"等公差"的原则分配孔与销的直径公差时,它们的公差只有 0.0025 mm,加工这样精度的零件是困难且不经济的。生产中将上述零件的公差放大4倍(销的直径 $d = \phi 28_{-0.010}^{0}$ mm,销孔的直径 $D = \phi 28_{-0.015}^{-0.005}$ mm),用高效率的无心磨和金刚镗加工,然后用精密量具测量,并按尺寸大小分成四组,涂上不同的颜色,以便进行分组装配;即大的活塞销配大的活塞销孔,小的活塞销配小的活塞销孔,装配后仍能保证过盈量的要求。同样颜色的销与活塞可按互换法装配。具体的分组情况见表10-2,从表中可看出各组公差和配合性质与原来要求相同。

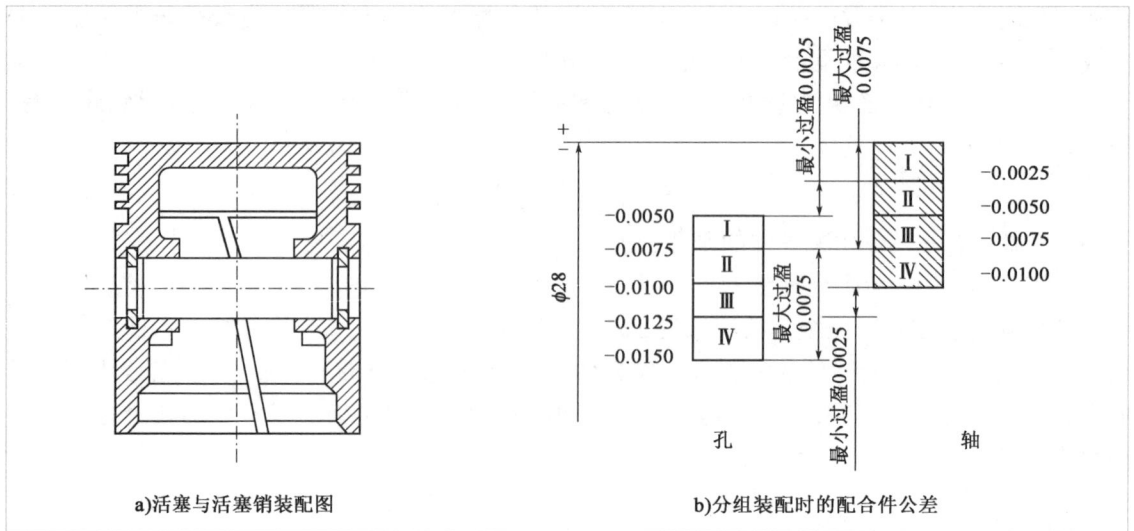

a)活塞与活塞销装配图　　　　b)分组装配时的配合件公差

◉图 10-4　分组装配法装配示意图(尺寸单位:mm)

活塞销和活塞销孔的分组尺寸(mm)　　　　表 10-2

组别	标志颜色	活塞销直径 $d = \phi 28^{\ 0}_{-0.010}$	活塞销孔直径 $D = \phi 28^{\ -0.005}_{\ -0.015}$	配合情况	
				最小过盈量	最大过盈量
Ⅰ	红	$\phi 28^{\ 0}_{-0.0025}$	$\phi 28^{\ -0.0050}_{\ -0.0075}$		
Ⅱ	白	$\phi 28^{\ -0.0025}_{\ -0.0050}$	$\phi 28^{\ -0.0075}_{\ -0.0100}$		
Ⅲ	黄	$\phi 28^{\ -0.0050}_{\ -0.0075}$	$\phi 28^{\ -0.0100}_{\ -0.0125}$	0.0025	0.0075
Ⅳ	绿	$\phi 28^{\ -0.0075}_{\ -0.0100}$	$\phi 28^{\ -0.0125}_{\ -0.0150}$		

　　采用分组装配时,关键是要保证分组后各对应组的配合性质和配合公差满足设计要求,所以应注意以下几点:

　　(1)配合件公差应当相等,配合件公差增大的方向应当相同,增大的倍数要等于以后分组数,如图 10-4b)所示。

　　(2)分组数不宜过多,过多会增加零件的测量和分组工作量,从而增加装配成本。

　　(3)分组后零件表面粗糙度及形位公差不能变化,仍按原设计要求制造。

　　(4)分组后应尽量使组内相配零件数相等,如不相等,可专门加工一些零件与其相配。

　　分组装配法的特点是在不提高零件制造精度的条件下,仍可获得很高的装配精度。但是分组装配法增加了测量、分组、储存、运输等工作量,所以分组装配法适用于配合精度要求很高且装配零件只有两三个的大批量产品的生产。

　　3)复合选配法

　　复合选配法是上述两种方法的复合,把零件按装配尺寸测量分组。装配时凭工人的经验在各对应组内选择合适零件进行装配。这种装配方法的特点是配合公差可以不等,其装配质量高,速度较快,能满足一定生产节拍的要求。在发动机的汽缸与活塞的装配中多选用这种方法。

10.2.3 修配装配法

在预先选定零件上预留修配量,而在装配时进行补充加工以保证装配精度的方法,称为修配装配法(简称修配法)。

1) 按件修配法

对预定的修配零件,采用去除预留修配量的办法改变其尺寸,以达到装配精度要求,这种方法称为按件修配法。例如,车床主轴顶尖与尾架顶尖的等高性要求,确定尾架垫块为修配对象,装配时通过刮研尾架垫块平面预留修配量,以改变其尺寸而达到等高性要求。

采用按件修配法时,要选择只与本项装配有关而与其他装配要求无关,修配量大小适合且易于拆装及修配的零件作修配对象,同时尽量减少手工操作而多利用修配工具。

2) 就地加工修配法

在机床制造中,总装时运用机床自身具有的加工能力,对该机床上的修配对象进行自我加工,以达到装配精度要求,这种方法称为就地加工修配法。例如,牛头刨床总装时,用自刨工作台面来达到滑枕运动方向对工作台面的平行度要求。

3) 合并加工修配法

将两个或多个零件装配在一起后进行合并加工修配,以减少累积误差及修配工作量,这种方法称为合并加工修配法。例如,普通车床的尾座装配,为减少总装时尾座对底板的刮研量,先把车床尾架与垫块进行组装,镗尾座的套筒孔,直接控制尾座套筒孔至底板底面的尺寸,这样本来应由尾座和垫块两个高度尺寸进入装配尺寸链而变成合件的两个尺寸进入装配尺寸链,自然减少了刮削余量。万能铣床上为保证工作台面与回转盘底面的平行度而采用工作台和回转盘的组装加工。车床溜板箱中开合螺母部分的装配也属于合并加工修配法。

10.2.4 调整装配法

装配时改变调整件在机械产品中的相对位置或选用合适的调整件来达到装配精度的装配方法称为调整装配法(简称调整法)。

常用的调整法有可动调整法、固定调整法和误差抵消调整法3种。

1) 可动调整法

采用调整件移动、回转或移动回转同时进行改变调整件位置,以此来保证装配精度的方法称为可动调整法。常用的可动调整件有螺钉、螺母、模块等。可动调整法在调整过程中无须拆卸调整件。图10-5是常见的轴承间隙调整方式,其通过螺钉的旋入与旋出来调整轴承外环,以实现调整轴承间隙的目的。图10-6为滑动丝杠螺母副的间隙调整装置,该装置利用中间轴套螺钉调整楔块上下移动,以改变两螺母的间距来调整丝杠与螺母之间的轴向间隙。以上两种调整装置分别采用了螺钉、楔块作为调整件,在实际生产中还可采用其他零件作为调整件。

可动调整法不仅能获得较理想的装配精度,而且在产品使用中由于零件磨损使装配精度下降时,可重新调整以使产品恢复原有精度,所以该法在实际生产中应用较广。

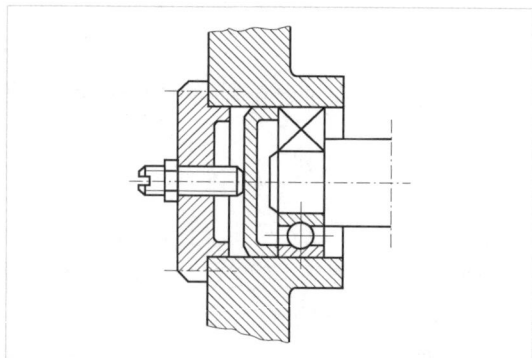

◎图 10-5 轴承间隙调整

◎图 10-6 用螺钉、楔块调整丝杠、螺母副的轴向间隙

2)固定调整法

预先制备各种尺寸的固定调整件(常用的调整件有轴套、垫片、垫圈等),装配时根据实际累积误差,来确定所需调整件的尺寸,以保证装配精度。由于调整件尺寸是固定的,因此称为固定调整法。如图 10-7 所示,箱体孔中的传动轴组件装入后,使用适当厚度调整垫圈 D(补偿件)补偿累积误差,以保证箱体内侧面与传动轴组件的轴向窜动量。垫圈预先按一定的尺寸间隔做若干种(如 4.1mm,4.2mm,……,5.0mm 等)供装配时选用。

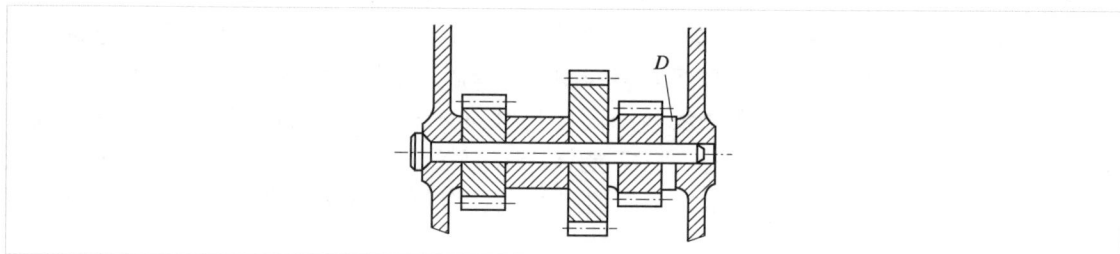

◎图 10-7 用调整垫圈调整轴向间隙

固定调整法常用于大批大量生产和中批生产中装配精度要求较高的多环尺寸链。

3)误差抵消调整法

在产品或部件装配时,通过调整相关零件的相互位置、大小,使其加工误差互相抵消,提高装配精度的方法,称为误差抵消调整法。误差抵消调整法在机床装配中应用较多,如在组装机床主轴时通过调整前后轴承径向跳动的方向,来控制主轴锥孔的径向跳动,又如在滚齿机工作台分度蜗轮装配中,采用调整二者偏心方向来抵消误差以提高二者的同轴度等。

调整装配法在大批量、高精度的装配生产中,可以随时调整因磨损、热变形、弹性及塑性变形等原因所引起的误差,使调整装配工作相当方便;其不足是增加了一套调整装置。除必须采用分组装配的精密配件外,调整装配法还可用于各种装配场合,尤其在汽车、拖拉机等生产中应用广泛。

总之,在选择装配工艺方法时,应根据产品的结构、装配精度要求、装配尺寸链环数的多少、生产类型及具体生产条件等因素进行合理的选择。一般情况下,只要组成环的加工比较经济可行,就应优先采用完全互换法,若生产批量较大,组成环又较多时应考虑采用不完全互换法。当采用互换法装配使组成环加工比较困难或不经济时,可考虑采用其他方法:大批大量生产,组成环数较少时可以考虑采用分组装配法,组成环数较多时应采用调整法,单件小批生产常用修配法,成批生产也可酌情采用修配法。

10.3.1　装配尺寸链的概述

1)装配尺寸链的基本概念

产品或部件在装配过程中,由相关零件的尺寸(表面或轴线间的距离)或相互位置关系(平行度、垂直度或同轴度等)所组成的尺寸链称为装配尺寸链。

在装配尺寸链中,每一个尺寸都是尺寸链的组成环(组成环指那些对装配精度有直接影响的零件上的尺寸或位置关系),是进入装配的零件或部件的有关尺寸,而装配精度指标常作为封闭环,显然封闭环不是一个零件或一个部件上的尺寸,而是不同零件或部件的表面或中心线之间的相对位置尺寸,是装配后形成的。

各组成环都有加工误差,所有组成环的误差累积就形成封闭环的误差。因此,应用装配尺寸链就便于揭示累积误差对装配精度的影响,并可列出计算公式,进行定量分析计算,据此来确定合理的装配方法和零件相关尺寸的公差。

2)装配尺寸链的特征

装配尺寸链的基本特征同工艺尺寸链一样具有封闭性。与工艺尺寸链相比装配尺寸链具有如下特点:

(1)装配尺寸链的封闭环多为产品或部件的某项装配精度指标或技术要求,故易于确定。

(2)装配尺寸链的封闭环只有装配后才能形成,它不是一个零件或部件上的尺寸,而是不同零件或部件表面之间或轴心线之间相对位置尺寸或技术要求。

(3)装配尺寸链的构成取决于各相关零部件的结构设计,而与各零件的加工工艺方案无关。

(4)装配尺寸链的形式更为多样,除常见的线性尺寸链和平面尺寸链外,还会出现角度尺寸链和空间尺寸链。

3)装配尺寸链的分类

(1)直线尺寸链。直线尺寸链由长度尺寸组成,各环尺寸彼此平行,直线尺寸链所涉及的都是距离尺寸的精度问题。

(2)角度尺寸链。角度尺寸链是由角度(含平行度和垂直度)尺寸所组成的尺寸链,其各环的几何特征多为平行度或垂直度。

(3)平面尺寸链。平面尺寸链由成角度关系的长度尺寸构成,且各环处于同一或彼此平行的平面内。

(4)空间尺寸链。空间尺寸链是指组成环位于几个不平行平面内的尺寸链。

10.3.2 装配尺寸链的建立

正确地建立装配尺寸链,是运用尺寸链原理分析和解决零件精度与装配精度关系问题的基础。

装配尺寸链的封闭环为产品或部件的装配精度。找出对装配精度有直接影响的零部件尺寸和位置关系,即可查明装配尺寸链的各组成环。可见,正确查找组成环是建立装配尺寸链的关键。

一般查找装配尺寸链组成环的方法是:首先根据装配精度要求确定封闭环,然后取封闭环两端的那两个零部件为起点,沿着装配精度要求的位置方向,以零部件装配基准面为查找线索,分别找出影响装配精度要求的有关零部件,直至找到同一个基准零部件或同一基准表面为止。这样,各有关零部件上直接连接相邻零部件装配基准间的尺寸或位置关系,即为装配尺寸链的组成环。当然,查找装配尺寸链也可从封闭环的一端开始,依次查找相关零部件直到封闭环的另一端,还可从共同的基准面或零部件开始,分别查找到封闭环的两端。

在建立装配尺寸链时,应注意以下几点:

(1)按层次分别建立产品与部件的装配尺寸链。

复杂产品的装配工作多分为部装和总装,以便于装配和提高装配效率。为使装配关系更加清楚,应分别建立产品总装尺寸链和部件装配尺寸链。

(2)装配尺寸链组成应采用最短路线(最少环数)原则。

由尺寸链的基本理论可知,在封闭环公差既定条件下,当装配尺寸链中的环数越少,则每一组成环所分配到的公差就越大,各零件的加工就越容易、越经济。因此,在产品结构设计时,应尽可能将对封闭环精度有影响的零件数目减至最少。

(3)在保证装配精度的前提下,装配尺寸链的组成环可适当简化。

(4)当同一装配结构在不同位置方向有装配精度要求时,应按不同方向分别建立装配尺寸链。

10.3.3 装配尺寸链的计算

装配尺寸链的计算方法有两种,即极值法和概率法。

1)极值法(极大极小法)

极值法的特点是简单可靠,但当封闭环公差较小或组成环较多时,会使各组成环公差太小而加工困难。极值法的基本公式是:

$$T_0 \geqslant \sum_{i-1}^{m} T_i \tag{10-3}$$

极值法有关计算公式用于装配尺寸链时,常有以下几种情况:

(1)正计算法。已知与装配精度有关的各零部件的基本尺寸和偏差,求解封闭环(即装配精度要求)的基本尺寸及偏差。此法用于验算设计图样中某项精度指标是否能达到要求,即装配尺寸链中的各组成环的基本尺寸和公差定得正确与否。

(2)反计算法。已知封闭环的基本尺寸及偏差,求各组成环的基本尺寸及偏差。此法用于产品设计阶段,根据装配精度指标来计算和分配各组成环的基本尺寸和公差。这种问题的解法多样,需根据零件的经济加工精度和恰当的装配工艺方法来具体确定分配方案。

(3)中间计算法。已知封闭环及组成环的基本尺寸及偏差,求另一组成环的基本尺寸及偏差。此法常用在结构设计时,将一些难加工的和不宜改变其公差的组成环的公差先确定下来,其公差值应符合国家标准的规定,并按"入体原则"标注。然后将一个比较容易加工或容易装拆的组成环作为试凑对象,这个环称为协调环,如修配法中的修配环、调整法中的调整环等。

利用协调环解算装配尺寸链的基本步骤:在组成环中选择一个比较容易加工或在加工中受到限制较少的组成环作为协调环,先按经济精度确定其他环的公差及偏差,然后利用公式算出"协调环"的公差及偏差。

2)概率法

概率法的基本公式是:

$$T_0 \geqslant \sqrt{\sum_{i=1}^{m} T_i^2} \qquad (10\text{-}4)$$

概率法的好处在于放大了组成环的公差,且仍能保证达到装配精度要求。需要说明的是,由于应用概率法时需考虑各环的分布中心,计算起来比较烦琐,所以在实际计算时常将各环改写成平均尺寸,公差仅按双向等偏差标注,计算完毕后按"入体原则"标注。

根据概率论的基本原理,在一个稳定的工艺系统中进行较大批量加工时,零件的加工误差出现极值的可能性很小,而装配时各零件误差同时出现极值的"最坏组合"的可能性就更小(组成环数越多,装配时零件出现"最坏组合"的机会就越微小),理论上可忽略不计。因此在成批、大量生产中,当装配精度要求高且组成环的数目又较多时,应用概率法解算装配尺寸链比较合理。

3)计算方法与装配工艺方法的组合

装配尺寸链采用的计算方法应与机器装配中所采用的装配工艺方法密切结合,以达到满意的装配效果。计算方法与装配工艺方法的常见组合形式如下:

(1)采用完全互换法时,应用极值法计算,若属于大批大量生产或环数较多时可改用概率法计算。

(2)采用不完全互换法时,可用概率法计算。

(3)采用分组法装配时,一般都按极值法计算。

(4)采用修配法时,一般情况下批量小应按极值法计算。

(5)采用调整法时,一般用极值法计算,大批大量生产时可用概率法计算。

单元 10.4 装配工艺规程的制定

装配工艺规程是指导装配生产的主要技术文件,对于保证装配质量、提高装配生产效率、缩短装配周期、减轻工人劳动强度、缩小装配占地面积、降低生产成本等都有重要的影响。制定装配工艺规程是生产技术准备工作的主要内容之一。

10.4.1 制定装配工艺规程的基本原则及原始资料

1)制定装配工艺规程的基本原则

在制定装配工艺规程时,应遵循以下原则:

(1)保证质量。装配工艺规程应保证产品质量,力求延长产品的使用寿命。产品的质量最终是由装配来保证的。即使零件都合格,如果装配不当也可能装配出不合格产品,因此一方面装配能反映产品设计和零件加工的问题,另一方面装配本身应确保产品质量。

(2)提高效率。装配工艺规程应合理安排装配顺序,力求减轻劳动强度、缩短装配周期、提高装配效率。目前我国部分工厂仍采用手工装配方式或部分机械化装配方式,装配工作的劳动量很大,也比较复杂,因此装配工艺规程必须科学合理,尽量减少钳工装配工作量,以减轻劳动强度及提高工作效率。

(3)降低成本。装配工艺规程应尽量减少装配投资,力求降低装配成本。要降低装配工作所占的成本,应考虑减少装配投资、节省装配占地面积、减少设备投资、降低对工人的技术水平要求、减少装配工人的数量和缩短装配周期等。

2)制定装配工艺规程的原始资料

制定装配工艺规程前,必须事先获得一定的原始资料才能着手这方面的工作。以下是制定装配工艺规程所需的原始资料。

(1)产品的总装图和部件装配图,必要时还应有重要零件的零件图。从产品图纸可以了解产品的全部结构和尺寸、配合性质、精度、材料、重量以及技术性能要求等,从而合理地安排装配顺序,恰当地选择装配方法和检验项目,合理地设计装配工具和准备装配设备。

(2)产品的验收技术标准。产品的验收技术标准规定了产品性能的检验、试验的方法和内容。

(3)产品的生产纲领。产品的生产纲领决定了装配的生产类型,是制定装配工艺和选择装配生产组织形式的重要依据。

(4)现有的生产和技术条件。现有的生产和技术条件包括本厂现有的装配工艺设备、工人技术水平、装配车间面积等各方面的情况。考虑这些现有条件,可以使所制定的装配工艺更切合实际,符合生产要求。

10.4.2 装配工艺规程的内容和步骤

1)装配工艺规程的内容

装配工艺规程主要包括以下内容:

(1)分析产品总装图,划分装配单元,确定各零、部件的装配顺序及装配方法。装配单元是指机器中能独立装配的部分,它可以是零件、部件,也可以是套件。图 10-8 为机器部件链轮的装配单元图,其中连杆盖、连杆体和螺钉组成套件,丝杆和螺母组成组件。

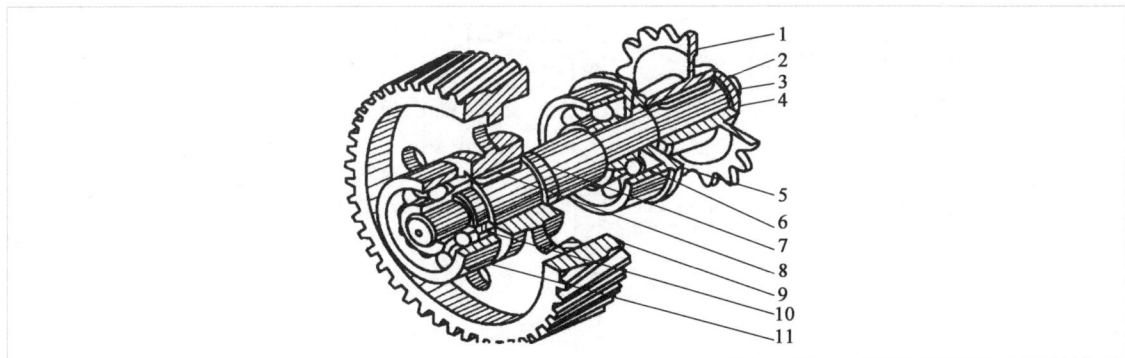

◎ 图 10-8 链轮装配单元

1-链轮;2-链;3-螺栓;4-轴端挡圈;5-可通盖;6、11-滚珠轴承;7-低速轴;8-键;9-齿轮;10-套筒

（2）确定各工序的装配技术要求、检验方法和检验工具。

（3）选择和设计在装配过程中所需的工具、夹具和专用设备。

（4）确定装配时零、部件的运输方法及运输工具。

（5）确定装配的时间定额。

2）制定装配工艺规程的步骤

由装配工作的内容可知,制定装配工艺规程时,必须遵循以下步骤:

（1）分析产品的原始资料。分析产品的原始资料主要包括分析产品图样及产品结构的装配工艺性,分析装配技术要求及检验标准,分析与解算装配尺寸链。

（2）确定装配方法与组织形式。装配方法与组织形式主要取决于产品的结构、生产纲领及工厂现有生产条件。装配组织形式可分为固定式和移动式两种。全部装配工作都在同一个地点完成者称为固定式装配,零、部件用输送带或输送小车按装配顺序从一个装配地点移动到下一个装配地点,且各装配点分别完成一部分装配工作称为移动式装配。根据零、部件移动的方式不同,移动式装配又可分为连续移动及间歇移动两种。在连续移动式装配中装配线连续按节拍移动,工人在装配时边装配边随着装配线走动,装配完后立刻回到原来的位置进行重复装配;在间歇移动式装配中装配时产品不动,工人在规定时间(节拍)内完成装配工作后,产品再被输送带或小车送到下一个装配地点。

（3）划分装配单元,确定装配基准件。产品的装配单元可分为 5 个等级,即零件、合件、组件、部件和产品。无论哪一级装配单元,都要选定某一零件或比它低一级的装配单元作为装配基准件,所选装配基准件应具有较大重量、体积及足够的支承面,以保证装配时作业稳定性。

（4）确定装配顺序。确定装配顺序的一般原则是:先进行预处理,先装基准件、重型件,先装复杂件、精密件和难装配件,先完成容易破坏以后装配质量的工序。类似工序、同方位工序集中安排,电线、油(气)管路应同步安装,危险品(易燃、易爆、易碎、有毒等)最后安装。利用装配单元系统图可以清楚地看出成品的装配全过程,了解装配时所有零件,组件的名称、编号和数量,并可以根据其编写装配工序。图 10-9 为链轮装配单元系统图。

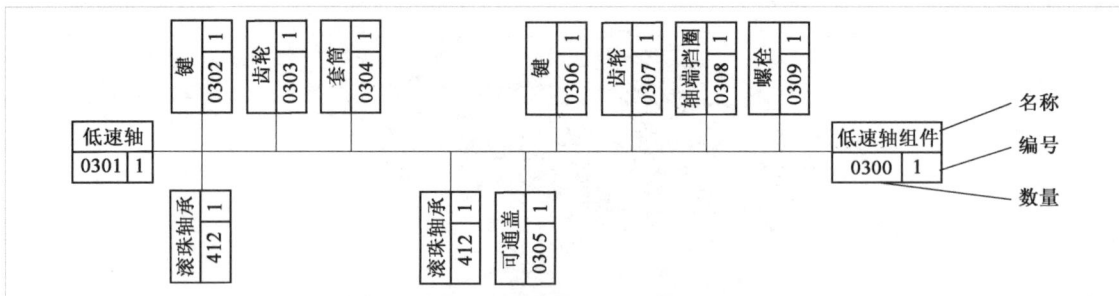

◎图 10-9　链轮装配单元系统图

（5）划分装配工序。装配顺序确定后就可划分装配工序了,其主要工作内容包括以下几方面:

①确定工序集中与分散程度。

②划分装配工序,确定各工序内容。

③确定各工序所用设备、工具。

④制定各工序装配操作规范。

⑤制定各工序装配质量要求与检验方法。

⑥确定工序时间定额。

（6）编制装配工艺文件。装配工艺文件主要包括装配图(产品设计的装配总图)、装配工艺系统图、装配工艺过程卡片或装配工序卡片和装配工艺设计说明书等。

①在单件小批生产时,通常不需要编制装配工艺过程卡片,而是用装配工艺流程图来代替,装配时工人按照装配图和装配工艺流程图进行装配。装配工艺流程图是用各种符号直观地表示装配对象经过一定的顺序加工(含清洗、连接、校正、平衡等装配内容)、搬运、检验、停放、储存的全过程,图 10-10 为保安器的本体部件装配工艺流程图。

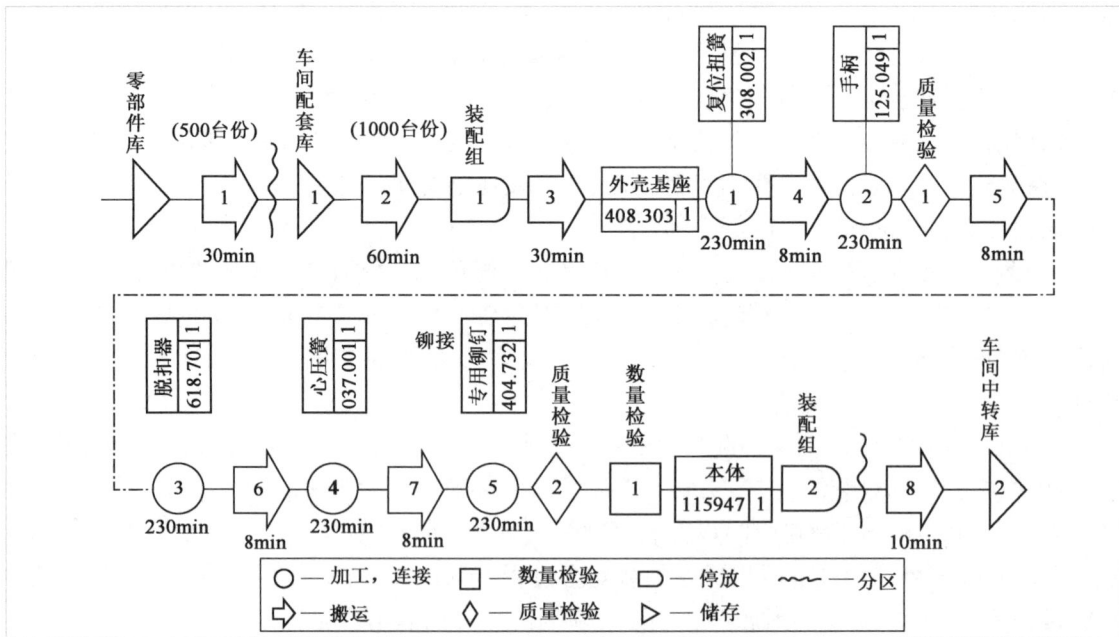

◎图 10-10　保安器的本体部件装配工艺流程图

②成批生产时，通常需要制定部件装配及总装配的装配工艺过程卡片，它是一种根据装配工艺流程图的工序顺序记录部件或产品装配过程的卡片，卡片内每一工序都应简要地说明该工序的工作内容、所需要的设备和工艺装备的名称及编号、时间定额等。成批生产中的关键装配工序，最好也能制定装配工序卡片，以确保重要装配工序的装配质量，从而确保整个机器的装配质量及工作性能。

③在大批大量生产中，要制定装配工序卡片，详细说明该装配工序的工艺内容，以直接指导工人进行操作。

除了装配工艺过程卡片及装配工序卡片以外，一般还应有装配检验卡片及试验卡片，有些产品还应附有测试报告、修正（校正）曲线等。

（7）制定产品检测与试验规范。其主要包括以下内容：

①检测和试验的项目及质量指标。

②检测和试验的方法、条件与环境要求。

③检测和试验所需工艺装备的选择或设计。

④质量问题的分析方法和处理措施。

⚠ 模块小结

本模块全面介绍了装配工艺的基础知识，从装配的概念到装配工作的具体内容，再到机器装配的精度要求和装配类型的选择，构建了装配工艺的完整框架。

在学习过程中，深入了解了保证装配精度的4种主要工艺方法：互换装配法、选配装配法、修配装配法和调整装配法。这些方法各有特点，适用于不同的装配场景和要求，掌握这些方法对于我们未来在实际工作中的应用具有重要意义。此外，装配尺寸链的学习也让我们对装配误差有了更深入的认识。学会如何建立装配尺寸链以及如何进行装配尺寸链的计算，这对于确保装配精度、提高产品质量至关重要。

最后，还学习了如何制定装配工艺规程，了解了制定规程的基本原则和所需原始资料以及规程的内容和步骤。这部分知识对于未来从事装配工艺设计、优化装配流程、提高装配效率等方面都将发挥重要作用。

◎ 模块习题

1. 简述装配的定义。

2. 机器的装配精度包括哪几个方面？

3. 影响装配精度的因素有哪些？

4. 一般如何选择装配工艺方法？

参 考 文 献

[1] 张彦.机械制造技术基础[M].北京:化学工业出版社,2023.

[2] 杜劲.机械制造技术基础[M].北京:电子工业出版社,2022.

[3] 王德春.机械制造技术基础[M].北京:科学出版社,2023.

[4] 赵永强,卢超.机械制造技术训练教程[M].北京:高等教育出版社,2023.

[5] 沈莲.机械工程材料[M].5版.北京:机械工业出版社,2024.

[6] 钟荣林,廖剑,张彪.金工实习[M].长沙:湖南大学出版社,2023.

[7] 黄健求,韩立发.机械制造技术基础[M].3版.北京:机械工业出版社,2020.

[8] 肖智涛.机械制造基础[M].北京:机械工业出版社,2011.

[9] 鞠鲁粤.机械制造基础[M].5版.上海:上海交通大学出版社,2018.

[10] 朱仁盛,董宏伟.机械制造技术基础[M].北京:北京理工大学出版社,2019.

[11] 傅水根.机械制造工艺基础[M].3版.北京:清华大学出版社,2010.

[12] 王欣.机械制造基础[M].北京:化学工业出版社,2010.

[13] 黄经元,徐加福.机械制造基础[M].南京:南京大学出版社,2011.

[14] 陈彦泽,李永清,魏文涛.机械制造基础[M].北京:石油工业出版社,2011.

[15] 李更新.现代机械制造技术[M].天津:天津大学出版社,2009.

[16] 关巍,彭雪鹏.机械制造技术[M].武汉:武汉大学出版社,2012.